개정 증보판
제1회 자격증시험 기출문제포함

"**핵심** 단원별 요약정리
800문제 수록"

제2회 국가공인자격증시험 대비

맞춤형화장품조제관리사
시험과목별 핵심요약정리 문제집

식품의약품안전처 출제기준에 따른 유형문제풀이
식품의약품안전처 예시문항에 적합한 예시문제 수록
맞춤형화장품조제관리사 시험과목별 핵심요약정리

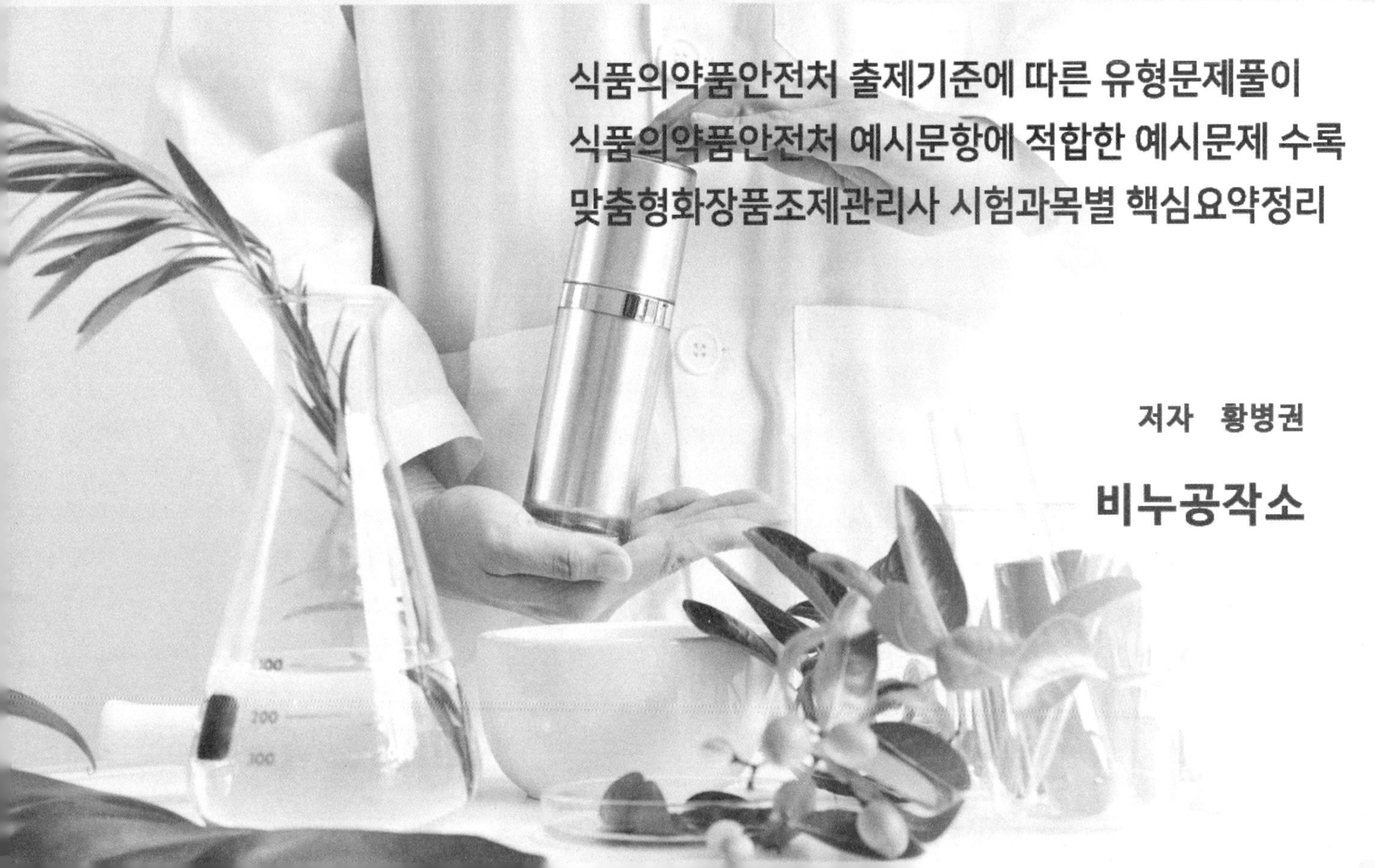

저자 황병권

비누공작소

Contents

0. 식품의약품안전처 자격시험안내

0.1 식품의약품안전처 자격시험공고 ····················· 3
0.2 시험일정 및 접수방법 ····························· 7
0.3 수험생 주의사항 ································· 9

1. 화장품법의 이해

1.1 화장품법 ······································ 11
    연습문제 ····································· 32
1.2 개인정보보호법 ································· 48
    연습문제 ····································· 56

2. 화장품 제조 및 품질관리

2.1 화장품 원료의 종류와 특성 ······················· 61
    연습문제 ····································· 71
2.2 화장품의 기능과 품질 ··························· 79
    연습문제 ····································· 83
2.3 화장품 사용제한 원료 ··························· 86
    연습문제 ····································· 92
2.4 화장품 관리 ···································· 99
    연습문제 ···································· 104
2.5 위해사례 및 보고 ······························ 108
    연습문제 ···································· 114

3. 유통 화장품 안전관리

3.1 작업장 위생관리 ······························· 123
    연습문제 ···································· 131
3.2 작업자 위생관리 ······························· 135
    연습문제 ···································· 138
3.3 설비 및 기구 관리 ····························· 140
    연습문제 ···································· 147
3.4 내용물 및 원료 관리 ··························· 150
    연습문제 ···································· 163

Contents

3.5 포장재의 관리 ···································· 169
　연습문제 ·· 175

4. 맞춤형화장품의 이해

4.1 맞춤형화장품 개요 ································ 183
　연습문제 ·· 194
4.2 피부 및 모발 생리구조 ···························· 205
　연습문제 ·· 216
4.3 관능평가 방법과 절차 ····························· 222
　연습문제 ·· 225
4.4 제품상담 ·· 227
　연습문제 ·· 231
4.5 제품안내 ·· 233
　연습문제 ·· 239
4.6 혼합 및 소분 ···································· 242
　연습문제 ·· 251
4.7 충진 및 포장 ···································· 256
　연습문제 ·· 268
4.8 재고관리 ·· 281
　연습문제 ·· 283

5. 해설 및 정답　　287

부록.

1 식약처예시문항 ···································· 307
2 제1회 시험 기출문제 분석 ·························· 315
3 제2회 시험 예상문제 300선 ························· 333

식품의약품안전처 공고 제 2020-000호

2020년 제2회 맞춤형화장품 조제관리사 자격시험 시행계획 공고

「화장품법」 제3조의4에 따라 「2020년도 제2회 맞춤형화장품 조제관리사 자격시험 시행계획」을 다음과 같이 공고합니다.

2020년 00월 00일
식품의약품안전처장

1. 시험일정

원서제출	시험일자	시험지역	시험장소	합격자발표
'20. 00. 0.(0) 10:00 ~ '20. 00. 00.(0) 17:00	'20. 00. 00.(토)	전국	원서접수 시 수험자 직접선택	'20. 00. 00.(0)

※ 원서 제출은 '맞춤형화장품 조제관리사 자격시험 홈페이지(https://license.kpc.or.kr/qplus/ccmm 접수시스템)'에서만 할 수 있습니다.
※ 원서 제출 기간 중에는 24시간 제출 가능합니다. (단, 원서 제출 시작일은 10:00부터, 원서 제출 마감일은 17:00까지 제출 가능)
※ 시험 장소는 원서 제출 인원에 따라 변경될 수 있습니다.(변경될 경우 개별 연락 예정)

2. 시험과목 및 시험방법

가. 시험과목 및 세부내용

교과목	주요 항목	세부 내용
1. 화장품법의 이해	1.1. 화장품법	• 화장품법의 입법취지 • 화장품의 정의 및 유형 • 화장품의 유형별 특성 • 화장품법에 따른 영업의 종류 • 화장품의 품질 요소(안전성, 안정성, 유효성) • 화장품의 사후관리 기준
	1.2. 개인정보 보호법	• 고객 관리 프로그램 운용 • 개인정보보호법에 근거한 고객정보 입력 • 개인정보보호법에 근거한 고객정보 관리 • 개인정보보호법에 근거한 고객 상담

<2회 자격시험 공고 및 접수안내>

교과목	주요 항목	세부 내용
2. 화장품 제조 및 품질관리	2.1. 화장품 원료의 종류와 특성	• 화장품 원료의 종류 • 화장품에 사용된 성분의 특성 • 원료 및 제품의 성분 정보
	2.2. 화장품의 기능과 품질	• 화장품의 효과 • 판매 가능한 맞춤형화장품 구성 • 내용물 및 원료의 품질성적서 구비
	2.3. 화장품 사용제한 원료	• 화장품에 사용되는 사용제한 원료의 종류 및 사용한도 • 착향제(향료) 성분 중 알레르기 유발 물질
	2.4. 화장품 관리	• 화장품의 취급방법 • 화장품의 보관방법 • 화장품의 사용방법 • 화장품의 사용상 주의사항
	2.5. 위해사례 판단 및 보고	• 위해여부 판단 • 위해사례 보고
3. 유통 화장품 안전관리	3.1. 작업장 위생관리	• 작업장의 위생 기준 • 작업장의 위생 상태 • 작업장의 위생 유지관리 활동 • 작업장 위생 유지를 위한 세제의 종류와 사용법 • 작업장 소독을 위한 소독제의 종류와 사용법
	3.2. 작업자 위생관리	• 작업장 내 직원의 위생 기준 설정 • 작업장 내 직원의 위생 상태 판정 • 혼합·소분 시 위생관리 규정 • 작업자 위생 유지를 위한 세제의 종류와 사용법 • 작업자 소독을 위한 소독제의 종류와 사용법 • 작업자 위생 관리를 위한 복장 청결상태 판단
	3.3. 설비 및 기구 관리	• 설비·기구의 위생 기준 설정 • 설비·기구의 위생 상태 판정 • 오염물질 제거 및 소독 방법 • 설비·기구의 구성 재질 구분 • 설비·기구의 폐기 기준
	3.4. 내용물 및 원료	• 내용물 및 원료의 입고 기준 • 유통화장품의 안전관리 기준

교과목	주요 항목	세부 내용
	관리	• 입고된 원료 및 내용물 관리기준 • 보관중인 원료 및 내용물 출고기준 • 내용물 및 원료의 폐기 기준 • 내용물 및 원료의 사용기한 확인·판정 • 내용물 및 원료의 개봉 후 사용기한 확인·판정 • 내용물 및 원료의 변질 상태(변색, 변취 등) 확인 • 내용물 및 원료의 폐기 절차
	3.5. 포장재의 관리	• 포장재의 입고 기준 • 입고된 포장재 관리기준 • 보관중인 포장재 출고기준 • 포장재의 폐기 기준 • 포장재의 사용기한 확인·판정 • 포장재의 개봉 후 사용기한 확인·판정 • 포장재의 변질 상태 확인 • 포장재의 폐기 절차
4. 맞춤형 화장품의 이해	4.1. 맞춤형화장품 개요	• 맞춤형화장품 정의 • 맞춤형화장품 주요 규정 • 맞춤형화장품의 안전성 • 맞춤형화장품의 유효성 • 맞춤형화장품의 안정성
	4.2. 피부 및 모발 생리구조	• 피부의 생리 구조 • 모발의 생리 구조 • 피부 모발 상태 분석
	4.3. 관능평가 방법과 절차	• 관능평가 방법과 절차
	4.4. 제품 상담	• 맞춤형 화장품의 효과 • 맞춤형 화장품의 부작용의 종류와 현상 • 배합금지 사항 확인·배합 • 내용물 및 원료의 사용제한 사항
	4.5. 제품 안내	• 맞춤형 화장품 표시 사항 • 맞춤형 화장품 안전기준의 주요사항 • 맞춤형 화장품의 특징 • 맞춤형 화장품의 사용법

교과목	주요 항목	세부 내용
	4.6. 혼합 및 소분	• 원료 및 제형의 물리적 특성 • 화장품 배합한도 및 금지원료 • 원료 및 내용물의 유효성 • 원료 및 내용물의 규격(PH, 점도, 색상, 냄새 등) • 혼합·소분에 필요한 도구·기기 리스트 선택 • 혼합·소분에 필요한 기구 사용 • 맞춤형화장품 판매업 준수사항에 맞는 혼합·소분 활동
	4.7. 충진 및 포장	• 제품에 맞는 충진 방법 • 제품에 적합한 포장 방법 • 용기 기재사항
	4.8. 재고관리	• 원료 및 내용물의 재고 파악 • 적정 재고를 유지하기 위한 발주

나. 시험방법 및 문항유형

과목명	문항유형	과목별 총점	시험방법
화장품법의 이해	• 선다형 7문항 • 단답형 3문항	100점	필기시험
화장품 제조 및 품질관리	• 선다형 20문항 • 단답형 5문항	250점	
유통화장품의 안전관리	• 선다형 25문항	250점	
맞춤형화장품의 이해	• 선다형 28문항 • 단답형 12문항	400점	

※ 문항별 배점은 난이도별로 상이하며, 구체적인 문항배점은 비공개입니다.

다. 시험시간

과목명	입실시간	시험시간
• 화장품법의 이해 • 화장품 제조 및 품질관리 • 유통화장품의 안전관리 • 맞춤형화장품의 이해	09:00까지	09:30 ~ 11:30 (120분)

3. 응시자격

○ 제한 없음

4. 합격기준

○ 전 과목 총점(1,000점)의 60%(600점) 이상을 득점하고, 각 과목 만점의 40% 이상을 득점한 자

5. 응시원서 제출

가. 제출 기간

○ 2020. 00. 00.(0) 10:00 ~ 2020. 00. 00.(0) 17:00 (00일간)

나. 시험 장소

○ 인터넷으로 원서 접수시 공지 예정

다. 제출 방법

○ 인터넷 온라인 제출
   ※ 맞춤형화장품 조제관리사 자격시험 홈페이지(https://license.kpc.or.kr/qplus/ccmm) 접수시스템)에서만 가능합니다.
○ 원서 제출 시 응시 수수료를 결제한 후 원서 접수 확인에서 접수 완료 여부를 확인
○ 최근 6개월 이내에 촬영한 탈모 상반신 사진을 그림 파일로 첨부 제출
   ※ 사진은 JPG, PNG 파일이어야 하며, 크기는 150픽셀×200픽셀 이상, 300dpi 권장, 500KB 이하여야 업로드 가능합니다.
   ※ 원서 제출 기간 내에 사진 변경이 가능합니다.

라. 응시 수수료

○ 000,000원
○ 납부 방법: 전자 결제(신용 카드, 계좌 이체, 가상 계좌) 중 택 1
   ※ 가상 계좌는 접수 신청일(가상 계좌 발급일) 다음날까지 송금해야 제출이 완료됩니다.
   ※ 지정 시간까지 미송금 시 원서 제출이 취소됩니다.

마. 응시 수수료 환불

○ 시험 시행일 20일 전까지 제출을 취소하는 경우: 100% 환불
○ 시험 시행일 10일 전까지 제출을 취소하는 경우: 50% 환불
   ※ 제출 취소 및 환불 신청은 인터넷으로만 가능합니다.

바. 수험표 교부

○ 수험표는 응시 원서 제출 완료 후부터 자격시험 홈페이지에서 출력할 수 있으며, 시험 당일까지 재출력 가능

사. 원서 제출 완료(결제 완료) 후 제출 내용 변경 방법
○ 원서 제출 기간 내에 취소 후 다시 제출해야 하며, 원서 제출 기간이 지난 뒤에는 다시 제출하거나 내용 변경 불가

아. 장애인 등 응시 편의 제공
○ 시각·뇌병변·지체 등으로 응시에 현저한 지장이 있는 장애인 등은 원서 접수 시 해당 장애와 희망하는 요구 사항을 입력하고, 원서 제출 마감 후 4일 이내에 해당 장애를 입증할 수 있는 증빙 서류를 제출한 경우에 한하여 응시 편의를 제공합니다.
※ 장애인 편의 제공에 대한 더 자세한 사항은 맞춤형화장품 조제관리사 자격시험 홈페이지 공지 사항 참조

6. 시험 이의 신청

가. 신청 기간
○ 2020. 00. 00.(0) 19:00 ~ 2020. 00. 00.(0) 18:00 (00일간)

나. 신청 방법
○ 맞춤형화장품 조제관리사 자격시험 홈페이지(https://license.kpc.or.kr/qplus/ccmm) '문항 이의 신청' 게시판에서 신청가능
※ 이의 신청에 개별 회신은 하지 않으며, 관리위원회에서 이상 유무를 확인하여 시험 결과에 반영합니다.

7. 합격자 발표

가. 발표일시
○ 2020. 00. 00.(0) 10:00

나. 확인 기간
○ 2020. 00. 00.(0) 10:00 ~ 2020. 00. 00.(0) 18:00

다. 확인 방법
○ 맞춤형화장품 조제관리사 자격시험 홈페이지(https://license.kpc.or.kr/qplus/ccmm)에 접속한 후 합격자 발표 조회 메뉴에서 개별 확인
※ 합격자 발표 확인 기간 이후에는 홈페이지(나의 시험정보 - 나의 응시 결과)에서 확인할 수 있습니다.
※ 확인 기간 이후 자격증 원본은 홈페이지에 입력된 주소로 발송 예정입니다.

8. 수험자 유의사항

○ 수험 원서, 제출 서류 등의 허위 작성·위조·기재 오기·누락 및 연락 불능의 경우에 발생하는 불이익은 전적으로 수험자 책임입니다.
○ 수험자는 시험 시행 전까지 시험장 위치 및 교통편을 확인하여야 하며(단, 시험실 출입은 할 수 없음), 시험 당일 교시별 입실 시간까지 신분증, 수험표, 필기구를 지참하고 해당 시험실의 지정된 좌석에 착석하여야 합니다.
  ※ 시험이 시작한 이후부터는 입실이 불가합니다.
  ※ 신분증 인정 범위: 주민등록증, 운전면허증, 공무원증, 유효 기간 내 여권·복지카드(장애인등록증), 국가유공자증, 외국인등록증, 재외동포 국내거소증, 신분확인증빙서, 주민등록발급신청서, 국가자격증
  ※ '신분증 미지참시 시험응시가 불가합니다.
○ 시험 도중 포기하거나 답안지를 제출하지 않은 수험자는 시험 무효 처리됩니다.
○ 지정된 시험실 좌석 이외의 좌석에서는 응시할 수 없습니다.
○ 개인용 손목시계를 준비하여 시험 시간을 관리하기 바라며, 휴대전화를 비롯하여 데이터를 저장할 수 있는 전자기기는 시계 대용으로 사용할 수 없습니다.
  ※ 시험 시간은 종을 울리거나 전등 소등으로 알리게 되며, 교실에 있는 시계와 감독위원의 시간 안내는 단순 참고 사항이며 시간 관리의 책임은 수험자에게 있습니다.
  ※ 손목시계는 시각만 확인할 수 있는 단순한 것을 사용하여야 하며, 손목시계용 휴대전화를 비롯하여 부정행위에 활용될 수 있는 시계는 모두 사용을 금합니다.
○ 시험 시간 중에는 화장실에 갈 수 없고 종료 시까지 퇴실할 수 없으므로 과다한 수분 섭취를 자제하는 등 건강 관리에 유의하시기 바랍니다.
  ※ '시험 포기 각서' 제출 후 퇴실한 수험자는 재입실·응시 불가하며 시험은 무효 처리합니다.
  ※ 단, 설사·배탈 등 긴급사항 발생으로 시험 도중 퇴실 시 재입실이 불가하고, 시험 시간 종료 전까지 시험 본부에서 대기해야 합니다.
○ 수험자는 감독위원의 지시에 따라야 하며, 부정한 행위를 한 수험자에게는 해당 시험을 무효로 하고, 그 처분일로부터 3년간 시험에 응시할 수 없습니다.
○ 시험 시간 중에는 통신기기 및 전자기기를 일체 휴대할 수 없으며, 시험 도중 관련 장비를 가지고 있다가 적발될 경우 실제 관련 장비의 사용 여부와 관계없이 부정행위자로 처리될 수 있습니다.
  ※ 통신기기 및 전자기기: 휴대용 전화기, 휴대용 개인정보단말기(PDA), 휴대용 멀티미디어 재생장치(PMP), 휴대용 컴퓨터, 휴대용 카세트, 디지털 카메라, 음성 파일 변환기(MP3), 휴대용 게임기, 전자사전, 카메라펜, 시각 표시 외의 기능이 있는 시계, 스마트워치 등
  ※ 휴대전화는 배터리와 본체를 분리하여야 하며, 분리되지 않는 기종은 전원을 꺼서 시험위원의 지시에 따라 보관하여야 합니다.(비행기 탑승 모드 설정은 허용하지 않음.)
○ 수험자 인적사항·답안지 등 작성은 반드시 검정색 필기구(볼펜, 사인펜 등)만 사용하여야 합니다.
  ※ 그 외 연필류, 유색 필기구 등으로 작성한 답항은 채점하지 않으며 0점 처리됩니다.
○ 답안 정정 시에는 반드시 정정 부분을 두 줄(=)로 긋고 다시 기재하여야 하며, 수정테이프(액) 등을 사용했을 경우 채점상의 불이익을 받을 수 있으므로 사용하지 마시기 바랍니다.
○ 시험 종료 후 감독위원의 답안카드(답안지) 제출 지시에 불응한 채 계속 답안카드(답안지)를 작성하

는 경우 해당 시험은 무효 처리되고 부정행위자로 처리될 수 있습니다.
- 시험 당일 시험장 내에는 주차 공간이 없거나 협소하므로 대중교통을 이용하여 주시고, 교통 혼잡이 예상되므로 미리 입실할 수 있도록 하시기 바랍니다.
- 문제에 대한 의견을 제출하고자 할 때에는 반드시 정해진 기간 내에 제출하여야 합니다.
- 시험장은 전체가 금연 구역이므로 흡연을 금지하며, 쓰레기를 함부로 버리거나 시설물이 훼손되지 않도록 주의하시기 바랍니다.
- 기타 시험 일정, 운영 등에 관한 사항은 맞춤형조제관리사 자격시험 홈페이지의 시행 공고를 확인하시기 바라며, 미확인으로 인한 불이익은 수험자의 책임입니다.

9. 시험 시행 기관

- 한국생산성본부 자격컨설팅센터
- (문의) 전화번호: 02-724-1170
- 홈페이지: https://license.kpc.or.kr/qplus/ccmm

01

화장품법의 이해

1.1 화장품법
1.2 개인정보보호법

CHAPTER 01 화장품법의 이해

1.1 화장품법

<학습차례>

1. 화장품의법 입법취지
2. 화장품의 정의 및 유형
3. 화장품법에 따른 영업의 종류
4. 화장품의 품질 요소(안정성, 안정성, 유효성)
5. 화장품의 사후관리 기준

1. 화장품법의 입법취지

1. 화장품법의 입법 취지

화장품법은 약사법에서 분리되어 1999년 9월 7일 제정 공포되어 2000년에 시행 되었다.
화장품법 시행 이전에는 약사법에 따라 규제 되어 왔으나 화장품의 특수성을 잘 반영하지 못하였고 이에 따라 법령 제정의 필요성이 대두 되었다.
이후 아래와 같이 여러 차례 개정이 반복되면서 현재의 화장품법에 이르게 되었다.
현재 화장품법 제1조에 명시된 화장품법의 목적을 보면 화장품법 제정의 취지를 잘 알 수 있다.

- 약사법 1953년 제정
- 화장품법 1999. 9. 7 제정(약사법에서 분리)
- 2005년 화장품 안전용기·포장 사용을 의무화
- 2007년 전 성분 표시제 시행
- 2011년 광고실증제, 화장품 원료사용 제한 완화
  (화장품원료 사용 네가티브 시스템 제도 도입)
  위해요소에 대한 위해평가 국가 수행 의무화
- 2019년 영유아 또는 어린이 사용 화장품의 관리조항이 신설
- 2020년 3월 14일 맞춤형화장품판매업, 조제관리사 제도 실시

2. 화장품법의 목적

화장품의 **제조·수입·판매** 및 **수출** 등에 관한 사항을 규정함으로써 **국민보건향상**과 **화장품 산업의 발전에 기여**함을 목적으로 한다.

3. 화장품과 의약품의 차이
- 「화장품법」에 따르면 의약품에 해당하는 물품은 화장품에서 제외한다.(「화장품법」제2조제1호 단서 및 규제「약사법」제2조제4호).
- 인체에 사용하는 물품이라도 **질병의 진단이나 치료, 처치, 증상 경감 또는 예방을 목적으로 사용**하는 것은 화장품이 아니라 **의약품에 해당**한다.

2. 화장품의 정의 및 유형

1. 화장품의 정의
인체를 청결·미화하여 매력을 더하고 용모를 밝게 변화시키거나 **피부·모발**의 건강을 유지 또는 증진하기 위하여 **인체에 바르고 문지르거나 뿌리는 등 이와 유사한 방법으로 사용되는 물품**으로서 **인체에 대한 작용이 경미**한 것을 말한다.

> **1회 시험 출제**
> ➢ 화장품의 정의에 대해서 5지선다형 문제 출제
> ➢ "피부·모발·**구강**"이라는 틀린 지문으로 출제

2. 화장품법(용어의 정의)
① **천연화장품** : 동식물 및 그 유래 원료 등을 함유한 화장품으로서 식품의약품안전처장이 정하는 기준에 맞는 화장품
② **유기농화장품** : 유기농 원료, 동식물 및 그 유래 원료 등을 함유한 화장품으로서 식품의약품안전처장이 정하는 기준에 맞는 화장품
③ **맞춤형화장품**
  (1) 제조 또는 수입된 화장품의 **내용물**에 다른 화장품의 **내용물**이나 식품의약품안전처장이 정하는 원료를 추가하여 **혼합**한 화장품
  (2) 제조 또는 수입된 화장품의 **내용물**을 **소분**한 화장품
④ **안전용기·포장** : 만 5세 미만의 어린이가 개봉하기 어렵게 설계·고안된 용기나 포장
⑤ **사용기한** : 화장품이 제조된 날부터 적절한 보관 상태에서 제품이 고유의 특성을 간직한 채 소비자가 안정적으로 사용할 수 있는 최소한의 기한

> **1회 시험 출제** ➢ 단답형 문제 출제(정답 : 사용기한)

⑥ **1차 포장** : 화장품 제조 시 내용물과 직접 접촉하는 포장용기
⑦ **2차 포장** : 1차 포장을 수용하는 1개 또는 그 이상의 포장과 보호재 및 표시의 목적으로 한 포장(첨부문서 포함)

> **1회 시험 출제** ➢ 단답형 문제로 출제(정답 : 2차포장, 1차 포장)

⑧ **표시** : 화장품의 용기·포장에 기재하는 문자·숫자·도형 또는 그림 등
⑨ **광고** : 라디오·텔레비전·신문·잡지·음성·음향·영상·인터넷·인쇄물·간판, 그 밖의 방법에 의하여

화장품에 대한 정보를 나타내거나 알리는 행위

⑩ **화장품제조업** : 화장품의 전부 또는 일부를 제조(2차 포장 또는 표시만의 공정 제외)하는 영업

⑪ **화장품책임판매업** : 취급하는 화장품의 품질 및 안전 등을 관리하면서 이를 유통·판매하거나 수입대행형 거래를 목적으로 알선·수여(授與)하는 영업

⑫ **맞춤형화장품판매업** : 맞춤형화장품을 판매하는 영업

3. 화장품의 유형

	화장품의 유형	화장품의 종류	
1	영·유아용(만 3세 이하의 어린이 용을 말함) 제품류	■ 영·유아용 샴푸, 린스 ■ 영·유아용 오일 ■ 영·유아 목욕용 제품	■ 영·유아용 로션, 크림 ■ 영·유아 인체 세정용 제품
2	목욕용 제품류	■ 목욕용 오일·정제·캡슐 ■ 버블 배스(bubble baths)	■ 목욕용 소금류 ■ 그 밖의 목욕용 제품류
3	인체 세정용 제품류	■ 폼 클렌저(foam cleanser) ■ 물휴지(다만, 식품접객업의 영업소에서 손을 닦는 용도 등으로 사용할 수 있도록 포장된 물티슈와 장례식장 또는 의료기관 등에서 시체(屍體)를 닦는 용도로 사용되는 물휴지는 제외)	■ 바디 클렌저(body cleanser) ■ **액체 비누(liquid soaps) 및 화장 비누(고체 형태의 세안용 비누)** ■ 외음부 세정제 ■ 그 밖의 인체 세정용 제품류
4	눈 화장용 제품류	■ 아이브로 펜슬(eyebrow pencil) ■ 아이 섀도(eye shadow) ■ 아이 메이크업 리무버(eye make-up remover)	■ 아이 라이너(eye liner) ■ 마스카라(mascara) ■ 그 밖의 눈 화장용 제품류
5	**방향용 제품류**	■ 향수 ■ 향낭(香囊) ■ 분말향	■ 콜롱(cologne) ■ 그 밖의 방향용 제품류
6	두발 염색용 제품류	■ 헤어 틴트(hair tints) ■ 탈염·탈색용 제품 ■ 염모제	■ 헤어컬러스프레이(hair color sprays) ■ 그 밖의 두발 염색용 제품류
7	**색조 화장용 제품류**	■ 볼연지 ■ 리퀴드·크림·케이크 파운데이션 ■ 메이크업픽서티브(make-up fixatives) ■ 립글로스(lip gloss), 립밤(lip balm) ■ 페이스 파우더(face powder), 페이스 케이크(face cakes)	■ 메이크업 베이스(make-up bases) ■ 립스틱, 립라이너(lip liner) ■ 바디페인팅(body painting), 페이스페인팅(facd painting), 분장용 제품 ■ 그 밖의 색조 화장용 제품류
8	두발용 제품류	■ 헤어 컨디셔너(hair conditioners) ■ 헤어 토닉(hair tonics) ■ 헤어 그루밍 에이드(hair grooming aids) ■ 헤어 크림·로션 ■ 헤어 오일 ■ 포마드(pomade)	■ 헤어 스프레이·무스·왁스·젤 ■ 샴푸, 린스 ■ 퍼머넌트 웨이브(permanent wave) ■ 헤어 스트레이트너(hair straightner) ■ 그 밖의 두발용 제품류
9	손발톱용 제품류	■ 베이스코트(basecoats), 언더코트(under coats) ■ 네일폴리시(nail polish), 네일에나멜(nail enamel)	■ 탑코트(topcoats) ■ 네일 크림·로션·에센스 ■ 네일폴리시·네일에나멜 리무버 ■ 그 밖의 손발톱용 제품류
10	면도용 제품류	■ 애프터셰이브 로션(aftershave lotions) ■ 남성용 탤컴(talcum) ■ 프리셰이브 로션(preshave lotions)	■ 셰이빙 크림(shaving cream) ■ 셰이빙 폼(shaving foam) ■ 그 밖의 면도용 제품류

<1장. 화장품법의 이해>

11	기초화장용 제품류	■ 수렴·유연·영양 화장수(face lotions) ■ 마사지 크림 ■ 에센스, 오일 ■ 파우더 ■ 바디 제품 ■ 팩, 마스크	■ 눈 주위 제품 ■ 로션, 크림 ■ 손·발의 피부 연화 제품 ■ 클렌징워터, 클렌징오일, 클렌징로션, 클렌징크림 등 메이크업 리무버 ■ 그 밖의 기초화장용 제품류
12	체취 방지용 제품류	■ 데오도런트	■ 그 밖의 체취 방지용 제품류
13	체모 제거용 제품류	■ 제모제	■ 그 밖의 체모 제거용 제품류

1회 시험 출제 ➤ 화장품 유형별로 올바르게 짝지어진 것 찾는 5지선다형 문제 출제

3. 화장품의 유형별 특성(1)

1. 화장품의 사용목적 및 특성

① 화장품의 목적 및 기능

목적	기능
피부를 청결히 한다.	세정, 청결
피부의 모이스춰 밸런스를 유지한다.	보습 작용
자외선으로부터 피부를 보호한다	자외선 방어
피부의 신진대사를 촉진한다.	항산화 작용
피부 트러블에 대응한다.	미백, 주름과 처짐의 개선,여드름 방지

② 메이크업 화장품의 사용목적
• 미적 역할 : 피부색보정, 광택, 투명감, 화장 지속성
• 보호적 역할 : 피부보호, 자외선, 주위환경으로 부터 보호
• 심리적 역할 : 만족감, 안정감

2. 화장품의 유형별(용도) 특성

① 수렴화장수
물, 알코올, 시트르산 등으로 만들어진, 피부의 산도유지를 위한 화장수. 각질층 보습 외에 수렴작용, 피지 분비 억제작용을 하며, 아스트린젠트, 토닝 로션, 스킨 토너 등으로 불린다. 알코올이 배합되어 피부에 청량감을 주고 소독작용을 한다. 비타민 B6와 같은 피지 억제 성분이 배합 된다.

② 유연화장수
보습제, 유연제 함유, 각질층 수분을 공급하고 피부를 유연하고 부드럽게 한다. 또 피부표면의 각질을 부드럽게 하고 마사지크림이나 유액의 침투를 촉진시키므로 코튼에 화장수를 묻혀서 닦아낸다.

③ 유액(로션, 크림)

수분을 많이 함유한 유화상태로 만든 것으로 액체 크림이라고도 한다. 따라서 유화상태인 것이 고형화되어 있는 것을 크림이라고 하며, 액체상태를 그대로 유지하고 있는 것은 유액이라고 한다. 피부의 모이스처 밸런스 유지에 중요한 수분, 유분, 보습 성분의 공급, 피부를 부드럽고 촉촉한 상태로 유지하는 기능모이스처 로션, 클렌징 로션, 마사지 로션, 선블록로션, 핸드로션, 바디로션 등이 있다.

④ 크림

(1) 유성 크림 ·하이지닉크림 ·무유성크림 등으로 크게 나눌 수 있으며, 이것은 피부에 습윤기를 주어서 피부의 유연성을 좋게 한다. 특히 이 작용을 강조한 영양크림 ·에몰리언트 크림 ·나이트크림 등은 유분이 많이 함유되어 있다.

(2) 콜드크림: 영양효과를 얻는 것이 아니라 손가락의 움직임을 윤활하게 하기 때문에 마사지용 크림으로서 사용된다. 마사지를 한 후에는 반드시 닦아내야 한다.

(3) 클렌징크림 : 콜드크림과 같이 친유성(lipo-philic)이며, w/o(water in oil)형으로 표시된 물이 작은 방울로 분산되어 있다. 대표적인 작용은 유성화장을 닦아내는 데 가장 적합하다. 세정을 목적으로 한 크림으로, 오랜 시간 피부에 발라 두면 좋지 않으므로 부드러운 티슈페이퍼로 가볍게 깨끗이 닦아내도록 한다.

(4) 영양크림(나이트 크림): 광물유를 함유하지 않고, 만일 함유되어 있더라도 극소량이며, 라놀린(lanolin) 스쿠알렌(squalene) 등의 양질 유지에 레시틴 ·콜레스테롤 ·비타민 등을 첨가한 것으로 밤에만 사용한다.

3. 화장품의 유형별 특성(2)

1. 기능성화장품의 범위(화장품법)

① 피부의 **미백**에 도움을 주는 제품
② 피부의 **주름개선**에 도움을 주는 제품
③ 피부를 곱게 태워주거나 **자외선**으로부터 피부를 보호하는 데에 도움을 주는 제품
④ **모발**의 색상 변화·제거 또는 영양공급에 도움을 주는 제품
⑤ **피부나 모발의 기능 약화**로 인한 건조함, 갈라짐, 빠짐, 각질화 등을 방지하거나 개선하는 데에 도움을 주는 제품

> 1회 시험 출제
> ➤ 기능성화장품을 구분하는 5지선다형 문제 출제
> ➤ 「화장품법 시행규칙」 제2조(기능성화장품의 범위) 참조

2. 기능성화장품의 범위(화장품법 시행규칙)

① 피부에 **멜라닌색소가 침착하는 것을 방지**하여 기미·주근깨 등의 생성을 억제함으로써 피부의 **미백**에 도움을 주는 기능을 가진 화장품
② 피부에 침착된 **멜라닌색소의 색을 엷게** 하여 피부의 **미백**에 도움을 주는 기능을 가진 화장품

③ 피부에 탄력을 주어 피부의 **주름을 완화 또는 개선**하는 기능을 가진 화장품
④ 강한 **햇볕을 방지**하여 피부를 곱게 태워주는 기능을 가진 화장품
⑤ 자외선을 차단 또는 산란시켜 **자외선으로부터 피부를 보호**하는 기능을 가진 화장품
⑥ **모발의 색상을 변화**[탈염(脫染)·탈색(脫色)을 포함한다]시키는 기능을 가진 화장품. 다만, 일시적으로 모발의 색상을 변화시키는 제품은 제외한다.
⑦ **체모를 제거**하는 기능을 가진 화장품. 다만, 물리적으로 체모를 제거하는 제품은 제외한다.
⑧ **탈모 증상의 완화**에 도움을 주는 화장품. 다만, 코팅 등 물리적으로 모발을 굵게 보이게 하는 제품은 제외한다.
⑨ **여드름성 피부를 완화**하는 데 도움을 주는 화장품. 다만, 인체세정용 제품류로 한정한다.
⑩ **아토피성 피부로 인한 건조함 등을 완화**하는 데 도움을 주는 화장품
⑪ **튼살로 인한 붉은 선을 옅게** 하는 데 도움을 주는 화장품

3. 기능성화장품의 심사 및 제출서류

① 화장품제조업자, 화장품책임판매업자 또는 대학·연구기관·연구소(연구기관)
  - 식품의약품안전평가원장의 심사
  - **품목별로 기능성화장품 심사의뢰서**(전자문서 포함)와 **첨부서류** 제출

[첨부서류]
(1) 기원(起源) 및 개발 경위에 관한 자료
(2) 안전성에 관한 자료
    가. 단회 투여 독성시험 자료
    나. 1차 피부 자극시험 자료
    다. 안(眼)점막 자극 또는 그 밖의 점막 자극시험 자료
    라. 피부 감작성시험(感作性試驗)자료
    마. 광독성(光毒性) 및 광감작성 시험 자료
    바. 인체 첩포시험(貼布試驗) 자료

> **1회 시험 출제** ▷ 5지선다형 문제로 출제

(3) 유효성 또는 기능에 관한 자료
    가. 효력시험 자료
    나. 인체 적용시험 자료
        유효성 또는 기능에 관한 자료 중 인체적용시험자료를 제출하는 경우 **효력시험자료** 제출을 면제할 수 있다. 다만, 이 경우에는 효력시험자료의 제출을 면제받은 성분에 대해서는 효능·효과를 기재·표시할 수 없다.

> **1회 시험 출제** ▷ 5지선다형 문제로 출제

(4) 자외선 차단지수 및 자외선A 차단등급 설정의 근거자료(자외선을 차단 또는 산란시켜 자외선으로부터 피부를 보호하는 기능을 가진 화장품의 경우만 해당)
(5) 기준 및 시험방법에 관한 자료[검체(檢體)]를 포함한다.

② 제품의 효능·효과를 나타내는 성분·함량을 고시한 품목의 경우
  -제1호부터 제4호까지의 자료 제출을 생략할 수 있다.

③ 기준 및 시험방법을 고시한 품목의 경우
  -제5호의 자료 제출을 각각 생략할 수 있다.

4. 기능성화장품의 심사를 받지 아니하고 보고서를 제출 하여야 하는 대상
① 기능성화장품의 심사를 받지 아니하고 보고서를 제출 하여야 하는 대상
  (1) 효능·효과가 나타나게 하는 성분의 종류·함량, 효능·효과, 용법·용량, 기준 및 시험방법이 고시한 품목과 같은 기능성화장품
  (2) 이미 심사를 받은 기능성화장품과 다음 사항이 모두 같은 품목
    가. 효능·효과가 나타나게 하는 원료의 종류·규격 및 함량
    나. 효능·효과
    다. 기준(pH에 관한 기준은 제외) 및 시험방법
    라. 용법·용량
    마. 제형
② 기능성화장품으로 인정받아 판매 등을 하려는 화장품제조업자, 화장품책임판매업자 또는 연구기관
  • 품목별로 기능성화장품 심사 제외 품목 보고서(전자문서 포함)를 식품의약품안전평가원장에게 제출해야 한다.

5. 천연화장품 · 유기농화장품의 용어 정의
① <u>유기농 원료</u>
  (1) 「친환경농어업 육성 및 유기식품 등의 관리·지원에 관한 법률」에 따른 유기농수산물
  (2) 외국 정부(미국, 유럽연합, 일본 등)에서 정한 기준에 따른 인증기관으로부터 유기농수산물로 인정
  (3) 국제유기농업운동연맹(IFOAM)에 등록된 인증기관으로부터 유기농 원료로 인증
② <u>식물 원료</u>
  식물(해조류와 같은 해양식물, 버섯과 같은 균사체 포함) 그 자체로서 **가공하지 않은 것**
③ <u>동물에서 생산된 원료(동물성 원료)</u>
  동물로부터 자연적으로 생산되는 것으로서 가공하지 않거나 이 동물로부터 자연적으로 생산되는 것을 가지고 이 고시에서 허용하는 물리적 공정에 따라 가공한 계란, 우유, 우유단백질 등의 화장품 원료
  →동물 그 자체(세포, 조직, 장기)는 제외
④ <u>미네랄 원료</u>
  지질학적 작용에 의해 자연적으로 생성된 물질을 가공한 화장품 원료
  →단, 화석연료로부터 기원한 물질은 제외
  *공통 : 이를 이 고시에서 허용하는 **물리적 공정**에 따라 가공한 것

⑤ <u>유기농유래 원료</u>
유기농 원료를 이 고시에서 허용하는 화학적 또는 생물학적 공정에 따라 가공한 원료

⑥ <u>식물유래, 동물성유래 원료</u>
식물원료 또는 동물성원료를 가지고 이 고시에서 허용하는 화학적 공정 또는 생물학적 공정에 따라 가공한 원료

⑦ <u>미네랄유래 원료</u>
미네랄원료를 가지고 이 고시에서 허용하는 화학적 공정 또는 생물학적 공정에 따라 가공한 별표 1의 원료(미네랄유래 원료)를 말한다.
*공통 : 이를 이 고시에서 허용하는 **화학적** 또는 **생물학적 공정**에 따라 가공한 것

⑧ **천연 원료**
제1호부터 제4호까지의 원료(유기농, 식물, 동물성, 미네랄원료)

⑨ **천연유래 원료**
제5호부터 제7호까지의 원료(유기농유래, 식물유래, 동물성유래, 미네랄유래 원료)

6. 천연화장품 및 유기농화장품에 대한 인증 및 유효기간

① 인증의 신청자
- 화장품제조업자
- 화장품책임판매업자
- 총리령으로 정하는 대학·연구소 등

② 인증의 취소
- 거짓이나 그 밖의 부정한 방법으로 인증을 받은 경우
- 인증기준에 적합하지 아니하게 된 경우

③ 인증의 유효기간
- 인증을 받은 날부터 3년
- 인증의 유효기간을 연장 : 유효기간 만료 90일 전에 연장신청

④ 인증의 표시
- 인증을 받은 화장품에 대해서는 인증표시를 할 수 있다.
- 누구든지 인증을 받지 아니한 화장품에 대하여 인증표시나 이와 유사한 표시를 하여서는 아니 된다.

7. 천연·유기농화장품에 사용할 수 있는 원료

① 천연화장품 및 유기농화장품의 제조에 <u>사용할 수 있는 원료</u>
  (1) 천연 원료
  (2) 천연유래 원료
  (3) 물
  (4) 기타 별표 3(허용 기타원료) 및 별표 4(허용 합성원료)에서 정하는 원료
  (단, 별표 2의 오염물질에 의해 오염되어서는 아니 된다)

② **합성원료의 사용량 기준**
  · 천연화장품 및 유기농화장품의 제조에 **사용할 수 없다.**

(단, 천연화장품 또는 유기농화장품의 품질 또는 안전을 위해 필요하나 따로 자연에서 대체하기 곤란한 **기타 별표 3(허용 기타원료) 및 별표 4(허용 합성원료) : 5% 이내 사용**)
* 이 경우에도 **석유화학 부분**(petrochemical moiety의 합)은 **2%를 초과할 수 없다.**

8. [별표 3] 허용 기타원료

다음의 원료는 천연 원료에서 석유화학 용제를 이용하여 추출할 수 있다.

원료	제한
베타인(Betaine)	
카라기난(Carrageenan)	
레시틴 및 그 유도체(Lecithin and Lecithin derivatives)	
토코페롤, 토코트리에놀(Tocopherol/ Tocotrienol)	
오리자놀(Oryzanol)	
안나토(Annatto)	
카로티노이드/잔토필(Carotenoids/Xanthophylls)	
앱솔루트, 콘크리트, 레지노이드(Absolutes, Concretes, Resinoids)	천연화장품에만 허용
라놀린(Lanolin)	
피토스테롤(Phytosterol)	
글라이코스핑고리피드 및 글라이코리피드(Glycosphingolipids and Glycolipids)	
잔탄검	
알킬베타인	

석유화학 용제의 사용 시 반드시 최종적으로 모두 회수되거나 제거되어야 하며, 방향족, 알콕실레이트화, 할로겐화, 니트로젠 또는 황(DMSO 예외) 유래 용제는 사용이 불가하다.

9. [별표 4] 허용 합성원료

1. 합성 보존제 및 변성제

원료	제한
벤조익애씨드 및 그 염류(Benzoic Acid and its salts)	
벤질알코올(Benzyl Alcohol)	
살리실릭애씨드 및 그 염류(Salicylic Acid and its salts)	
소르빅애씨드 및 그 염류(Sorbic Acid and its salts)	
데하이드로아세틱애씨드 및 그 염류(Dehydroacetic Acid and its salts)	
데나토늄벤조에이트, 3급부틸알코올, 기타 변성제(프탈레이트류 제외) (Denatonium Benzoate and Tertiary Butyl Alcohol and other denaturing agents for alcohol (excluding phthalates))	(관련 법령에 따라) 에탄올에 변성제로 사용된 경우에 한함

<1장. 화장품법의 이해>

이소프로필알코올(Isopropylalcohol)	
테트라소듐글루타메이트디아세테이트(Tetrasodium Glutamate Diacetate)	

1회 시험 출제 ➢ 5지선다형 문제로 출제

2. 천연 유래와 석유화학 부분을 모두 포함하고 있는 원료

분류	사용 제한
디알킬카보네이트(Dialkyl Carbonate)	
알킬아미도프로필베타인(Alkylamidopropylbetaine)	
알킬메칠글루카미드(Alkyl Methyl Glucamide)	
알킬암포아세테이트/디아세테이트(Alkylamphoacetate/Diacetate)	
알킬글루코사이드카르복실레이트(Alkylglucosidecarboxylate)	
카르복시메칠 - 식물 폴리머(Carboxy Methyl - Vegetal polymer)	
식물성 폴리머 - 하이드록시프로필트리모늄클로라이드(Vegetal polymer - Hydroxypropyl Trimonium Chloride)	두발/수염에 사용하는 제품에 한함
디알킬디모늄클로라이드(Dialkyl Dimonium Chloride)	두발/수염에 사용하는 제품에 한함
알킬디모늄하이드록시프로필하이드로라이즈드식물성단백질(Alkyldimonium Hydroxypropyl Hydrolyzed Vegetal protein)	두발/수염에 사용하는 제품에 한함

· 석유화학 부분(petrochemical moiety의 합)은 전체 제품에서 2%를 초과할 수 없다.
· 석유화학 부분은 다음과 같이 계산한다.
  - 석유화학 부분(%) = 석유화학 유래 부분 몰중량 / 전체 분자량 × 100
· 이 원료들은 유기농이 될 수 없다.

10. 천연·유기농화장품의 제조에 대해 금지되는 공정

① 별표 5의 금지되는 공정
  · 탈색, 탈취(Bleaching-Deodorisation) : 동물 유래
  · 방사선 조사(Irradiation) : 알파선, 감마선
  · 설폰화(Sulphonation)
  · 에칠렌 옥사이드, 프로필렌 옥사이드 또는 다른 알켄 옥사이드 사용
  · 수은화합물을 사용한 처리
  · 포름알데하이드 사용
② 유전자 변형 원료 배합
③ 니트로스아민류 배합 및 생성
④ 일면 또는 다면의 외형 또는 내부구조를 가지도록 의도적으로 만들어진 불용성이거나 생체 지속성인 1~100나노미터 크기의 물질 배합
⑤ 공기, 산소, 질소, 이산화탄소, 아르곤 가스 외의 분사제 사용

11. 천연·유기농화장품의 포장 및 보관

① 포장 : 천연화장품 및 유기농화장품의 용기와 포장에 사용 금지
- **폴리염화비닐**(Polyvinyl chloride (PVC))
- **폴리스티렌폼**(Polystyrene foam)

② 보관
(1) 유기농 원료는 다른 원료와 명확히 표시 및 구분하여 보관
(2) 표시 및 포장 전 상태의 유기농화장품은 다른 화장품과 구분하여 보관

12. 천연·유기농화장품의 원료조성 및 함량계산

① 천연화장품 : **천연 함량**이 전체 제품에서 **95% 이상**
- 천연 함량 비율(%) = 물 비율 + 천연 원료 비율 + 천연유래 원료 비율

② 유기농화장품 : **유기농 함량**이 전체 제품에서 **10% 이상**
- **유기농 함량을 포함한 천연 함량이 전체 제품에서 95% 이상**으로 구성
- 유기농 함량 비율 : 유기농 원료 및 유기농유래 원료에서 유기농 부분에 해당되는 함량 비율로 계산

> **1회 시험 출제** ➤ 5지선다형 문제로 출제

(1) 유기농 인증 원료의 경우 해당 원료의 유기농 함량으로 계산
(2) 유기농 함량 확인이 불가능한 경우 유기농 함량 비율 계산 방법은 다음과 같다.
  가. 물, 미네랄 또는 미네랄유래 원료는 유기농 함량 비율 계산에 포함하지 않는다. 물은 제품에 직접 함유되거나 혼합 원료의 구성요소일 수 있다.
  나. 유기농 원물만 사용하거나, 유기농 용매를 사용하여 유기농 원물을 추출한 경우 해당 원료의 유기농 함량 비율은 100%로 계산한다.
  다. 수용성 및 비수용성 추출물 원료의 유기농 함량 비율 계산 방법은 다음과 같다. 단, 용매는 최종 추출물에 존재하는 양으로 계산하며 물은 용매로 계산하지 않고, 동일한 식물의 유기농과 비유기농이 혼합되어 있는 경우 이 혼합물은 유기농으로 간주하지 않는다. (이하 교재 참고 하세요.)

> **1회 시험 출제** ➤ 5지선다형 문제로 출제

13. 천연·유기농화장품의 세척제에 사용 가능한 원료

- 과산화수소(Hydrogen peroxide/their stabilizing agents)
- 과초산(Peracetic acid)
- 락틱애씨드(Lactic acid)
- 알코올(이소프로판올 및 에탄올)
- 계면활성제(Surfactant)
  - 재생가능
  - EC50 or IC50 or LC50 > 10 mg/l
  - 혐기성 및 호기성 조건하에서 쉽고 빠르게 생분해 될 것(OECD 301 > 70% in 28

days)
- 에톡실화 계면활성제는 상기 조건에 추가하여 다음 조건을 만족하여야 함
  - 전체 계면활성제의 50% 이하일 것
  - 에톡실화가 8번 이하일 것
  - 유기농 화장품에 혼합되지 않을 것
- 석회장석유(Lime feldspar-milk)
- 소듐카보네이트(Sodium carbonate)
- 소듐하이드록사이드(Sodium hydroxide)
- 시트릭애씨드(Citric acid)
- 식물성 비누(Vegetable soap)
- 아세틱애씨드(Acetic acid)
- 열수와 증기(Hot water and Steam)
- 정유(Plant essential oil)
- 포타슘하이드록사이드(Potassium hydroxide)
- 무기산과 알칼리(Mineral acids and alkalis)

4. 화장품법에 따른 영업의 종류

1. 화장품제조업
① 화장품을 직접 제조하는 영업
② 화장품 제조를 위탁 받아 제조하는 영업
③ 화장품의 포장(1차 포장만 해당)을 하는 영업

2. 화장품책임판매업
① 화장품제조업자가 화장품을 직접 제조하여 유통·판매하는 영업
② 화장품제조업자에게 위탁하여 제조된 화장품을 유통·판매하는 영업
③ 수입된 화장품을 유통·판매하는 영업
④ 수입대행형 거래를 목적으로 화장품을 알선·수여하는 영업

3. 맞춤형화장품판매업
① 제조 또는 수입된 화장품의 내용물에 다른 화장품의 내용물이나 식품의약품안전처장이 정하여 고시하는 원료를 추가하여 혼합한 화장품을 판매하는 영업
② 제조 또는 수입된 화장품의 내용물을 소분(小分)한 화장품을 판매하는 영업

<1장. 화장품법의 이해>

4. 맞춤형화장품판매업의 신고 및 결격사유

1. 제출서류
    ① 맞춤형화장품판매업 **신고서**
        *소재지별로 맞춤형화장품판매업소의 소재지 지방식품의약품안전청장에게 제출
    ② 맞춤형화장품조제관리사의 **자격증**
        *2인 이상의 조제관리사 신고가 가능하며, 이 경우 신고하려는 모든 조제관리사의 자격증 사본을 제출하여야 함
2. 맞춤형화장품판매업을 하려는 자 : **신고**(변경 → **변경신고**)
3. 맞춤형화장품판매업을 신고한 자(맞춤형화장품판매업자)는 맞춤형화장품의 혼합·소분 업무에 종사하는 자(**맞춤형화장품조제관리사**)를 두어야 한다.
    ·등록 : 화장품제조업, 화장품책임판매업 → 등록의 취소
    ·신고 : **맞춤형화장품판매업** → **영업소 폐쇄**
4. 맞춤형화장품판매업의 신고를 할 수 없는 **결격사유**
    ① **피성년후견인, 파산선고를 받고 복권되지 아니한 자**
    ② 화장품법 또는 「보건범죄 단속에 관한 특별조치법」을 위반하여 **금고 이상의 형을 선고** 받고 그 집행이 끝나지 아니하거나 그 집행을 받지 아니하기로 확정되지 아니한 자
    ③ 등록이 취소되거나 **영업소가 폐쇄된 날부터 1년이 지나지 아니한 자**
    *정신질환자, 마약류중독자는 제조업등록의 결격 사유에 해당

> **1회 시험 출제** ➤ 맞춤형화장품판매업 신고의 결격사유에 해당여부를 묻는 5지선다형 문제 출제

5. 맞춤형화장품판매업의 변경신고

① 맞춤형화장품판매업자가 변경신고를 하여야 하는 경우
    (1) 맞춤형화장품**판매업자의 변경**
    (2) 맞춤형화장품판매**업소의 상호 변경**
    (3) 맞춤형화장품판매**업소의 소재지 변경**
    (4) 맞춤형화장품**조제관리사의 변경**
    ※ 맞춤형화장품판매업자(법인 포함)의 상호 및 소재지 변경은 변경신고 대상에 해당되지 않는다.(업소와 업자의 차이 구분해야 함) - (화장품법 시행규칙 제8조의3 해설 참조)
② 변경 사유가 발생한 날부터 **30일 이내**
    (행정구역 개편에 따른 소재지 변경의 경우에는 90일 이내)
    • 맞춤형화장품판매업 **변경신고서**
    • 맞춤형화장품판매업 **신고필증**
    (1) 맞춤형화장품판매업자의 변경(법인의 경우에는 대표자의 변경)의 경우에는 다음의 서류
        가. 양도·양수의 경우에는 이를 증명하는 서류
        나. 상속의 경우에는 가족관계증명서
    (2) 맞춤형화장품조제관리사 변경의 경우 : 자격증

<1장. 화장품법의 이해>

6. 화장품제조업 또는 화장품책임판매업을 등록하려는 자

① **화장품제조업을 등록하려는 자** : 시설기준을 갖추어야 한다.(일부 공정만을 제조하는 경우는 일부시설을 갖추지 않아도 됨)

<제출서류>
· 화장품제조업 등록신청서(전자문서로 된 신청서 포함)
· 정신질환자에 해당하지 않음을 증명하는 의사 진단서
· 마약류의 중독자에 해당되지 않음을 증명하는 의사의 진단서
· 시설의 명세서

② **화장품책임판매업을 등록하려는 자**

화장품의 품질관리 및 책임판매 후 안전관리에 관한 기준을 갖추어야 하며, 책임판매관리자를 두어야 한다.

<제출서류>
· 화장품책임판매업 등록신청서
· 화장품의 품질관리 및 책임판매후 안전관리에 적합한 기준에 관한 규정
· 책임판매관리자의 자격을 확인할 수 있는 서류
*수입대행형 거래를 목적으로 화장품을 알선·수여(授與)하는 영업은 등록신청서만 제출

7. 등록의 취소 등

- 영업자의 등록 취소, 영업소 폐쇄(맞춤형화장품판매업)
- 품목의 제조·수입 및 판매(수입대행형 거래를 목적으로 하는 알선·수여를 포함)의 금지
- 1년의 범위에서 기간을 정하여 그 업무의 전부 또는 일부에 대한 정지

   1. 화장품제조업 또는 화장품책임판매업의 변경 사항 등록을 하지 아니한 경우
   2. 시설을 갖추지 아니한 경우
   3. **맞춤형화장품판매업의 변경신고를 하지 아니한 경우**
   4. 국민보건에 위해를 끼쳤거나 끼칠 우려가 있는 화장품을 제조·수입한 경우
   5. 심사를 받지 아니하거나 보고서를 제출하지 아니한 기능성화장품을 판매한 경우
   6. 제품별 안전성 자료를 작성 또는 보관하지 아니한 경우
   7. 영업자의 준수사항을 이행하지 아니한 경우
   8. 회수 대상 화장품을 회수하지 아니하거나 회수하는 데에 필요한 조치를 하지 아니한 경우
   9. 회수계획을 보고하지 아니하거나 거짓으로 보고한 경우
   10. 화장품의 안전용기·포장에 관한 기준을 위반한 경우
   11. 규정을 위반하여 화장품의 용기 또는 포장 및 첨부문서에 기재·표시한 경우
   12. 화장품을 표시·광고하거나 중지명령을 위반하여 화장품을 표시·광고 행위를 한 경우
   13. 제15조를 위반하여 판매하거나 판매의 목적으로 제조·수입·보관 또는 진열한 경우
   14. 제18조제1항·제2항에 따른 검사·질문·수거 등을 거부하거나 방해한 경우
   15. 시정명령·검사명령·개수명령·회수명령·폐기명령 또는 공표명령 등을 이행하지 아니한 경우
   16. 회수계획을 보고하지 아니하거나 거짓으로 보고한 경우

[반드시 등록취소 및 영업소 폐쇄의 경우]
1. 정신질환자(등록의 경우 제조업자만 해당)
2. 피성년후견인, 파산선고후 복권되지 않은자
3. 마약류중독자(등록의 경우 제조업자만 해당)
4. 화장품법 및 보건범죄단속에관한특별조치법 위반으로 금고이상 선고 받은 자
5. 등록이 취소되거나 영업소가 폐쇄된 된 날부터 1년이 지나지 아니한 자
6. 업무정지기간 중에 업무를 한 경우(광고 업무정지는 제외)

[주의] 등록(폐쇄)의 취소 요건과 영업의 신고에 대한 결격사유를 구분해야 함.

8. 영업자의 지위 승계 / 행정제재처분 효과의 승계

[영업자의 의무 및 지위 승계]
- 영업자 사망 : 상속인
- 영업을 양도한 경우 : 영업을 양수한 자
- 법인인 영업자가 합병한 경우 : 합병 후 존속하는 법인이나 합병에 따라 설립되는 법인

[행정제재처분 효과의 승계]
- 영업자의 지위를 승계한 경우 종전의 영업자에 대한 행정제재처분의 효과:
  - 처분 기간이 끝난 날부터 1년간 해당 영업자의 지위를 승계한 자에게 승계
- 행정제재처분의 절차가 진행 중일 때:
  - 해당 영업자의 지위를 승계한 자에 대하여 그 절차를 계속 진행할 수 있다.
  다만, 영업자의 지위를 승계한 자가 지위를 승계할 때에 그 **처분 또는 위반 사실을 알지 못하였음을 증명하는 경우**에는 그러하지 아니하다

<1장. 화장품법의 이해>

5. 화장품의 품질 요소(안전성, 안정성, 유효성)

1. 화장품의 품질요소(안전성)
: 화장품의 4대 품질요소 : 안전성, 안정성, 유용성(유효성), 사용성

　　1회 시험 출제　➤ 5지선다형의 지문으로 출제

① 화장품의 안전성
화장품은 건강한 사람의 피부에 반복하여 장기적으로 사용되기 때문에 의약품처럼 치료라고 하는 유효성과 부작용이라는 위험의 밸런스를 가치로 하는 것이 아니라, 절대적인 **안전성**이 확보되어야만 한다.

② 화장품에서 신중하게 취급해야 할 원료
- **보존제**
- 산화방지제
- 금속이온봉쇄제
- **자외선흡수제**
- 타르계 **색소**

2. 안전성 평가 항목
① **급성 독성시험** : 화장품을 잘못하여 먹었을 때 위험성을 예측하기 위해, 동물에 1회 투여했을 때 LD_{50}값을 산출.
② **피부 1차 자극성 시험** : 피부에 1회 투여했을 때 자극성을 평가
③ **연속 피부 자극성 시험** : 피부에 반복투여 했을 때의 자극성을 평가하는 시험으로 1차 자극에서는 나타나지 않는 약한 자극이 누적되어 자극을 발생할 가능성을 예측하는 것으로, 동물에 2주간 반복 투여하는 방법이 실행
④ **감작성 시험** : 피부에 투여했을 때의 접촉 감작(allergy)성을 검출하는 방법
⑤ **광독성 시험** : 피부상의 피험물질이 자외선에 의해 생기는 자극성을 검출하기 위해 UV램프를 조사하여 시험
⑥ **광감작성시험** : 피부상의 피험물질이 자외선에 폭로되었을 때 생기는 접촉감작성을 검출하는 방법, 감작성 시험에 광조사가 가해지는것
⑦ **안자극성시험** : 화장품이 눈에 들어갔을 때의 위험성을 예측하기 위해 동물시험이나 동물대체시험으로 단백질 구조 변화 시험 등이 실행
⑧ **변이원성시험** : 유전독성을 평가하기 위해 돌연변이나 염색체 이상을 유발하는지를 조사하는 방법으로 세균, 배양세포 마우스를 이용하여 실행하는 시험이다.
⑨ **인체 패치테스트** : 인체에 대한 피부 자극성이나 감작성을 평가하는 시험으로 통상 등 부위나 팔 안쪽에 폐쇄 첩포하여 실행한다.

　　1회 시험 출제　➤ 5지선다형의 지문으로 출제

<1장. 화장품법의 이해>

3. 화장품의 품질요소(안정성)

화장품이 각종 기능을 발현하기 위해서는 내용물의 화학적·물리적인 변화가 일어나지 않도록 하는 것이 중요하다.
- 화학적변화 : 변색, 퇴색, 변취, 오염, 결정 석출 등
- 물리적변화 : 분리, 침전, 응집, 발분, 발한, 겔화, 휘발, 고화, 연화, 균열 등

1회 시험 출제 ➤ 5지선다형 문제 출제

① 화장품의 안정성이란?
 1. 제조 직후 제품의 품질이나 성상을 언제까지 유지하는 것이 가능한가?
 2. 제품 그 자체의 형상의 변화, 변질 및 기능의 저하에 있어서의 수명을 예측하기 위한 시험

② 안정성 시험법
완성된 제품을 육안으로 검사하여 양호품과 불량품으로 판별하는 시험법이다.
외관 시험법은 기초 제품, 색조 제품 등 각종 제품류와 제품의 내용물, 용기 및 포장 상자의 이상 유무 정도를 직접 육안으로 관찰하여 표준 견본과 비교하여 판정한다.

4. 화장품의 품질요소(유효성)

① 세정 효과나 보습 효과, 자외선 차단 효과, 미백 효과, 육모나 양모, 피부 거칠음 개선 효과, 체취 방지 효과 등 소비자의 기대를 충분히 만족시키는 상품인지의 여부
② 바이오테크놀러지에 의한 신원료, 신약제의 개발, 정밀화학에 의한 신소재의 개발로 유용성이 높은 기능성화장품의 개발
 (1) **생리학적 유용성** : 거친 피부 개선(보습), 주름 개선, 미백, 탈모 방지 등
 (2) **물리화학적 유용성** : 자외선 차단, 메이크업에 의한 기미, 주근깨 커버 효과
 (3) 체취 방지, 갈라진 모발의 개선 효과 등·**심리학적 유용성** : 향기요법, 메이크업의 색채 심리 효과 등

6. 화장품의 사후관리 기준

1. 맞춤형화장품 판매관리
① 판매내역 작성·보관
 -제조번호, 판매일자·판매량, 사용기한 또는 개봉 후 사용기간 포함
② 혼합 또는 소분에 사용되는 내용물 및 원료와 사용 시 주의사항에 대하여 소비자에게 설명

2. 맞춤형화장품의 사후관리
① 안전성 정보(부작용 발생 사례 포함)를 인지한 경우 신속히 책임판매업자에게 보고
② 회수 대상임을 인지한 경우 신속히 책임판매업자에게 보고 및 회수 대상 맞춤형화장품을

구입한 소비자로부터 적극적 회수조치

3. 맞춤형화장품판매업자의 준수사항
① 맞춤형화장품 판매장 시설·기구의 관리 방법
② 혼합·소분 안전관리기준의 준수 의무
③ 혼합·소분되는 내용물 및 원료에 대한 설명 의무

4. 맞춤형화장품판매업자의 준수사항
① 맞춤형화장품 판매장 시설·기구를 정기적으로 점검하여 보건위생상 위해가 없도록 관리할 것
② 다음 의 혼합·소분 안전관리기준을 준수할 것
　가. 혼합·소분 전에 혼합·소분에 사용되는 내용물 또는 원료에 대한 품질성적서를 확인할 것
　나. 혼합·소분 전에 손을 소독하거나 세정할 것. 다만, 혼합·소분 시 일회용 장갑을 착용하는 경우에는 그렇지 않다.
　다. 혼합·소분 전에 혼합·소분된 제품을 담을 포장용기의 오염 여부를 확인할 것
　라. 혼합·소분에 사용되는 장비 또는 기구 등은 사용 전에 그 위생 상태를 점검하고, 사용 후에는 오염이 없도록 세척할 것
　마. 그 밖에 가목부터 라목까지의 사항과 유사한 것으로서 혼합·소분의 안전을 위해 식품의약품안전처장이 정하여 고시하는 사항을 준수할 것
③ 다음 사항이 포함된 맞춤형화장품 판매내역서(전자문서 포함)를 작성·보관할 것
　가. 제조번호
　나. 사용기한 또는 개봉 후 사용기간
　다. 판매일자 및 판매량
④ 맞춤형화장품 판매 시 다음 각 목의 사항을 소비자에게 설명할 것
　가. 혼합·소분에 사용된 내용물·원료의 내용 및 특성
　나. 맞춤형화장품 사용 시의 주의사항
⑤ 맞춤형화장품 사용과 관련된 부작용 발생사례에 대해서는 지체 없이 식품의약품안전처장에게 보고할 것
⑥ 기타 맞춤형화장품판매업자의 준수사항
　가. 맞춤형화장품판매업소마다 맞춤형화장품조제관리사를 둘 것
　나. 둘 이상의 책임판매업자와 계약하는 경우 사전에 각각의 책임판매업자에게 고지한 후 계약을 체결하여야 하며, 맞춤형화장품 혼합·소분 시 책임판매업자와 계약한 사항을 준수할 것

5. 맞춤형화장품조제관리사 자격시험

• 맞춤형화장품조제관리사 : 자격시험에 합격

  [자격의 취소]
  - 맞춤형화장품조제관리사가 **거짓이나 그 밖의 부정한 방법**으로 시험에 합격한 경우
  - 자격이 취소된 사람은 **취소된 날부터 3년**간 자격시험에 응시할 수 없다.

6. 책임판매관리자가 수행해야할 직무

① 품질관리기준에 따른 품질관리 업무
② 책임판매 후 안전관리기준에 따른 안전확보 업무
③ 원료 및 자재의 입고(入庫)부터 완제품의 출고에 이르기까지 필요한 시험·검사 또는 검정에 대하여 제조업자를 관리·감독하는 업무
④ 상시근로자수가 10명 이하인 화장품책임판매업을 경영하는 화장품책임판매업자(법인인 경우에는 그 대표자)가 자격기준에 해당될 때 책임판매관리자를 둔 것으로 본다

7. 맞춤형화장품판매업 관련 행정처분

위반 내용	처분기준			
	1차 위반	2차 위반	3차 위반	4차 이상 위반
맞춤형화장품판매업의 변경신고를 하지 아니한 경우				
가) 맞춤형화장품판매업자(법인인 경우 대표자)의 변경 또는 그 상호(법인인 경우 법인의 명칭)의 변경	시정명령	판매업무정지 5일	판매업무정지 15일	판매업무정지 1개월
나) 맞춤형화장품판매업소의 소재지 변경	판매업무정지 1개월	판매업무정지 3개월	판매업무정지 6개월	영업소 폐쇄
다) 맞춤형화장품 사용 계약을 체결한 책임판매업자의 변경	경고	판매업무정지 15일	판매업무정지 1개월	판매업무정지 3개월
라) 맞춤형화장품조제관리사의 변경	시정명령	판매업무정지 7일	판매업무정지 15일	판매업무정지 1개월
업무정지기간 중에 업무를 한 경우로서				
1) 업무정지기간 중에 해당 업무를 한 경우(광고 업무에 한정하여 정지를 명한 경우는 제외한다)	등록취소			
2) 광고의 업무정지기간 중에 광고 업무를 한 경우	시정명령	판매업무정지 3개월		

8. 맞춤형화장품판매업자의 의무

① 맞춤형화장품판매업자의 의무
  - 맞춤형화장품 판매장 시설·기구의 관리 방법 준수
  - 혼합·소분 안전관리기준의 준수 의무
  - 혼합·소분되는 내용물 및 원료에 대한 설명 의무 준수

② 책임판매관리자 및 맞춤형화장품조제관리사
  - 화장품의 안전성 확보 및 품질관리에 관한 교육을 매년 받아야 한다.

③ 국민 건강상 위해를 방지하기 위하여 필요하다고 인정될 때:
영업자에게 화장품 관련 법령 및 제도(화장품의 안전성 확보 및 품질관리에 관한 내용을 포함)에 관한 교육을 받을 것을 명할 수 있다.

  * 영업자 : 화장품제조업자, 화장품책임판매업자, 맞춤형화장품판매업자
  • 교육을 받아야 하는 자가 둘 이상의 장소에서 화장품제조업, 화장품책임판매업 또는 맞춤형화장품판매업을 하는 경우 : 종업원 중에서 총리령으로 정하는 자를 책임자로 지정하여 교육을 받게 할 수 있다.

9. 화장품책임판매업자의 준수사항

① 품질관리기준을 준수할 것
② 책임판매 후 안전관리기준을 준수할 것
③ 제조업자로부터 받은 제품표준서 및 품질관리기록서(전자문서 형식을 포함)를 보관할 것
④ 수입한 화장품에 대하여 수입관리기록서를 작성·보관할 것
⑤ 제조번호별로 품질검사를 철저히 한 후 유통시킬 것
⑥ 화장품의 제조를 위탁하거나 제조업자에게 품질검사를 위탁하는 경우 제조 또는 품질검사가 적절하게 이루어지고 있는지 수탁자에 대한 관리·감독을 철저히 하여야 하며, 제조 및 품질관리에 관한 기록을 받아 유지·관리하고, 그 최종 제품의 품질관리를 철저히 할 것
⑦ 식품의약품안전처장이 고시하는 우수화장품 제조관리기준과 같은 수준 이상이라고 인정되는 경우에는 국내에서의 품질검사를 하지 아니할 수 있다.
⑧ 인정을 받은 수입 화장품 제조회사의 품질관리기준이 우수화장품 제조관리기준과 같은 수준 이상이라고 인정되지 아니하여 인정이 취소된 경우에는 품질검사를 하여야 한다.
⑨ 다음중 어느 하나에 해당하는 성분을 0.5퍼센트 이상 함유하는 제품의 경우에는 해당 품목의 안정성시험 자료를 최종 제조된 제품의 사용기한이 만료되는 날부터 1년간 보존할 것
  (1) 레티놀(비타민A) 및 그 유도체
  (2) 아스코빅애시드(비타민C) 및 그 유도체
  (3) 토코페롤(비타민E)
  (4) 과산화화합물
  (5) 효소

  1회 시험 출제 ▷ 단답형 문제 출제

10. 화장품의 생산실적 등 보고(화장품책임판매업자)

① 보고할 사항
  - <u>지난해의 생산실적</u> 또는 <u>수입실적</u>
  - 화장품의 <u>제조과정에 사용된 원료의 목록</u>

② **매년 2월 말까지** 화장품협회, 화장품업 단체를 통하여 식품의약품안전처장에게 보고하여야 한다.

③ 화장품의 <u>제조과정에 사용된 원료의 목록</u>을 화장품의 <u>유통·판매 전까지</u> 보고

1.1 화장품법 -------------------------------- [연습문제]

[5지선다형]

01. 다음중 화장품법에 따른 화장품의 형태에 해당하지 않는 것은?
① 맞춤형화장품　　② 천연화장품
③ 기능성화장품　　④ 자연유래화장품
⑤ 유기농화장품

02. 화장품법에서 정의하는 화장품이 아닌 것은?(단, 의약품 해당 물품 제외)
① 인체를 청결·미화하여 매력을 더하는 물품
② 인체를 청결·미화하여 용모를 밝게 변화시키는 물품
③ 피부·모발의 건강을 유지 또는 증진하기 위한 물품
④ 인체에 바르고 문지르거나 뿌리는 등 이와 유사한 방법으로 사용되는 물품
⑤ 인체에 대한 효능·효과가 뛰어난 물품

03. 화장품법에서 정의하는 용어에 대한 설명 중 옳지 않은 것은?
① 천연화장품이란 동식물 및 그 유래 원료 등을 함유한 화장품
② 유기농화장품이란 유기농 원료, 동식물 및 그 유래 원료 등을 함유한 화장품
③ 안전용기·포장이란 만 13세 미만의 어린이가 개봉하기 어렵게 설계·고안된 용기나 포장을 말한다.
④ 표시란 화장품의 용기·포장에 기재하는 문자·숫자·도형 또는 그림 등을 말한다.
⑤ 1차 포장이란 화장품 제조 시 내용물과 직접 접촉하는 포장용기를 말한다.

04. 화장품법에서 정의하는 용어에 대한 설명 중 옳지 않은 것은?
① "맞춤형화장품"이란 제조 또는 수입된 화장품의 내용물을 소분한 화장품을 말한다.
② "맞춤형화장품판매업"이란 맞춤형화장품을 수입·유통하는 영업을 말한다.
③ "1차 포장"이란 화장품 제조 시 내용물과 직접 접촉하는 포장용기를 말한다.
④ "화장품제조업"이란 화장품의 전부 또는 일부를 제조하는 영업을 말한다.
⑤ "표시"란 화장품의 용기·포장에 기재하는 문자·숫자·도형 또는 그림 등을 말한다.

05. 화장품법에서 설명하는 용어에 대한 설명이다. 옳은 것은?
① 1차 포장이란 2차 포장을 수용하는 1개 또는 그 이상의 포장과 보호재 및 표시의 목적으로 한 포장(첨부문서 포함)을 말한다.
② 2차 포장이란 화장품 제조 시 내용물과 직접 접촉하는 포장용기를 말한다.
③ 표시란 화장품의 용기·포장에 기재하는 문자·숫자·도형 또는 그림 등을 말한다.

④ 안전용기·포장이란 만 3세 이하의 어린이가 개봉하기 어렵게 설계·고안된 용기나 포장을 말한다.
⑤ 사용기한이란 화장품을 개봉한 날부터 적절한 보관 상태에서 제품이 고유의 특성을 간직한 채 소비자가 안정적으로 사용할 수 있는 최소한의 기한을 말한다.

06. 맞춤형화장품의 용어에 대한 설명 중 옳은 것을 모두 고르시오.

> (ㄱ) 제조 또는 수입된 화장품의 내용물에 다른 화장품의 내용물이나 고시된 원료를 추가하여 혼합한 화장품
> (ㄴ) 맞춤형화장품을 판매하는 영업을 말한다.
> (ㄷ) 제조 또는 수입된 화장품의 내용물을 소분(小分)한 화장품
> (ㄹ) 화장품의 품질 및 안전 등을 관리하면서 이를 유통·판매하는 영업
> (ㅁ) 수입대행형 거래를 목적으로 알선·수여하는 영업

① (ㄱ), (ㄴ)
② (ㄱ), (ㄴ), (ㄷ)
③ (ㄱ), (ㄷ)
④ (ㄷ), (ㄹ), (ㅁ)
⑤ (ㄴ), (ㄹ), (ㅁ)

07. 다음 중 "인체 세정용 제품"에 해당하지 것은?
① 폼 클렌저(foam cleanser)
② 화장 비누(고체 형태의 세안용 비누)
③ 물휴지(식품접객업소, 장례식장, 의료기관에서 특수목적으로 사용되는 것 제외)
④ 바디 클렌저(body cleanser)
⑤ 샴푸

08. 다음 중 화장품의 유형에서 허용되는 물휴지의 형태는 어느 것인가?
① 식당에서 손을 닦는 용도로 사용하는 포장된 물티슈
② 장례식장에서 시체를 닦는 용도의 물휴지
③ 의료기관에서 시체를 닦는 용도의 물휴지
④ 인체 세정용 물휴지
⑤ 청소를 목적으로 하는 물티슈

09. 다음 중 화장품법에서 정의하는 화장품의 유형에 해당 하지 것은?
① 영·유아용 제품류
② 인체세정용 제품류
③ 기초화장품 제품류
④ 어린이용 제품류
⑤ 체모제거용 제품류

<1장. 화장품법의 이해>

10. 다음 중 화장품법에서 정의하는 영·유아의 기준에 해당 하는 것은?
① 만 3세 미만
② 만 3세 이하
③ 만 5세 미만
④ 만 5세 이하
⑤ 만 13세 이하

11. 다음 중 화장품에서 표현할 수 있는 표시는?
① 아토피 치료
② 주름 재생
③ 피부 재생
④ 여드름 제거
⑤ 보습에 도움

12. 다음 중 화장품 사용시에 나타날 수 있는 부작용에 해당 되지 않는 것은?
① 붉은 반점
② 부어오름
③ 가려움증
④ 접촉성피부염
⑤ 주름 개선 효과

13. 다음 중 화장품이 아닌 의약품 또는 의약외품에 해당하는 것은?
① 액취제거를 위한 액취제거용 제품
② 여드름 완화에 도움을 주는 인체세정용 제품
③ 자외선 차단용 선크림
④ 주름 개선용 레티놀 함유크림
⑤ 색소침착을 엷게 해주는 미백크림

14. 화장품책임판매업의 범위에 대한 설명 중 옳지 않은 것은?
① 화장품제조업자가 화장품을 직접 제조하여 유통·판매하는 영업
② 화장품제조업자에게 위탁하여 제조된 화장품을 유통·판매하는 영업
③ 수입된 화장품을 유통·판매하는 영업
④ 수입대행형 거래를 목적으로 화장품을 알선·수여하는 영업
⑤ 화장품의 포장(1차 포장만 해당)을 하는 영업

15. 다음 중 기능성화장품에 해당 하는 것은?
① 여드름 완화에 도움이 되는 세정용 폼클렌저
② 아데노신을 함유한 미백 크림
③ 나이아신아마이드를 함유한 주름개선 크림
④ 살리실릭애씨드를 함유한 아토피 완화 크림
⑤ 레티놀 성분을 함유한 제모 크림

1.1 화장품법

<1장. 화장품법의 이해>

16. 화장품법에서 정의하는 기능성화장품에 대한 설명 중 옳지 않은 것은?
① 피부의 미백에 도움을 주는 제품
② 피부의 주름개선에 도움을 주는 제품
③ 피부를 곱게 태워주거나 자외선으로부터 피부를 보호하는 데에 도움을 주는 제품
④ 탈모예방, 코팅 등 물리적으로 모발을 굵게 보이게 하는데 도움을 주는 제품
⑤ 피부나 모발의 기능 약화로 인한 건조함, 갈라짐, 빠짐, 각질화 등을 방지하거나 개선에 도움을 주는 제품

17. 화장품법 시행규칙에서 정의하는 기능성화장품의 범위에 대한 설명 중 옳지 않은 것은?
① 모발의 색상을 변화시키는 기능을 가진 화장품
② 체모를 제거하는 기능을 가진 화장품
③ 탈모 증상의 완화에 도움을 주는 화장품
④ 여드름성 피부를 완화하는 데 도움을 주는 모든 화장품
⑤ 손상된 피부장벽을 회복함으로써 가려움 개선에 도움을 주는 화장품

18. 화장품의 포장에 기재·표시하여야 하는 사항 중 "질병의 예방 및 치료를 위한 의약품이 아님"이라는 문구를 넣어야 하는 기능성화장품에 해당하는 것을 모두 고르시오.
ㄱ. 체모를 제거하는 기능을 가진 화장품.
ㄴ. 탈모 증상의 완화에 도움을 주는 화장품.
ㄷ. 여드름성 피부를 완화하는 데 도움을 주는 화장품
ㄹ. 피부의 주름개선에 도움을 주는 제품
ㅁ. 모발의 색상 변화·제거 또는 영양공급에 도움을 주는 제품
① ㄱ, ㄴ
② ㄴ, ㄷ
③ ㄷ, ㄹ
④ ㄹ, ㅁ
⑤ ㄱ, ㅁ

19. 다음 중 "질병의 예방 및 치료를 위한 의약품이 아님"이라는 문구를 기재·표시하여야 하는 기능성화장품에 해당하는 것은?
① 피부에 탄력을 주어 피부의 주름을 완화 또는 개선하는 기능을 가진 화장품
② 여드름성 피부를 완화하는 데 도움을 주는 화장품
③ 자외선을 차단 또는 산란시켜 자외선으로부터 피부를 보호하는 기능을 가진 화장품
④ 모발의 색상을 변화시키는 기능을 가진 화장품
⑤ 피부에 침착된 멜라닌색소의 색을 엷게 하여 피부의 미백에 도움을 주는 기능을 가진 화장품

20. 다음 중 "천연화장품 및 유기농화장품"의 제조에 사용할 수 있는 원료가 아닌 것은?
① 천연원료
② 천연유래원료

③ 물
④ 천연 원료에서 방향족 유래 용제를 이용하여 추출한 베타인
⑤ 합성 보존제인 살리실릭애씨드 및 그 염류

21. 다음은 천연·유기농화장품에 대한 설명이다 옳은 것은?
① 합성원료는 천연·유기농화장품에 예외 없이 사용할 수 없다.
② 천연·유기농화장품의 품질 또는 안전을 위해 필요하나 자연에서 대체하기 곤란한 합성원료 경우 3% 이내로 사용 가능하다.
③ 물은 천연·유기농화장품에 사용할 수 없는 원료이다.
④ 석유화학 용제의 사용 시 반드시 최종적으로 모두 회수되거나 제거되어야 한다.
⑤ 방향족, 알콕실레이트화, 할로겐화, 니트로젠 또는 황(DMSO 예외) 유래 용제는 사용이 가능하며 반드시 회수되거나 제거되어야 한다.

22. 다음 중 천연원료에 해당 하는 것은?
① 동물로부터 자연적으로 생산되는 것으로서 가공하지 않은 원료
② 화석연료로부터 기원한 미네랄 원료
③ 동물에서 생산된 세포, 조직과 같은 원료
④ 식물을 가공한 원료
⑤ 유기농원료를 허용하는 공정에 따라 가공한 원료

23. 천연화장품 및 유기농화장품의 제조에 대해 금지되는 공정에 해당 하는 것은?
① 유전자 변형 원료 배합
② 공기, 산소, 질소, 이산화탄소, 아르곤 가스 분사제를 사용한 멸균
③ 증기 또는 자연적으로 얻어지는 용매를 사용한 탈테르펜
④ 불활성 지지체를 사용한 여과
⑤ 비누화 공정

24. 다음 <보기>중 천연화장품 및 유기농화장품의 용기와 포장에 사용 금지인 원료는?

―― <보기> ――
ㄱ. 폴리스티렌페이퍼(PSP)
ㄴ. 폴리스티렌폼(Polystyrene foam)
ㄷ. 바이오매스 플라스틱
ㄹ. 폴리에틸렌 테레프탈레이트(polyethylene terephthalate, PET)
ㅁ. 폴리염화비닐(Polyvinyl chloride, PVC)

① ㄱ, ㄴ
② ㄱ, ㄷ
③ ㄴ, ㅁ
④ ㄴ, ㄷ, ㅁ
⑤ ㄷ, ㄹ, ㅁ

25. 다음 <보기>중 자원재활용의 기준에 따른 최우수등급에 해당하는 포장재는?

―― <보기> ――
ㄱ. 폴리스티렌페이퍼(PSP)
ㄴ. 폴리스티렌폼(Polystyrene foam)
ㄷ. 발포합성수지
ㄹ. 폴리에틸렌 테레프탈레이트(polyethylene terephthalate, PET)
ㅁ. 폴리염화비닐(Polyvinyl chloride, PVC)

① ㄱ, ㄴ   ② ㄱ, ㄹ
③ ㄴ, ㅁ   ④ ㄴ, ㄷ, ㅁ
⑤ ㄱ, ㄹ, ㅁ

26. 다음 <보기>중 천연화장품 및 유기농화장품의 세척제에 사용 가능한 원료는?

―― <보기> ――
ㄱ. 메탄올
ㄴ. 재생 가능하고 혐기성 및 호기성 조건하에서 쉽고 빠르게 생분해되는 계면활성제
ㄷ. 소듐하이드록사이드(Sodium hydroxide, NaOH)
ㄹ. 식물성비누(Vegetable soap)
ㅁ. 살리실릭애시드

① ㄱ, ㄴ   ② ㄱ, ㄴ, ㄷ
③ ㄴ, ㄷ, ㄹ   ④ ㄴ, ㄷ, ㅁ
⑤ ㄷ, ㄹ, ㅁ

27. 다음 중 천연화장품·유기농화장품의 세척제에 사용 가능한 원료에 해당하는 것은?

―― <보기> ――
ㄱ. 과산화수소
ㄴ. 알코올(이소프로판올 및 에탄올)
ㄷ. 열수와 증기(Hot water and Steam)
ㄹ. 재생 가능한 계면활성제
ㅁ. 전체 계면활성제의 50% 초과하는 에톡실화 계면활성제

① ㄱ, ㄴ, ㄷ   ② ㄴ, ㄷ, ㄹ
③ ㄷ, ㄹ, ㅁ   ④ ㄱ, ㄴ, ㄷ, ㄹ
⑤ ㄴ, ㄷ, ㄹ, ㅁ

28. 맞춤형화장품판매업자가 변경등록을 하여야 하는 경우 중 옳지 않은 것은?
① 맞춤형화장품판매업자의 변경(법인인 경우 대표자의 변경)

② 맞춤형화장품조제관리자의 변경
③ 맞춤형화장품판매업자의 상호 변경
④ 맞춤형화장품판매업소의 소재지 변경
⑤ 행정구역 개편에 따른 맞춤형화장품판매업소의 소재지 주소 변경

29. 다음은 안전성 평가 항목에 대한 설명이다. 올바른 것은?
① 급성 독성시험이란 화장품을 잘못하여 먹었을 때 위험성을 예측하기 위해, 동물에 1회 투여했을 때 LD_{50}값을 산출하는 시험이다.
② 감작성 시험이란 피부상의 피험물질이 자외선에 의해 생기는 자극성을 검출하기 위해 UV램프를 조사하여 시험 하는 것
③ 광독성 시험이란 피부에 투여했을 때의 접촉 감작성을 검출하는 방법을 말한다.
④ 피부 1차 자극성 시험 : 피부상의 피험물질이 자외선에 폭로되었을 때 생기는 접촉감작성을 검출하는 방법, 감작성 시험에 광조사가 가해지는 것
⑤ 광감작성시험 : 피부에 1회 투여했을 때 자극성을 평가

30. 다음 <보기>중 화장품의 품질요소에 해당하는 것을 모두 고르시오.

─ <보기> ─
ㄱ. 안전성   ㄴ. 안정성
ㄷ. 유효성   ㄹ. 보존성
ㅁ. 지속성

① ㄱ, ㄴ, ㄷ   ② ㄴ, ㄷ, ㄹ
③ ㄷ, ㄹ, ㅁ   ④ ㄱ, ㄹ, ㅁ
⑤ ㄴ, ㄷ, ㅁ

31. 다음 <보기>중 화장품의 안정성 확보 및 품질관리에 관한 교육을 매년 받아야 하는 정기교육 대상자에 속하는 자는?

─ <보기> ─
ㄱ. 맞춤형화장품조제관리사   ㄴ. 맞춤형화장품판매업자
ㄷ. 책임판매관리자   ㄹ. 화장품책임판매업자
ㅁ. 위탁을 받아 제조하는 제조업자

① ㄱ, ㄴ   ② ㄱ, ㄷ
③ ㄱ, ㄴ, ㅁ   ④ ㄴ, ㄷ, ㄹ
⑤ ㄴ, ㄹ, ㅁ

32. 다음 <보기>는 무엇에 대한 설명인가? (㉠)에 알맞은 것은?

<보기>
다음 각 목의 어느 하나에 해당하는 성분을 0.5퍼센트 이상 함유하는 제품의 경우에는 해당 품목의 (㉠)(을)를 최종 제조된 제품의 사용기한이 만료되는 날부터 1년간 보존할 것
    가. 레티놀(비타민A) 및 그 유도체
    나. 아스코빅애시드(비타민C) 및 그 유도체
    다. 토코페롤(비타민E)
    라. 과산화화합물
    마. 효소

① 안전성 시험자료   ② 안정성 시험자료
③ 유효성 시험자료   ④ 품질성적서
⑤ 책임판매업자와의 계약서 사본

33. 다음 중 맞춤형화장품 판매관리에 있어서 판매내역을 작성·보관 하여야 하는 세부사항에 해당 하지 않는 것은?
① 제조번호   ② 판매일자
③ 가격   ④ 사용기한 또는 개봉 후 사용기간
⑤ 판매량

34. 맞춤형화장품판매업자가 책임판매업자로부터 받아 보관해야 할 서류는?
① 제품표준서   ② 제조지시서
③ 수입관리기록서   ④ 판매내역서
⑤ 품질성적서

35. 다음 <보기>는 어떤 화장품(류)에 대한 주의 사항인가?

<보기>
프로필렌 글리콜(Propylene glycol)을 함유하고 있으므로 이 성분에 과민하거나 알레르기 병력이 있는 사람은 신중히 사용할 것(프로필렌 글리콜 함유제품만 표시한다)

① 외음부세정제   ② 모발용 샴푸
③ 퍼머넌트 웨이브 제품   ④ 자외선 차단제
⑤ 알파-하이드록시애시드(α-hydroxyacid, AHA) 함유 제품

36. 맞춤형화장품판매업자가 변경 등록시에 제출해야 할 서류에 해당하지 않는 것은?
① 정신질환자에 해당하지 않음을 증명하는 의사 진단서

② 맞춤형화장품판매업 등록필증
③ 상속의 경우에는 가족관계증명서
④ 맞춤형화장품조제관리사 변경의 경우 자격을 확인할 수 있는 서류
⑤ 맞춤형화장품판매업 변경등록 신청서(전자문서로 된 신청서 포함)

37. 원료·자재 및 제품에 대한 품질검사를 위탁할 수 있는 기관이 아닌 것은?
① 보건환경연구원 ② 시험실을 갖춘 제조업자
③ 대한화장품협회 ④ 화장품 시험·검사기관
⑤ (사)한국의약품수출입협회

38. 다음중 화장품제조업을 등록하려는 자가 시설의 일부를 갖추지 아니할 수 있는 경우는 몇 개 인가?

(ㄱ) 화장품의 일부 공정만을 제조하는 경우에는 해당 공정에 필요한 시설 및 기구 외의 시설 및 기구
(ㄴ) 보건환경연구원에 원료·자재 및 제품에 대한 품질검사를 위탁하는 경우
(ㄷ) 원료·자재 및 제품의 품질검사를 위하여 필요한 시험실을 갖춘 제조업자에게 원료·자재 및 제품에 대한 품질검사를 위탁하는 경우
(ㄹ) 한국의약품수출입협회에 원료·자재 및 제품에 대한 품질검사를 위탁하는 경우에는 원료·자재 및 제품의 품질검사를 위하여 필요한 시험실
(ㅁ) 보건환경연구원에 원료·자재 및 제품에 대한 품질검사를 위탁하는 경우 품질검사에 필요한 시설 및 기구

① 1개 ② 2개
③ 3개 ④ 4개
⑤ 5개

39. 화장품책임판매업자가 두어야 하는 책임판매관리자의 자격기준이 아닌 것은?
① 의사, 약사
② 대학교에서 학사 이상의 학위를 취득한 사람으로서 이공계 학과를 전공한 사람
③ 전문대학 졸업자로서 화학·생물학·화학공학·생물공학을 전공한 사람
④ 식품의약품안전처장이 정하여 고시하는 전문 교육과정을 이수한 사람
⑤ 화장품 제조 또는 품질관리 업무에 2년 이상 종사한 경력이 있는 사람

40. 책임판매관리자가 수행하여야 할 직무에 해당하지 않는 것을 모두 고르시오.

(ㄱ) 품질관리기준에 따른 화장품책임판매업자의 지도·감독 및 요청에 응하는 업무
(ㄴ) 품질관리기준에 따른 품질관리 업무
(ㄷ) 책임판매 후 안전관리기준에 따른 안전 확보 업무
(ㄹ) 화장품의 제조에 필요한 시설 및 기구에 대하여 정기적인 점검 업무

<1장. 화장품법의 이해>

> (ㅁ) 원료 및 자재의 입고부터 완제품의 출고에 이르기까지 필요한 시험·검사 또는 검정에 대하여 제조업자를 관리·감독하는 업무

① (ㄱ), (ㄴ)   ② (ㄱ), (ㄴ), (ㄷ)
③ (ㄱ), (ㄹ)   ④ (ㄷ), (ㄹ), (ㅁ)
⑤ (ㄴ), (ㄹ), (ㅁ)

41. 화장품책임판매업자가 수행하여야 할 업무에 해당하지 않는 것을 고르시오.

> (ㄱ) 품질관리기준에 따른 품질관리 업무
> (ㄴ) 책임판매 후 안전관리기준에 따른 안전 확보 업무
> (ㄷ) 원료 및 자재의 입고부터 완제품의 출고에 이르기까지 필요한 시험·검사 또는 검정에 대하여 제조업자를 관리·감독하는 업무
> (ㄹ) 맞춤형화장품의 혼합·소분에 관한 업무
> (ㅁ) 품목별로 안전성 및 유효성에 관하여 심사를 받거나 보고서를 제출 업무

① (ㄱ)   ② (ㄴ)
③ (ㄷ)   ④ (ㄹ)
⑤ (ㅁ)

42. 화장품법에서 정의하는 맞춤형화장품판매업에 대한 설명 중 옳지 못한 것은?
① 맞춤형화장품판매업을 하려는 자는 식품의약품안전처장에게 등록하여야 한다.
② 맞춤형화장품의 혼합·소분 업무에 종사하는 자를 두어야 한다.
③ 피성년후견인은 맞춤형화장품판매업을 신고할 수 없다.
④ 파산선고를 받고 복권되지 아니한 자는 맞춤형화장품판매업을 신고할 수 없다.
⑤ 영업소가 폐쇄된 날부터 1년이 지나지 아니한 자는 맞춤형화장품판매업을 신고할 수 없다.

43. 화장품제조업 또는 화장품책임판매업의 등록이나 맞춤형화장품판매업의 신고를 할 수 없는 결격사유에 해당하지 않는 경우는?
① 전문의가 화장품제조업자로서 적합하다고 인정하는 사람
② 「정신건강증진 및 정신질환자 복지서비스 지원에 관한 법률」에 따른 정신질환자
③ 피성년후견인 또는 파산선고를 받고 복권되지 아니한 자
④ 「마약류 관리에 관한 법률」에 따른 마약류의 중독자
⑤ 화장품법에 따라 등록이 취소되거나 영업소가 폐쇄된 날부터 1년이 지나지 아니한 자

44. 맞춤형화장품조제관리사 시험 및 교육에 관한 내용 중 옳지 않은 것은?
① 보건복지부장관이 실시하는 자격시험에 합격 하여야 한다.
② 화장품의 안전성 확보 및 품질관리에 관한 교육을 매년 받아야 한다.
③ 거짓이나 그 밖의 부정한 방법으로 시험에 합격한 경우에는 자격을 취소하여야 한다.

④ 자격이 취소된 사람은 취소된 날부터 3년간 자격시험에 응시할 수 없다.
⑤ 자격시험 응시와 자격증 발급을 신청하고자 하는 자는 수수료를 납부하여야 한다.

45. 기능성화장품의 효능·효과에 대한 유효성 심사를 실시하여야 하는 경우가 아닌 것은?
① 피부의 미백에 도움을 주는 제품
② 피부의 주름개선에 도움을 주는 제품
③ 피부를 곱게 태워주거나 자외선으로부터 피부를 보호하는 데에 도움을 주는 제품
④ 인체세정용 제품이 아닌 여드름성 피부를 완화하는 데 도움을 주는 화장품
⑤ 피부나 모발의 기능 약화로 인한 건조함, 갈라짐, 빠짐, 각질화 등을 방지하거나 개선에 도움을 주는 제품

46. 기능성화장품의 심사 시 제출해야할 서류에 해당하지 않는 것은?
① 품목별 기능성화장품 심사의뢰서
② 기원(起源) 및 개발 경위에 관한 자료
③ 안정성에 관한 자료
④ 유효성 또는 기능에 관한 자료
⑤ 자외선 차단지수 및 자외선A 차단등급 설정의 근거자료

47. 기능성화장품의 심사시 제출해야할 서류 중 "유효성 또는 기능에 관한 자료"에 해당 하는 것은?
① 인체 적용시험 자료
② 단회 투여 독성시험 자료
③ 광독성(光毒性) 및 광감작성 시험 자료
④ 인체 첩포시험(貼布試驗) 자료
⑤ 1차 피부 자극시험 자료

48. 기능성화장품 심사에서 제품의 효능·효과를 나타내는 성분·함량을 고시한 품목의 경우 생략할 수 있는 제출서류가 아닌 것은?
① 기원(起源) 및 개발 경위에 관한 자료
② 안전성에 관한 자료
③ 유효성 또는 기능에 관한 자료
④ 자외선 차단지수 및 자외선A 차단등급 설정의 근거자료
⑤ 기준 및 시험방법에 관한 자료(검체포함)

49. 맞춤형화장품판매업자의 의무 및 준수사항이 아닌 것은?
① 혼합·소분 안전관리기준의 준수 의무를 준수하여야 한다.
② 맞춤형화장품 판매장 시설·기구의 관리 방법을 준수하여야 한다.
③ 내용물 및 원료를 공급하는 화장품책임판매업자를 관리·감독할 의무가 있다.

④ 혼합·소분되는 내용물 및 원료에 대한 설명 의무를 준수하여야 한다.
⑤ 교육 명령에 따라 화장품의 안전성 확보 및 품질관리에 관한 교육을 받아야 한다.

50. 맞춤형화장품판매업자의 의무 사항에 해당하는 것은?

(ㄱ) 맞춤형화장품 판매장 시설·기구의 관리 방법 준수
(ㄴ) 혼합·소분 안전관리기준의 준수 의무 준수
(ㄷ) 혼합·소분되는 내용물 및 원료에 대한 설명 의무 준수
(ㄹ) 화장품책임판매업자와의 계약사항 이행 및 준수
(ㅁ) 화장품의 제조와 관련된 기록·시설·기구 등 관리 방법 준수

① (ㄱ), (ㄴ)
② (ㄱ), (ㄴ), (ㄷ)
③ (ㄴ), (ㅁ)
④ (ㄴ), (ㄹ), (ㅁ)
⑤ (ㄱ), (ㄴ), (ㄷ), (ㄹ)

51. 안정성시험 자료를 최종 제조된 제품의 사용기한이 만료되는 날부터 1년간 보존해야할 성분에 해당하지 않는 것은?(단, 해당 성분을 0.5% 이상 함유한 경우)
① 레티놀(비타민A) 및 그 유도체
② 아스코빅애시드(비타민C) 및 그 유도체
③ 토코페롤(비타민E)
④ 타르색소
⑤ 과산화화합물

52. "맞춤형화장품조제관리사"의 정기교육 시간으로 옳은 것은?
① 4시간 이하
② 4시간 이상, 8시간 이하
③ 8시간 이상
④ 16시간 이상
⑤ 연2회 각 4시간 이상

53. 영업자의 폐업 또는 휴업에 대한 설명 중 옳지 않은 것은?
① 영업자는 1개월 이상 휴업하려는 경우 휴업 신고를 하여야 한다.
② 영업자는 휴업 신고 후 그 업을 재개하려는 경우에는 신고하지 않아도 된다.
③ 화장품책임판매업자는 폐업을 하려는 경우에 화장품책임판매업 등록필증을 첨부하여 신고서를 제출하여야 한다.
④ 화장품제조업자가 세무서장에게 폐업신고를 한 경우 식품의약품안전처장은 등록을 취소할 수 있다.
⑤ 영업자는 휴업기간이 1개월 미만일 경우 휴업 신고를 하지 않아도 된다.

54. 천연화장품 및 유기농화장품의 인증에 대한 설명 중 옳지 않은 것은?
① 거짓이나 그 밖의 부정한 방법으로 인증을 받은 경우는 인증을 취소하여야 한다.
② 인증의 유효기간은 인증을 받은 날부터 3년으로 한다.
③ 인증의 유효기간을 연장 받으려는 자는 유효기간 만료 60일 전에 연장신청을 하여야 한다.
④ 누구든지 인증을 받지 아니한 화장품에 대하여 인증표시나 이와 유사한 표시를 하여서는 아니 된다.
⑤ 인증을 받은 화장품에 대해서는 인증표시를 할 수 있다.

55. 반드시 영업자의 등록취소 및 영업소 폐쇄를 하여야 하는 경우에 해당 하는 것은?
① 화장품의 안전용기·포장에 관한 기준을 위반한 경우
② 업무정지기간 중에 업무를 한 경우(광고 업무에 한정하여 정지를 명한 경우는 제외)
③ 규정을 위반하여 화장품의 용기 또는 포장 및 첨부문서에 기재·표시한 경우
④ 국민보건에 위해를 끼쳤거나 끼칠 우려가 있는 화장품을 제조·수입한 경우
⑤ 화장품제조업 또는 화장품책임판매업의 변경 사항 등록을 하지 아니한 경우

56. 영업자의 지위 및 행정제재처분 효과의 승계에 대한 설명 중 옳지 못한 것은?
① 영업자의 지위를 승계한 경우 종전의 영업자에 대한 행정제재처분의 효과는 처분 기간이 끝난 날부터 1년간 해당 영업자의 지위를 승계한 자에게 승계 된다.
② 행정제재처분의 절차가 진행 중일 때는 해당 영업자의 지위를 승계한 자에 대하여 그 절차를 계속 진행할 수 있다.
③ 영업자가 사망한 경우 그 상속인이 그 영업자의 의무 및 지위를 승계한다.
④ 영업자의 지위를 승계한 자가 지위를 승계할 때에 그 처분 또는 위반 사실을 알지 못하였음을 증명하는 경우에는 그러하지 아니하다.
⑤ 법인인 영업자가 합병한 경우 합병 후 존속하는 법인이나 합병에 따라 설립되는 법인의 대표자가 그 영업자의 의무 및 지위를 승계한다.

[단답형]

01. 다음 <보기>는 화장품법의 제정 목적에 대한 내용이다. (㉠)에 알맞은 내용은?

―――― <보기> ――――
화장품의 제조·수입·판매 및 (㉠) 등에 관한 사항을 규정함으로써 국민보건향상과 화장품 산업의 발전에 기여함을 목적으로 한다.

<1장. 화장품법의 이해>

02. 다음 <보기>는 화장품의 정의에 대한 내용이다. (㉠)에 알맞은 내용은?

<보기>

인체를 청결·미화하여 매력을 더하고 용모를 밝게 변화시키거나 피부·모발의 건강을 유지 또는 증진하기 위하여 인체에 바르고 문지르거나 뿌리는 등 이와 유사한 방법으로 사용되는 물품으로서 인체에 대한 작용이 (㉠)한 것을 말한다.

03. 다음 <보기>는 화장품의 정의에 대한 내용이다. (㉠)에 알맞은 내용은?

<보기>

인체를 청결·미화하여 매력을 더하고 용모를 밝게 변화시키거나 (㉠)·(㉡)의 건강을 유지 또는 증진하기 위하여 인체에 바르고 문지르거나 뿌리는 등 이와 유사한 방법으로 사용되는 물품으로서 인체에 대한 작용이 경미한 것을 말한다.

04. 다음 <보기>는 천연화장품 및 유기농화장품의 원료조성에 대한 내용이다. ㉠, ㉡에 적합한 숫자(%)를 작성하시오.

<보기>

ㄱ. 천연화장품은 고시 기준에 따라 계산했을 때 중량 기준으로 천연 함량이 전체 제품에서 (㉠)% 이상으로 구성되어야 한다.
ㄴ. 유기농화장품은 고시 기준에 따라 계산하였을 때 중량 기준으로 유기농 함량이 전체 제품에서 (㉡)% 이상이어야 하며, 유기농 함량을 포함한 천연 함량이 전체 제품에서 (㉠)% 이상으로 구성되어야 한다.

05. 다음 <보기>는 천연화장품 및 유기농화장품의 자료의 보존에 대한 내용이다. ㉠, ㉡에 적합한 숫자를 작성하시오.

<보기>

화장품의 책임판매업자는 천연화장품 또는 유기농화장품으로 표시·광고하여 제조, 수입 및 판매할 경우 이 고시에 적합함을 입증하는 자료를 구비하고, 제조일(수입통관일)로부터 (㉠)년 또는 사용기한 경과 후 (㉡)년 중 긴 기간 동안 보존하여야 한다.

06. 다음 <보기>에서 ㉠에 적합한 용어를 작성하시오.

<보기>

(㉠)(이)란 지질학적 작용에 의해 자연적으로 생성된 물질을 가지고 [천연화장품 및 유기농화장품의 기준에 관한 규정] 고시에서 허용하는 물리적 공정에 따라 가공한 화장품 원료를 말한다. 다만, (㉡)(으)로부터 기원한 물질은 제외한다.

1.1 화장품법

07. 다음 <보기>는 "천연화장품 및 유기농화장품의 기준에 관한 규정"에 대한 설명이다. ㉠에 적합한 용어를 작성하시오.

― <보기> ―

(㉠)(은)는 천연화장품 및 유기농화장품의 제조에 사용할 수 없다. 다만, 천연화장품 또는 유기농화장품의 품질 또는 안전을 위해 필요하나 따로 자연에서 대체하기 곤란한 (㉠)(은)는 5% 이내에서 사용할 수 있다. 이 경우에도 석유화학 부분(petrochem- ical moiety의 합)은 2%를 초과할 수 없다.

08. 다음 <보기>는 "천연화장품 및 유기농화장품의 기준에 관한 규정"에 대한 설명이다. ㉠, ㉡에 적합한 숫자(%)를 작성하시오.

― <보기> ―

합성원료는 천연화장품 및 유기농화장품의 제조에 사용할 수 없다. 다만, 천연화장품 또는 유기농화장품의 품질 또는 안전을 위해 필요하나 따로 자연에서 대체하기 곤란한 합성원료는 (㉠)% 이내에서 사용할 수 있다. 이 경우에도 석유화학 부분(petrochemi cal moiety의 합)은 (㉡)%를 초과할 수 없다.

09. 다음 <보기>는 천연·유기농화장품의 세척제에 사용 가능한 원료 중 계면활성제에 대한 설명이다. (㉠)에 알맞은 것을 적으시오.

― <보기> ―

ㄱ. 재생가능
ㄴ. EC50 or IC50 or LC50 > 10 mg/l
ㄷ. 혐기성 및 호기성 조건하에서 쉽고 빠르게 생분해 될 것(OECD 301 > 70% in 28 days)
ㄹ. (㉠) 계면활성제는 상기 조건에 추가하여 다음 조건을 만족하여야 함
 · 전체 계면활성제의 50% 이하일 것
 · 에톡실화가 8번 이하일 것
 · 유기농 화장품에 혼합되지 않을 것

10. 다음은 화장품법에서 정의하는 기능성화장품에 대한 내용이다. <보기>에서 ㉠과 ㉡에 적합한 용어를 작성하시오.

― <보기> ―

ㄱ. 피부의 미백에 도움을 주는 제품
ㄴ. 피부를 곱게 태워주거나 (㉠)으로부터 피부를 보호하는 데에 도움을 주는 제품
ㄷ. (㉡)의 색상 변화·제거 또는 영양공급에 도움을 주는 제품
ㄹ. 피부나 모발의 기능 약화로 인한 건조함, 갈라짐, 빠짐, 각질화 등을 방지하거나 개선하는 데에 도움을 주는 제품

11. 다음 <보기>는 화장품법 시행규칙에서 정의 하는 기능성화장품의 세부범위 이다. (㉠)에 해당하는 제품에 대해 작성하시오.

— <보기> —

ㄱ. 모발의 색상을 변화[탈염(脫染)·탈색(脫色)을 포함한다]시키는 기능을 가진 화장품. 다만, 일시적으로 모발의 색상을 변화시키는 제품은 제외한다.
ㄴ. 체모를 제거하는 기능을 가진 화장품. 단 물리적으로 체모를 제거하는 제품은 제외한다.
ㄷ. 탈모 증상의 완화에 도움을 주는 화장품. 다만, 코팅 등 물리적으로 모발을 굵게 보이게 하는 제품은 제외한다.
ㄹ. 여드름성 피부를 완화하는 데 도움을 주는 화장품. 다만, (㉠) 제품류로 한정한다.

12. 다음 <보기>는 화장품의 어떠한 품질요소에 대한 설명인가?

— <보기> —

화장품은 건강한 사람의 피부에 반복하여 장기적으로 사용되기 때문에 의약품처럼 치료라고 하는 유효성과 부작용이라는 위험의 발런스를 가치로 하는 것이 아니라, 절대적인 (㉠)이 확보되어야만 한다.

13. 다음 <보기>는 무엇에 대한 설명인가? (㉠)에 알맞은 것을 적으시오.

— <보기> —

다음 각 목의 어느 하나에 해당하는 성분을 0.5퍼센트 이상 함유하는 제품의 경우에는 해당 품목의 (㉠) 자료를 최종 제조된 제품의 사용기한이 만료되는 날부터 1년간 보존할 것
　가. 레티놀(비타민A) 및 그 유도체
　나. 아스코빅애시드(비타민C) 및 그 유도체
　다. 토코페롤(비타민E)
　라. 과산화화합물
　마. 효소

1.2 개인정보 보호법

<학습차례>

1. 고객관리 프로그램 운영
2. 개인정보보호법에 근거한 고객정보 입력
3. 개인정보보호법에 근거한 고객정보 관리
4. 개인정보보호법에 근거한 고객정보 상담

1. 용어의 정의

① **개인정보** : 살아 있는 개인에 관한 정보로서 다음 어느 하나에 해당하는 정보
  (1) 성명, 주민등록번호 및 영상 등을 통하여 개인을 알아볼 수 있는 정보
  (2) 해당 정보만으로는 특정 개인을 알아볼 수 없더라도 다른 정보와 쉽게 결합하여 알아볼 수 있는 정보
  (3) 가명처리함으로써 원래의 상태로 복원하기 위한 추가 정보의 사용·결합 없이는 특정 개인을 알아볼 수 없는 정보(**가명정보**)

② **가명처리** : 개인정보의 일부를 삭제하거나 일부 또는 전부를 대체하는 등의 방법으로 추가 정보가 없이는 특정 개인을 알아볼 수 없도록 처리하는 것

③ **처리** : 개인정보의 수집, 생성, 연계, 연동, 기록, 저장, 보유, 가공, 편집, 검색, 출력, 정정, 복구, 이용, 제공, 공개, 파기, 그 밖에 이와 유사한 행위

④ **정보주체** : 처리되는 정보에 의하여 알아볼 수 있는 사람으로서 그 정보의 주체가 되는 사람

⑤ **개인정보파일** : 개인정보를 쉽게 검색할 수 있도록 일정한 규칙에 따라 체계적으로 배열하거나 구성한 개인정보의 집합물

⑥ **개인정보처리자** : 업무를 목적으로 개인정보파일을 운용하기 위하여 스스로 또는 다른 사람을 통하여 개인정보를 처리하는 공공기관, 법인, 단체 및 개인

⑦ **영상정보처리기기** : 일정한 공간에 지속적으로 설치되어 사람 또는 사물의 영상 등을 촬영하거나 이를 유·무선망을 통하여 전송하는 장치로서 대통령령으로 정하는 장치

2. 개인정보 보호 원칙

① 목적에 필요한 범위에서 최소한의 개인정보만을 적법하고 정당하게 수집
② 목적 외의 용도로 활용하여서는 아니 된다.
③ 개인정보의 정확성, 완전성 및 최신성이 보장되도록 하여야 한다.
④ 정보주체의 권리가 침해받을 가능성과 그 위험 정도를 고려하여 개인정보를 안전하게 관리하여야 한다.
⑤ 개인정보의 처리에 관한 사항을 공개하여야 하며, 열람청구권 등 정보주체의 권리를 보장하여야 한다.

⑥ 정보주체의 사생활 침해를 최소화하는 방법으로 개인정보를 처리하여야 한다.
⑦ 개인정보의 익명처리가 가능한 경우에는 익명에 의하여 처리될 수 있도록 하여야 한다.
⑧ 책임과 의무를 준수하고 실천함으로써 정보주체의 신뢰를 얻기 위하여 노력하여야 한다.

> **1회 시험 출제** 개인정보 보호 원칙에 대한 5지선다형 문제 출제

3. 정보주체의 권리
① 개인정보의 처리에 관한 정보를 제공받을 권리
② 개인정보의 처리에 관한 동의 여부, 동의 범위 등을 선택하고 결정할 권리
③ 개인정보의 처리 여부를 확인하고 개인정보에 대하여 열람(사본의 발급)을 요구할 권리
④ 개인정보의 처리 정지, 정정·삭제 및 파기를 요구할 권리
⑤ 개인정보의 처리로 인하여 발생한 피해를 신속하고 공정한 절차에 따라 구제받을 권리

1. 고객관리 프로그램 운용

1. 주민등록번호 처리의 제한
① 주민등록번호 처리의 제한
  (1) 법률·대통령령·국회규칙·대법원규칙·헌법재판소규칙·중앙선거관리위원회규칙 및 감사원규칙에서 구체적으로 주민등록번호의 처리를 요구하거나 허용한 경우
  (2) 정보주체 또는 제3자의 급박한 생명, 신체, 재산의 이익을 위하여 명백히 필요하다고 인정되는 경우
  ~~(3) 주민등록번호 처리가 불가피한 경우로서 행정안전부령으로 정하는 경우(하위법 없음)~~
② 주민등록번호가 분실·도난·유출·위조·변조 또는 훼손되지 아니하도록 암호화 조치를 통하여 안전하게 보관하여야 한다.
③ 정보주체가 인터넷 홈페이지를 통하여 회원으로 가입하는 단계에서는 주민등록번호를 사용하지 아니하고도 회원으로 가입할 수 있는 방법을 제공하여야 한다.

2. 영상정보처리기기의 설치·운영 제한
영상정보처리기기를 설치·운영하는 자는 정보주체가 쉽게 인식할 수 있도록 다음 사항이 포함된 안내판을 설치하는 등 필요한 조치를 하여야 한다.
  ① 설치 목적 및 장소
  ② 촬영 범위 및 시간
  ③ 관리책임자 성명 및 연락처
  ④ 그 밖에 대통령령으로 정하는 사항

3. 개인정보의 안전성 확보 조치

① 개인정보의 안전한 처리를 위한 내부 관리계획의 수립·시행
② 개인정보에 대한 접근 통제 및 접근 권한의 제한 조치
③ 개인정보를 안전하게 저장·전송할 수 있는 암호화 기술의 적용 또는 이에 상응하는 조치
④ 개인정보 침해사고 발생에 대응하기 위한 접속기록의 보관 및 위조·변조 방지를 위한 조치
⑤ 개인정보에 대한 보안프로그램의 설치 및 갱신
⑥ 개인정보의 안전한 보관을 위한 보관시설의 마련 또는 잠금장치의 설치 등 물리적 조치

4. 개인정보 유출 통지의 방법 및 절차

① 개인정보가 유출되었음을 알게 되었을 때
(긴급조치가필요한 경우)접속경로의 차단, 취약점 점검·보완, 유출된 개인정보의 삭제
② 서면 등의 방법으로 지체 없이 정보주체에게 알려야 한다.

[통지 방법]
① 개인정보가 유출된 경우 통지방법 : 서면, 전화, 팩스, 전자우편, 문자전송 등
② 천명 이상의 개인정보가 유출된 경우 : 서면, 전화, 팩스, 전자우편, 문자전송, 인터넷 홈페이지에 7일 이상 게재
*신고기관 : 행정안전부, 한국인터넷진흥원에 신고

5. 금지행위(개인정보를 처리하거나 처리하였던 자)

① 거짓이나 그 밖의 부정한 수단이나 방법으로 개인정보를 취득하거나 처리에 관한 동의를 받는 행위
② 업무상 알게 된 개인정보를 누설하거나 권한 없이 다른 사람이 이용하도록 제공하는 행위
③ 정당한 권한 없이 또는 허용된 권한을 초과하여 다른 사람의 개인정보를 훼손, 멸실, 변경, 위조 또는 유출하는 행위

6. 벌칙 : 10년 이하의 징역 또는 1억원 이하의 벌금

① 공공기관의 개인정보 처리업무를 방해할 목적으로 공공기관에서 처리하고 있는 개인정보를 변경하거나 말소하여 공공기관의 업무 수행의 중단·마비 등 심각한 지장을 초래한 자
② 거짓이나 그 밖의 부정한 수단이나 방법으로 다른 사람이 처리하고 있는 개인정보를 취득한 후 이를 영리 또는 부정한 목적으로 제3자에게 제공한 자와 이를 교사·알선한 자

[양벌규정]
· 10년 이하의 징역 또는 1억원 이하의 벌금
그 행위자를 벌하는 외에 그 법인 또는 개인을 7천만원 이하의 벌금

7. 벌칙 : 5년 이하의 징역 또는 5천만원 이하의 벌금

① 정보주체의 동의를 받지 아니하고 개인정보를 제3자에게 제공한 자 및 그 사정을 알고 개인정보를 제공받은 자
② 제3자에게 제공한 자 및 그 사정을 알면서도 영리 또는 부정한 목적으로 개인정보를 제공받은 자
③ 민감정보를 처리한 자
④ 고유식별정보를 처리한 자
⑤ 업무상 알게 된 개인정보를 누설하거나 권한 없이 다른 사람이 이용하도록 제공한 자 및 그 사정을 알면서도 영리 또는 부정한 목적으로 개인정보를 제공받은 자
⑥ 다른 사람의 개인정보를 훼손, 멸실, 변경, 위조 또는 유출한 자

[양벌규정]
• 2년(~5년)이하 징역 또는 2천만원(~5천만원) 이하의 벌금
그 행위자를 벌하는 외에 그 법인 또는 개인에게도 해당 조문의 벌금형을 과(科)
(다만, 법인 또는 개인이 그 위반행위를 방지하기 위하여 해당 업무에 관하여 상당한 주의와 감독을 게을리하지 아니한 경우에는 그러하지 아니하다.)

2. 개인정보보호법에 근거한 고객정보 입력

1. 개인정보의 수집·이용

① 개인정보 수집·이용 할 수 있는 경우
  (1) 정보주체의 동의를 받은 경우
  (2) 법률에 특별한 규정이 있거나 법령상 의무를 준수하기 위하여 불가피한 경우
  (3) 공공기관이 법령 등에서 정하는 소관 업무의 수행을 위하여 불가피한 경우
  (4) 정보주체와의 계약의 체결 및 이행을 위하여 불가피하게 필요한 경우
  (5) 정보주체 또는 그 법정대리인이 의사표시를 할 수 없는 상태에 있거나 주소불명 등으로 사전 동의를 받을 수 없는 경우로서 명백히 정보주체 또는 제3자의 급박한 생명, 신체, 재산의 이익을 위하여 필요하다고 인정되는 경우
  (6) 개인정보처리자의 정당한 이익을 달성하기 위하여 필요한 경우로서 명백하게 정보주체의 권리보다 우선하는 경우. 이 경우 개인정보처리자의 정당한 이익과 상당한 관련이 있고 합리적인 범위를 초과하지 아니하는 경우에 한한다.

  1회 시험 출제 ➤ 5지선다형의 지문으로 출제

② 동의를 받아 수집한 경우 정보주체에게 알려야 할 사항
  (1) 개인정보의 수집·이용 목적
  (2) 수집하려는 개인정보의 항목
  (3) 개인정보의 보유 및 이용 기간

(4) 동의를 거부할 권리가 있다는 사실 및 동의 거부에 따른 불이익이 있는 경우에는 그 불이익의 내용

2. 개인정보의 수집 제한
① 목적에 필요한 최소한의 개인정보를 수집
② 최소한의 정보 외의 개인정보 수집에는 동의하지 아니할 수 있다는 사실을 구체적으로 알리고 개인정보를 수집하여야 한다.
③ 필요한 최소한의 정보 외의 개인정보 수집에 동의하지 아니한다는 이유로 정보주체에게 재화 또는 서비스의 제공을 거부하여서는 아니 된다.

3. 동의를 받는 방법
① 각각의 동의 사항을 구분하여 명확하게 인지할 수 있도록 알리고 각각 동의를 받아야 한다.
② 동의를 서면으로 받을 때(명확히 표시하여 알아보기 쉽게)
③ 정보주체와의 계약 체결 등을 위하여 정보주체의 동의 없이 처리할 수 있는 개인정보와 정보주체의 동의가 필요한 개인정보를 구분하여야 한다.
④ 정보주체에게 재화나 서비스를 홍보하거나 판매를 권유하기 위하여 개인정보의 처리에 대한 동의를 받으려는 때에는 정보주체가 이를 명확하게 인지할 수 있도록 알리고 동의를 받아야 한다.
⑤ 동의할 수 있는 사항을 동의하지 아니하거나 동의를 하지 아니한다는 이유로 정보주체에게 재화 또는 서비스의 제공을 거부하여서는 아니 된다.
⑥ 만 14세 미만 아동의 개인정보를 처리하기 위하여 법정대리인의 동의를 받아야 한다. 이 경우 법정대리인의 동의를 받기 위하여 필요한 최소한의 정보는 법정대리인의 동의 없이 해당 아동으로부터 직접 수집할 수 있다.

4. 서면 동의 시 중요한 내용의 표시(명확히, 알아보기 쉽게)
① 재화나 서비스의 홍보 또는 판매 권유 등을 위하여 정보주체에게 연락할 수 있다는 사실
② 처리하려는 개인정보의 항목 중 다음 각 목의 사항
   (1) 민감정보
   (2) 여권번호, 운전면허의 면허번호, 외국인등록번호
③ 개인정보의 보유 및 이용 기간
④ 개인정보를 제공받는 자 및 개인정보를 제공받는 자의 개인정보 이용 목적

5. 민감정보, 고유식별정보의 범위
① 민감정보의 범위
   (1) <u>유전자검사 등의 결과로 얻어진 유전정보</u>
   (2) 「형의 실효 등에 관한 법률」에 따른 **범죄경력자료에 해당하는 정보**
② 고유식별정보의 범위

(1) 「주민등록법」에 따른 주민등록번호
(2) 「여권법」에 따른 여권번호
(3) 「도로교통법」에 따른 운전면허의 면허번호
(4) 「출입국관리법」에 따른 외국인등록번호

3. 개인정보보호법에 근거한 고객정보 관리

1. 개인정보의 제공(3자 제공)
① 개인정보의 제3자 제공
   (1) 정보주체의 동의를 받은 경우
   (2) 개인정보를 수집한 목적 범위에서 개인정보를 제공하는 경우
② 동의를 받아 수집한 경우 정보주체에게 알려야 할 사항
   (1) 개인정보를 제공받는 자
   (2) 개인정보를 제공받는 자의 개인정보 이용 목적
   (3) 제공하는 개인정보의 항목
   (4) 개인정보를 제공받는 자의 개인정보 보유 및 이용 기간
   (5) 동의를 거부할 권리가 있다는 사실 및 동의 거부에 따른 불이익이 있는 경우에는 그 불이익의 내용
③ 국외의 제3자에게 제공 : 정보주체에게 알리고 동의를 받아야 함

2. 개인정보를 제공받은 자의 이용·제공 제한
① 정보주체로부터 별도의 동의를 받은 경우*
② 다른 법률에 특별한 규정이 있는 경우*
* 외에는 목적 외의 용도로 이용, 제3자에게 제공 안 됨

3. 민감정보의 처리 제한
① 사상·신념, 노동조합·정당의 가입·탈퇴, 정치적 견해, 건강, 성생활 등에 관한 정보, 그 밖에 정보주체의 사생활을 현저히 침해할 우려가 있는 개인정보로서 민감정보를 처리하여서는 아니 된다.
   (예외)
   (1) 개인정보의 수집·이용·제공에 대한 사항을 알리고 다른 개인정보의 처리에 대한 동의와 별도로 동의를 받은 경우
   (2) 법령에서 민감정보의 처리를 요구하거나 허용하는 경우
② 민감정보가 분실·도난·유출·위조·변조 또는 훼손되지 아니하도록 안전성 확보에 필요한 조치를 하여야 한다.

4. 개인정보의 파기 및 방법(절차)

① 보유기간의 경과, 개인정보의 처리 목적 달성 등 그 개인정보가 불필요하게 되었을 때에는 지체 없이 그 개인정보를 파기하여야 한다.(5일 이내)
② 개인정보를 파기할 때에는 복구 또는 재생되지 아니하도록 조치하여야 한다.
③ 개인정보를 파기하지 아니하고 보존하여야 하는 경우에는 다른 개인정보와 분리하여서 저장·관리하여야 한다.

[파기방법]
(1) 전자적 파일 형태인 경우: 복원이 불가능한 방법으로 **영구 삭제**
(2) 기타 기록물, 인쇄물, 서면, 그 밖의 기록매체인 경우: **파쇄 또는 소각**
(3) 파기에 관한 사항을 기록·보관 하고 개인정보보호책임자가 파기 후, 그 파기 **결과를 확인** 한다.

4. 개인정보보호법에 근거한 고객 상담

1. 동의를 받는 방법(고객 상담)

① 동의 내용이 적힌 서면을 정보주체에게 직접 발급하거나 우편 또는 팩스 등의 방법으로 전달하고, 정보주체가 서명하거나 날인한 동의서를 받는 방법
② 전화를 통하여 동의 내용을 정보주체에게 알리고 동의의 의사표시를 확인하는 방법
③ 전화를 통하여 동의 내용을 정보주체에게 알리고 정보주체에게 인터넷주소 등을 통하여 동의 사항을 확인하도록 한 후 다시 전화를 통하여 그 동의 사항에 대한 동의의 의사표시를 확인하는 방법
④ 인터넷 홈페이지 등에 동의 내용을 게재하고 정보주체가 동의 여부를 표시하도록 하는 방법
⑤ 동의 내용이 적힌 전자우편을 발송하여 정보주체로부터 동의의 의사표시가 적힌 전자우편을 받는 방법

2. 고객상담 방법

① **판매장에서 상담**
(1) 판매장에서 서면으로 동의서 작성 및 개인정보 작성
(2) 판매장에 설치된 인터넷 홈페이지를 통한 개인정보 입력
(3) 판매장에 설치된 영상장치(안면인식, 지문 등)를 통한 개인정보 확인, 입력
② **우편, 팩스를 통한 상담**
동의서를 우편, 팩스로 전달하고 정보주체가 서명하거나 날인한 동의서를 받는 방법
③ **전화를 통한 상담**
(1) 전화로 동의의 의사표시를 확인하는 방법
(2) 전화로 동의 내용을 알리고 인터넷 주소 등을 통하여 동의사항을 확인한 후 다시 전화

를 통해 동의의 의사표시를 확인하는 방법
④ **홈페이지를 통한 상담**
인터넷 홈페이지에 동의 내용을 게재하고 동의 여부를 표시하도록 하는 방법
⑤ **전자우편을 통한 상담**
동의 내용이 적힌 전자우편을 발송하여 동의의 의사표시가 적힌 전자우편을 받는 방법

3. 불만처리

① 불만처리담당자는 제품에 대한 모든 불만을 취합하고, 제기된 불만에 대해 신속하게 조사하고 그에 대한 적절한 조치를 취하여야 하며, 다음 각 호의 사항을 기록·유지하여야 한다.
    (1) 불만 접수연월일
    (2) 불만 제기자의 이름과 연락처
    (3) 제품명, 제조번호 등을 포함한 불만내용
    (4) 불만조사 및 추적조사 내용, 처리결과 및 향후 대책
    (5) 다른 제조번호의 제품에도 영향이 없는지 점검
② 불만은 제품 결함의 경향을 파악하기 위해 주기적으로 검토하여야 한다.
    [불만의 예시]
    - 이물, 이취, 변색 등의 상태 변화
    - 포장, 표시의 결함
    - 배송 시의 결함
    - 안정성, 안전성의 문제 등

<1장. 화장품법의 이해>

1.2 개인정보보호법 ------------------------ [연습문제]

[5지선다형]

01. 다음은 개인정보보호법에 대한 설명이다. "처리되는 정보에 의하여 알아볼 수 있는 사람으로서 그 정보의 주체가 되는 사람"을 무엇이라 하는가?
① 개인정보처리자　　　　　② 정보주체
③ 영상정보처리자　　　　　④ 제3자
⑤ 개인정보를 수집하는자

02. <보기>는 개인정보가 유출 되었을 때 유출통지의 방법 및 절차이다. 순서가 바른 것은?

―――――――――― <보기> ――――――――――
ㄱ. 개인정보 유출 인지
ㄴ. (긴급조치가 필요한 경우)접속경로의 차단, 취약점 점검·보완, 유출된 개인정보의 삭제
ㄷ. 서면 등의 방법으로 지체 없이 통지

① ㄱ→ㄴ→ㄷ　　　　　② ㄱ→ㄷ→ㄴ
③ ㄴ→ㄷ→ㄱ　　　　　④ ㄴ→ㄱ→ㄷ
⑤ ㄷ→ㄴ→ㄱ

03. 개인정보를 동의를 받아 수집한 경우 정보주체에게 알려야 할 사항에 해당하지 않는 것은?
① 개인정보의 수집·이용 목적
② 수집하려는 개인정보의 항목
③ 개인정보의 보유 및 이용 기간
④ 동의를 거부할 권리가 있다는 사실 및 동의 거부에 따른 불이익이 있는 경우에는 그 불이익의 내용
⑤ 개인정보를 수집·이용하는 개인정보처리자의 인적사항

04. (㉠)(이)란 업무를 목적으로 개인정보파일을 운용하기 위하여 스스로 또는 다른 사람을 통하여 개인정보를 처리하는 공공기관, 법인, 단체 및 개인 등을 말한다. 괄호에 알맞은 용어는?
① 정보주체　　　　　② 정보관리자
③ 개인정보처리자　　　④ 제3자
⑤ 개인정보 보호위원회

<1장. 화장품법의 이해>

05. 개인정보보호법에서 민감정보에 해당하는 것은?
① 유전자검사 등의 결과로 얻어진 유전정보
② 「주민등록법」에 따른 주민등록번호
③ 「여권법」에 따른 여권번호
④ 「도로교통법」에 따른 운전면허의 면허번호
⑤ 「출입국관리법」에 따른 외국인등록번호

06. 개인정보호호법에서 개인정보의 파기에 대한 설명 중 옳은 것은?
① 보유기간이 경과한 개인정보는 지체 없이 파기 하여야 한다.
② 개인정보는 파기하더라도 필요한 때에 복구 할 수 있어야 한다.
③ 전자적 파일 형태는 소각하여 파기한다.
④ USB와 같은 기록매체는 해당 파일만 삭제 한다.
⑤ 보유기간이 경과한 개인정보는 정보주체의 동의를 필한 후 파기하여야 한다.

07. 다음 중 개인정보가 유출된 경우 통지하는 방법에 해당 하지 않는 것은?
① 서면   ② 전화
③ 팩스   ④ 전자우편
⑤ 직접방문

08. 다음 중 1천명 이상의 개인정보가 유출 된 경우 신고해야할 기관에 해당하는 것은?
① 주민자치센터
② 시·도·구청
③ 식품의약품안전처(또는 지방식품의약품안정청)
④ 한국인터넷진흥원
⑤ 한국생산성본부

09. 법령에 따라 개인을 고유하게 구별하기 위하여 부여된 식별정보로서 대통령령으로 정하는 정보를 무엇이라 하는가?
① 개인정보   ② 민감정보
③ 고유번호   ④ 고유식별정보
⑤ 개인식별번호

10. 다음중 고유식별정보에 해당하지 않는 것은?
① 주민등록번호   ② 여권번호
③ 아이핀(마이핀)번호 ④ 운전면허의 면허번호
⑤ 외국인등록번호

1.2 개인정보 보호법

11. 다음 <보기>중 민감정보에 해당 하는 것은?

<보기>
ㄱ. 범죄경력자료에 해당하는 정보
ㄴ. 여권번호
ㄷ. 주민등록번호
ㄹ. 유전자검사 등의 결과로 얻어진 유전정보
ㅁ. 운전면허의 면허번호

① ㄱ, ㄴ
② ㄱ, ㄹ
③ ㄴ, ㄷ, ㅁ
④ ㄷ, ㄹ, ㅁ
⑤ ㄹ, ㅁ

12. 1천명 이상의 개인정보가 유출 된 경우 인터넷에 홈페이지에 게재해야 할 기간은?
① 5일 이내
② 7일 이상
③ 15일 이상
④ 30일 이상
⑤ 3개월 이상

[단답형]

01. 다음 <보기>는 개인정보보호법에 대한 설명이다. (㉠)에 알맞은 내용은?

<보기>
(㉠)(이)란 살아 있는 개인에 관한 정보로서 성명, 주민등록번호 및 영상 등을 통하여 개인을 알아볼 수 있는 정보(해당 정보만으로는 특정 개인을 알아볼 수 없더라도 다른 정보와 쉽게 결합하여 알아볼 수 있는 것을 포함한다)를 말한다.

02. 사상·신념, 노동조합·정당의 가입·탈퇴, 정치적 견해, 건강, 성생활 등에 관한 정보, 그 밖에 정보주체의 사생활을 현저히 침해할 우려가 있는 개인정보로서 대통령령으로 정하는 정보를 (㉠)(이)라 한다. (㉠)에 해당하는 용어는?

02

화장품 제조 및 품질관리

2.1 화장품 원료의 종류와 특성
2.2 화장품의 기능과 품질
2.3 화장품 사용제한 원료
2.4 화장품 관리
2.5 위해사례 판단 및 보고

CHAPTER 02 화장품제조 및 품질관리

2.1 화장품 원료의 종류와 특성

<학습차례>

1. 화장품 원료의 종류
2. 화장품에 사용된 성분의 특성
3. 원료 및 제품의 성분 정보

1. 화장품 원료의 종류

1. 화장품 원료의 분류

수성원료		정제수, 에탄올, 폴리올(글리세린, 부틸렌글리콜, 프로필렌글리콜등)		
유성원료	액상 유성 성분	식물성오일	동백유, 올리브유, 카놀라유	자연계
		동물성오일	밍크오일, 난황오일	자연계
		광물성오일	유동파라핀, 바세린	자연계
		실리콘	디메틸폴리실록산	합성계
		에스터류	이소프로필미리스스테이트	합성계
		탄화수소류	석유계, 스쿠알란	합성계
	고형 유성 성분	왁스	카나우바, 칸델리라, 밀랍	자연계
		고급지방산	라우린산, 스테아린산	합성계
		고급알코올	세틸알코올, 스테아릴알코올	합성계
계면활성제		음이온, 양이온, 양쪽성, 비이온성계면활성제, 천연계면활성제		
고분자 화합물			소듐파복시메틸셀루로오스 폴리비닐알코올, 카모머, 잔탄검	
비타민			레티놀, 아스코빈산인산 에스터 비타민E-아세테이트	
색소	염료		황색5호, 적색505호	
	레이크		적색201호, 적색204호	
	안료	유기안료	법정타르 색소류, 천연색소류	
		무기안료	체질안료, 착색안료, 백색안료	
		진주광택안료	옥시염화비스머스	
		고분자안료	폴리에틸렌 파우더.. 나일론 파우더	
	천연색소		베타카로틴, 카르사민, 커큐민	
향료		동물성	무스크, 시베트, 카스토리움	
		식물성	재스민, 라벤더, 로즈메리	
		합성	멘톨, 벤질아세테이트	
기능성원료		알부틴, 유용성 감초추출물, 레티놀, 아데노신, 자외선차단제		

2. 화장품 원료의 종류

① **수성원료** : 정제수, 에탄올, 글리세린(대표적인 폴리올류)
② **유성원료** : 유지, 왁스, 고급지방산, 고급알코올, 실리콘류, 탄화수소류(광물성오일), 에스테르류
③ **계면활성제** : 음이온, 양이온, 양쪽성, 비이온성
④ **고분자화합물** : 점증제
⑤ **색재** : 염료, 안료, 레이크
⑥ **기타** : 향료, 기능성원료, 추출물, 금속이온봉쇄제, 중화제, pH조절제, 산화방지제, 방부제

2. 화장품에 사용된 성분의 특성

1. 화장품 원료의 특성

구분	주기능	대표적원료
정제수	수분공급, 성분용해	이온교환수
알코올	청량감, 성분용해	에탄올
보습제	보습, 사용감촉	글리세린, 프로필렌글리콜, 부틸렌글리콜, 폴리에틸렌글리콜, 히아루론산(소듐하이알루로네이트), 피롤리돈카복실릭애씨드(PCA), 당류, 아미노산류
유연제(유성원료)	유연, 보습, 사용감촉, 점도조절, 유화안정	탄화수소, 유지, 왁스, 고급지방산, 고급알콜, 실리콘류
계면활성제	유화,가용화,세정,분산 등	양이온, 음이온, 양쪽성, 비이온성, 천연계면활성제
완충제	pH조절	구연산, 구연산나트륨
중화제	중화	트리에탄올아민, 수산화나트륨, 수산화칼륨
점증제	사용감,보습, 점도조절	카르복시비닐폴리머,셀룰로오스유도체,잔탄검
향료	향취	합성 및 천연향
보존제	미생물 오염방지	파라벤, 페녹시에탄올
금속이온봉쇄제	금속이온 불활성화	EDTA염류(EDTA-2Na, 3Na, 4Na 등)
색소	색상표현	허가색소, 무기안료 등
변색방지제	변색, 퇴색방지	자외선흡수제
기능성성분	주름개선에 도움	아데노신, 레티놀
기능성성분	미백에 도움	나이아신아마이드, 알부틴, 유용성감초추출물

3. 원료 및 제품의 성분 정보

1. 수성원료

① **정제수** : 화장품에 사용되는 물은 대부분 이온교환 수지를 이용하여 정제한 이온교환수를 자외선램프로 살균하고 일정한 pH를 유지하여 사용한다.
- Salt(염)이 함유된 정제수 : 제품의 향, 안정성, 투명도에 결정적 영향
- 불순물 : 제품의 색상 변화, 변취, 변색 등 발생

【정제수의 미생물 한도】
- 총호기성세균수 : 100 CFU/ml 이하
- 대장균, 녹농균, 황색포도상구균 : 불검출

② **에탄올** : 수렴, 청결, 살균제, 가용화제 등으로 이용, 에탄올과 물의 비율이 7:3일 때 살균 효과 최대, 스킨 토너류 제품에는 에탄올이 함유되어 있는데 주로 수렴 효과와 청량감을 부여하고, 네일 제품에서는 가용화제로 사용하기도 한다.
- 화장품에 사용되는 에탄올 : **변성에탄올 사용(SD-에탄올 40)**, 변성제(프로필렌글리콜, 부탄올)

③ **폴리올(Polyol)** : 화장품에서 폴리올로 널리 쓰이는 원료는 글리세린(Glycerin), 프로필렌글리콜(Propylene Glycol), 부틸렌글리콜(1,3-Butylene Glycol), 폴리에틸렌글리콜, 솔비톨 등이며, 보습제 및 동결을 방지하는 원료로 사용 된다. 물과 에탄올에 잘 녹는다. 수분 흡인력이 뛰어남

2. 유성원료

① **식물성오일** : 올리브 오일, 동백 오일, 피마자 오일, 마카다미아 너트 오일, 아보카도 오일, 아몬드 오일, 로즈 힙 오일 등이 있고 이 원료들은 수분 증발을 억제하고 사용감을 향상.

② **동물성오일** : 잘 사용하지 않음. 밀랍, 라놀린 등

③ **광물성오일(탄화수소류)** : 대부분 원유에서 추출. 무색·투명하며 냄새가 없다. 유성감이 높고 피부호흡을 방해 할 수 있다. - 유동파라핀(미네랄오일), 실리콘오일, 바세린 등

④ **왁스** : 고급지방산에 고급알코올이 결합된 에스테르 화합물. 유화제로 사용. 비즈왁스, 라놀린, 카르나우바왁스, 칸데릴라 왁스, 호호바오일.

⑤ **고급지방산** : 유지의 주성분이며 R-COOH 구조를 갖는 화합물. 라우린산, 미리스틴산, 팔미틴산, 스테아린산.

⑥ **고급알코올** : 1가알코올 - 세틸알코올, 스테아릴알코올, 이소스테아릴알코올, **세토스테아릴알코올**(가장 많이 사용)

⑦ **에스테르류** : 부틸스테아레이트, 이소프로필미리스테이트, 이소프로필팔미테이트

⑧ **실리콘오일** : 실록산 결합(-Si-O-Si-)을 갖는 유기구소 화합물의 총칭. 무색·투명하고 냄새가 없다. 대표적으로 디메틸폴리실록산, 메틸페닐폴리실록산, 사이클로메치콘이 있다.

> **1회 시험 출제** ➤ 단답형 문제 출제

<2장. 화장품제조 및 품질관리>

3. 계면활성제

① **양이온 계면활성제** : 살균제로 이용되며 모발과 섬유에 흡착성이 커서 헤어린스 등 **유연제 및 대전방지제**로 주로 활용된다. 샴푸, 헤어토닉에도 이용된다.
② **음이온 계면활성제** : 세정력과 거품 형성 작용이 우수하여 화장품에서 주로 **클렌징 제품**에 활용된다. 바디클렌징, 클렌징크림, 샴푸, 치약 등에 사용된다.
③ **양쪽성 계면활성제** : 산성에서 양이온, 알칼리에서 음이온의 특성을 가진다. 다른 이온성 계면활성제에 비해 피부 안정성이 좋고 세정력, 살균력, 유연효과를 지녀 **저자극 샴푸, 어린이용 샴푸**에 이용된다.
④ **비이온 계면활성제** : 피부 안정성이 높고, 유화력, 습윤력, 가용화력, 분산력 등이 우수하여 세정제를 제외한 대부분의 **화장품에 사용**된다.
⑤ **천연계면활성제** : 천연물질로 가장 널리 이용되는 것은 리포솜 제조에 사용되는 레시틴이다. 이 밖에 미생물을 이용한 계면활성제와 직접 천연물에서 추출한 콜레스테롤, 사포닌 등도 일부 화장품에 이용된다.

[피부자극도 순서]
- 양이온 > 음이온 > 양쪽성 > 비이온성

4. 보습제

① **글리세린** : 비누 또는 지방산 제조시 생성되는 부산물로 무색·무취의 액체로 물과 알코올에 잘 녹고 수분 흡인력이 뛰어나다. 유사한 것으로 프로필렌글리콜 등이 있다.
② **히아루론산**(소듐하이알루로네이트, Sodium hyaluronate) : 진피층에 존재, 자신의 약 1,000배의 수분 보유력을 가짐
③ **세라마이드 유도체** 및 합성 세라마이드 : 피부방어 수단의 중요한 인자로 인식, 화장품에서 중요한 원료로 인식
④ **천연보습인자(NMF)** : 아미노산, 요소, 젖산염, 피롤리돈카르본산염, 무기염류, 암모니아, 요산, 당류, 기타

5. 고분자 화합물

① **점증제** : 수용성 고분자물질로 점성을 높여 주거나 사용감 개선, 피막형성 등에 사용된다. 대표적인 원료로는 **산탐검**(잔탄검), 셀룰로오즈, **카르복시비닐폴리머**가 대표적이다. 카르복시비닐폴리머는 점도증가효과와 사용감촉이 좋기 때문에 점도증가제로 현재 가장 많이 사용된다.
② 필름형성제

> 1회 시험 출제 ▶ 단답형 문제 출제

6. 비타민

① **비타민 A(레티놀)** : 안정성이 떨어지는 물질로 0.5% 이상 함유하는 경우 사용기한 만료후 1년까지 안정성시험자료 보관해야하는 원료, 주름 개선에 좋은 기능성 원료로 고시, 지용성. (함량 2,500IU/g)

② **비타민 C(아스코빅애시드)** : 항산화작용 및 콜라겐 생합성을 촉진. 비타민C 자체보다는 마그네슘아스코빌포스페이트(미백원료로 고시)로 사용, 수용성
③ **비타민 E(토코페롤)** : 안정성이 떨어짐. 토코페릴아세테이트의 유도체 형태로 이용, 항산화작용, 피부 유연 및 세포의 성장 촉진, 지용성

1회 시험 출제 ➢ 단답형 문제 출제(비타민 종류와 유도체 연결 짓기)

7. 방부제
① 파라옥시향산에스테르
　(1) 수용성방부효과 : 메틸파라벤, 에틸파라벤 → 단일사용량 0.4%, 혼합사용시 각각 0.4%
　(2) 지용성방부효과 : 프로필파라벤, 부틸파라벤
② 디아 졸리디닐 우레아
③ 페녹시에탄올
④ 메칠이소치아졸리논

8. 산화방지제
① 부틸히드록시툴루엔(BHT)
② 몰식자산

9. 금속이온봉쇄제
① 금속이온 불활성화 : EDTA염류(EDTA-2Na, 3Na, 4Na 등)

10. pH 조절제
① 시트러스계열 : pH를 산성화 시킴
② 암모늄 카보나이트 : pH를 알칼리화 시킴

11. 색소
① **염료** : 물이나 기름, 알코올 등에 용해되고, 화장품 기제 중에 용해 상태로 존재하며 색을 부여할 수 있는 물질을 뜻한다.(메이크업에 사용하지 않고 화장수, 로션, 샴푸 등에 사용)
② **안료** : 물이나 오일 등에 모두 녹지 않는 불용성 색소로, 무기안료와 유기 안료로 구분
③ **유기합성색소** : **염료, 레이크, 안료**
　• 염료 : 수용성(화장수, 로션, 샴푸에 사용) , 유용성(헤어오일 등)으로 구분
　• 레이크 : 수용성 염료에 금속염 등의 침전제를 가하여 불용성으로 만든 안료(립스틱, 브러셔, 네일 에나멜 등)
　• 유기안료 : 물이나 기름 등의 용제에 용해되지 않는 유색 분말로 색상이 선명하고 화려하여 제품의 색조를 조정
④ **무기안료** : **체질안료, 백색안료, 착색안료**
　• 체질안료 ; 제품이 적절한 제형을 갖추기 위해 이용. 즉 베이스 안료로 다른 안료에 배합

해서 사용(마이카, 탤크, 카올린)
- 백색안료 : 티타늄디옥사이드, 징크옥사이드. 백색도, 은폐력, 착색력이 우수. 빛이나 열 및 내약품성도 뛰어나다.
- 착색안료 : 메이크업에 사용. 산화철이 대표적
⑤ 펄안료 : 진주, 전복껍질, 갈치 비늘, 이산화티타늄 피복 운모계
⑥ 천연색소

12. 화장품용 색소의 분류

화장품색소	유기합성색소 (타르색소)	염료	수용성(화장수, 로션, 샴푸), 유용성(헤어오일)
		레이크	립스틱, 브러셔, 네일 에나멜
		유기안료	선명하고 화려한 색조, 물이나 기름에 불용성
	무기안료	체질안료	마이카, 탤크, 카올린
		착색안료	산화철
		백색안료	티타늄디옥사이드, 징크옥사이드

13. 자외선으로부터 피부를 보호하는 기능성 화장품

① 피부를 곱게 태워주거나 자외선으로부터 피부를 보호하는데 도움을 주는 제품의 성분 및 함량

성분명	최대함량(%)
징크옥사이드	25 %(자외선차단성분으로서)
티타늄디옥사이드	25 %(자외선차단성분으로서)
벤조페논-3	5%
시녹세이트	5%
옥토크릴렌	10%
호모살레이트	10%
드로메트리졸	1%
에칠헥실살리실레이트	5%
에칠헥실메톡시신나메이트	7.5%
부틸메톡시디벤조일메탄	5%

※ 화장품의 유형 중 영·유아용 제품류 중 로션, 크림 및 오일, 기초화장용 제품류, 색조화장용 제품류에 한함.

1회 시험 출제 ➤ 5지선다형의 지문으로 출제(원료 및 함량 암기)

14. 피부 미백 기능성 화장품

① 피부의 미백에 도움을 주는 제품의 성분 및 함량
- 제형 : 로션제, 액제, 크림제 및 침적 마스크
- 제품의 효능·효과 : "피부의 미백에 도움을 준다"
- 용법·용량 : "본품 적당량을 취해 피부에 골고루 펴 바른다. 또는 본품을 피부에 붙이고 10~20분 후 지지체를 제거한 다음 남은 제품을 골고루 펴 바른다(침적 마스크에 한함)"로 제한함

성분명	함량
닥나무추출물	2%
알부틴	2~5%
에칠아스코빌에텔	1~2%
유용성감초추출물	0.05%
아스코빌글루코사이드	2%
마그네슘아스코빌포스페이트	3%
나이아신아마이드	2~5%
알파-비사보롤	0.5%
아스코빌테트라이소팔미테이트	2%

1회 시험 출제 ➤ 5지선다형의 지문으로 출제(원료 및 함량 암기)

15. 주름 개선 기능성 화장품

① 피부의 주름개선에 도움을 주는 제품의 성분 및 함량

성분명	함량
레티놀	2,500IU/g
레티닐팔미테이트	10,000IU/g
아데노신	0.04%
폴리에톡실레이티드레틴아마이드	0.05~0.2%

- 제형 : 로션제, 액제, 크림제 및 침적 마스크
- 제품의 효능·효과 : "피부의 주름개선에 도움을 준다"
- 용법·용량 : "본품 적당량을 취해 피부에 골고루 펴 바른다. 또는 본품을 피부에 붙이고 10~20분 후 지지체를 제거한 다음 남은 제품을 골고루 펴 바른다(침적 마스크에 한함)"로 제한함)

1회 시험 출제 ➤ 5지선다형의 지문으로 출제(원료 및 함량 암기)

16. 체모 제거 기능성 화장품
① 체모를 제거하는 기능을 가진 제품의 성분 및 함량

성분명	함량
치오글리콜산 80%	치오글리콜산으로서 3.0 ~ 4.5 %

※ pH 범위는 7.0 이상 12.7 미만이어야 한다.

- 제형 : 액제, 크림제, 로션제, 에어로졸제
- 제품의 효능.효과 : "제모(체모의 제거)"
- 용법.용량 : "사용 전 제모할 부위를 씻고 건조시킨 후 이 제품을 제모할 부위의 털이 완전히 덮이도록 충분히 바른다. 문지르지 말고 5 ~ 10분간 그대로 두었다가 일부분을 손가락으로 문질러 보아 털이 쉽게 제거되면 젖은 수건[(제품에 따라서는) 또는 동봉된 부직포 등]으로 닦아 내거나 물로 씻어낸다. 면도한 부위의 짧고 거친 털을 완전히 제거하기 위해서는 한 번 이상(수일 간격) 사용하는 것이 좋다"로 제한함

17. 여드름성 기능성 화장품
① 여드름성 피부를 완화하는데 도움을 주는 제품의 성분 및 함량

성분명	함량
살리실릭애씨드	0.5%

- 제형 : 액제, 로션제, 크림제에 한함(부직포 등에 침적된 상태는 제외함)
- 제품의 효능.효과 : "여드름성 피부를 완화하는 데 도움을 준다"
- 용법.용량 : "본품 적당량을 취해 피부에 사용한 후 물로 바로 깨끗이 씻어낸다"로 제한함

1회 시험 출제 ➢ 5지선다형의 지문으로 출제(원료 및 함량 암기)

18. 탈모 증상의 완화에 도움을 주는 기능성화장품
- 덱스판테놀(Dexpanthenol)
- 비오틴(Biotin)
- 엘-멘톨(l-Menthol)
- 징크피리치온(Zinc Pyrithione)
- 징크피리치온 액(50%)(Zinc Pyrithione Solution(50%)

1회 시험 출제 ➢ 5지선다형의 지문으로 출제(원료 및 함량 암기)

19. 자외선 분류
① 자외선C(UVC) : 200~290nm
② 자외선B(UVB) : 290~320nm
③ 자외선A(UVA) : 320~400nm

1회 시험 출제 ➢ 5지선다형의 지문으로 출제(광노화의 원인이 되는 파장)

20. 자외선 측정기준에서 용어의 정의
① "**자외선차단지수**(Sun Protection Factor, SPF)"라 함은 UVB를 차단하는 제품의 차단효과를 나타내는 지수로서 자외선차단제품을 도포하여 얻은 최소홍반량을 자외선차단제품을 도포하지 않고 얻은 최소홍반량으로 나눈 값이다.
② "**최소홍반량** (Minimum Erythema Dose, MED)"이라 함은 UVB를 사람의 피부에 조사한 후 16~24시간의 범위내에, 조사영역의 전 영역에 홍반을 나타낼 수 있는 최소한의 자외선 조사량을 말한다.
③ "**최소지속형즉시흑화량**(Minimal Persistent Pigment darkening Dose, MPPD)"이라 함은 UVA를 사람의 피부에 조사한 후 2~24시간의 범위내에, 조사영역의 전 영역에 희미한 흑화가 인식되는 최소 자외선 조사량을 말한다.
④ "**자외선A차단지수**(Protection Factor of UVA, PFA)"라 함은 UVA를 차단하는 제품의 차단효과를 나타내는 지수로 자외선A차단제품을 도포하여 얻은 최소지속형즉시흑화량을 자외선A차단제품을 도포하지 않고 얻은 최소지속형즉시흑화량으로 나눈 값이다.
⑤ **자외선A 차단등급**(Protection grade of UVA)"이라 함은 UVA 차단효과의 정도를 나타내며 약칭은 피·에이(PA)라 한다.

1회 시험 출제 ➢ 5지선다형의 지문으로 출제(원료 및 함량 암기)

20. 자외선차단지수(SPF) 측정방법
① 피험자 선정 : 제품 당 10명 이상을 선정
② 시험부위 : 피험자의 등
 • 피부손상, 과도한 털, 색조에 특별히 차이가 있는 부분을 피하여 선택, 깨끗하고 마른 상태
③ 제품 도포량 : 2.0mg/cm^2
④ 제품 도포면적 및 조사부위의 구획 : 제품 도포면적을 24cm^2 이상으로 하여 0.5cm^2 이상의 면적을 갖는 5개 이상의 조사부위를 구획
⑤ 자외선차단지수 계산

$$각\,피험자의\,자외선차단지수(SPFi) = \frac{제품도포부위의\,최소홍반량(MEDp)}{제품무도포부위의\,최소홍반량(MEDu)}$$

⑥ 자외선차단지수(SPF) 표시방법 : 소수점이하는 버리고 정수로 표시(예: SPF30).

21. 자외선A차단등급 분류

자외선A차단지수(PFA)	자외선A차단등급(PA)	자외선A차단효과
2이상 4미만	PA+	낮음
4이상 8미만	PA++	보통
8이상 16미만	PA+++	높음
16이상	PA++++	매우 높음

22. 자외선차단제

① **자외선 흡수제(화학적 차단제) : 열에너지로 전한**
- 파라아미노안식향산(p-aminobenzoic acid, PABA)
- 파라아미노안식향산글리세릴(glyceryl p-aminobenzonate)
  - 민감한 피부에 두드러기와 염증을 일으키는 등 안전성에 문제가 있다.
- 에칠헥실메톡시신나메이트 (7.5%)
- 에칠헥실살리실레이트(5%)
- 벤조페논(배합한도 규정)
- 멘틸안트라닐레이트(5%)
- 부틸메톡시디벤조일메탄 (5%)
- 메칠벤질리덴캠퍼(4%)
- 함량이 증가할수록 피부의 자극이 심해져서 국가별로 엄격하게 심사
- 자외선 흡수제는 사용감이 우수하고 가볍기 때문에 화장을 덧바르기 좋은 장점이 있는 반면 피부 부작용을 조심

② **자외선 산란제(물리적 차단제) : 반산, 산란**
- 티타늄디옥사이드
- 징크옥사이드
  - **배합한도 각각 25%**
- 차단력은 우수하지만 얼굴 피부를 두껍고 부자연스럽게 하며 사용감이 좋지 않아 많은 양을 사용하기 어렵다.
- 반면 피부 안전성은 높아서 민감한 피부나 어린아이의 피부에도 적합하다.

2.1 화장품 원료의 종류와 특성 ---------------- [연습문제]

[5지선다형]

01. 다음 중 식물성오일에 속하는 것은?
    ① 밍크오일
    ② 밀랍
    ③ 난황유
    ④ 스쿠알란
    ⑤ 동백유

02. 다음 중 폴리올류에 속하는 것은?
    ① 글리세린
    ② 세틸알코올
    ③ 라우린산
    ④ 스쿠알란
    ⑤ 바세린

03. 다음 <보기>는 무엇에 대한 설명인가?

    ─── <보기> ───
    글리세린(Glycerin), 프로필렌글리콜(Propylene Glycol), 부틸렌글리콜(1,3-Butylene Glycol) 등이 있으며, 보습제 및 동결을 방지하는 원료로 사용 된다. 물과 에탄올에 잘 녹고 수분 흡인력이 뛰어나다.

    ① 점증제
    ② 광물성오일
    ③ 폴리올(Polyol)
    ④ 실리콘오일
    ⑤ 계면활성제

04. 화장품의 미생물 한도에 대한 기준이다. 옳지 못한 것은?
    ① 총호기성생균수는 100 CFU/ml 이하
    ② 대장균, 녹농균, 황색포도상구균은 100개/ml 이하
    ③ 영·유아용 제품류 및 눈화장용 제품류의 경우 500개/g(mL)이하
    ④ 물휴지의 경우 세균 및 진균수는 각각 100개/g(mL)이하
    ⑤ 기타 화장품의 경우 1,000개/g(mL)이하

05. 다음 <보기>의 세균들에 대한 검출 허용 한도는 얼마인가?

    ─── <보기> ───
    대장균, 녹농균, 황색포도상구균

① 100개/g(mL)이하　　② 200개/g(mL)이하
③ 500개/g(mL)이하　　④ 1,000개/g(mL)이하
⑤ 불검출

06. 다음 <보기>중 피부자극도가 강한 것부터 순서가 바른 것은?

<보기>
ㄱ. 양이온 계면활성제　　ㄴ. 음이온 계면활성제
ㄷ. 양쪽성 계면활성제　　ㄹ. 비이온성 계면활성제

① ㄱ > ㄴ > ㄷ > ㄹ　　② ㄴ > ㄷ > ㄹ > ㄱ
③ ㄱ > ㄴ > ㄹ > ㄷ　　④ ㄴ > ㄷ > ㄱ > ㄹ
⑤ ㄹ > ㄱ > ㄷ > ㄴ

07. 다음 계면활성제 중에서 피부 안정성이 높고, 유화력, 습윤력, 가용화력, 분산력 등이 우수하여 세정제를 제외한 대부분의 화장품에 사용하는 것은?
① 양이온 계면활성제　　② 음이온 계면활성제
③ 양쪽성 계면활성제　　④ 비이온성 계면활성제
⑤ 천연 계면활성제

08. 다음 중 자외선B(UV B)의 파장 길이로 옳은 것은?
① 200nm 이하　　② 200~290nm
③ 290~320nm　　④ 320~400nm
⑤ 400nm 이상

09. 다음 중 산화방지제로 사용되는 원료가 아닌 것은?
① 부틸히드녹시툴루엔(BHT)　　② 부틸히드녹시아니솔(BHA)
③ 몰식자산프로필　　④ 토코페릴 아세테이트
⑤ 암노늄 카보나이트

10. 방부제로 사용되는 원료 중 단일 사용량 0.4%, 혼합시 0.8%(각각 0.4%) 사용가능한 것은?
① 메틸파라벤　　② 이미디아 졸리디닐 우레아
③ 몰식자산프로필　　④ 페녹시에탄올
⑤ 페닐파라벤

11. 다음 중 기능성화장품 기준 및 시험방법에서 규정한 탈모증상완화에 도움을 주는 원료가 아닌 것은?
① 엘-멘톨　　② 덱스판테놀

③ 치오글리콜산 80% ④ 징크피리치온액(50%)
⑤ 징크피리치온

12. 다음 중 모발의 색상을 변화시키는 기능을 가진 성분에 해당하지 않는 것은?
① 니트로-p-페닐렌디아민 ② p-아미노페놀
③ 몰식자산 ④ 5-아미노-5-니트로페놀
⑤ 토코페릴아세테이트

13. 다음 중 화장품에 사용할 수 없는 원료에 해당하는 것은?
① 페닐파라벤 ② 티타늄디옥사이드
③ 만수국꽃추출물 ④ 살리실릭애씨드 및 그 염류
⑤ 벤잘코늄클로라이드

14. 다음 <보기>중 사용할 수 없는 원료를 모두 고르시오.

<보기>
ㄱ. 클로로아세타마이드   ㄴ. 징크피리치온
ㄷ. 페닐살리실레이트   ㄹ. 페닐파라벤
ㅁ. 리모넨(과산화물가 20mmol/L 이상인 경우)   ㅂ. 우레아(10% 이하)

① ㄱ, ㄴ, ㄷ, ㄹ ② ㄴ, ㄷ, ㄹ, ㅂ
③ ㄱ, ㄷ, ㄹ, ㅁ ④ ㄷ, ㄹ, ㅁ, ㅂ
⑤ ㄴ, ㄹ, ㅁ, ㅂ

15. 소독제로 사용하는 알코올의 함량이 어느 정도 일 때 가장 살균효과가 좋은가.
① 에탄올 60% ② 에탄올 70%
③ 에탄올 10% ④ 에탄올 30%
⑤ 에탄올 95%

16. 영유아용 제품류에 허용되는 미생물의 검출한도는 얼마인가?
① 불검출
② 총호기성생균수는 100개/g(ml) 이하
③ 총호기성생균수는 500개/g(ml) 이하
④ 총호기성생균수는 1000개/g(ml) 이하
⑤ 진균, 세균 각각 100개/g(ml) 이하

17. 다음중 화장품에 사용할 수 있는 원료에 해당하는 것은?
① 두타스테리드
② 니트로메탄
③ 클로로아트라놀
④ 하이드로퀴논
⑤ 붕사

18. 다음 <보기>는 증점제에 대한 설명이다. (㉠)안에 들어갈 적당한 원료는?

― <보기> ―

수용성 고분자물질로 점성을 높여 주거나 사용감 개선, 피막형성 등에 사용된다. 대표적인 원료로는 산탐검(잔탄검), 셀룰로오즈, (㉠)가 대표적이다. (㉠)는 점도증가효과와 사용감촉이 좋기 때문에 점도증가제로 현재 가장 많이 사용된다.

① 프로필렌글라이콜
② 바세린
③ 라우린산
④ 세토스테아릴알코올
⑤ 카르복시비닐폴리머

19. 다음중 원료와 사용 목적이 올바른 것은
① 토코페닐아세테이트 - 보습제
② EDTA염류 - pH조절제
③ AHA성분 - 방부제
④ 부틸히드록시아니솔(BHA) -금속이온봉쇄제
⑤ 산탄검 - 점도조절제(증점제)

20. 다음 <보기>에서 무기안료에 해당하는 것을 모두 고르시오.

― <보기> ―

ㄱ. 레이크
ㄴ. 체질안료
ㄷ. 백색안료
ㄹ. 착색안료
ㅁ. 펄안료
ㅂ. 염료

① ㄱ, ㄴ, ㄷ
② ㄴ, ㄷ, ㄹ
③ ㄷ, ㄹ, ㅁ
④ ㄹ, ㅁ, ㅂ
⑤ ㄴ, ㄷ, ㅁ

21. (㉠)(이)라 함은 타르색소를 기질에 흡착, 공침 또는 단순한 혼합이 아닌 화학적 결합에 의하여 확산시킨 색소를 말한다. (㉠)에 알맞은 말은?
① 레이크
② 펄안료
③ 염료
④ 체질안료
⑤ 희석제

22. 다음 <보기>에서 유기합성색소에 해당하지 않는 것은?

<보기>
ㄱ. 염료   ㄴ. 레이크
ㄷ. 유기안료   ㄹ. 마이카
ㅁ. 티타늄디옥사이드

① ㄱ, ㄴ
② ㄱ, ㄴ, ㄷ
③ ㄷ, ㄹ, ㅁ
④ ㄹ, ㅁ
⑤ ㄱ, ㄹ, ㅁ

23. 다음 <보기>에서 화장비누에만 사용 가능한 색소는?
① 피그먼트 적색 5호
② 에치씨청색 17호
③ 적색 102호(뉴콕신)
④ 적색 2호(아마란트)
⑤ 마이카(Mica)

24. 다음 <보기>는 여드름성 피부를 완화하는데 도움을 주는 제품의 성분 및 함량에 대한 설명이다. 그 성분명과 함량이 올바른 것은?

<보기>
- 제형 : 액제, 로션제, 크림제에 한함(부직포 등에 침적된 상태는 제외함)
- 제품의 효능·효과 : "여드름성 피부를 완화하는 데 도움을 준다"
- 용법·용량 : "본품 적당량을 취해 피부에 사용한 후 물로 바로 깨끗이 씻어낸다"로 제한함

① 살리실릭애씨드, 0.5%
② 메칠이소치아졸리논, 0.0015%
③ 아이오도프로피닐부틸카바메이트, 0.0015%
④ 아데노신, 0.04%
⑤ 레티놀, 2,500IU/g

25. 다음 중 물리적 차단제에 해당하는 것은?
① 에칠헥실메톡시신나메이트
② 벤조페논
③ 티타늄디옥사이드
④ 파라아미노안식향산(p-aminobenzoic acid, PABA)
⑤ 에칠헥실살리실레이트

26. 다음 중 체모를 제거하는 기능을 가진 제품의 성분 및 함량에서 치오글리콜산 80%의 pH 범위는 얼마여야 하는가?

① pH 3.0~9.0   ② pH 3.0 이상
③ pH 4.5~6.5   ④ pH 7.0 이상 12.7 미만
⑤ pH 11 이하

27. 다음 중 기능성화장품에 사용되는 원료의 성분명과 함량이 올바르지 못한 것은?
① 티타늄디옥사이드 - 최대 25%
② 에칠헥실메톡시신나메이트 - 최대 7.5%
③ 알부틴 - 2~5%
④ 마그네슘아스코빌포스페이트 - 3%
⑤ 나이아신아마이드 - 0.5%

28. 피부를 곱게 태워주거나 자외선으로부터 피부를 보호하는데 도움을 주는 제품의 성분 및 함량이 올바른 것은?
① 티타늄디옥사이드 - 최대 25%
② 알파비사볼롤 - 0.5%
③ 알부틴 - 2~5%
④ 마그네슘아스코빌포스페이트 - 3%
⑤ 나이아신아마이드 - 2~5%

29. 여드름성 피부를 완화하는데 도움을 주는 제품의 성분 및 함량이 올바른 것은?
① 레티놀 - 2,500IU/g   ② 알파비사볼롤 - 0.5%
③ 알부틴 - 2~5%   ④ 살리실릭애씨드 - 0.5%
⑤ 아데노신 - 0.04%

30. 체모를 제거하는 기능을 가진 제품의 성분 및 함량에 대한 설명 중 옳은 것은?
① 제형은 로션제, 액제, 크림제 및 침적 마스크에 한한다.
② 제품의 효능.효과는 "피부의 주름개선에 도움을 준다"로 한다.
③ 제품의 효능.효과는 "피부의 미백에 도움을 준다"로 한다.
④ 치오글리콜산 80%의 함량은 치오글리콜산으로서 3.0~4.5% 이다.
⑤ 기초화장용 제품류, 색조화장용 제품류에 한한다.

31. 다음은 자외선에 대한 설명이다. 옳은 것을 모두 고르시오.
① 자외선B(UVB)는 320~400nm의 파장을 가진다.
② 자외선A(UVA)는 290~320nm의 파장을 가진다.
③ 자외선차단지수는 UVA를 차단하는 제품의 차단효과를 나타내는 지수이며 SPF라 한다.
④ 최소홍반량은 UVA를 사람의 피부에 조사한 후 조사영역의 전 영역에 홍반을 나타낼 수 있는 최소한의 자외선 조사량을 말한다.
⑤ 자외선A 차단등급은 UVA 차단효과의 정도를 나타내며 약칭은 피·에이(PA)라 한다.

<2장. 화장품제조 및 품질관리>

[단답형]

01. 수렴, 청결, 살균제, 가용화제 등으로 이용되며 (㉠)과 물의 비율이 7:3일 때 살균효과 최대를 나타 낸다 스킨 토너류 제품에는(㉠)이 함유되어 있는데 주로 수렴 효과와 청량감을 부여하고, 네일 제품에서는 가용화제로 사용하기도 한다. (㉠)에 알맞은 원료를 쓰시오.

02. 다음 <보기>중 "피부의 미백에 도움을 주는 제품의 성분"으로 사용 가능한 것을 모두 고르시오.

<보기>

유용성감초추출물, 마그네슘아스코빌포스페이트, 알부틴, 레티놀, 레티닐팔미테이트, 아데노신, 치오글리콜산 80%, 벤조페논, 에칠헥실메톡시신나메이트

03. 다음 <보기>에서 (㉠)에 알맞은 계면활성제 분류를 적으시오.

<보기>

세정력과 거품 형성 작용이 우수하여 화장품에서 주로 클렌징 제품에 활용된다. 바디클렌징, 클렌징크림, 샴푸, 치약 등에 사용되는 것은 (㉠)(이)다.

04. 다음 <보기>는 무엇에 대한 설명인가? 원료명을 적으시오

<보기>

비누 또는 지방산 제조시 생성되는 부산물로 무색·무취의 액체로 물과 알코올에 잘 녹고 수분 흡인력이 뛰어나다. 유사한 것으로 프로필렌글리콜 등이 있으며 대표적인 폴리올류에 속한다.

05. 다음 <보기>는 색소에 대한 설명이다. (㉠)과 (㉡)에 각각 알맞은 용어를 쓰시오

<보기>

ㄱ. (㉠)(이)란 타르색소를 기질에 흡착, 공침 또는 단순한 혼합이 아닌 화학적 결합에 의하여 확산시킨 색소를 말한다.
ㄴ. (㉡)(이)란 레이크 제조 시 순색소를 확산시키는 목적으로 사용되는 물질을 말하며 알루미나, 브랭크휙스, 크레이, 이산화티탄, 산화아연, 탤크, 로진, 벤조산알루미늄, 탄산칼슘 등의 단일 또는 혼합물을 사용한다.

<2장. 화장품제조 및 품질관리>

06. 다음 <보기>는 여드름성 피부를 완화하는데 도움을 주는 제품의 성분에 대한 설명이다. 어떤 성분에 대한 설명인지 ㉠성분명과 ㉡함량을 작성하시오.

─── <보기> ───

제형은 액제, 로션제, 크림제에 한함(부직포 등에 침적된 상태는 제외함) 제품의 효능·효과는 "여드름성 피부를 완화하는 데 도움을 준다"로, 용법·용량은 "본품 적당량을 취해 피부에 사용한 후 물로 바로 깨끗이 씻어낸다"로 제한함

07. 다음 <보기>에서 ㉠에 적합한 용어를 작성하시오.

─── <보기> ───

(㉠)라 함은 UVB를 차단하는 제품의 차단효과를 나타내는 지수로서 자외선차단제품을 도포하여 얻은 최소홍반량을 자외선차단제품을 도포하지 않고 얻은 최소홍반량으로 나눈 값이다.

08. 다음 <보기>에서 ㉠에 적합한 용어를 작성하시오.

─── <보기> ───

(㉠)라 함은 UVA를 차단하는 제품의 차단효과를 나타내는 지수로 자외선A차단제품을 도포하여 얻은 최소지속형즉시흑화량을 자외선A차단제품을 도포하지 않고 얻은 최소지속형즉시흑화량으로 나눈 값이다.

09. 다음 <보기>에서 ㉠, ㉡에 적합한 용어를 각각 작성하시오.

─── <보기> ───

가. "자외선차단지수(Sun Protection Factor, SPF)"라 함은 UVB를 차단하는 제품의 차단효과를 나타내는 지수로서 자외선차단제품을 도포하여 얻은 (㉠)을 자외선차단제품을 도포하지 않고 얻은 (㉠)으로 나눈 값이다.

나. "자외선A차단지수(Protection Factor of UVA, PFA)"라 함은 UVA를 차단하는 제품의 차단효과를 나타내는 지수로 자외선A차단제품을 도포하여 얻은 (㉡)을 자외선A차단제품을 도포하지 않고 얻은 (㉡)으로 나눈 값이다.

2.2 화장품 기능과 품질

<학습차례>

1. 화장품의 효과
2. 판매 가능한 맞춤형화장품 구성
3. 내용물 및 원료의 품질성적서 구비

1. 화장품의 효과

1. 기초 화장품

① 기초화장품

기초화장품은 수분-유분-보습 성분의 균형을 적당히 유지하여 피부의 상태를 개선시키며 다양한 피부 트러블을 방지하는 역할을 한다. 기초화장품에는 화장수, 유액, 크림, 영양액(에센스, 세럼) 등이 있다.

품목	특징 및 기능
화장수 (스킨로션)	수분 공급 : 보습효과, 피부를 부드럽고 촉촉한 상태로 유지 pH 조절 : 피부 표면의 pH를 약산성으로 유지 피부 정돈 : 피지나 땀 분비 정돈 세정 : 가벼운 화장이나 피부 오염 제거, 피부 청결 유지 종류 :유연화장수, 수렴화장수(산성화장수), 세척용화장수
유액 (밀크로션)	점액상으로 피부의 모이스처 밸런스 유지에 중요한 수분, 유분, 보습 성분의 공급, 피부를 부드럽고 촉촉한 상태로 유지하는 기능, 점도가 낮고 빠른 흡수 유분량 : 5~7%
크림 (영양, 아이, 핸드, 마사지)	반고형상으로 유액과 비교하여 안정성이 좋다. 유분, 보습제, 수분 공급하여 비누의 보습, 유연기능을 갖게 한다. 유분량 : 10~30%(마사지크림은 50% 이상)
영양액 (세럼, 에센스)	고농축 영양성분과 보습성분의 함유로 피부에 영양과 수분을 공급하고 저점도를 유지. 유분량 : 3~5%

2. 세정 화장품

① 세정 화장품은 피부, 모발 및 화장품으로 인한 오염물질을 씻어 내어 주어 피부 청결 및 자극을 최소화 하는데 목적이 있다. 그 종류로는 클린징크림(로션, 워터), 클린징오일, 샴푸, 컨디셔너, 린스, 바디워시, 화장비누, 손세척제, 폼클렌징, 클린징 티슈 등이 있다.

• 여기서 세정은 화장품법에서 분류하는 화장품의 유형을 의미하는 것이 아니며 단순히 인체와 피부를 청결히 하는 용도적인 측면이다.

3. 색조 화장품

색조 화장품은 기초 제품 사용 후 얼굴이나 손톱 등 신체에 도포하여 색채감을 부여함으로써 피부색을 아름답게 표현하고, 기초 제품으로 커버할 수 없는 피부 결점을 보이지 않게 가꾸는 단계이다. 베이스 메이크업(기초화장)과 포인트 메이크업(색조화장)으로 구분된다.
① 베이스 메이크업 : 얼굴 전체의 피부색을 균일하게 정돈하거나 기미, 주근깨 등 피부의 문제점을 커버
② 포인트 메이크업 : 입술, 눈, 볼이나 손톱 등에 국부적으로 색채를 강조하거나 음영을 주어 입체감을 연출

4. 기능성화장품의 효과

① 피부에 **멜라닌색소가 침착하는 것을 방지**하여 기미·주근깨 등의 생성을 억제함으로써 피부의 **미백**에 도움
② 피부에 침착된 **멜라닌색소의 색을 엷게** 하여 피부의 **미백**에 도움
③ 피부에 탄력을 주어 피부의 **주름을 완화 또는 개선**하는 기능
④ 강한 **햇볕을 방지**하여 피부를 곱게 태워주는 기능
⑤ 자외선을 차단 또는 산란시켜 **자외선으로부터 피부를 보호**하는 기능
⑥ **모발의 색상을 변화**[탈염(脫染)·탈색(脫色)을 포함한다]시키는 기능
⑦ **체모를 제거**하는 기능
⑧ **탈모 증상의 완화**에 도움
⑨ **여드름성 피부를 완화**하는 데 도움
⑩ **아토피성 피부로 인한 건조함 등을 완화**하는 데 도움
⑪ **튼살로 인한 붉은 선을 엷게** 하는 데 도움

2. 판매 가능한 맞춤형화장품 구성

1. 판매 가능한 맞춤형화장품 구성

화장품법의 정의에 의하면 판매 가능한 맞춤형화장품의 구성은 다음과 같이 예상된다.
(본 예시는 식약처 주관 식품의약품안전열린포럼(2019)을 참조한 것이다)

[화장품법에 따른 맞춤형화장품의 구분]
① 내용물(벌크제품, 완제품) + 내용물을 혼합한 제품
② 내용물(벌크제품, 완제품) + 고시된 원료를 첨가한 제품
③ 내용물(벌크제품, 완제품)을 소분한 제품

2. 판매 가능한 맞춤형화장품 구성

방향용 제품류 (4종)	기초화장품 제품류 (10종)	색조 화장품 제품류 (8종)
• 향수 • 분말향 • 향낭 • 콜롱	• 수렴·유연·영양화장수 • 로션, 크림 • 마사지 크림 • 에센스, 오일 • 파우더 • 바디제품 • 팩, 마스크 • 눈 주위 제품 • 손·발의 피부연화 제품 • 클렌징워터, 클렌징오일, 클렌징로션, 클렌징크림등, 메이크업리무버	• 볼연지 • 페이스파우더, 페이스케이크 • 리퀴드·크림·케이크 파운데이션 • 메이크업베이스 • 메이크업픽서티브 • 립스틱, 립라이너 • 립글로스, 립밤 • 분장용제품

3. 판매 가능한 맞춤형화장품 형태

① 현장혼합형
② DIY Kit 형
③ 공장제조, 배송형
④ 디바이스 형

3. 내용물 및 원료의 품질성적서 구비

1. 내용물 및 원료의 품질성적서 구비

맞춤형화장품판매업에서 가장 우려되는 부분이 맞춤형화장품의 안전성의 문제이다.
따라서 맞춤형화장품판매업자는 화장품책임판매업자와의 계약을 통해서 계약된 내용에 따라 내용물 및 원료를 관리하고 맞춤형화장품을 조제하여야 한다. 즉 화장품책임판매업자로부터 공급 받은 원료와 내용물에 대한 **품질성적서**를 확인하고 관리 하여야 한다.

화장품액임판매업자는 제조 및 품질관리의 적합성을 보장하는 기준서 중 품질관리기준서에 포함 되어 있는 시험지시서에 따라 원료 및 내용물(벌크제품 포함)의 시험성적서를 기준으로 품질성적서를 구비하여 품질관리를 하여야 한다.
• **기준서** : 제품표준서, 제조관리기준서, **품질관리기준서** 및 제조위생관리기준서

① 화장품 제조 및 품질관리

- 원료
- 포장재
- 완제품(벌크제품)

② **맞춤형화장품판매업**
- 책임판매업자와의 계약에 따라 공급 받는 **원료, 내용물**(완제품, 벌크제품)에 대한 **품질성적서**를 확인, 보관 하여야 한다.

2.2 판매 가능한 맞춤형화장품의 구성 ------------ [연습문제]

[5지선다형]

01. 다음 중 화장품의 효능으로 볼 수 없는 것은?
① 여드름성 피부 완화에 도움
② 아토피 치료
③ 주름 개선에 도움
④ 피부보호(보습, 유연, 탄력)
⑤ 색채효과(피부톤조절, 결정 커버 등)

02. 다음 중 맞춤형화장품조제관리사가 소비자에게 판매할 수 있는 제품에 해당하는 것은?
① 직접 색소를 첨가한 제품
② 고시된 기능성 원료를 배합 한도 내로 첨가한 제품
③ 책임판매업자가 심사를 받은 기능성화장품 내용물에 고시된 원료를 첨가한 제품
④ 계약을 하지 않은 책임판매업자로부터 공급받은 내용물을 소분한 제품
⑤ 소비자의 요구에 의해 기능성원료를 첨가한 제품

03. 다음 중 판매 가능한 맞춤형화장품판매업의 형태로 적합하지 않은 것은?
① 현장혼합형
② DIY KIT형
③ 공장제조, 배송형
④ 디바이스형
⑤ 위탁제조형

04. 다음 중 현장에서 직접 고객상담을 통하여 고객의 기호에 맞게 제품을 만들어 갈 수 있는 맞춤형화장품판매업의 형태는?
① 현장혼합형
② DIY KIT형
③ 공장제조, 배송형
④ 디바이스형
⑤ 위탁제조형

05. 다음 <보기>는 여드름 기능성화장품에 대한 설명이다. (㉠)에 알맞은 것은?

<보기>

여드름성 피부를 완화하는데 도움을 주는 화장품. 다만, (㉠) 제품류로 한정한다.

① 인체세정용
② 영유아용
③ 기초화장품
④ 어린이용
⑤ 두발용

06. 맞춤형화장품판매업자는 화장품책임판매업자로부터 공급 받은 원료·내용물에 대한 (㉠)를 확인하고 관리 하여야 한다. 다만, 책임판매업자와 맞춤형판매업자가 동일한 경우에는 제외한다. (㉠) 안에 들어갈 말로 옳은 것은?
① 제품표준서　　② 품질관리기준서
③ 거래명세서　　④ 품질성적서
⑤ 납품증명서

07. 다음 중 맞춤형화장품에서 판매 가능한 화장품의 유형에 해당 되는 것은?
① 영·유아용 로션, 크림　　② 향수
③ 화장비누(고형비누)　　④ 헤어 컨디셔너
⑤ 샴푸, 린스

08. 다음 중 맞춤형화장품에서 판매 가능한 화장품의 유형으로 구성된 것은?
① 팩, 마스크
② 셰이빙 폼
③ 네일폴리시·네일에나멜 리무버
④ 퍼머넌트 웨이브
⑤ 목욕용 오일·정제·캡슐

09. 다음 <보기>중 맞춤형화장품에서 판매 가능한 화장품의 유형을 모두 고르시오.

―――――――― <보기> ――――――――
ㄱ. 영·유아용 로션, 크림　　ㄴ. 수렴·유연·영양 화장수(face lotions)
ㄷ. 콜롱(cologne)　　ㄹ. 염모제
ㅁ. 손·발의 피부연화 제품　　ㅂ. 샴푸, 린스
ㅅ. 클렌징 워터, 클렌징 오일　　ㅇ. 바디 클렌저(body cleanser)

① ㄱ, ㄴ, ㄷ　　② ㄴ, ㄷ, ㄹ
③ ㄷ, ㄹ, ㅁ, ㅂ　　④ ㄹ, ㅁ, ㅂ, ㅅ
⑤ ㄴ, ㄷ, ㅁ, ㅅ

<2장. 화장품제조 및 품질관리>

[단답형]

01. 다음 <보기>에서 ㉠, ㉡에 적합한 용어를 작성하시오.(순서는 관계 없음)

    ─── <보기> ───
    식품의약품안전처장은 (㉠), (㉡), (㉢) 등과 같이 특별히 사용상의 제한이 필요한 원료에 대하여는 그 사용기준을 지정하여 고시하여야 하며, 사용기준이 지정·고시된 원료 외의 (㉠), (㉡), (㉢) 등은 사용할 수 없다.

02. 다음 <보기>는 화장품의 유형 중 어떤 화장품에 대한 설명인가?

    ─── <보기> ───
    물, 알코올, 시트르산 등으로 만들어진, 피부의 산도유지를 위한 화장수. 각질층 보습외에 수렴작용, 피지 분비 억제작용을 하며, 아스트린젠트, 토닝 로션, 스킨 토너 등으로 불린다. 알코올이 배합되어 피부에 청량감을 주고 소독작용을 한다.

03. 다음 <보기>의 (㉠)에 들어갈 용어를 적으시오.

    ─── <보기> ───
    맞춤형화장품판매업자는 화장품책임판매업자와의 계약을 통해서 계약된 내용에 따라 내용물 및 원료를 관리하고 맞춤형화장품을 조제하여야 한다. 즉 화장품책임판매업자로부터 공급 받은 원료와 내용물에 대한 (㉠)(을)를 확인하고 관리 하여야 한다.

04. 수렴, 청결, 살균제, 가용화제 등으로 이용되며 (㉠)과 물의 비율이 7:3일 때 살균효과 최대를 나타 낸다 스킨 토너류 제품에는(㉠)이 함유되어 있는데 주로 수렴 효과와 청량감을 부여하고, 네일 제품에서는 가용화제로 사용하기도 한다. (㉠)에 알맞은 원료를 쓰시오.

2.3 화장품 사용제한 원료

<학습차례>

1. 화장품에 사용되는 사용제한 원료의 종류 및 사용한도
2. 착향제(향료) 성분 중 알레르기 유발 물질

1. 화장품에 사용되는 사용제한 원료의 종류 및 사용한도

1. 화장품 안전기준 등
① Negative list System:화장품의 제조 등에 사용할 수 없는 원료를 지정하여 고시
② 특별히 사용상의 제한이 필요한 원료:
보존제, **색소**, **자외선차단제**는 사용기준을 지정하여 고시(Positive list System)
- 사용기준이 지정·고시된 원료 외의 보존제, 색소, 자외선차단제 등은 사용할 수 없다.
- 화장품 원료 등의 위해요소를 신속히 평가하여 그 위해 여부를 결정하여야 한다.
- 위해평가가 완료된 경우에는 해당 화장품 원료 등을 화장품의 제조에 사용할 수 없는 원료로 지정하거나 그 사용기준을 지정하여야 한다.
- 지정·고시된 원료의 사용기준의 안전성을 정기적으로 검토하여야 하고, 그 결과에 따라 지정·고시된 원료의 사용기준을 변경할 수 있다.

|1회 시험 출제| ➢ 5지선다형 문제로 출제

2. 맞춤형화장품에 사용 할 수 있는 원료
: 다음의 원료를 제외한 원료
① 화장품에 사용할 수 없는 원료(**사용금지 원료**)
② 화장품에 사용상의 제한이 필요한 원료(**사용상 제한이 있는 원료**)
③ 식품의약품안전처장이 **고시한 기능성화장품의 효능·효과를 나타내는 원료**
 ※ 단, 맞춤형화장품판매업자에게 원료를 공급하는 화장품책임판매업자가「화장품법」제4조에 따라 해당 원료를 포함하여 **기능성화장품에 대한 심사를 받거나 보고서를 제출한 경우**는 제외

3. 화장품에 사용할 수 없는 원료(최근 고시된 원료 위주)
- **미세플라스틱** : 세정, 각질제거 등의 제품에 남아 있는 5mm 크기 이하의 고체플라스틱
- 의약품(아토피, 여드름, 탈모치료제 등) 주성분 등으로 사용되는 "**두타스테리드, 그 염류 및 유도체**" 등 11개 원료
- **니트로메탄**, **아트라놀**, **클로로아트라놀**, 하이드록시아이소헥실 3-사이클로헥센 카보스알데히드(HICC), **메칠렌글라이콜**, 화학물질의 등록 및 평가 등에 관한 법률의 '**금지물질**'

- 천수국꽃추출물 또는 오일
- **리모넨**(Limonene) : 과산화물가가 20mmol/L 초과
- **테르펜** 또는 테르페노이드 : 과산화물가 10mmol/L 초과
- **벤조일퍼옥사이드**(Benzoyl Peroxide)
- **붕산**(Boric Acid) *붕사(Sodium Borate)는 사용가능성분
- **에르고칼시페롤**(Vitamin D$_2$)
- **콜레칼시페롤**(Vitamin D$_3$)
- **인체 세포 조직 및 그 배양액** : 인체세포, 조직 배양액 안전기준 적합성분은 제외
- **인태반**(Human Placenta) 유래물질
- **히드로퀴논**(Hydroquinone)
- **카본블랙**(Carbon Black Cl 77266) : 불순물중 벤조피렌과 디벤즈[a,h] 안트라센 각각 5ppb 이하이고 총 다환방향족 탄화수소류 [PAHs]가 0.5ppm 이하의 경우 제외
- **석유정제과정중 부산물인 페트롤라툼**(Petrolatum) : 백색 페트롤라툼 제외
- **석유정제과정중 부산물인 탄화수소류, 알칸류** 등
- **포름알데하이드** : 배합하지 않았으나 제조공정등 기술적으로 제거 불가능한 경우 허용한도 : 0.2% 이하
- **클로로아세타마이드**(Chloroacetamide)
- **아젤라산**(1,7-헵탄디카르복실산), 그 염류 및 유도체
- **페닐살리실레이트**
- **페닐파라벤**(Phenylparaben)

4. 화장품에 사용상 제한이 필요한 원료(최근 고시된 원료 위주)

- 지정·고시 되지 않은 **보존제, 색소, 자외선차단제** 원료 등
- 비페닐-2-올(o-페닐페놀) 및 그 염류 : 사용한도 축소(0.2% → 0.15%)
- 클리바졸 : 사용범위 축소(전 제품 → 두발용 제품)
- **페녹시에탄올** : 보존제 1%
- **메칠이소치아졸리논** : ~~사용 후 씻어내는 제품 0.01%~~ → 사용 후 씻어내는 제품 0.0015%으로 제한 및 '메칠클로로이소치아졸리논(CMIT)과 메칠이소치아졸리논(MIT) 혼합물'과 병행 사용 금지
- **폴리(1-헥사메칠렌바이구아니드)에이치씨엘** : 사용한도 축소(~~0.3%~~ → 0.05%) 및 에어로졸(스프레이에 한함)제품에는 사용금지
- **땅콩오일, 추출물 및 유도체** : 최대농도 0.5ppm
- **만수국꽃추출물 또는 오일, 만수국아재비꽃추출물 또는 오일**,
  (1) 사용 후 씻어내는 제품에 0.1%, 사용 후 씻어내지 않는 제품에 0.01%
  (2) 자외선 차단제품 또는 자외선을 이용한 태닝(천연 또는 인공)을 목적으로 하는 제품에는 사용금지
- **하이드롤라이즈드밀단백질**, 계면활성제 등 : 자체 위해평가 결과 피부감작 우려가 있고 유럽(EU)에서 사용제한 : 최대 평균 분자량 3.5 kDa 이하
- **트리클로산(Triclosan)** : 사용 후 씻어내는 인체세정용 제품류, 데오도런트(스프레이 제품

제외), 페이스파우더, 피부결점을 감추기 위해 국소적으로 사용하는 파운데이션(예 : 블레미쉬컨실러)에 0.3% 사용가능, 기능성화장품의 유효성분으로 사용하는 경우에 한하며 기타 제품에는 사용금지
- **살리실릭애씨드 및 그 염류**의 사용범위 변경(3세 이하 어린이 → **영유아용 제품류 또는 만 13세이하 어린이가 사용할 수 있음을 특정하여 표시하는 제품에는 사용금지, 샴푸는 제외**) 등
  (1) 보존제로 사용할 경우 : 0.5%
  (2) 기능성 화장품의 유효성분으로 사용하는 경우
  　　-사용 후 씻어내는 제품류에 : 2%
  　　-사용 후 씻어내는 두발용 제품류 : 3%
  　　※ 기타 제품에는 사용금지
- **아이오도프로피닐부틸카바메이트**(아이피비씨) : 보존제
  (1) 사용 후 씻어내는 제품에 0.02%
  (2) 사용 후 씻어내지 않는 제품에 0.01%
  　　※ 다만, 데오드란트에 배합할 경우에는 0.0075%
  　[사용금지]
  　　-입술에 사용되는 제품
  　　-에어로졸(스프레이에 한함) 제품
  　　-바디로션 및 바디크림
  　　-영유아용 제품류 또는 만 13세 이하 어린이가 사용할 수 있음을 특정하여 표시하는 제품에는 사용금지(목욕용제품, 샤워젤류 및 샴푸류는 제외)
- **비타민 E(토코페롤)** : 20%
- **우레아(Urea)** : 10% 이하, 초과시 의약품
- **rh-올리고펩타이드-1(EGF;상피세포성장인자)** : 배합한도 0.001%
- **포타슘하이드록사이드(KOH)** 또는 **소듐하이드록사이드(NaOH)**
  (1) 손톱표피 용해 목적일 경우 : 5%
  (2) pH 조정 목적으로 사용되고, pH 기준이 없는 경우에도 최종 제품의 pH는 11 이하
  (2) 제모제에서 pH 조정 목적으로 사용되는 경우 최종 제품의 pH는 12.7 이하
- **알킬(C12-C22)트리메칠암모늄 브로마이드 및 클로라이드(브롬화세트리모늄 포함)** : 두발용 제품류를 제외한 화장품에 보존제로서 0.1%
- **징크피리치온**
  (1) 보존제: 사용 후 씻어내는 제품에 0.5%
  (2) 염모제 : 비듬 및 가려움을 덜어주고 씻어내는 제품(샴푸, 린스) 및 탈모증상의 완화에 도움을 주는 화장품에 총 1.0%
  　　※ 기타 제품에는 사용금지
- **p-하이드록시벤조익애씨드, 그 염류 및 에스텔류** (다만, 에스텔류 중 페닐은 제외)
  (1) 단일성분일 경우 0.4%(산으로서)
  (2) 혼합사용의 경우 0.8%(산으로서)
- **치오글라이콜릭애씨드, 그 염류 및 에스텔류**
  (1) 퍼머넌트웨이브용 및 헤어스트레이트너 제품에 치오글라이콜릭애씨드로서 11%
  (2) 제모용 제품에 치오글라이콜릭애씨드로서 5%

(3) 염모제에 치오글라이콜릭애씨드로서 1%
(4) 사용 후 씻어내는 두발용 제품류에 2%
　　※ 기타 제품에는 사용 금지
- **시스테인, 아세틸시스테인 및 그 염류**
(1) 퍼머넌트웨이브용 제품에 시스테인으로서 3.0~7.5%

* **염류**의 예 : 소듐, 포타슘, 칼슘, 마그네슘, 암모늄, 에탄올아민, 클로라이드, 브로마이드, 설페이트, 아세테이트, 베타인 등

　　|1회 시험 출제| ➤ 단답형 문제로 출제, (정답 : 염류)

* 에스텔류 : 메칠, 에칠, 프로필, 이소프로필, 부틸, 이소부틸, 페닐

5. 화장품의 색소 종류와 기준(용어의 정의)

① 색소 : 화장품이나 피부에 색을 띠게 하는 것을 주요 목적으로 하는 성분
② **타르색소** : 색소 중 콜타르, 그 중간생성물에서 유래되었거나 유기합성 하여 얻은 색소 및 그 레이크, 염, 희석제와의 혼합물

　　|1회 시험 출제| ➤ 단답형 문제로 출제(정답 : 타르색소)

③ 순색소 : 중간체, 희석제, 기질 등을 포함하지 아니한 순수한 색소
④ 레이크 : 타르색소를 기질에 흡착, 공침 또는 단순한 혼합이 아닌 화학적 결합에 의하여 확산시킨 색소
⑤ 기질 : 레이크 제조 시 순색소를 확산시키는 목적으로 사용되는 물질을 말하며 알루미나, 브랭크휙스, 크레이, 이산화티탄, 산화아연, 탤크, 로진, 벤조산알루미늄, 탄산칼슘 등의 단일 또는 혼합물을 사용
⑥ 희석제 : 색소를 용이하게 사용하기 위하여 혼합되는 성분
(단,「화장품 안전기준 등에 관한 규정」별표 1의 원료(사용할 수 없는 원료)는 사용할 수 없다.)
⑦ 눈 주위 : 눈썹, 눈썹 아래쪽 피부, 눈꺼풀, 속눈썹 및 눈(안구, 결막낭, 윤문상 조직을 포함한다)을 둘러싼 뼈의 능선 주위

6. 화장품 색소의 사용부위

① 피그먼트 적색 5(Pigment Red 5) : **화장 비누**에만 사용
② 적색 102호(뉴콕신, New Coccine), 적색 2호(아마란트, Amaranth)
: **영유아용 제품류 또는 만 13세 이하 어린이가 사용할 수 있음을 특정하여 표시하는 제품에 사용할 수 없음**
③ 등색 401호 : **점막에 사용할 수 없음**
④ 등색 204호, 적색 106호, 적색 221호, 적색 401호, 적색 506호, 황색 407호, 흑색 401호
: **적용 후 바로 씻어내는 제품 및 염모용 화장품에만 사용**

7. 화장품의 안료

① 백색안료
  (1) 백색안료 : 이산화티탄, 산화아연 -> 파운데이션
  (2) 체질안료 : 탈크, 마이카, 카올린 -> 메이크업 전제품
  (3) 유기분말 : 아미노산, 셀룰로오스 분말 -> 고형제품 전체
② 착색안료
  (1) 무기 착색안료 : 산화철, 군청(울트라마린, 규산염조성) -> 메이크업 전제품
  (2) 유기안료 : 법정 타르색소류 -> 포인트 메이크업

2. 착향제(향료) 성분 중 알레르기 유발 물질

1. 착향제(향료) 성분 중 알레르기 유발 물질

① 착향제의 구성 성분 중 알레르기 유발성분(25종)
아밀신남알, **벤질알코올**, 신나밀알코올, **시트랄**, **유제놀**, 하이드록시시트로넬알, 아이소유제놀, 아밀신나밀알코올, 벤질살리실레이트, 신남알, 쿠마린, **제라니올**, 이니스알코올, 벤질신나메이트, 파네솔, 부틸페닐메틸프로피오날, **리날룰**, 벤질벤조에이트, 시트로넬올, 헥실신남알, **리모넨**, 메틸2-옥티노에이트, 알파-이소메닐아이오논, 참나무이끼추출물, 나무이끼추출물
• 해당없는 향 : 무스크, 시베트, 카스토리움, 라벤더, 로즈메리, 멘톨, 벤질아세테이트

② 착향제 구성 성분 중 식약처장이 고시한 알레르기 유발성분이 있는 경우
• "향료"로만 표시할 수 없고, 추가로 해당 성분명을 기재
(다만, **사용후 씻어내는 제품에는 0.01% 초과**, **사용 후 씻어내지 않는 제품에는 0.001% 초과 함유**하는 경우에 한한다.)
• 사용후 씻어내는 제품 : 피부, 모발 등에 적용 후 씻어내는 과정이 필요한 제품

2. 알레르기 유발 성분 표기 방법

① 알레르기 유발성분의 함량에 따른 별도의 순서나 표시방법은 없으나, **전성분 표시방법** 권장
② 별도 표시 및 '사용 시의 주의사항'에 기재될 사항은 아님
③ 전성분 표시 방법을 적용하길 권장
④ **내용량 10mL(g) 초과 50mL(g) 이하인 소용량 화장품의 경우**
착향제 구성 성분 중 알레르기 유발성분 표시 여부 → 기존 규정과 동일하게 표시·기재를 위한 면적이 부족한 사유로 생략이 가능하나 해당 정보는 홈페이지 등에서 확인할 수 있도록 해야 함 → 또한 소용량 화장품일지라도 표시 면적이 확보되는 경우에는 해당 알레르기 유발 성분을 표시하는 것을 권장함
⑤ 에센셜오일이나 추출물이 **착향의 목적**으로 사용되었거나 또는 해당 성분이 착향제의 특성이 있는 경우 에는 알레르기 유발성분을 **표시·기재**하여야 한다.
⑥ 책임판매업자 홈페이지, 온라인 판매처 사이트에서도 알레르기 유발성 분을 표시해야 한다.

현재	⇨	개선	
A, B, C, D, 향료	알레르기 유발성분인 리모넨, 리날롤이 포함된 경우	1안	A, B, C, D, 향료, 리모넨, 리날롤
		2안	A, B, C, D, 리모넨, 향료, 리날롤
		3안	A, B, 리모넨, C, D, 향료, 리날롤 (함량 순으로 기재)
		4안	~~A, B, C, D, 향료(리모넨, 리날롤)~~
		5안	~~A, B, C, D, 향료, 리모넨, 리날롤 (알레르기 유발성분)~~

*<u>**1~3안은 가능**</u>하며, 4~5안은 소비자 오해·오인 우려로 불가함

2.3 화장품 사용제한 원료 ----------------------- [연습문제]

[5지선다형]

01. 맞춤형화장품에 사용할 수 있는 원료에 해당하는 것은?
① 화장품에 사용할 수 없는 원료
② 화장품에 사용상의 제한이 필요한 원료
③ 식품의약품안전처장이 고시한 기능성화장품의 효능·효과를 나타내는 원료
④ 맞춤형화장품판매업자에게 원료를 공급하는 화장품책임판매업자가 해당 원료를 포함하여 기능성화장품에 대한 심사를 받거나 보고서를 제출한 원료
⑤ 사전심사 받지 않은 기능성화장품 고시 원료

02. 맞춤형화장품에 사용할 수 있는 원료에 해당하는 것은?
① 천수국꽃추출물 또는 오일
② 메칠이소치아졸리논
③ 살리실릭애씨드 및 그 염류
④ 티타늄디옥사이드
⑤ 소듐하이알루로네이트

03. 맞춤형화장품에 사용할 수 있는 원료에 해당하는 것은?
① 토코페릴아세테이트   ② 비타민E(토코페롤)
③ 징크옥사이드   ④ 페녹시에탄올
⑤ 나이아신아마이드

04. 화장품법 제8조에 따라 "식품의약품안전처장은 화장품의 제조 등에 사용할 수 없는 원료를 지정하여 고시하여야 한다". 이러한 제도를 Negative System(포괄주의)이라 한다. 해당 되는 원료는?
① 티타늄디옥사이드   ② 보존제
③ 화장품색소   ④ 페닐파라벤
⑤ 페녹시에탄올

05. 다음 중 맞춤형화장품에 사용할 수 있는 원료는?
① 징크피리치온   ② 비타민E(토코페롤)
③ 트리클로산(Triclosan)   ④ 베타인

⑤ p-하이드록시벤조익애씨드

06. 보존제로 사용되는 메칠이소치아졸리논은 사용상 제한이 필요한 원료이다. 그 설명이 옳은 것은?
① 사용 후 씻어내는 제품에는 사용을 금지한다.
② 사용 후 씻어내는 제품에 한해 0.01% 까지 사용 가능하다.
③ 전 제품에 0.01% 까지 사용 가능하다.
④ 사용 후 씻어내는 제품에 한해 0.0015% 까지 사용 가능하다.
⑤ 맞춤형화장품에 사용 가능한 원료로 0.0015% 까지 사용 가능하다.

07. 보존제 성분 중 "살리실릭애씨드 및 그 염류"에 대한 설명으로 옳지 못한 것은?
① 기능성에 한하여 인체세정용 제품류에 살리실릭애씨드로서 2%로 한다.
② 기능성에 한하여 사용 후 씻어내는 두발용 제품류에 살리실릭애씨드로서 3%로 한다.
③ 영유아용 제품류 또는 만 13세 이하 어린이가 사용할 수 있음을 특정하여 표시하는 제품에는 사용금지(다만, 샴푸는 제외) 한다.
④ 기능성화장품의 유효성분으로 사용하는 경우에 한하며 기타 제품에는 사용금지 한다.
⑤ 영유아용 바디로션에 살리실릭애씨드로서 2%로 한다.

08. 영·유아용 제품류 또는 만13세이하 어린이가 사용할 수 있음을 특정하여 표시하는 제품에 사용금지인 원료를 모두 고르시오.(다만, 보존제인 경우 샴푸는 제외)

──────── <보기> ────────
ㄱ. 메틸 살리실레이트   ㄴ. 살리실릭애씨드
ㄷ. 적색 2호(아마란트)   ㄹ. 메칠이소치아졸리논(MIT)
ㅁ. 우레아

① ㄱ, ㄴ   ② ㄱ, ㄷ
③ ㄴ, ㄷ   ④ ㄴ, ㄹ, ㅁ
⑤ ㄷ, ㄹ, ㅁ

09. 영유아용 제품류 또는 만 13세 이하 어린이가 사용할 수 있음을 특정하여 표시하는 제품(다만, 샴푸는 제외)에 사용금지를 확대한 보존제에 해당하는 것은?

──────── <보기> ────────
(ㄱ) 살리실릭애씨드 및 그 염류
(ㄴ) 아이오도프로피닐부틸카바메이트(아이피비씨)
(ㄷ) 메칠이소치아졸리논
(ㄹ) 디메칠옥사졸리딘
(ㅁ) 페녹시에탄올

① (ㄱ), (ㄴ)   ② (ㄴ), (ㅁ)

③ (ㄷ), (ㄹ)   ④ (ㄱ), (ㄴ), (ㄹ)
⑤ (ㄴ), (ㄹ), (ㅁ)

10. 영·유아용 제품류 또는 만13세 이하 어린이가 사용할 수 있음을 특정하여 표시하는 제품에 사용금지인 색소를 모두 고르시오.

<보기>
- ㄱ. 적색 102호
- ㄴ. 피그먼트 적색 5
- ㄷ. 적색 106호
- ㄹ. 적색 221호
- ㅁ. 적색 2호

① ㄱ, ㄴ   ② ㄱ, ㅁ
③ ㄴ, ㄹ   ④ ㄴ, ㄷ, ㄹ
⑤ ㄷ, ㄹ, ㅁ

11. 다음 중 "적용 후 바로 씻어내는 제품 및 염모용 화장품에만 사용"하는 색소는?
① 적색 102호   ② 피그먼트 적색 5
③ 적색 2호   ④ 등색 204호
⑤ 등색 401호

12. 다음중 유기안료(법정 타르색소)에 해당 하는 것은?
① 티타늄디옥사이드(이산화티탄)   ② 징크옥사이드(산화아연)
③ 마이카   ④ 산화철
⑤ 피그먼트 적색5호

13. 다음 중 "점막에 사용할 수 없는" 색소는?
① 적색 102호   ② 피그먼트 적색 5
③ 적색 2호   ④ 등색 204호
⑤ 등색 401호

14. 화장품법에서 규정하는 화장품 안전기준에 대한 설명 중 옳지 않은 것은?
① 식약처장은 화장품의 제조 등에 사용할 수 없는 원료를 지정하여 고시하여야 한다.
② 보존제, 색소, 자외선차단제 등과 같이 특별히 사용상의 제한이 필요한 원료에 대하여는 그 사용기준을 지정하여 고시하여야 한다.
③ 사용기준이 지정·고시된 원료 외의 보존제, 색소, 자외선차단제 등은 사용할 수 있다.
④ 위해평가가 완료된 화장품 원료 등을 화장품의 제조에 사용할 수 없는 원료로 지정하거나 그 사용기준을 지정하여야 한다.
⑤ 지정·고시된 원료의 사용기준의 안전성을 정기적으로 검토하여야 하고, 그 결과에 따라 지정·고시된 원료의 사용기준을 변경할 수 있다.

15. 화장품 안전기준에 따라 특별히 사용상의 제한이 필요한 원료에 해당하는 것은?

― <보기> ―
(ㄱ) 보존제　　　　　(ㄴ) 색소
(ㄷ) 자외선차단제　　(ㄹ) 계면활성제
(ㅁ) 향료　　　　　　(ㅂ) 금속이온봉쇄제

① ㄱ, ㄴ, ㄷ　　　　② ㄴ, ㄷ, ㄹ
③ ㄷ, ㄹ, ㅁ　　　　④ ㄹ, ㅁ, ㅂ
⑤ ㄱ, ㄴ, ㄷ, ㅁ, ㅂ

16. 다음 착향제(향료) 성분 중 알레르기 유발 물질임을 알 수 있도록 추가로 성분명을 표시·기재하여야 하는 것은?
① 벤질알코올　　　② 라벤더오일
③ 무스크　　　　　④ 시베트
⑤ 벤질아세테이트

17. 착향제(향료) 성분 중 알레르기 유발 물질이 함유된 경우 표시·기재에 대한 설명이 옳은 것은?
① 향료로만 표시할 수 없고, 추가로 해당 성분명을 기재하여야 한다.
② 사용 후 씻어내는 제품에는 0.001% 초과 함유하는 경우에 한한다.
③ 사용 후 씻어내지 않는 제품에는 0.01% 초과 함유하는 경우에 한한다.
④ 알레르기 유발성분의 함량에 따라 많은 순서대로 표시·기재 하여야 한다.
⑤ 반드시 전성분 표시 방법으로 표시·기재 하여야 한다.

18. 착향제(향료) 성분 중 알레르기 유발 물질이 함유된 경우 표시·기재에 대한 설명이 옳지 않은 것은?
① 향료로만 표시할 수 없고, 추가로 해당 성분명을 기재하여야 한다.
② 내용량 10mL(g) 초과 50mL(g) 이하인 소용량 화장품의 경우 생략할 수 있다.
③ 착향의 목적으로 사용된 에센셜오일에 알레르기 유발 물질을 함유된 경우 그 성분을 표시·기재할 필요는 없다.
④ 책임판매업자 홈페이지, 온라인 판매처 사이트에 알레르기 유발성 분을 표시해야 한다.
⑤ 전성분 표시 방법을 적용하길 권장한다.

19. 다음은 착향제(향료) 성분 중 알레르기 유발 물질이 함유된 경우 표시·기재에 대한 예시이다. 권장하는 방법을 모두 고르시오.

― <보기> ―
ㄱ. A, B, C, D, 향료, 리모넨, 리날롤
ㄴ. A, B, C, D, 리모넨, 향료, 리날롤

ㄷ. A, B, 리모넨, C, D, 향료, 리날롤
ㄹ. A, B, C, D, 향료(리모넨, 리날롤)
ㅁ. A, B, C, D, 향료, 리모넨, 리날롤(알르레기 유발성분)
(단, A, B, C, D는 향료를 제외한 전성분으로 동일하다는 조건)

① ㄱ, ㄴ
② ㄱ, ㄴ, ㄷ
③ ㄴ, ㄷ, ㄹ
④ ㄴ, ㄹ, ㅁ
⑤ ㄷ, ㄹ, ㅁ

20. 다음은 화장품에 사용가능한 색소 성분에 대한 설명이다. 옳은 것은?
① 피그먼트 적색 5호는 염모용 화장품에만 사용
② 적색 102호(뉴콕신)은 영유아용 제품류에는 사용 금지
③ 등색 204호(벤지딘오렌지)는 점막에 사용할 수 없다.
④ 등색 401호(오렌지 401)는 화장비누에만 사용
⑤ 적색 2호(아마란트)는 적용 후 바로 씻어내는 제품 및 염모용 화장품에만 사용

21. 다음은 화장품에 사용가능한 보존제 성분에 대한 설명이다. 옳지 않은 것은?
① 페녹시에탄올 : 보존제로서 1%
② 메칠이소치아졸리논 : 사용 후 씻어내는 제품 0.01%
③ 트리클로산(Triclosan) : 사용 후 씻어내는 인체세정용 제품류 0.3%
④ 살리실릭애씨드 : 영유아용 제품류에는 사용금지
⑤ 징크피리치온 : 보존제로서 사용 후 씻어내는 제품에 0.5%

22. 화장품법 제8조에 따라 "식품의약품안전처장은 화장품의 제조 등에 사용할 수 없는 원료를 지정하여 고시하여야 한다". 이러한 제도를 무엇이라 하는가?
① Negative System(포괄주의)
② Positive System(열거주의)
③ Autonomous System(자율시스템)
④ automatic system(자동시스템)
⑤ materials control(원료관리)

23. 다음 중 맞춤형화장품에 사용할 수 있는 원료는?
① 과산화물가 10mmol/L 초과하는 테르펜
② 붕산(Boric Acid)
③ 화학물질의 등록 및 평가 등에 관한 법률의 '금지물질'
④ 인체 세포 조직 및 그 배양액
⑤ 식물유래 추출물

24. 다음 중 화장품에 해당하는 것은?
① 데오도런트
② 여드름개선제
③ 치아미백제
④ 애완동물목욕용품
⑤ 베이비파우더

25. 다음 중 화장품에 해당되지 않는 것은?
① 화장비누
② 흑채
③ 제모왁스
④ 액취방지제
⑤ 물휴지

[단답형]

01. 화장품법 제8조제2항에 따라 사용상의 제한이 필요한 원료에 대하여 그 사용기준이 지정·고시된 원료에 해당 하는 것을 모두 고르시오.

<보기>
ㄱ. 보존제
ㄴ. 산화방지제
ㄷ. 계면활성제
ㄹ. 색소
ㅁ. 자외선차단제

02. 다음 <보기>는 화장품의 전성분을 표시한 내용이다. 이 중에서 영·유아용 제품류 또는 만 13세이하 어린이가 사용할 수 있음을 특정하여 표시하는 제품(샴푸는 제외)에 사용금지인 원료는 어떤 것이 있는가?

<보기>

<전 성분>
정제수, 글리세린, 다이프로필렌글라이콜, 토코페릴아세테이트, 다이메티콘/비닐다이메티콘크로스폴리머, C12-14파레스-3, 살리실릭애씨드, 향료

03. 다음 <보기>에서 ㉠에 적합한 용어를 작성하시오.

<보기>

(㉠)(이)란 타르색소를 기질에 흡착, 공침 또는 단순한 혼합이 아닌 화학적 결합에 의하여 확산시킨 색소를 말한다.

04. 다음 <보기>에서 ㉠에 적합한 용어를 작성하시오.

---<보기>---

(㉠)(이)란 레이크 제조 시 순색소를 확산시키는 목적으로 사용되는 물질을 말하며 알루미나, 브랭크휙스, 크레이, 이산화티탄, 산화아연, 탤크, 로진, 벤조산알루미늄, 탄산칼슘 등의 단일 또는 혼합물을 사용한다.

---

05. 다음 <보기>중 알레르기 유발 물질임을 알 수 있도록 추가로 성분명을 표시·기재하여야 하는 것을 모두 고르시오.(그 성분명을 직접 적으시오)

---<보기>---

ㄱ. 벤질알코올   ㄴ. 시트랄
ㄷ. 유제놀   ㄹ. 제라니올
ㅁ. 리모넨   ㅂ. 신남알
ㅅ. 벤질아세테이트 ㅇ. 무스크

---

06. 다음 <보기>는 맞춤형화장품에 사용 할 수 있는 원료는 다음 각 호에 해당하는 원료를 제외한 원료에 해당한다. (㉠), (㉡)에 각각 알맞은 용어을 쓰시오.

---<보기>---

① 화장품에 사용할 수 없는 원료
② 화장품에 사용상의 제한이 필요한 원료
③ 식품의약품안전처장이 고시한 기능성화장품의 효능·효과를 나타내는 원료
단, 맞춤형화장품판매업자에게 원료를 공급하는 화장품책임판매업자가 「화장품법」 제4조에 따라 해당 원료를 포함하여 기능성화장품에 대한 (㉠)(을)를 받거나 (㉡)(을)를 제출한 경우는 제외

<2장. 화장품제조 및 품질관리>

2.4 화장품 관리

<학습차례>

1. 화장품의 취급방법
2. 화장품의 보관방법
3. 화장품의 사용방법
4. 화장품의 사용상 주의사항

1. 화장품 취급 / 2. 보관방법

1. 보관 및 취급상의 주의

[공통적인 보관 사항]
① 어린이의 손이 닿지 않는 곳에 보관할 것
② 직사광선을 피해서 보관할 것

[제품별 보관 사항]
① 고압가스를 사용하는 에어로졸 제품
    (1) 불꽃길이시험에 의한 화염이 인지되지 않는 것으로서 가연성 가스를 사용하지 않는 제품
        (가) 섭씨 40도 이상의 장소 또는 밀폐된 장소에 보관하지 말 것
        (나) 사용 후 남은 가스가 없도록 하고 불 속에 버리지 말 것
    (2) 가연성 가스를 사용하는 제품
        (가) 불꽃을 향하여 사용하지 말 것
        (나) 난로, 풍로 등 화기 부근 또는 화기를 사용하고 있는 실내에서 사용하지 말 것
        (다) 섭씨 40도 이상의 장소 또는 밀폐된 장소에서 보관하지 말 것
        (라) 밀폐된 실내에서 사용한 후에는 반드시 환기를 할 것
        (마) 불 속에 버리지 말 것
② 염모제(산화염모제와 비산화염모제)
    (1) 혼합한 염모액을 밀폐된 용기에 보존하지 말것. 혼합한 액으로부터 발생하는 가스의 압력으로 용기가 파손될 염려가 있어 위험하다. 또한 혼합한 염모액이 위로 튀어 오르거나 주변을 오염시키고 지워지지 않게 된다. 혼합한 액의 잔액은 효과가 없으므로 잔액은 반드시 바로 버린다.
    (2) 용기를 버릴 때는 반드시 뚜껑을 열어서 버린다.
    (3) 사용 후 혼합하지 않은 액은 직사광선을 피하고 공기와 접촉을 피하여 서늘한 곳에 보관할것.
③ 염·탈색제

(1) 혼합한 염모액을 밀폐된 용기에 보존하지 말것. 혼합한 액으로부터 발생하는 가스의 압력으로 용기가 파손될 염려가 있어 위험하다. 또한 혼합한 염모액이 위로 튀어 오르거나 주변을 오염시키고 지워지지 않게 된다. 혼합한 액의 잔액은 효과가 없으므로 잔액은 반드시 바로 버린다.
(2) 용기를 버릴 때는 반드시 뚜껑을 열어서 버린다.

3. 화장품 사용방법

1. 화장품 사용방법

① 깨끗한 손으로 사용한다.
② 사용 후 뚜껑을 항상 닫는다.
③ 화장에 사용되는 도구 들은 항상 깨끗하게 유지 한다. 세척시에는 중성세제로 한다.
④ 여러 사람이 함께 사용하면 감염, 오염의 우려가 있으므로 주의 한다.
⑤ 서늘한 곳에 보관한다.
⑥ 사용기한(또는 개봉 후 사용기간)이 경과한 화장품은 사용하지 않는다.
⑦ 변색, 변취, 분리된 화장품은 사용하지 않는다.

2. 화장품의 함유 성분별 사용 시의 주의사항 표시 문구

대상 제품	표시 문구
과산화수소 및 과산화수소 생성물질 함유 제품	눈에 접촉을 피하고 눈에 들어갔을 때는 즉시 씻어낼 것
벤잘코늄클로라이드, 벤잘코늄브로마이드 및 벤잘코늄사카리네이트 함유 제품	눈에 접촉을 피하고 눈에 들어갔을 때는 즉시 씻어낼 것
스테아린산아연 함유 제품(기초화장용 제품류 중 파우더 제품에 한함)	사용 시 흡입되지 않도록 주의할 것
살리실릭애씨드 및 그 염류 함유 제품 (샴푸 제외)	영유아용 제품류 또는 만 13세 이하 어린이가 사용할 수 있음을 특정하여 표시하는 제품에는 사용금지
실버나이트레이트 함유 제품	눈에 접촉을 피하고 눈에 들어갔을 때는 즉시 씻어낼 것
아이오도프로피닐부틸카바메이트(IPBC) 함유 제품 (샴푸제외)	영유아용 제품류 또는 만 13세 이하 어린이가 사용할 수 있음을 특정하여 표시하는 제품에는 사용금지
알루미늄 및 그 염류 함유 제품 (체취방지용 제품류에 한함)	신장 질환이 있는 사람은 사용 전에 의사, 약사, 한의사와 상의할 것
알부틴 2% 이상 함유 제품	알부틴은「인체적용시험자료」에서 구진과 경미한 가려움이 보고된 예가 있음
카민 함유 제품	카민 성분에 과민하거나 알레르기가 있는 사람은 신중히 사용할 것
코치닐추출물 함유 제품	코치닐추출물 성분에 과민하거나 알레르기가 있는 사람은 신중히 사용할 것
포름알데하이드 0.05% 이상 검출된 제품	포름알데하이드 성분에 과민한 사람은 신중히

	사용할 것
폴리에톡실레이티드레틴아마이드 0.2% 이상 함유 제품	폴리에톡실레이티드레틴아마이드는 「인체적용시험자료」에서 경미한 발적, 피부건조, 화끈감, 가려움, 구진이 보고된 예가 있음
부틸파라벤, 프로필파라벤, 이소부틸파라벤, 또는 이소프로필파라벤 함유 제품(영·유아용 제품류 및 기초화장용 제품류(만 3세 이하 어린이가 사용하는 제품) 중 사용 후 씻어내지 않는 제품에 한함)	만 3세 이하 어린이의 기저귀가 닿는 부위에는 사용하지 말 것

3. 화장품 사용방법(기능성화장품)

① 피부의 미백에 도움을 주는 제품의 성분 및 함량
- 제형 : 로션제, 액제, 크림제 및 침적 마스크
- 제품의 효능·효과 : "피부의 미백에 도움을 준다"
- 용법·용량 : "**본품 적당량을 취해 피부에 골고루 펴 바른다. 또는 본품을 피부에 붙이고 10~20분 후 지지체를 제거한 다음 남은 제품을 골고루 펴 바른다**(침적 마스크에 한함)"로 제한함

② 피부의 주름개선에 도움을 주는 제품의 성분 및 함량
- 제형 : 로션제, 액제, 크림제 및 침적 마스크
- 제품의 효능·효과 : "피부의 주름개선에 도움을 준다"
- 용법·용량 : "**본품 적당량을 취해 피부에 골고루 펴 바른다. 또는 본품을 피부에 붙이고 10~20분 후 지지체를 제거한 다음 남은 제품을 골고루 펴 바른다**(침적 마스크에 한함)"로 제한함)

③ 체모를 제거하는 기능을 가진 제품의 성분 및 함량
- 제형 : 액제, 크림제, 로션제, 에어로졸제
- 제품의 효능·효과 : "제모(체모의 제거)"
- 용법·용량 : "**사용 전 제모할 부위를 씻고 건조시킨 후 이 제품을 제모할 부위의 털이 완전히 덮이도록 충분히 바른다**. 문지르지 말고 5~10분간 그대로 두었다가 일부분을 손가락으로 문질러 보아 털이 쉽게 제거되면 젖은 수건[(제품에 따라서는) 또는 동봉된 부직포 등]으로 닦아 내거나 물로 씻어낸다. 면도한 부위의 짧고 거친 털을 완전히 제거하기 위해서는 한 번 이상(수일 간격) 사용하는 것이 좋다"로 제한함

④ 여드름성 피부를 완화하는데 도움을 주는 제품의 성분 및 함량
- 제형 : 액제, 로션제, 크림제에 한함(부직포 등에 침적된 상태는 제외함)
- 제품의 효능·효과 : "여드름성 피부를 완화하는 데 도움을 준다"
- 용법·용량 : "**본품 적당량을 취해 피부에 사용한 후 물로 바로 깨끗이 씻어낸다**"로 제한함

4. 화장품 사용상 주의사항

1. 화장품 사용시의 주의사항(공통사항)
① 화장품 사용 시 또는 사용 후 직사광선에 의하여 사용부위가 붉은 반점, 부어오름 또는 가려움증 등의 이상 증상이나 부작용이 있는 경우 전문의 등과 상담할 것
② 상처가 있는 부위 등에는 사용을 자제할 것
③ 어린이의 손이 닿지 않는 곳에 보관할 것
④ 직사광선을 피해서 보관할 것

1회 시험 출제 ➤ 5지선다형 문제로 출제\

2. 화장품 사용시의 주의사항(개별사항)
① **미세한 알갱이가 함유되어 있는 스크러브세안제**
알갱이가 눈에 들어갔을 때에는 물로 씻어내고, 이상이 있는 경우에는 전문의와 상담할 것
② **팩** : 눈 주위를 피하여 사용할 것
③ **두발용, 두발염색용 및 눈 화장용 제품류** : 눈에 들어갔을 때에는 즉시 씻어낼 것
④ **모발용 샴푸**
　(1) 눈에 들어갔을 때에는 즉시 씻어낼 것
　(2) 사용 후 물로 씻어내지 않으면 탈모 또는 탈색의 원인이 될 수 있으므로 주의할 것
⑤ **퍼머넌트 웨이브 제품 및 헤어스트레이트너 제품**
　(1) 두피·얼굴·눈·목·손 등에 약액이 묻지 않도록 유의하고, 얼굴 등에 약액이 묻었을 때에는 즉시 물로 씻어낼 것
　(2) 특이체질, 생리 또는 출산 전후이거나 질환이 있는 사람 등은 사용을 피할 것
　(3) 머리카락의 손상 등을 피하기 위하여 용법·용량을 지켜야 하며, 가능하면 일부에 시험적으로 사용하여 볼 것
　(4) 섭씨 15도 이하의 어두운 장소에 보존하고, 색이 변하거나 침전된 경우에는 사용하지 말 것
　(5) 개봉한 제품은 **7일 이내에 사용**할 것(에어로졸 제품이나 사용 중 공기유입이 차단되는 용기는 표시하지 아니한다)
　(6) 제2단계 퍼머액 중 그 주성분이 과산화수소인 제품은 검은 머리카락이 갈색으로 변할 수 있으므로 유의하여 사용할 것

1회 시험 출제 ➤ 퍼머넌트 웨이브 제품 및 헤어스트레이트너 제품에 대한 5지선다형 문제 출제

⑥ **외음부 세정제**
　(1) 정해진 용법과 용량을 잘 지켜 사용할 것
　(2) 만 3세 이하 어린이에게는 사용하지 말 것
　(3) 임신 중에는 사용하지 않는 것이 바람직하며, 분만 직전의 외음부 주위에는 사용하지 말 것

(4) **프로필렌 글리콜**(Propylene glycol)을 함유하고 있으므로 이 성분에 과민하거나 알레르기 병력이 있는 사람은 신중히 사용할 것(프로필렌 글리콜 함유제품만 표시한다)

⑦ **손·발의 피부연화 제품(요소제제의 핸드크림 및 풋크림)**
  (1) 눈, 코 또는 입 등에 닿지 않도록 주의하여 사용할 것
  (2) **프로필렌 글리콜**(Propylene glycol)을 함유하고 있으므로 이 성분에 과민하거나 알레르기 병력이 있는 사람은 신중히 사용할 것(프로필렌 글리콜 함유제품만 표시한다)

⑧ **체취 방지용 제품** : 털을 제거한 직후에는 사용하지 말 것

⑨ **고압가스를 사용하는 에어로졸 제품**[무스의 경우 가)부터 라)까지의 사항은 제외한다]
  (1) 같은 부위에 연속해서 3초 이상 분사하지 말 것
  (2) 가능하면 인체에서 20센티미터 이상 떨어져서 사용할 것
  (3) 눈 주위 또는 점막 등에 분사하지 말 것. 다만, 자외선 차단제의 경우 얼굴에 직접 분사하지 말고 손에 덜어 얼굴에 바를 것
  (4) 분사가스는 직접 흡입하지 않도록 주의할 것

⑩ **고압가스를 사용하지 않는 분무형 자외선 차단제**: 얼굴에 직접 분사하지 말고 손에 덜어 얼굴에 바를 것

⑪ **알파-하이드록시애시드**(α-hydroxyacid, AHA)(이하 "AHA"라 한다) 함유제품(0.5퍼센트 이하의 AHA가 함유된 제품은 제외한다)
  (1) 햇빛에 대한 피부의 감수성을 증가시킬 수 있으므로 자외선 차단제를 함께 사용할 것(씻어내는 제품 및 두발용 제품은 제외한다)
  (2) 일부에 시험 사용하여 피부 이상을 확인할 것
  (3) 고농도의 AHA 성분이 들어 있어 부작용이 발생할 우려가 있으므로 전문의 등에게 상담할 것(AHA 성분이 10퍼센트를 초과하여 함유되어 있거나 산도가 3.5 미만인 제품만 표시한다)

1회 시험 출제 ▶ 단답형 문제 출제(정답 : 알파-하이드록시애시드 또는 AHA)

2.4 화장품 관리 [연습문제]

[5지선다형]

01. 다음 <보기>는 여드름성 피부를 완화하는데 도움을 주는 제품의 용법·용량에 대한 설명이다. 설명이 올바른 것은?

<보기>
- 제형 : 액제, 로션제, 크림제에 한함(부직포 등에 침적된 상태는 제외함)
- 제품의 효능·효과 : "여드름성 피부를 완화하는 데 도움을 준다"
- 용법·용량 :

① 본품 적당량을 취해 피부에 사용한 후 물로 바로 깨끗이 씻어낸다
② 본품 적당량을 취해 피부에 골고루 펴 바른다.
③ 본품을 피부에 붙이고 10~20분 후 지지체를 제거한 다음 남은 제품을 골고루 펴 바른다.
④ 사용 전 제모할 부위를 씻고 건조시킨 후 이 제품을 충분히 바른다.
⑤ 본품 적당량을 취해 피부에 골고루 펴 바르고 오일로 잘 닦아 낸다.

02. 다음 <보기>의 성분을 함유한 화장품의 사용상 주의사항 표시 문구로 옳은 것은?

<보기>
ㄱ. 살리실릭애씨드 및 그 염류 함유 제품 (샴푸 제외)
ㄴ. 아이오도프로피닐부틸카바메이트(IPBC) 함유 제품 (샴푸제외)

① 눈에 접촉을 피하고 눈에 들어갔을 때는 즉시 씻어낼 것
② 사용 시 흡입되지 않도록 주의할 것
③ 영유아용 제품류 또는 만 13세 이하 어린이가 사용할 수 있음을 특정하여 표시하는 제품에는 사용을 금지할 것
④ 신장 질환이 있는 사람은 사용 전에 의사, 약사, 한의사와 상의할 것
⑤ 코치닐추출물 성분에 과민하거나 알레르기가 있는 사람은 신중히 사용할 것

03. 다음 <보기>와 같이 화장품의 사용상 주의사항 표시 문구를 해야 하는 성분이 아닌 것은?

<보기>
만 3세 이하 어린이의 기저귀가 닿는 부위에는 사용하지 말 것

(단, 영·유아용 제품류 및 기초화장용 제품류(만 3세 이하 어린이가 사용하는 제품) 중 사용 후 씻어내지 않는 제품에 한함)

① 페닐파라벤 함유 제품   ② 부틸파라벤 함유 제품
③ 프로필파라벤 함유 제품   ④ 이소부틸파라벤 함유 제품
⑤ 이소프로필파라벤 함유 제품

04. 화장품의 사용시 주의사항에 대한 설명이다. 옳지 않은 것은?
① 화장품 사용 시 또는 사용 후 직사광선에 의하여 사용부위가 붉은 반점, 부어오름 또는 가려움증 등의 이상 증상이나 부작용이 있는 경우 전문의 등과 상담할 것
② 상처가 있는 부위 등에는 사용을 자제할 것
③ 어린이의 손이 닿지 않는 곳에 보관할 것
④ 직사광선을 피해서 보관할 것
⑤ 반드시 냉장보관 할 것

05. 다음 <보기>는 어떤 화장품(류)에 대한 주의 사항인가?

> ─── <보기> ───
> 프로필렌 글리콜(Propylene glycol)을 함유하고 있으므로 이 성분에 과민하거나 알레르기 병력이 있는 사람은 신중히 사용할 것(프로필렌 글리콜 함유제품만 표시한다)

① 손·발의 피부연화 제품(요소제제의 핸드크림 및 풋크림)
② 모발용 샴푸
③ 퍼머넌트 웨이브 제품
④ 자외선 차단제
⑤ 알파-하이드록시애시드(α-hydroxyacid, AHA) 함유 제품

06. 다음 <보기>에서 (㉠)에 들어갈 성분을 함유한 화장품에 해당하는 것은?

> ─── <보기> ───
> ㄱ. 햇빛에 대한 피부의 감수성을 증가시킬 수 있으므로 자외선 차단제를 함께 사용할 것(씻어내는 제품 및 두발용 제품은 제외한다)
> ㄴ. 일부에 시험 사용하여 피부 이상을 확인할 것
> ㄷ. 고농도의 (㉠) 성분이 들어 있어 부작용이 발생할 우려가 있으므로 전문의 등에게 상담할 것(단, (㉠) 성분이 10퍼센트를 초과하여 함유되어 있거나 산도가 3.5 미만인 제품만 표시한다)

① 고압가스를 사용하지 않는 분무형 자외선 차단제
② 알파-하이드록시애시드(α-hydroxyacid, AHA) 함유제품
③ 퍼머넌트 웨이브 제품 및 헤어스트레이트너 제품
④ 손·발의 피부연화 제품(요소제제의 핸드크림 및 풋크림)
⑤ 두발용, 두발염색용 및 눈 화장용 제품류

07. 다음 중 고압가스를 사용하는 에어로졸 제품의 사용상 주의사항이 아닌 것은?
(단, 자외선 차단제품 제외한다.)
① 같은 부위에 연속해서 3초 이상 분사하지 말 것
② 가능하면 인체에서 20센티미터 이상 떨어져서 사용할 것
③ 눈 주위 또는 점막 등에 분사하지 말 것.
④ 분사가스는 직접 흡입하지 않도록 주의할 것
⑤ 얼굴에 직접 분사하지 말고 손에 덜어 얼굴에 바를 것

08. 체취 방지용 제품의 사용상 주의 사항에 해당 하는 것은?
① 같은 부위에 연속해서 3초 이상 분사하지 말 것
② 가능하면 인체에서 20센티미터 이상 떨어져서 사용할 것
③ 털을 제거한 직후에는 사용하지 말 것
④ 분사가스는 직접 흡입하지 않도록 주의할 것
⑤ 얼굴에 직접 분사하지 말고 손에 덜어 얼굴에 바를 것

09. 분무형 자외선 차단제를 사용할 때 주의사항으로 옳은 것은?
① 같은 부위에 연속해서 3초 이상 분사하지 말 것
② 얼굴에 직접 분사하지 말고 손에 덜어 얼굴에 바를 것
③ 털을 제거한 직후에는 사용하지 말 것
④ 분사가스는 직접 흡입하지 않도록 주의할 것
⑤ 가능하면 인체에서 20센티미터 이상 떨어져서 사용할 것

10. 알파-하이드록시애시드(α-hydroxyacid, AHA) 함유제품은 햇빛에 대한 피부의 감수성을 증가시킬 수 있으므로 함께 사용하기를 권장하는 제품은?
① 미백크림　　　　　② 영양크림
③ 자외선차단제　　　④ 각질제거제
⑤ 보습제

11. 퍼머넌트 웨이브 제품 및 헤어스트레이트너 제품은 개봉 후 며칠 이내에 사용하여야 하는가?
① 3일 이내　　　　　② 5일 이내
③ 7일 이내　　　　　④ 15일 이내
⑤ 30일 이내

12. 다음 <보기>는 어떤 제품에 대한 용법·용량을 설명한 것인가?

―――――― <보기> ――――――
본품을 피부에 붙이고 10~20분 후 지지체를 제거한 다음 남은 제품을 골고루 펴 바른다.

① 액제
② 로션제
③ 크림제
④ 침적마스크
⑤ 에어로졸제

[단답형]

01. 다음 <보기>는 어떤 제품의 보관 사항에 대한 설명인가?

<보기>

ㄱ. 불꽃을 향하여 사용하지 말 것
ㄴ. 난로, 풍로 등 화기 부근 또는 화기를 사용하고 있는 실내에서 사용하지 말 것
ㄷ. 섭씨 40도 이상의 장소 또는 밀폐된 장소에서 보관하지 말 것
ㄹ. 밀폐된 실내에서 사용한 후에는 반드시 환기를 할 것
ㅁ. 불 속에 버리지 말 것

02. 화장품의 함유 성분별 사용시의 주의사항 표시문구에서 다음 (㉠)에 알맞은 것은?

<보기>

포름알데하이드가 (㉠)(%) 이상 검출된 제품의 경우에는 "포름알데하이드 성분에 과민한 사람은 신중히 사용할 것" 이라는 표시 문구를 넣어야 한다.

03. 포름알데하이드의 비의도적 검출허용한도는 얼마인가?(단, 물휴지는 제외)

2.5 위해사례 판단 및 보고

<학습차례>

1. 위해여부 판단
2. 위해사례 보고

1. 위해여부 판단

1. 인체적용제품의 위해성평가 정의

① "인체적용제품"이란 사람이 섭취·투여·접촉·흡입 등을 함으로써 인체에 영향을 줄 수 있는 것으로서 다음 각 목의 어느 하나에 해당하는 제품을 말한다.
② "독성"이란 인체적용제품에 존재하는 위해요소가 인체에 유해한 영향을 미치는 고유의 성질을 말한다.
③ "위해요소"란 인체의 건강을 해치거나 해칠 우려가 있는 화학적·생물학적·물리적 요인을 말한다.
④ "위해성"이란 인체적용제품에 존재하는 위해요소에 노출되는 경우 인체의 건강을 해칠 수 있는 정도를 말한다.
⑤ "위해성평가"란 인체적용제품에 존재하는 위해요소가 인체의 건강을 해치거나 해칠 우려가 있는지 여부와 그 정도를 과학적으로 평가하는 것을 말한다.
⑥ "통합위해성평가"란 인체적용제품에 존재하는 위해요소가 다양한 매체와 경로를 통하여 인체에 미치는 영향을 종합적으로 평가하는 것을 말한다.

2. 회수 대상 화장품의 기준

① 안전용기·포장에 위반되는 화장품
② 영업의 금지에 위반되는 화장품으로서 다음 각 목의 어느 하나에 해당하는 화장품
   (1) 전부 또는 일부가 변패(變敗)된 화장품, 병원미생물에 오염된 화장품
   (2) 이물이 혼입되었거나 부착된 화장품 중 보건위생상 위해를 발생할 우려가 있는 화장품
   (3) 다음의 어느 하나에 해당하는 화장품
      1) 화장품에 사용할 수 없는 원료를 사용한 화장품, 사용기준이 지정·고시된 원료 외의 보존제, 색소, 자외선차단제를 사용한 화장품
      2) 유통화장품 안전관리 기준(내용량 기준에 관한 부분 제외)에 적합하지 아니한 화장품
   (4) 사용기한 또는 개봉 후 사용기간(병행표기된 제조연월일을 포함)을 위조·변조한 화장품
   (5) 영업자 스스로 국민보건에 위해를 끼칠 우려가 있어 회수가 필요하다고 판단한 화장품
③ 판매 등의 금지에 위반되는 화장품

1회 시험 출제 ▶ 5지선다형 문제 출제(회수대상 화장품 구분)

3. 회수대상화장품의 위해성 등급

: 그 위해성이 높은 순서에 따라 **가등급**, **나등급**, **다등급**으로 구분

① **가등급 화장품**
  (1) 화장품의 제조 등에 사용할 수 없는 원료를 사용한 화장품
  (2) 사용기준이 지정·고시된 원료 외의 보존제, 색소, 자외선차단제 등을 사용한 화장품

② **나등급 화장품**
  (1) 안전용기·포장 등에 위반되는 화장품
    • 아세톤을 함유하는 네일 에나멜 리무버 및 네일 폴리시 리무버
    • 어린이용 오일 등 개별포장 당 탄화수소류를 10%이상 함유하는 액체상태의 제품
    • 개별포장당 메틸 살리실레이트를 5퍼센트 이상 함유하는 액체상태의 제품
  (예외) 일회용 제품, 용기 입구 부분이 펌프 또는 방아쇠로 작동되는 분무용기 제품, 압축 분무용기 제품(에어로졸 제품 등)은 제외
  (2) 유통화장품 안전관리 기준에 적합하지 아니한 화장품
    • 납, 니켈, 비소, 수은, 안티몬, 카드뮴, 디옥산, 메탄올, 포름알데하이드, 프탈레이트류
    • 미생물한도
    • 유형별 pH기준
    • 퍼머넌트웨이브 및 헤어스트레이트너 제품
    • 유리알칼리 0.1% 이하(화장 비누에 한함)
  (예외)
    1. 내용량의 기준에 관한 부분은 제외
    2. 기능성화장품의 기능성을 나타나게 하는 주원료 함량이 기준치에 부적합한 경우는 제외

③ **다등급 화장품**:
  • 전부 또는 일부가 변패(變敗)된 화장품
  • 병원미생물에 오염된 화장품
  • 이물이 혼입되었거나 부착된 것중 보건위생상 위해를 발생할 우려가 있는 화장품
  • 지정·고시된 원료의 사용기준에서 기능성의 함량이 기준치에 부적합한 경우만 해당
  • 사용기한 또는 개봉 후 사용기간(병행 표기된 제조연월일을 포함)을 위조·변조한 화장품
  • 화장품제조업자 또는 화장품책임판매업자 스스로 국민보건에 위해를 끼칠 우려가 있어 회수
  • 신고를 하지 아니한 자가 판매한 맞춤형화장품
  • **판매, 보관 또는 진열 금지 화장품 : 회수대상(다등급)**
    -등록을 하지 아니한 자가 제조한 화장품 또는 제조·수입하여 유통·판매한 화장품
    -신고를 하지 아니한 자가 판매한 맞춤형화장품
    -맞춤형화장품조제관리사를 두지 아니하고 판매한 맞춤형화장품
    -화장품 기재사항, 가격표시, 기재·표시상의 주의 규정 위반 화장품 또는 의약품으로 잘못 인식할 우려가 있게 기재·표시된 화장품
    -판매의 목적이 아닌 제품의 홍보·판매촉진 등을 위하여 미리 소비자가 시험·사용하도록 제조 또는 수입된 화장품(소비자에게 판매하는 화장품에 한함)

-화장품의 포장 및 기재·표시 사항을 훼손(맞춤형화장품 판매를 위하여 필요한 경우는 제외) 또는 위조·변조한 것

`1회 시험 출제` ➢ 5지선다형의 지문으로 출제(위해성 등급 구분하는 문제)

4. 화장품 원료 등의 위해평가

① 위해평가의 **확인·결정·평가** 등의 과정을 거쳐 실시한다.
  1. 위해요소의 인체 내 독성을 확인하는 **위험성 확인**과정
  2. 위해요소의 인체노출 허용량을 산출하는 **위험성 결정**과정
  3. 위해요소가 인체에 노출된 양을 산출하는 **노출평가**과정
  4. 위 결과를 종합하여 인체에 미치는 위해 영향을 판단하는 **위해도 결정**과정

`1회 시험 출제` ➢ 단답형 문제 출제(정답 : 노출평가, 위해도 결정)

② 신속한 위해성평가가 요구될 경우 인체적용제품의 위해성평가>
  1. 위해요소의 인체 내 독성 등 확인과 인체노출 안전기준 설정을 위하여 국제기구 및 신뢰성 있는 국내·외 위해성평가기관 등에서 평가한 결과를 준용하거나 인용할 수 있다.
  2.
  3. 인체적용제품의 섭취, 사용 등에 따라 사망 등의 위해가 발생하였을 경우 위해요소의 인체 내 독성 등의 확인만으로 위해성을 예측할 수 있다.
  4. 인체의 위해요소 노출 정도를 산출하기 위한 자료가 불충분하거나 없는 경우 활용 가능한 과학적 모델을 토대로 노출 정도를 산출할 수 있다.
  5. 특정집단에 노출 가능성이 클 경우 어린이 및 임산부 등 민감집단 및 고위험집단을 대상으로 위해성평가를 실시할 수 있다.

`1회 시험 출제` ➢ 5지선다형 문제 출제

2. 위해사례 보고

1. 위해화장품의 회수계획 및 회수절차 등

① **회수의무자** : 화장품을 회수하거나 회수하는 데에 필요한 조치를 하려는 영업자
  • 해당 화장품에 대하여 즉시 판매중지 등의 필요한 조치
  • 회수대상화장품이라는 사실을 안 날부터 5일 이내에 다음의 서류와 함께 회수계획서 제출
  (1) **해당 품목의 제조·수입기록서 사본**
  (2) **판매처별 판매량·판매일 등의 기록**
  (3) **회수 사유를 적은 서류**

[회수계획서를 제출 하는 경우 회수기간 기재]
(1) 위해성 등급이 가등급인 화장품: 회수를 시작한 날부터 **15일 이내**
(2) 위해성 등급이 나등급 또는 다등급인 화장품: 회수를 시작한 날부터 **30일 이내**

② 회수의무자 -> 판매자 또는 업무상 취급하는자에게 통보
  • 방문, 우편, 전화, 전보, 전자우편, 팩스 또는 언론매체를 통한 공고 등을 통하여 회수계획을 통보
  • 통보 사실을 입증할 수 있는 자료를 회수종료일부터 2년간 보관
  • 회수한 화장품을 폐기하려는 경우 폐기신청서 제출
  • 관계 공무원의 참관 하에 환경 관련 법령에서 정하는 바에 따라 폐기
  • 폐기를 한 회수의무자는 폐기확인서를 작성하여 2년간 보관

③ 회수계획을 통보받은 자
  • 회수대상화장품을 회수의무자에게 반품
  • 회수확인서를 작성하여 회수의무자에게 송부

④ 회수한 화장품을 폐기하려는 경우 제출서류
  • 회수계획서 사본, 회수확인서 사본
  • 폐기후 : 폐기확인서 작성하여 2년간 보관

⑤ 회수를 완료한 경우 제출서류
  • 회수종료신고서
  • 회수확인서 사본
  • 폐기확인서 사본(폐기한 경우에만)
  • 평가보고서 사본

2. 위해화장품의 공표

[공표명령 사실 게재]
① 공표명령을 받은 영업자는 지체 없이 게재
② 전국을 보급지역으로 하는 1개 이상의 일반일간신문에 게재
③ 해당 영업자의 인터넷 홈페이지에 게재
④ 식품의약품안전처의 인터넷 홈페이지에 게재요청

[위해 발생사실 또는 아래 내용을 게재]
① 화장품을 회수한다는 내용의 표제
② 제품명
③ 회수대상화장품의 제조번호
④ 사용기한 또는 개봉 후 사용기간(병행 표기된 제조연월일을 포함)
⑤ 회수 사유
⑥ 회수 방법
⑦ 회수하는 영업자의 명칭
⑧ 회수하는 영업자의 전화번호, 주소, 그 밖에 회수에 필요한 사항

[공표 결과 통보]
- 지체없이 지방식품의약품안전청장에게 통보
① 공표일
② 공표매체
③ 공표횟수
④ 공표문 사본 또는 내용

3. 회수계획량에 따른 행정처분의 감경 또는 면제
① **회수계획량의 5분의 4 이상을 회수한 경우**
- 그 위반행위에 대한 행정처분을 면제

② **회수계획량 중 일부를 회수한 경우**

(1) 회수계획량의 3분의 1 이상을 회수한 경우
- 행정처분의 기준이 등록취소인 경우에는 업무정지 2개월 이상 6개월 이하의 범위에서 처분
- 행정처분기준이 업무정지 또는 품목의 제조·수입·판매 업무정지인 경우에는 정지처분기간의 3분의 2 이하의 범위에서 경감

(2) 회수계획량의 4분의 1 이상 3분의 1 미만을 회수한 경우
- 행정처분기준이 등록취소인 경우에는 업무정지 3개월 이상 6개월 이하의 범위에서 처분
- 행정처분기준이 업무정지 또는 품목의 제조·수입·판매 업무정지인 경우에는 정지처분기간의 2분의 1 이하의 범위에서 경감

4. 위해화장품 회수절차 정리
① 위해성 등급평가
② 즉각 판매중지 조치
③ 회수계획서 제출(5일이내)
④ 회수계획 통보(공표)
⑤ 위해화장품 반품, 폐기
⑥ 회수종료신고서 제출

5. "화장품 안전성 정보관리" 용어의 정의
① **유해사례**(Adverse Event/Adverse Experience, AE)
화장품의 사용 중 발생한 바람직하지 않고 의도되지 아니한 징후, 증상 또는 질병을 말하며, 당해 화장품과 반드시 인과관계를 가져야 하는 것은 아니다.

② **중대한 유해사례**(Serious AE)
(1) 사망을 초래하거나 생명을 위협하는 경우
(2) 입원 또는 입원기간의 연장이 필요한 경우
(3) 지속적 또는 중대한 불구나 기능저하를 초래하는 경우
(4) 선천적 기형 또는 이상을 초래하는 경우

(5) 기타 의학적으로 중요한 상황

③ **실마리 정보**(Signal)
유해사례와 화장품 간의 인과관계 가능성이 있다고 보고된 정보로서 그 인과관계가 알려지지 아니하거나 입증자료가 불충분한 것

>[1회 시험 출제] ➢ 단답형 문제로 출제(정답 : 실마리 정보)

④ **안전성 정보**
화장품과 관련하여 국민보건에 직접 영향을 미칠 수 있는 안전성·유효성에 관한 새로운 자료, 유해사례 정보 등을 말한다.

6. 안전성 정보의 신속보고, 정기보고

"화장품책임판매업자는 …"
① **중대한 유해사례** 또는 이와 관련하여 식품의약품안전처장이 보고를 지시한 경우
② **판매중지나 회수에 준하는 외국정부의 조치** 또는 이와 관련하여 식품의약품안전처장이 보고를 지시한 경우
③ **그 정보를 알게 된 날로부터 15일 이내**에 "안전성 정보의 **신속보고**"에 따라 보고 하여야 한다.
④ 신속보고 되지 아니한 화장품의 안전성 정보는 **매 반기 종료 후 1월 이내**에 "안전성 정보의 **정기보고**"에 따라 보고하여야 한다.

>[1회 시험 출제] ➢ 5지선다형 문제 출제

2.5 위해사례 판단 및 보고 [연습문제]

[5지선다형]

01. 회수대상화장품의 위해성 등급 구분이 올바른 것은?
① 1등급, 2등급, 3등급
② 가등급, 나등급, 다등급
③ 적합, 부적합, 검사중
④ 최우수, 우수, 보통
⑤ 적합, 부적합, 보류

02. 다음 원료 중 기능성화장품의 사용함량이 기준치에 부적합한 경우 위해성 등급이 다등급에 해당하는 성분이 아닌 것은?
① 티타늄디옥사이드
② 에칠헥실메톡시신나메이트
③ 아스코빅애시드(비타민C)
④ 레티닐팔미테이트
⑤ 덱스판테놀

03. 다음은 위해성 등급에 대한 설명이다. 가등급에 관한 설명으로 옳은 것은?
① 화장품에 사용할 수 없는 원료를 사용한 화장품
② 안전용기·포장을 위반되는 화장품
③ 지정·고시된 원료의 사용기준에서 기능성의 함량이 기준치에 부적합한 화장품
④ 전부 또는 일부가 변패(變敗)된 화장품
⑤ 병원미생물에 오염된 화장품

04. 다음 중 회수대상화장품에 속하면서 나등급에 해당하는 것은?
① 페닐파라벤을 사용한 화장품
② 안전용기·포장을 위반한 화장품
③ 메칠이소치아졸리논을 0.0015% 사용한 씻어내는 제품
④ 비타민 E를 20%이하 사용한 화장품
⑤ 식물추출물을 첨가한 맞춤형화장품

05. 다음 중 회수대상화장품에 해당하지 않는 것은?
① 전부 또는 일부가 변패(變敗)된 화장품
② 맞춤형화장품조제관리사가 혼합·소분하여 판매한 맞춤형화장품
③ 병원미생물에 오염된 화장품
④ 사용기한 또는 개봉 후 사용기간을 위조·변조한 화장품
⑤ 안전용기·포장을 위반되는 화장품

06. 다음 중 판매, 보관 또는 진열 금지 화장품에 해당하지 않는 것은?
① 등록을 하지 아니한 자가 제조·수입하여 유통·판매한 화장품
② 신고를 하지 아니한 자가 판매한 맞춤형화장품
③ 맞춤형화장품조제관리사를 두지 아니하고 판매한 맞춤형화장품
④ 맞춤형화장품판매업자가 필요에 의해 화장품의 포장 및 기재·표시 사항을 훼손한 경우
⑤ 의약품으로 잘못 인식할 우려가 있게 기재·표시된 화장품

07 다음 <보기>에서 위해화장품의 회수의무자를 모두 고르시오.

<보기>
ㄱ. 화장품제조업자　　　　　　　　ㄴ. 화장품책임판매업자
ㄷ. 맞춤형화장품판매업자　　　　　ㄹ. 책임판매관리자
ㅁ. 맞춤형화장품조제관리사
ㅂ. 맞춤형화장품판매업자와 계약한 화장품책임판매업자

① ㄱ, ㄴ, ㄷ　　　　　　② ㄴ, ㄹ, ㅂ
③ ㄷ, ㄹ, ㅁ　　　　　　④ ㄱ, ㄴ, ㄷ, ㅂ
⑤ ㄹ, ㅁ

08. 회수계획서 제출시 가등급 화장품회수기간은 회수를 시작한 날부터 며칠을 기재하여야 하는가?
① 5일 이내　　　　　　② 15일 이내
③ 30일 이내　　　　　 ④ 60일 이내
⑤ 90일 이내

09. 회수계획서 제출시 나급등 및 다등급 화장품회수기간은 회수를 시작한 날부터 며칠을 기재하여야 하는가?
① 5일 이내　　　　　　② 15일 이내
③ 30일 이내　　　　　 ④ 60일 이내
⑤ 90일 이내

10. 회수대상화장품이라는 사실을 안 날부터 5일 이내에 제출해야 할 서류가 아닌 것은?
① 회수계획서
② 해당 품목의 제조·수입기록서 사본
③ 판매처별 판매량·판매일 등의 기록
④ 회수 사유를 적은 서류
⑤ 해당 제품의 품질성적서

11. 회수대상화장품에 대한 회수계획을 통보하는 방법에 해당되지 않는 것은?
    ① 방문
    ② 우편
    ③ 전화
    ④ 관공서 게시
    ⑤ 전자우편

12. 다음 <보기>는 위해화장품의 회수절차에 대한 내용이다. 그 순서가 올바른 것은?

    ─────────── <보기> ───────────
    ㄱ. 위해화장품 반품, 폐기   ㄴ. 즉각 판매중지 조치
    ㄷ. 회수종료신고서 제출   ㄹ. 회수계획 통보(공표)
    ㅁ. 위해성 등급평가   ㅂ. 회수계획서 제출(5일이내)

    ① ㄱ → ㄴ → ㄷ → ㄹ → ㅂ → ㅁ
    ② ㄴ → ㄷ → ㄹ → ㅁ → ㅂ → ㄱ
    ③ ㅂ → ㅁ → ㄹ → ㄴ → ㄱ → ㄷ
    ④ ㅁ → ㄴ → ㅂ → ㄹ → ㄱ → ㄷ
    ⑤ ㅁ → ㄴ → ㄹ → ㅂ → ㄱ → ㄴ

13. 유해사례 및 실마리정보에 대한 설명 중 옳은 것은?
    ① 유해사례는 당해 화장품과 반드시 인과관계를 가져야 한다.
    ② 유해사례는 화장품의 사용 중 발생한 바람직하지 않고 의도되지 아니한 징후, 증상 또는 질병을 말한다.
    ③ 실마리정보는 유해사례와 화장품간의 인과관계 및 입증자료가 충분한 것을 말한다.
    ④ 입원 또는 입원기간의 연장이 필요한 경우는 중대한 유해사례로 보지 않는다.
    ⑤ 중대한 유해사례는 유해사례와 화장품 간의 인과관계 가능성이 있다고 보고된 정보를 말한다.

14. 화장품책임판매업자는 중대한 유해사례에 대한 정보를 알게 된 날로부터 며칠 이내에 "안정성 정보의 신속보고"에 따라 보고 하여야 하는가?
    ① 5일
    ② 7일
    ③ 15일
    ④ 30일
    ⑤ 60일

15. 안전성 정보의 신속보고에 따라 화장품책임판매업자가 그 정보를 알게 된 날로부터 15일 이내에 안전성 정보의 신속보고를 해야 하는 경우에 해당하지 않는 것은?
    ① 중대한 유해사례를 알게 되었을 때
    ② 판매중지나 회수에 준하는 외국정부의 조치를 알게 되었을 때
    ③ "①"과 관련하여 식품의약품안전처장이 보고를 지시한 경우
    ④ "②"와 관련하여 식품의약품안전처장이 보고를 지시한 경우

⑤ 안전성 정보의 정기보고에 따라 보고를 하지 않은 경우

16. 다음 중 인체적용제품의 위해성평가 등에 관한 규정의 용어 설명 중 옳은 것은?
① 인체적용제품이란 사람이 섭취·투여·접촉·흡입 등을 함으로써 인체에 영향을 줄 수 있는 제품을 말한다.
② 독성이란 인체의 건강을 해치거나 해칠 우려가 있는 화학적·생물학적·물리적 요인을 말한다.
③ 위해요소란 인체적용제품에 존재하는 위해요소에 노출되는 경우 인체의 건강을 해칠 수 있는 정도를 말한다
④ 위해성이란 인체적용제품에 존재하는 위해요소가 인체에 유해한 영향을 미치는 고유의 성질을 말한다
⑤ 위해성평가란 인체적용제품에 존재하는 위해요소가 다양한 매체와 경로를 통하여 인체에 미치는 영향을 종합적으로 평가하는 것을 말한다

17. 다음 <보기>는 인체적용제품에 대하여 위해성평가를 수행하고자 할 때의 위해성평가 방법이다. 위해성평가 방법을 옳은 순서로 나열한 것은?

―――――― <보기> ――――――
ㄱ. 인체가 위해요소에 노출되었을 경우 유해한 영향이 나타나지 않는 것으로 판단되는 인체노출 안전기준을 설정하는 과정
ㄴ. 위해요소의 인체 내 독성 등을 확인하는 과정
ㄷ. 위해요소가 인체에 미치는 위해성을 종합적으로 판단하는 과정
ㄹ. 인체가 위해요소에 노출되어 있는 정도를 산출하는 과정

① ㄱ → ㄴ → ㄷ → ㄹ
② ㄴ → ㄱ → ㄷ → ㄹ
③ ㄴ → ㄱ → ㄹ → ㄷ
④ ㄹ → ㄷ → ㄴ → ㄱ
⑤ ㄷ → ㄴ → ㄱ → ㄹ

18. 회수대상 위해화장품에 해당하지 않는 것은?
① 안전용기·포장 사용을 위반한 화장품
② 전부 또는 일부가 변패된 화장품
③ 맞춤형화장품조제관리사가 혼합·소분하여 판매한 맞춤형화장품
④ 화장품에 사용할 수 없는 원료를 사용한 화장품
⑤ 사용기한 또는 개봉 후 사용기간(병행 표기된 제조연월일을 포함)을 위조·변조한 화장품

19. 회수대상 가등급 위해화장품에 해당되는 것은?
① 등록을 하지 아니한 자가 제조한 화장품 또는 제조·수입하여 유통·판매한 화장품
② 신고를 하지 아니한 자가 판매한 맞춤형화장품
③ 화장품에 사용할 수 없는 원료를 사용한 화장품

④ 의약품으로 잘못 인식할 우려가 있게 기재·표시된 화장품
⑤ 화장품의 포장 및 기재·표시 사항을 훼손 또는 위조·변조한 것

20. 위해화장품의 회수계획 및 회수절차에 대한 설명 중 옳지 못한 것은?
① 회수의무자는 해당 화장품에 대하여 즉시 판매중지 등의 필요한 조치를 취하여야 한다.
② 회수대상화장품이라는 사실을 안 날부터 15일 이내 회수계획서 제출 하여야 한다.
③ 회수의무자는 통보 사실을 입증할 수 있는 자료를 회수종료일부터 2년간 보관 하여야 한다.
④ 회수계획을 통보받은 자는 회수확인서를 작성하여 회수의무자에게 송부 하여야 한다.
⑤ 회수한 화장품을 폐기하려는 경우에는 관계 공무원의 참관 하에 환경관련 법령에서 정하는 바에 따라 폐기 하여야 한다.

21. 위해화장품의 회수계획 및 회수절차에 대한 설명 중 옳지 못한 것은?
① 회수의무자는 해당 화장품에 대하여 즉시 판매중지 등의 필요한 조치를 취하여야 한다.
② 회수대상화장품이라는 사실을 안 날부터 5일 이내에 회수계획서 제출 하여야 한다.
③ 회수의무자는 통보 사실을 입증할 수 있는 자료를 회수종료일부터 2년간 보관 하여야 한다.
④ 회수계획을 통보받은 자는 회수대상화장품을 회수의무자에게 반품하여야 한다.
⑤ 회수한 화장품을 폐기하려는 경우에는 관계 공무원의 참관 하에 화장품법에서 정하는 바에 따라 폐기 하여야 한다.

22. 회수의무자가 위해화장품의 회수계획시 제출해야 할 서류에 해당하지 않는 것은?
① 회수확인서 사본
② 회수계획서
③ 해당 품목의 제조·수입기록서 사본
④ 판매처별 판매량·판매일 등의 기록
⑤ 회수 사유를 적은 서류

23. 위반행위에 대한 행정처분을 면제 받는 회수계획량의 기준은 얼마인가 ?
① 회수계획량의 5분의 4 이상을 회수한 경우
② 회수계획량의 3분의 1 이상 5분의 4 미만을 회수한 경우
③ 회수계획량의 4분의 1 이상 3분의 1 미만을 회수한 경우
④ 회수계획량의 4분의 1 미만을 회수한 경우
⑤ 회수계획량의 5분의 4 미만을 회수한 경우

24. 화장품원료 등의 위해 평가를 실시하는 과정에 대한 설명 중 옳지 않은 것은?
① 위해요소의 인체 내 유효성을 확인하는 유효성 검사과정

② 위해요소의 인체 내 독성을 확인하는 위험성 확인과정
③ 위해요소의 인체노출 허용량을 산출하는 위험성 결정과정
④ 위해요소가 인체에 노출된 양을 산출하는 노출평가과정
⑤ 위해평가의 확인·결정·평가의 결과를 종합하여 인체에 미치는 위해 영향을 판단하는 위해도 결정과정

25. 공표를 한 영업자가 공표 결과를 지체 없이 지방식품의약품안전청장에게 통보하여야 하는 내용에 해당되지 않는 것은?
① 공표일
② 공표매체
③ 공표횟수
④ 회수사유
⑤ 공표문 사본 또는 내용

26. 위해화장품의 공표에 대한 설명 중 옳지 않은 것은?
① 공표명령을 받은 영업자는 지체 없이 위해 발생사실을 게재 하여야 한다.
② 전국을 보급지역으로 하는 1개 이상의 일반일간신문에 게재 하여야 한다.
③ 해당 영업자의 인터넷 홈페이지에 게재하고, 식품의약품안전처의 인터넷 홈페이지에 게재를 요청하여야 한다.
④ 공표를 한 영업자는 공표 결과를 지체 없이 보건복지부장관에게 통보하여야 한다.
⑤ 공표명령을 받은 영업자는 화장품을 회수한다는 내용의 표제, 회수대상화장품의 제조번호 등을 포함한 내용을 게재하여야 한다.

[단답형]

01. 다음 <보기>에서 ( )안에 알맞은 기간은?

<보기>
화장품을 회수하거나 회수하는 데에 필요한 조치를 하려는 화장품제조업자 또는 화장품책임판매업자는 해당 화장품에 대하여 즉시 판매중지 등의 필요한 조치를 하여야 하고, 회수대상화장품이라는 사실을 안 날부터 (㉠)일 이내에 회수계획 제출하여야 한다.

02. 다음 <보기>에서 ㉠에 적합한 용어를 작성하시오.

<보기>
(㉠)(이)란 유해사례와 화장품 간의 인과관계 가능성이 있다고 보고된 정보로서 그 인과관계가 알려지지 아니하거나 입증자료가 불충분한 것을 말한다.

03. 다음 <보기>에서 ㉠에 적합한 용어를 작성하시오.

― <보기> ―

(㉠)(이)란 사람이 섭취·투여·접촉·흡입 등을 함으로써 인체에 영향을 줄 수 있는 제품을 말하며, 「화장품법」제2조에 따른 화장품이 여기에 속한다.

04. 다음 <보기>에서 ㉠에 적합한 용어를 작성하시오.

― <보기> ―

(㉠)(이)란 인체적용제품에 존재하는 위해요소가 인체의 건강을 해치거나 해칠 우려가 있는지 여부와 그 정도를 과학적으로 평가하는 것을 말한다.

05. 다음 <보기>에서 ㉠, ㉡, ㉢에 적합한 용어를 작성하시오.

― <보기> ―

ㄱ. (㉠)(이)란 인체의 건강을 해치거나 해칠 우려가 있는 화학적·생물학적·물리적 요인을 말한다.
ㄴ. (㉡)(이)란 인체적용제품에 존재하는 위해요소에 노출되는 경우 인체의 건강을 해칠 수 있는 정도를 말한다.
ㄷ. (㉢)(이)란 인체적용제품에 존재하는 위해요소가 인체의 건강을 해치거나 해칠 우려가 있는지 여부와 그 정도를 과학적으로 평가하는 것을 말한다.

03

유통화장품의 안전관리

3.1 작업장 위생관리
3.2 작업자 위생관리
3.3 설비 및 기구 관리
3.4 내용물 및 원료 관리
3.5 포장재의 관리

CHAPTER 03 유통화장품의 안전관리

3.1 작업장 위생관리

<학습차례>

1. 작업장의 위생 기준
2. 작업장의 위생 상태
3. 작업장의 위생 위생 유지관리 활동
4. 작업장의 위생 유지를 위한 세제의 종류와 사용법
5. 작업장 소독을 위한 소독제의 종류와 사용법

1. 작업장의 위생 기준

1. 주요 용어의 정의

① 제조 : 원료 물질의 칭량부터 혼합, 충전(1차포장), 2차포장 및 표시 등의 일련의 작업을 말한다.(2차포장만-제조업 ×)

② 일탈(Deviations) : 제조 또는 품질관리 활동 등의 미리 정하여진 기준(기준서, 표준작업지침 등)을 벗어나 이루어진 행위

③ 기준일탈 (out-of-specification) : 규정된 합격 판정 기준에 일치하지 않는 검사, 측정 또는 시험결과

▷ 해설 : 어떤 원인에 의해서든 시험결과가 정한 기준값 범위를 벗어난 경우이다.

④ 원자재 : 화장품 원료 및 자재

▷ 해설 : 화장품 제조 시 사용된 원료, 용기, 포장재, 표시재료, 첨부문서 등을 말한다.

⑤ 제조번호 : 품질의 균질성을 가진 집단을 일정한 제조단위분에 대하여 제조관리 및 출하에 관한 모든 사항을 확인할 수 있도록 표시된 번호로서 숫자·문자·기호 또는 이들의 특정적인 조합을 말한다.

⑥ 반제품 : 제조공정 단계에 있는 것으로서 필요한 제조공정을 더 거쳐야 벌크 제품이 되는 것

⑦ 벌크 제품 : 충전(1차포장) 이전의 제조 단계까지 끝낸 제품

1회 시험 출제 ▷ 단답형 문제로 출제(정답 : 벌크)

⑧ 제조단위 또는 뱃치 : 하나의 공정이나 일련의 공정으로 제조되어 균질성을 갖는 화장품의 일정한 분량

⑨ 완제품 : 출하를 위해 제품의 포장 및 첨부문서에 표시공정 등을 포함한 모든 제조공정이

완료된 화장품
⑩ 재작업 : 적합 판정기준을 벗어난 완제품, 벌크제품, 반제품을 재처리하여 품질이 적합한 범위에 들어오도록 하는 작업
⑪ 포장재 : 화장품의 포장에 사용되는 모든 재료(운송을 위해 사용되는 외부 포장재는 제외), 제품과 직접적으로 접촉하는지 여부에 따라 1차 또는 2차 포장재라고 한다.
▷ 해설 : "1차 포장"이란 화장품 제조 시 내용물과 직접 접촉하는 포장용기를 말한다. "2차 포장"이란 1차 포장을 수용하는 1개 또는 그 이상의 포장과 보호재 및 표시의 목적으로 한 포장(첨부문서 등을 포함)을 말한다.

1회 시험 출제 ➢ 단답형 문제로 출제(정답 : 1차 포장, 2차 포장)

2. 맞춤형화장품 위생 기준

① 보건위생상 위해가 없도록 맞춤형화장품 혼합·소분에 필요한 장소, 시설 및 기구를 정기적으로 점검하여 작업에 지장이 없도록 **위생적으로 관리·유지**할 것
② 혼합·소분 시 오염방지를 위하여 다음 각 목의 **안전관리기준을 준수**할 것
   (1) 혼합·소분 전에는 손을 소독 또는 세정하거나 일회용 장갑을 착용할 것
   (2) 혼합·소분에 사용되는 장비 또는 기기 등은 사용 전·후 세척할 것
   (3) 혼합·소분된 제품을 담을 용기의 오염여부를 사전에 확인할 것

3. 작업장의 위생 기준

작업소는 다음 각 호에 적합하여야 한다.
① 제조하는 화장품의 종류·제형에 따라 적절히 구획·구분되어 있어 교차오염 우려가 없을 것
② 바닥, 벽, 천장은 가능한 청소하기 쉽게 매끄러운 표면을 지니고 소독제 등의 부식성에 저항력이 있을 것
③ 환기가 잘 되고 청결할 것
④ 외부와 연결된 창문은 가능한 열리지 않도록 할 것
⑤ 작업소 내의 외관 표면은 가능한 매끄럽게 설계하고, 청소, 소독제의 부식성에 저항력이 있을 것
⑥ 수세실과 화장실은 접근이 쉬워야 하나 생산구역과 분리
⑦ 작업소 전체에 적절한 조명을 설치하고, 조명이 파손될 경우를 대비한 제품을 보호할 수 있는 처리절차를 마련할 것
⑧ 제품의 오염을 방지하고 적절한 온도 및 습도를 유지할 수 있는 공기조화시설 등 적절한 환기시설을 갖출 것
⑨ 각 제조구역별 청소 및 위생관리 절차에 따라 효능이 입증된 세척제 및 소독제를 사용할 것
⑩ 제품의 품질에 영향을 주지 않는 소모품을 사용할 것

4. 작업장의 청정도

청정도 등급	대상시설	해당 작업실	청정공기 순환	구조 조건	관리 기준	작업 복장
1	청정도 엄격관리	Clean bench	20회/hr 이상 또는 차압 관리	Pre-filter, Med-filter, HEPA-filter, Clean bench/booth, 온도 조절	낙하균: 10개/hr 또는 부유균: 20개/㎥	작업복, 작업모, 작업화
2	화장품 내용물이 노출되는 작업실	제조실, 성형실, 충전실, 내용물보관소, 원료 칭량실, 미생물시험실	10회/hr 이상 또는 차압 관리	Pre-filter, Med-filter, (필요시 HEPA-filter), 분진발생실 주변 양압, 제진 시설	낙하균: 30개/hr 또는 부유균: 200개/㎥	작업복, 작업모, 작업화
3	화장품 내용물이 노출 안 되는 곳	포장실	차압 관리	Pre-filter 온도조절	갱의, 포장재의 외부 청소 후 반입	작업복, 작업모, 작업화
4	일반 작업실(내용물 완전폐색)	포장재보관소, 완제품보관소, 관리품보관소, 원료보관소, 갱의실, 일반시험실	환기장치	환기(온도조절)	-	-

1회 시험 출제 ▶ 5지선다형 문제로 출제

① 이미 포장(1차포장)된 완제품을 업체의 필요에 따라 세트포장하기 위한 경우에는 완제품보관소의 등급 이상으로 관리하면 무방하다.
② 갱의실의 경우 해당 작업실과 같은 등급으로 설정되는 것이 원칙이나, 현재 에어샤워 등 시설을 사용한 업체가 많은 상황 등을 감안하여 설정된 것으로 업체의 개별 특성에 맞게 적절한 관리 방식을 설정하여 관리할 필요가 있다.

2. 작업장의 위생 상태

1. (맞춤형화장품)작업장 및 시설·기구의 위생관리
① 작업장과 시설·기구를 정기적으로 점검하여 위생적으로 관리·유지
② 혼합·소분에 사용되는 시설·기구 등은 사용 전·후 세척
③ 세제·세척제는 잔류하거나 표면에 이상을 초래하지 않는 것을 사용
④ 세척한 시설·기구는 잘 건조하여 다음 사용 시까지 오염 방지

2. 작업장의 위생 상태

① **곤충, 해충이나 쥐를 막을 수 있는 대책을 마련**하고 정기적으로 점검·확인하여야 한다.
② 제조, 관리 및 보관 구역 내의 **바닥, 벽, 천장 및 창문은 항상 청결하게 유지**되어야 한다.
③ 제조시설이나 설비의 세척에 사용되는 **세제 또는 소독제는 효능이 입증**된 것을 사용하고 잔류하거나 적용하는 표면에 이상을 초래하지 아니하여야 한다.
④ 제조시설이나 설비는 적절한 방법으로 청소하여야 하며, 필요한 경우 위생관리 프로그램을 운영하여야 한다.

3. 곤충, 해충이나 쥐를 막을 수 있는 대책

① 원칙
- 벌레가 좋아하는 것을 제거한다.
- 빛이 밖으로 새어나가지 않게 한다.
- 조사한다.
- 구제한다.

② 방충 대책의 구체적인 예
- 벽, 천장, 창문, 파이프 구멍에 틈이 없도록 한다.
- 개방할 수 있는 창문을 만들지 않는다.
- 창문은 차광하고 야간에 빛이 밖으로 새어나가지 않게 한다.
- 배기구, 흡기구에 필터를 단다.
- 폐수구에 트랩을 단다.
- 문하부에는 스커트를 설치한다.
- 골판지, 나무 부스러기를 방치하지 않는다.(벌레의 집이 된다)
- 실내압을 외부(실외)보다 높게 한다.(공기조화장치)
- 청소와 정리정돈
- 해충, 곤충의 조사와 구제를 실시한다.

[방충·방서 절차]
현상파악 ⇨ 제조시설의 방충체제 확립 ⇨ 방충체제유지 ⇨ 모니터링 ⇨ 현상파악
* **위생 프로그램이 건물 안의 모든 공간에서 이용 가능해야 한다.**

3. 작업장의 위생 유지관리 활동

1. 작업장의 위생 유지관리 활동

① 청소 방법과 위생 처리에 대한 사항은 다음과 같다.
- 공조시스템에 사용된 필터는 규정에 의해 청소되거나 교체되어야 한다.
- 물질 또는 제품 필터들은 규정에 의해 청소되거나 교체되어야 한다.

• 물 또는 제품의 모든 유출과 고인 곳 그리고 파손된 용기는 지체 없이 청소 또는 제거되어야 한다.
• 제조 공정 또는 포장과 관련되는 지역에서의 청소와 관련된 활동이 기류에 의한 오염을 유발해 제품 품질에 위해를 끼칠 것 같은 경우에는 작업 동안에 해서는 안 된다.
• 청소에 사용되는 용구(진공청소기 등)은 정돈된 방법으로 깨끗하고, 건조된 지정된 장소에 보관되어야 한다.
• 오물이 묻은 걸레는 사용 후에 버리거나 세탁해야 한다.
• 오물이 묻은 유니폼은 세탁될 때까지 적당한 컨테이너에 보관되어야 한다.
• 제조 공정과 포장에 사용한 설비 그리고 도구들은 세척해야 한다. 적절한 때에 도구들은 계획과 절차에 따라 위생 처리되어야하고 기록되어야 한다. 적절한 방법으로 보관되어야 하고, 청결을 보증하기 위해 사용 전 검사되어야 한다. (청소완료 표시서)
• 제조 공정과 포장 지역에서 재료의 운송을 위해 사용된 기구는 필요할 때 청소되고 위생 처리되어야 하며, 작업은 적절하게 기록되어야 한다.
• 제조 공장을 깨끗하고 정돈된 상태로 유지하기 위해 필요할 때 청소가 수행되어야 한다. 그러한 직무를 수행하는 모든 사람은 적절하게 교육되어야 한다. 천장, 머리 위의 파이프, 기타 작업 지역은 필요할 때 모니터링 하여 청소되어야 한다.
• 제품 또는 원료가 노출되는 제조 공정, 포장 또는 보관 구역에서의 공사 또는 유지관리 보수 활동은 제품 오염을 방지하기 위해 적합하게 처리되어야 한다.
• 제조 공장의 한 부분에서 다른 부분으로 먼지, 이물 등을 묻혀가는 것을 방지하기 위해 주의하여야 한다.

2. 작업장의 위생 유지관리

① 각 작업장별로 육안으로 청소 상태를 확인하고, 이상이 있을 시 즉시 개선 조치한다.
② 세균 오염 또는 세균수 관리의 필요성이 있는 작업실은 정기적인 낙하 균 시험을 수행하여 확인한다.(각 제조 작업실, 칭량실, 반제품 저장실, 포장실이 해당된다.)
③ 작업장 및 보관소별 관리 담당자는 오염 발생 시 원인 분석 후 이에 적절한 시설 또는 설비의 보수, 교체나 작업 방법의 개선 조치를 취하고 재발 방지토록 한다.

4. 작업장의 위생 유지를 위한 세제의 종류와 사용법

1. 작업장의 위생 유지를 위한 세제의 종류와 사용법

【제조시설의 세척 및 평가】
    가. 책임자 지정
    나. 세척 및 소독 계획
    다. 세척방법과 세척에 사용되는 약품 및 기구
    라. 제조시설의 분해 및 조립 방법
    마. 이전 작업 표시 제거방법

바. 청소상태 유지방법
사. 작업 전 청소상태 확인방법

1회 시험 출제 ▶ 5지선다형의 지문으로 출제

【세척대상 및 확인방법】
○ 세척대상 물질
  - 화학물질(원료, 혼합물), 미립자, 미생물
  - 동일제품, 이종제품
  - 쉽게 분해되는 물질, 안정된 물질
  - 세척이 쉬운 물질, 세척이 곤란한 물질
  - 불용물질, 가용물질
  - 검출이 곤란한 물질, 쉽게 검출할 수 있는 물질
○ 세척대상 설비
  - 설비, 배관, 용기, 호스, 부속품
  - 단단한 표면(용기내부), 부드러운 표면(호스)
  - 큰 설비, 작은 설비
  - 세척이 곤란한 설비, 용이한 설비
○ 세척확인 방법
  - 육안 확인 : 육안판정
  - 천으로 문질러 부착물로 확인 : 닦아내기 판정
  - 린스액의 화학분석 : 린스 정량

① <u>물</u> 또는 <u>증기</u>만으로 세척할 수 있으면 가장 좋다.
② <u>브러시</u> 등의 세척 기구를 적절히 사용해서 세척하는 것도 좋다.
③ <u>세제(계면활성제)</u>를 사용한 설비 세척은 권장하지 않는다. 그 이유는 다음과 같다.
  (1) 세제는 설비 내벽에 남기 쉽다.
  (2) 잔존한 세척제는 제품에 악영향을 미친다.
  (3) 세제가 잔존하고 있지 않는 것을 설명하기에는 고도의 화학 분석이 필요하다.

쉽게 물로 제거하도록 설계된 세제라도 세제 사용 후에는 문질러서 지우거나 세차게 흐르는 물로 헹구지 않으면 세제를 완전히 제거할 수 없다. 세제로 손을 씻었을 때, 손을 충분히 헹구지 않으면 세제의 미끈미끈한 느낌은 제거되지 않을 것이다. 세제로 제조 설비를 세척했을 때, 설비 구석에 남은 세제를 간단히 제거할 수 있을까? 세제를 사용하지 않는 것보다 더 좋은 것은 없다. 세제를 어쩔 수 없이 사용해야 할 경우, 화장품 제조 설비의 세척용으로 적당한 세제를 사용한다.

부품을 분해할 수 있는 설비는 분해해서 세척한다. 그리고 세척 후는 반드시 미리 정한 규칙에 따라 세척 여부를 판정한다. 판정 후의 설비는 건조시키고, 밀폐해서 보존한다. 설비 세척의 유효기간을 설정해 놓고 유효기간이 지난 설비는 재세척하여 사용한다. 유효기간은 설비의 종류와 보존 상태에 따라 변하므로 설비마다 실적을 토대로 설정한다. 이상과 같은 "설비세척의 원칙"을 반드시 마련해 놓는다. 작업자의 독자적인 판단에 맡기는 화장품 설비 세척을 해서는 안 된다.

【설비 세척의 원칙】
○ 위험성이 없는 용제(물이 최적)로 세척한다.
○ 가능한 한 세제를 사용하지 않는다.
○ 증기 세척은 좋은 방법
○ 브러시 등으로 문질러 지우는 것을 고려한다.
○ 분해할 수 있는 설비는 분해해서 세척한다.
○ 세척 후는 반드시 "판정"한다.
○ 판정 후의 설비는 건조·밀폐해서 보존한다.
○ 세척의 유효기간을 설정한다.

5. 작업장 소독을 위한 소독제의 종류와 사용법

1. 작업장 소독을 위한 소독제의 종류와 사용법
① 청소와 세제와 소독제는 확인되고 효과적이어야 한다.
② 모든 세제와 소독제는 아래와 같이 해야 된다.
　• 적절한 라벨을 통해 명확하게 확인되어야 한다.
　• 원료, 포장재 또는 제품의 오염을 방지하기 위해서 적절히 선정, 보관, 관리 및 사용되어야 한다.

③ 세척제(예로 스팀, 세제, 소독제 그리고 용매)들이 호스와 부속품 제재에 적합한지 검토 되어야 한다.
④ 각 제조구역별 청소 및 위생관리 절차에 따라 효능이 입증된 세척제 및 소독제를 사용할 것
⑤ 설비 등은 제품의 오염을 방지하고 배수가 용이하도록 설계, 설치하며, 제품 및 청소 소독제와 화학반응을 일으키지 않을 것
⑥ 제조시설이나 설비의 세척에 사용되는 세제 또는 소독제는 효능이 입증된 것을 사용하고 잔류하거나 적용하는 표면에 이상을 초래하지 아니하여야 한다.

2. 세척제 & 소독제
① 물 또는 증기만으로 세척할 수 있으면 가장 좋다.
② 브러시 등의 세척 기구를 적절히 사용해서 세척한다.
③ 세제(계면 활성제)를 사용한 설비 세척은 쉽게 물로 제거하도록 설계된 세제라도 세제 사용 후에는 문질러서 지우거나 세차게 흐르는 물로 헹구지 않으면 세제를 완전히 제거할 수 없다.

세제를 사용하지 않는 것이 가장 좋으며 다음과 같은 이유로 세제 사용 세척은 권장 안한다.
(1) 세제는 용기 내벽에 남기 쉽다.
(2) 잔존한 세척제는 제품에 악영향을 미친다.
(3) 세제가 잔존하지 않는 것을 설명하려면 고도의 화학적 분석이 필요하다.
(4) 세제를 어쩔 수 없이 사용해야 할 경우, 화장품 용기 세척용으로 적당한 세제를 사용한다.

[세척제]
• 정제수, 온수, 상수(필요에 따라 상수도 가능)
• 스팀(증기)
• 필요에 따라 세제(클렌징 폼, 중성 세제)

[소독제]
• 병원 미생물을 사멸시키기 위해 소독에 필요한 화학물질을 말한다.
• 70% 에탄올
• 70% 이소프로필알코올

3.1 작업장 위생관리 ------------------------- [연습문제]

[5지선다형]

01. 알코올 소독의 미생물 세포에 대한 주된 작용기전은?
    ① 할로겐 복합물 형성　　② 단백질 파괴
    ③ 효소의 완전파괴　　　④ 균체의 완전융행
    ⑤ 균체의 탈수

02. 다음 중 작업장에서 실시하는 세척제의 조건에 적당한 것은?
    ① 설비 및 기기에 대한 부식성이 없어야 한다.
    ② 소독대상물에 영향을 미칠 수 있어도 세정력이 우수해야 한다.
    ③ 향기가 좋아야 한다.
    ④ 강력한 세척력을 최우선으로 한다.
    ⑤ 취급 방법이 까다로워야 한다.

03. 소독에 사용되는 약제의 이상적인 조건은?
    ① 살균하고자 하는 대상물을 손상시키지 않아야한다
    ② 취급방법이 복잡해야한다.
    ③ 용매에 쉽게 용해되지 않아야 한다.
    ④ 향기로운 냄새가 나야한다.
    ⑤ 수급이 어렵더라도 싸야 한다.

04. 미생물의 성장발육에 가장 중요한 요소로 구성된 것은?
    ① 온도 - 적외선 - ph　　② 습도 - 적외선 - 시간
    ③ 온도 - 습도 - 양분　　 ④ 온도 - 습도 - 시간
    ⑤ 온도 - 습도 - 자외선

05. 맞춤형화장품의 혼합·소분실 및 시설·기구의 위생관리에 대해 적당하지 않은 것은?
    ① 혼합·소분실과 시설·기구를 정기적으로 점검하여 위생적으로 관리·유지
    ② 혼합·소분에 사용되는 시설·기구 등은 사용 전·후 세척
    ③ 세제·세척제는 잔류하거나 표면에 이상을 초래하지 않는 것을 사용
    ④ 세척한 시설·기구는 잘 건조하여 다음 사용 시까지 오염 방지
    ⑤ 시설·기구는 반드시 세제로 깨끗이 세척

06. 작업장의 위생 상태로 옳지 못한 것은?
① 곤충, 해충이나 쥐를 막을 수 있는 대책을 마련한다.
② 외부와 연결된 창문은 가능한 잘 열리도록 하여야 한다.
③ 세제 또는 소독제는 적용하는 표면에 이상을 초래하지 아니하여야 한다.
④ 제조시설이나 설비는 필요한 경우 위생관리 프로그램을 운영하여야 한다.
⑤ 작업장내의 바닥, 벽, 천장 및 창문은 항상 청결하게 유지되어야 한다.

07. 다음은 작업소의 적합성에 대한 설명이다. 옳지 못한 것은?
① 화장품의 종류·제형에 따라 적절히 구획·구분되어 교차오염 우려가 없어야 한다.
② 바닥, 벽, 천장은 가능한 청소하기 쉽게 매끄러운 표면을 지녀야 한다.
③ 환기가 잘 되고 청결하여야 한다.
④ 수세실과 화장실은 접근이 쉬워야 하고 생산구역내에 위치해야 한다.
⑤ 작업소 내의 외관 표면은 가능한 매끄럽게 설계하고, 청소, 소독제의 부식성에 저항력이 있어야 한다.

08. 다음 <보기>는 작업소의 적합성에 대한 설명이다. ( )에 알맞은 것은?

―――― <보기> ――――
작업소는 다음 각 호에 적합하여야 한다.
 1. 제조하는 화장품의 종류·제형에 따라 적절히 구획·구분되어 있어 (㉠) 우려가 없을 것
 2. 바닥, 벽, 천장은 가능한 청소하기 쉽게 매끄러운 표면을 지니고 소독제 등의 부식성에 저항력이 있을 것
 3. 환기가 잘 되고 청결할 것
 4. 외부와 연결된 창문은 가능한 열리지 않도록 할 것

① 교차오염　　② 수질오염
③ 조명파손　　④ 표면이상
⑤ 시설결함

09. 곤충, 해충이나 쥐를 막을 수 있는 대책으로 적당하지 않은 것은?
① 벌레가 좋아하는 것을 제거한다.
② 빛이 밖으로 새어나가지 않게 한다.
③ 개방할 수 있는 창문을 만들지 않는다.
④ 폐수구에 트랩을 단다.
⑤ 실내압을 외부(실외)보다 낮게 한다.(공기조화장치)

10. 작업장의 세척확인 방법으로 적절하지 못한 것은?
    ① 육안 확인 ② 천으로 문질로 부착물 확인
    ③ 린스액 화학분석 ④ 스왑으로 문질로 부착물 확인
    ⑤ 광학현미경으로 관찰한다.

11. 작업장의 세척방법으로 바르지 못한 것은?
    ① 물 또는 증기만으로 세척할 수 있으면 가장 좋다.
    ② 설비 중 부품은 가급적이면 분해해서 세척하지 않는다.
    ③ 브러시를 사용하여 세척하는 것도 좋다.
    ④ 세제(계면활성제)를 사용한 설비 세척은 권장하지 않는다.
    ⑤ 유효기간이 지난 설비는 재세척하여 사용한다.

12. 시설기구를 세척후 처리 방법이 옳지 못한 것은?
    ① 세척 여부를 판정한다.
    ② 판정 후의 설비는 건조시킨다.
    ③ 세척한 설비는 건조후 밀폐해서 보존한다.
    ④ 유효기간이 지난 설비는 재세척하여 사용한다.
    ⑤ 작업자의 독자적인 판단에 따라 세척을 하여야 한다.

13. 설비세척의 원칙에 대해서 옳지 못한 것은?
    ① 가능한 한 세제를 사용하여 세척 한다.
    ② 증기 세척은 좋은 방법이다
    ③ 브러시 등으로 문질러 지우는 것을 고려한다.
    ④ 분해할 수 있는 설비는 분해해서 세척한다.
    ⑤ 세척 후는 반드시 "판정"한다.

14. 설비세척의 원칙에 대해서 옳지 못한 것은?
    ① 판정 후의 설비는 건조·밀폐해서 보존한다.
    ② 위험성이 없는 용제(물이 최적)로 세척한다.
    ③ 세척의 유효기간을 설정한다.
    ④ 설비는 분해하지 않고 세척한다.
    ⑤ 세척 후는 반드시 "판정"한다.

15. 다음 중 세척제 또는 소독제의 사용 예로서 적당하지 못한 것은?
    ① 세척제-물 ② 세척제-증기(스팀)
    ③ 세척제-정제수 ④ 소독제-메탈올 70%
    ⑤ 소독제-이소프로필알코올 70%

16. 세척시 가급적이면 세제를 사용하지 않아야 하는 이유에 해당하지 않는 것은?
① 세제는 용기 내벽에 남기 쉽다.
② 잔존한 세척제는 제품에 악영향을 미친다.
③ 고도의 화학적 분석이 필요하다.
④ 가격이 비싸기 때문에 물로 세척한다.
⑤ 부득이 한 경우 화장품 용기 세척용으로 적당한 세제를 사용한다.

17. 화장품제조업을 등록하려는 자가 갖추어야 하는 시설기준에 해당하지 않는 것은
① 쥐·해충 및 먼지 등을 막을 수 있는 시설을 갖춘 작업소
② 가루가 날리는 작업실은 가루를 제거하는 시설을 갖춘 작업소
③ 원료·자재 및 제품을 보관하는 보관소
④ 원료·자재 및 제품의 품질검사를 위하여 필요한 시험실
⑤ 일부 공정만을 제조하는 경우 해당 공정에 필요한 시설 및 기구 외의 시설 및 기구

3.2 작업자 위생관리

<학습차례>

1. 작업장 내 직원의 위생 기준 설정
2. 작업장 내 직원의 위생 상태 판정
3. 혼합·소분 시 위생관리 규정
4. 작업자 위생 유지를 위한 세제의 종류와 사용법
5. 작업자 소독을 위한 소독제의 종류와 사용법
6. 작업자 위생 관리를 위한 복장 청결상태 판단

1. 작업장 내 직원의 위생 기준 설정

1. 작업장 내 직원의 위생기준 설정
① **적절한 위생관리 기준 및 절차를 마련** : 제조소 내의 모든 직원은 이를 준수
  - 신규 직원-위생교육을 실시
  - 기존 직원-정기적으로 교육을 실시
② **직원의 위생관리 기준 및 절차에 포함될 내용**
  - 직원의 작업 시 복장
  - 직원 건강상태 확인
  - 직원에 의한 제품의 오염방지에 관한 사항
  - 직원의 손 씻는 방법
  - 직원의 작업 중 주의사항
  - 방문객 및 교육훈련을 받지 않은 직원의 위생관리

2. 작업장 내 직원의 위생 상태 판정

1. 작업장 내 직원의 위생기준 설정
① **작업소 및 보관소 내의 모든 직원**
  - 화장품의 오염을 방지하기 위해 규정된 작업복을 착용
  - 음식물 등을 반입 금지
② **청정도에 따라**
  - 적절한 작업복, 모자와 신발을 착용, 필요할 경우는 마스크, 장갑을 착용
    (1) 작업복 등은 목적과 오염도에 따라 세탁을 하고 필요에 따라 소독
    (2) 작업 전에 복장점검을 하고 적절하지 않을 경우는 시정

• 직원은 별도의 지역에 의약품을 포함한 개인적인 물품을 보관
• 음식, 음료수 및 흡연구역 등은 제조 및 보관 지역과 분리된 지역에서만 섭취하거나 흡연

③ **피부에 외상이 있거나 질병에 걸린 직원**
• 건강이 양호해지거나 화장품의 품질에 영향을 주지 않는다는 의사의 소견이 있기 전까지는 화장품과 직접적으로 접촉되지 않도록 격리

④ **제조구역별 접근권한이 있는 작업원 및 방문객**
• 가급적 제조, 관리 및 보관구역 내에 들어가지 않는다.
• 불가피한 경우 사전에 직원 위생에 대한 교육 및 복장 규정에 따르도록 하고 감독

> **1회 시험 출제** ▶ 5지선다형 문제로 출제

3. 혼합·소분 시 위생관리 규정

1. (맞춤형화장품)작업원 위생관리
① 혼합·소분 전에는 손을 소독 또는 세정하거나 일회용 장갑 착용
② 혼합·소분 시에는 위생복 및 마스크 착용
③ 피부 외상이나 질병이 있는 경우 회복 전까지 혼합·소분행위 금지

2. 혼합·소분 시 위생관리 규정
① 보건위생상 위해가 없도록 맞춤형화장품 <u>혼합·소분에 필요한 장소, 시설 및 기구를 정기적으로 점검</u>하여 작업에 지장이 없도록 위생적으로 관리·유지할 것
② 혼합·소분 시 오염방지를 위하여 다음 각 목의 <u>안전관리기준을 준수</u>할 것
  (1) 혼합·소분 전에는 <u>손을 소독</u> 또는 <u>세정</u>하거나 <u>일회용 장갑을 착용</u>할 것
  (2) 혼합·소분에 사용되는 장비 또는 기기 등은 <u>사용 전·후 세척</u>할 것
  (3) 혼합·소분된 제품을 담을 <u>용기의 오염여부를 사전에 확인</u>할 것

4. 작업자 위생 유지를 위한 세제의 종류와 사용법

1. 작업자 위생 유지를 위한 세제의 종류와 사용법
[세척제]
• 정제수, 온수, 상수(필요에 따라 상수도 가능)
• 스팀(증기)
• 필요에 따라 세제(클렌징 폼, 중성 세제)
① 제조설비 세척 : 정제수, 상수

② 손 씻기 : 상수
③ 제품 용수 : 화장품 제조시 적합한 정제수

[소독제]
- 병원 미생물을 사멸시키기 위해 소독에 필요한 화학물질을 말한다.
- 70% 에탄올
- 70% 이소프로필알코올

5. 작업자 소독을 위한 소독제의 종류와 사용법

1. 작업자 소독을 위한 소독제 종류와 사용법

① 작업 전 지정된 장소에서 손 소독을 실시하고 작업에 임한다. 손 소독은 70% 에탄올을 이용한다.
② 운동 등에 의한 오염(땀,먼지) 제거 : 작업장 진입 전 샤워 및 건조 후 입실
③ 화장실을 이용한 작업자 : 손 세척 또는 손 소독 실시 후 작업실 입실

6. 작업자 위생 관리를 위한 복장 청결상태 판단

1. 작업자 위생 관리를 위한 복장 청결상태 판단

- 직원은 작업 중의 위생관리상 문제가 되지 않도록 청정도에 맞는 적절한 작업복, 모자와 신발을 착용하고 필요할 경우는 마스크, 장갑을 착용한다.

① 작업복 등은 목적과 오염도에 따라 세탁을 하고 필요에 따라 소독한다.
  (1) 작업 복장은 주 1회 이상 세탁함을 원칙으로 한다.
  (2) 원료 칭량, 반제품 제조 및 충전 작업자는 수시로 복장의 청결 상태를 점검하여 이상시 즉시 세탁된 깨끗한 것으로 교환 착용한다.
  (3) 각 부서에서는 주기적으로 소속 인원 작업복을 일괄 회수하여 세탁 의뢰한다.

② 작업 전에 복장점검을 하고 적절하지 않을 경우는 시정한다.
  (1) 작업복 : 상하의가 분리된 것
    - 모자 : 머리를 완전히 감싸는 형태
    - 작업내용 : 제조작업, 원료 칭량작업, 원료, 반제품 및 제품의 보관, 입출고 관련업무
    - 작업자 : 제조 작업자, 원료 칭량실 및 원료 보관관리자 등
  (2) 실험복 : 백색 가운으로 진면 양쪽 주머니
    - 작업내용 : 가운이 필요한 실험작업
    - 실험자 : 실험실 인원 등

- 직원은 별도의 지역에 의약품을 포함한 개인적인 물품을 보관해야 하며, 음식, 음료수 및 흡연구역 등은 제조 및 보관 지역과 분리된 지역에서만 섭취하거나 흡연하여야 한다.

3.2 작업자 위생관리 ------------------------------ [연습문제]

[5지선다형]

01. 다음 <보기>중 정제수 제조 방법에 해당 하는 것은?(소독 과정은 제외한다.)

---<보기>---
ㄱ. 이온교환수지 처리   ㄴ. 열처리
ㄷ. 증류   ㅁ. 역삼투(R/O)
ㅂ. UV 조사

① ㄱ, ㄴ   ② ㄴ, ㄷ
③ ㄱ, ㄷ, ㅁ   ④ ㄴ, ㅁ, ㅂ
⑤ ㄱ, ㅁ, ㅂ

02. 다음 <보기>중 정제수 제조 방법중 소독에 해당 하는 것은?

---<보기>---
ㄱ. 이온교환수지 처리   ㄴ. 열처리
ㄷ. 증류   ㅁ. 역삼투(R/O)
ㅂ. UV 조사

① ㄱ, ㄴ   ② ㄴ, ㅂ
③ ㄱ, ㄷ, ㅁ   ④ ㄴ, ㅁ, ㅂ
⑤ ㄱ, ㅁ, ㅂ

03. 다음 중 정제수 제조시 품질관리에 대해서 올바르지 못한 것은?
① 사용할 때마다 품질을 측정해서 사용한다.
② 한 번 사용한 정제수 용기의 물을 재사용 한다.
③ 장기간 보존한 정제수를 사용해서는 안 된다.
④ 정제수의 검출허용한도 세균 및 진균수는 100개/g(ml) 이다.
⑤ 물이 정체되는 곳이 없도록 해야하고 일정한 유속을 유지한다.

04. 다음 <보기>에서 소독제로 적당한 것은?

---<보기>---
ㄱ. 정제수   ㄴ. 에탄올 70%

| ㄷ. 상수 | ㅁ. 이소프로필알코올 70% |
| ㅂ. 화장품 제조에 적합한 정제수 | |

① ㄱ, ㄴ   ② ㄴ, ㅂ
③ ㄷ, ㅁ   ④ ㄴ, ㅁ
⑤ ㄱ, ㅁ, ㅂ

05. 다음 중 정제수 제조시 품질관리에 대해서 올바르지 못한 것은?
① 사용할 때마다 품질을 측정해서 사용한다.
② 한 번 사용한 정제수 용기의 물은 재사용 하지 않는다.
③ 장기간 보존한 정제수를 사용해서는 안 된다.
④ 정제수의 검출허용한도 세균 및 진균수는 500개/g(ml) 이다.
⑤ 물이 정체되는 곳이 없도록 해야 하고 일정한 유속을 유지한다.

06. 다음은 작업자의 개인위생에 대한 설명이다. 올바르지 못한 것은?
① 작업 전 지정된 장소에서 손 소독을 실시한다.
② 손 소독은 70% 에탄올을 이용한다.
③ 운동 등에 의한 오염시 작업장 진입 전 샤워 및 건조 후 입실한다.
④ 화장실을 이용한 작업자는 화장실에 거치된 수건으로 잘 닦고 작업실 입실한다.
⑤ 외상이나 질병이 있는 자는 회복 전까지 작업에 참여 하지 않는다.

07. 작업자의 위생관리 중 복장 청결상태에 대한 설명 중 옳지 못한 것은?
① 작업 복장은 주 1회 이상 세탁함을 원칙으로 한다.
② 주기적으로 소속 인원 작업복을 일괄 회수하여 세탁 의뢰한다.
③ 작업복은 상하의가 분리된 것을 착용한다.
④ 모자는 머리를 완전히 감싸는 형태로 한다.
⑤ 충전 작업자는 수시로 복장의 청결 상태를 점검하여 이상시 즉시 작업을 중단한다.

3.3 설비 및 기구 관리

<학습차례>

1. 설비·기구의 위생 기준 설정
2. 설비·기구의 위생 상태 판정
3. 오염물질 제거 및 소독 방법
4. 설비·기구의 구성 재질 구분
5. 설비·기구의 폐기 기준

1. 설비·기구의 위생 기준 설정

1. 설비·기구의 위생 기준 설정

제조 및 품질관리에 필요한 설비 등은 다음에 적합해야 함.

① 사용목적에 적합하고, 청소가 가능하며, 필요한 경우 위생·유지관리가 가능하여야 한다. 자동화시스템을 도입한 경우도 또한 같다.
② 사용하지 않는 연결 호스와 부속품은 청소 등 위생관리를 하며, 건조한 상태로 유지하고 먼지, 얼룩 또는 다른 오염으로부터 보호할 것
③ 설비 등은 제품의 오염을 방지하고 배수가 용이하도록 설계, 설치하며, 제품 및 청소 소독제와 화학반응을 일으키지 않을 것
④ 설비 등의 위치는 원자재나 직원의 이동으로 인하여 제품의 품질에 영향을 주지 않도록 할 것
⑤ 용기는 먼지나 수분으로부터 내용물을 보호할 수 있을 것
⑥ 제품과 설비가 오염되지 않도록 배관 및 배수관을 설치하며, 배수관은 역류되지 않아야 하고, 청결을 유지할 것
⑦ 천정 주위의 대들보, 파이프, 덕트 등은 가급적 노출되지 않도록 설계하고, 파이프는 받침대 등으로 고정하고 벽에 닿지 않게 하여 청소가 용이하도록 설계할 것
⑧ 시설 및 기구에 사용되는 소모품은 제품의 품질에 영향을 주지 않도록 할 것

2. 설비·기구의 위생 상태 판정

1. 설비·기구의 위생 상태 판정

칭량, 계량할 때는 먼저 작업 주위와 칭량기구가 청결한 것을 육안으로 확인 한다.
칭량 중에는 오염이 발생하지 않는 환경에서 작업을 실시해야 한다.
그 다음 칭량한 원료를 넣는 용기가 청결한 것을 확인한다.

용기의 내부뿐만 아니라 외부도 청결한 것을 육안으로 확인 한다.
칭량하기 전 사용되는 저울의 검교정 유효기간을 확인하고, 일일점검을 실시한 후에 칭량 작업을 수행한다.
검체채취 기구 및 검체용기는 시험결과에 영향을 주지 않아야 한다.
제품규격 중에 미생물에 관련된 항목이 포함되어 있으면 검체 용기를 미리 멸균 한다.

2. 오염물질 제거 및 소독 방법

1. 오염물질 제거 및 소독 방법

① 세척도구
- 스펀지,수세미,솔,스팀 세척기등

② 세척제
- 정제수, 온수, 상수(필요에 따라 상수도 가능)
- 스팀(증기)
- 필요에 따라 세제(클렌징 폼, 중성 세제)
  (1) 제조설비 세척 : 정제수, 상수
  (2) 손 씻기 : 상수
  (3) 제품 용수 : 화장품 제조시 적합한 정제수

③ 소독제
- 병원 미생물을 사멸시키기 위해 소독에 필요한 화학물질을 말한다.
- 70% 에탄올
- 70% 이소프로필알코올

[각 부분별 세척, 소독 방법]

① 원료 칭량통 세척,소독.
  (1) 사용된 원료 칭량통을 세척실로 이송한다.
  (2) 온수(60℃)로 칭량통 내부 잔류물을 세척한다.
  (3) 세척 솔을 이용하여 세제로 세척한다. 이때 사용하는 세제는 클레징 폼, 중성 세제등이 사용된다.
  (4) 다시 온수(60℃)를 사용하여 세제를 깨끗하게 제거한다.
  (5) 이후 정제수를 이용하여 칭량통 내부를 세척한다.
  (6) UV로 멸균시킨 마른 수건으로 물기를 완전히 제거한다.
  (7) 지정 대차로 이동하여 UV등이 켜진 보관장소에 보관한다.

② 제조 설비(믹서)를 세척, 소독한다.
  (1) 설비 내 잔류량이 없음을 확인 후 세척 공정을 수행한다.
  (2) 믹서에 세척수 투입 후 70℃~80℃ 까지 가온하여 교반한다.
  (3) 가온 후 세제를 투입하여 균일하게 교반한다. 이때 사용하는 세제는 클렌징 폼, 중성

세제등이 사용된다.
(4) 배출 호스로 세척수를 하수구로 배출한다.
(5) 믹서에 정제수 투입 후, 교반하여 세척한다.
(6) 세척수 배출 후, 정제수로 잔류물을 세척한다. 배출되는 세척수에서 이물질 및 색상등을 통해 세척 상태를 확인한다. 세척 상태 불량 시 정제수를 투입하여 추가로 세척한다.

③ 내용물 저장통등을 세척, 소독한다.
(1) 사용된 저장통등을 세척실로 이송한다.
(2) 내용물 저장통등을 온수(60℃)로 세척한다.
(3) 세척 솔을 이용하여 세제로 세척한 후 온수(60℃)를 사용하여 세제를 제거한다. W/O 제형의 경우 세제 세척하고, O/W 제형은 세제 세척을 생략해도 된다. 이때 사용하는 세제는 클렌징 폼, 중성 세제등이 사용된다.
(4) 정제수를 이용하여 내용물 저장통등을 세척한다.
(5) UV로 멸균시킨 마른 수건으로 물기를 완전히 제거한다.
(6) 70% 에탄올을 기벽에 분사하고 마른 수건으로 닦는다.
(7) 세척 및 건조 상태를 확인하고, 저장통과 덮개를 조립한다.
(8) 세척 소독한 저장통을 UV등이 켜진 보관실로 이동하여 보관한다.

④ 포장 설비(충전기, 펌프, 호스)등을 세척, 소독한다.
(1) 포장 설비(펌프/충전기)등을 세척실로 이동한다.
(2) 설비 분해하고 펌프와 함께 온수(60℃)로 세척한다.
(3) 세척 솔을 이용하여 세제로 세척한 후 온수(60℃)를 사용하여 세제를 제거한다. W/O 제형의 경우 세제 세척하고, O/W 제형은 세제 세척을 생략해도 된다. 이때 사용하는 세제는 클렌징 폼, 중성 세제등이 사용된다.
(4) UV로 멸균시킨 마른 수건으로 물기를 완전히 제거한다.
(5) 70% 에탄올을 기벽에 분사하고 마른 수건으로 닦는다.
(6) UV등이 켜진 보관실로 이동하여 보관한다.

⑤ 필터, 여과기, 체등을 세척, 소독한다.
(1) 사용된 필터, 여과기, 체등을 세척실로 이송한다.
(2) 온수(60℃)로 세척한다.
(3) 세척 솔을 이용하여 세제로 세척한 후 온수(60℃)를 사용하여 세제를 제거한다. W/O 제형의 경우 세제 세척하고, O/W 제형은 세제 세척을 생략해도 된다. 이때 사용하는 세제는 클렌징 폼, 중성 세제등이 사용된다.
(4) 정제수를 이용하여 다시 세척한다.
(5) UV로 멸균시킨 마른 수건으로 물기를 완전히 제거한다.
(6) 70% 에탄올을 분사하고 마른 수건으로 닦는다.
(7) 세척 및 건조 상태를 확인한다.
(8) 세척 소독한 기구를 UV등이 켜진 보관실로 이동하여 보관한다.

2. 설비의 세척방법 및 판정

화장품 제조 설비의 종류와 세척방법을 정리해 두면 편리하다.
세척방법에 제1선택지, 제2선택지, 심한 더러움 시의 대안을 마련하고 세척대책이 되는 설비의 상태에 맞게 세척방법을 선택한다.

① 유화기 등의 일반적인 제조설비 : "물+브러시"세척이 제1선택지
  • 지워지기 어려운 잔류물에는 에탄올 등의 유기용제의 사용이 필요하게 된다.
② 분해할 수 있는 부분은 분해해서 세척한다.
  • 특히 제조 품목이 바뀔 때는 반드시 분해할 부분을 설비마다 정해 놓으면 좋다.
③ 호스와 여과천 등은 서로 상이한 제품 간에서 공용해서는 안 된다.
  • 제품마다 전용품을 준비한다.

<u>세척 후에는 반드시 "판정"을 실시한다.</u>

[판정방법의 우선순위]
① 육안판정
② 닦아내기 판정
③ 린스 정량

우선순위도 이 순서다.
각각의 판정방법의 절차를 정해 놓고 제1선택지를 육안판정으로 한다.
육안판정을 할 수 없을 부분의 판정에는 닦아내기 판정을 실시하고, 닦아내기 판정을 실시할 수 없으면 린스정량을 실시하면 된다.

3. 설비・기구의 구성 재질 구분

1. 설비・기구의 구성 재질 구분

【포장설비의 설계】
　제품 오염을 최소화 한다.
　화학반응을 일으키거나, 제품에 첨가되거나, 흡수되지 않아야 한다.
　제품과 접촉되는 부위의 청소 및 위생관리가 용이하게 만들어져야 한다.
　효율적이며 안전한 조작을 위한 적절한 공간이 제공되어야 한다.
　제품과 최종 포장의 요건을 고려해야 한다.
　부품 및 받침대의 위와 바닥에 오물이 고이는 것을 최소화한다.
　물리적인 오염물질 축적의 육안식별이 용이하게 해야 한다.
　제품과 포장의 변경이 용이하여야 한다.

2. 설비·기구의 구성 재질 구분

① 제조 설비

(1) 탱크(TANKS)의 구성재질
- 온도/압력 범위가 조작 전반과 모든 공정 단계의 제품에 적합해야 한다.
- 제품에 해로운 영향을 미쳐서는 안 된다.
- 제품(포뮬레이션 또는 원료 또는 생산공정 중간생산물)과의 반응으로 부식되거나 분해를 초래하는 반응이 있어서는 안 된다.
- 제품, 또는 제품제조과정, 설비 세척, 또는 유지관리에 사용되는 다른 물질이 스며들어서는 안 된다.
- 세제 및 소독제와 반응해서는 안 된다.
* 스테인리스스틸 : 유형번호 304, 더 부식에 강한 번호 316 스테인리스스틸 사용

(2) 펌프(PUMPS) 구성재질
• 펌프는 많이 움직이는 젖은 부품들로 구성되고 종종 하우징(Housing)과 날개차(impeller)는 닳는 특성 때문에 다른 재질로 만들어져야 한다.

(3) 혼합과 교반 장치의 구성재질
• 전기화학적인 반응을 피하기 위해서 믹서의 재질이 믹서를 설치할 모든 젖은 부분 및 탱크와의 공존이 가능한지를 확인해야 한다.
• 대부분의 믹서는 봉인(seal)과 개스킷에 의해서 제품과의 접촉으로부터 분리되어 있는 내부 패킹과 윤활제를 사용한다.
• 봉인(seal)과 개스킷과 제품과의 공존시의 적용 가능성은 확인되어야 하고, 또 과도한 악화를 야기하지 않기 위해서 온도, pH 그리고 압력과 같은 작동 조건의 영향에 대해서도 확인해야 한다.
• 균질화 교반기 : 호모게나이저

> **1회 시험 출제** ▶ 5지선다형의 지문으로 출제(호모게나이저)

(4) 호스(HOSES)의 구성재질
• 호스의 일반 건조 제재는 :
  - 강화된 식품등급의 고무 또는 네오프렌
  - TYGON 또는 강화된 TYGON
  - 폴리에칠렌 또는 폴리프로필렌
  - 나일론
• 호스 부속품과 호스는 작동의 전반적인 범위의 온도와 압력에 적합하여야 하고 제품에 적합한 제재로 건조되어야 한다. 호스 구조는 위생적인 측면이 고려되어야 한다.

(5) 필터, 여과기 그리고 체(FILTERS, STRAINERS AND SIEVES)의 구성재질
• 화장품 산업에서 선호되는 반응하지 않는 재질은 스테인리스스틸과 비반응성 섬유이다. 현재, 대부분 원료와 처방에 대해 스테인리스 316은 제품의 제조를 위해 선호된다.

• 여과 매체(예. 체, 가방(백(bag)), 카트리지 그리고 필터 보조물)는 효율성, 청소의 용이성, 처분의 용이성 그리고 제품에 적합성에 전체 시스템의 성능에 의해 선택하여 평가하여야 한다.

(6) 이송 파이프(TRANSPORT PIPING)의 구성재질

구성 재질은 유리, 스테인리스 스틸 #304 또는 #316, 구리, 알루미늄 등으로 구성되어 있다. 전기화학반응이 일어날 수 있기 때문에 다른 제재의 사용을 최소화하기 위해 파이프 시스템을 설치할 때 주의해야 한다.

(7) 칭량 장치(WEIGHING DEVICE)의 구성재질)

계량적 눈금의 노출된 부분들은 칭량 작업에 간섭하지 않는다면 보호적인 피복제로 칠해질 수 있다. 계량적 눈금 레버 시스템은 동봉물을 깨끗한 공기와 동봉하고 제거함으로써 부식과 먼지로부터 효과적으로 보호될 수 있다.

(8) 게이지와 미터(GAUGES AND METERS)의 구성재질

제품과 직접 접하는 게이지와 미터의 적절한 기능에 영향을 주지 않아야 한다. 대부분의 제조자들은 기구들과 제품과 원료의 직접 접하지 않도록 분리 장치를 제공한다.

② 포장재 설비

(1) 제품 충전기(PRODUCT FILLER)의 재질 구정
- 조작중의 온도 및 압력이 제품에 영향을 끼치지 않아야 한다.
- 제품에 나쁜 영향을 끼치지 않아야 한다.
- 제품에 의해서나 어떠한 청소 또는 위생처리작업에 의해 부식되거나, 분해되거나 스며들게 해서는 안 된다.
- 용접, 볼트, 나사, 부속품 등의 설비구성요소 사이에 전기 화학적 반응을 피하도록 구축되어야 한다.

가장 널리 사용되는 제품과 접촉되는 표면물질은 300시리즈 스테인리스 스틸이다. Type #304와 더 부식에 강한 Type #316 스테인리스스틸이 가장 널리 사용된다.

5. 설비 · 기구의 폐기 기준

1. 설비 · 기구의 폐기 기준

유지관리는 예방적 활동(Preventive activity), 유지보수(maintenance), 정기 검교정(Calibration)으로 나눌 수 있다.

① **예방적 활동(Preventive activity)**은 주요 설비(제조탱크, 충전 설비, 타정기 등) 및 시험장비에 대하여 실시하며, 정기적으로 교체하여야 하는 부속품들에 대하여 연간 계획을 세워서 시

정 실시(망가지고 나서 수리하는 일)를 하지 않는 것이 원칙이다.

② **유지보수(maintenance)**는 고장 발생 시의 긴급점검이나 수리를 말하며, 작업을 실시할 때, 설비의 갱신, 변경으로 기능이 변화해도 좋으나, 기능의 변화와 점검 작업 그 자체가 제품품질에 영향을 미쳐서는 안 된다. 또한 설비가 불량해져서 사용할 수 없을 때는 그 설비를 제거하거나 확실하게 사용불능 표시를 해야 한다.

③ **정기 검교정(Calibration)**은 제품의 품질에 영향을 줄 수 있는 계측기(생산설비 및 시험설비)에 대하여 정기적으로 계획을 수립하여 실시하여야 한다.

【설비의 유지관리 주요사항】
○ 예방적 실시(Preventive Maintenance)가 원칙
○ 설비마다 절차서를 작성한다.
○ 계획을 가지고 실행한다. (연간계획이 일반적)
○ 책임 내용을 명확하게 한다.
○ 유지하는 "기준"은 절차서에 포함
○ 점검체크시트를 사용하면 편리
○ 점검항목 : 외관검사(더러움, 녹, 이상소음, 이취 등), 작동점검(스위치, 연동성 등), 기능측정(회전수, 전압, 투과율, 감도 등), 청소(외부표면, 내부), 부품교환, 개선(제품 품질에 영향을 미치지 않는 일이 확인되면 적극적으로 개선한다.)

[설비의 폐기]
① 설비점검 시 누유, 누수, 밸브 미작동 등이 발견되면 설비 사용을 금지하고 **"점검 중"** 표시를 한다.
② 정밀 점검 후 수리가 불가한 경우에 설비를 폐기하고 폐기 전까지 **"유휴설비"** 표시를 하여 설비가 사용되는 것을 방지한다.

[기구의 폐기]
① 오염된 기구나 일부가 파손된 기구는 폐기한다.
② 플라스틱 재질의 기구는 주기적으로 교체하는 것이 권장된다.

3.3 설비 및 기구 관리 — [연습문제]

[5지선다형]

01. 제조 및 품질관리에 필요한 설비의 기준에 대한 설명 중 옳지 않은 것은?

① 사용하지 않는 연결 호스와 부속품은 건조한 상태로 유지한다.
② 제품 및 청소 소독제와 화학반응을 일으키지 않아야 한다.
③ 용기는 먼지나 수분으로부터 내용물을 보호할 수 있어야 한다.
④ 천정 주위의 대들보, 파이프, 덕트 등은 가급적이면 청소하기 쉽게 노출되어야 한다.
⑤ 시설 및 기구에 사용되는 소모품은 제품의 품질에 영향을 주지 않아야 한다.

02. 유화기 등의 일반적인 제조설비의 세척방법에 제1선택지에 해당하는 것은?

① 에탄올 세척　　② 세제 세척
③ 스팀 세척　　　④ 물+브러시 세척
⑤ UV 멸균

03. 세척후 반드시 판정을 실시한다. 판정의 우선순위가 바른 것은?

① 육안판정 → 닦아내기 판정 → 린스정량
② 육안판정 → 린스정량 → 닦아내기 판정
③ 린스정량 → 닦아내기 판정 → 육안판정
④ 린스정량 → 육안판정 → 닦아내기 판정
⑤ 닦아내기 판정 → 린스정량 → 육안판정

04. 다음 <보기>는 세척 후 판정 실시에서 제1선택지는 무엇인가?

① 육안판정　　　　② 닦아내기 판정
③ 린스정량법　　　④ 광학현미경 판정
⑤ 고도의 과학적 분석을 통한 판정

05. 다음 중 세척제로 사용되는 제품이 아닌 것은?

① 클렌징 폼　　　　② 중성세제

③ 물   ④ 스팀
⑤ 70% 에탄올

06. 다음 <보기>에서 일반적인 세척소독 방법이 순서대로 옳은 것은?

<보기>
ㄱ. 세척대상을 세척실로 이송한다.   ㄴ. 온수(60도)로 세척한다.
ㄷ. 솔을 이용하여 세척한다.   ㄹ. 정제수를 이용하여 세척한다.
ㅁ. UV살균한 마른수건으로 물기를 닦는다.   ㅂ. 70%에탄올로 소독한다.
ㅅ. 보관실로 이동한다.

① ㄱ→ㄴ→ㄷ→ㄹ→ㅁ→ㅂ→ㅅ
② ㄱ→ㄷ→ㄴ→ㄹ→ㅁ→ㅂ→ㅅ
③ ㄱ→ㄴ→ㄹ→ㄷ→ㅁ→ㅂ→ㅅ
④ ㄱ→ㄴ→ㄷ→ㅁ→ㄹ→ㅂ→ㅅ
⑤ ㄱ→ㄴ→ㄷ→ㄹ→ㅂ→ㅁ→ㅅ

07. 내용물 저장통을 세척, 소독할 경우 W/O 제형은 어떤 세척을 하는 것이 좋은가?

① 물 세척   ② 증기 세척
③ 에탄올 세척   ④ 중성세제나 클렌징 폼 세척
⑤ 솔(브러시) 세척

08. 설비를 위한 유지관리에서 원칙에 해당하는 것은 무엇인가?

① 예방적활동   ② 유지보수
③ 정기 검교정   ④ 정밀검정
⑤ 청소

09. 상수를 이온교환수지 처리를 하거나 역삼투 방식으로 정제한 물을 무엇이라 하는가?

① 알칼리수   ② 산성수
③ 정제수   ④ 청정수
⑤ 역삼투수

10. 화장품 제조설비의 세척에서 확인 방법으로 가장 적절하지 못한 것은?

① 육안으로 확인 한다.
② 백색 천으로 문질러 부착물을 확인한다.
③ 검은색 천으로 문질러 부착물을 확인한다.
④ 솔(브러시)로 문질러 확인 한다.
⑤ 린스액의 화학분석을 통해 확인 한다.

3.4 내용물 및 원료 관리

<학습차례>

1. 내용물 및 원료의 입고 기준
2. 유통화장품의 안전관리 기준
3. 입고된 원료 및 내용물 관리기준
4. 보관중인 원료 및 내용물 출고기준
5. 내용물 및 원료의 폐기 기준
6. 내용물 및 원료의 사용기한 확인·판정
7. 내용물 및 원료의 개봉 후 사용기한 확인·판정
8. 내용물 및 원료의 변질 상태(변색, 변취 등) 확인
9. 내용물 및 원료의 폐기 절차

1. 내용물 및 원료의 입고 기준

1. 원료와 포장재의 관리에 필요한 사항

화장품의 제조와 포장에 사용되는 모든 원료 및 포장재의 부적절하고 위험한 사용, 혼합 또는 오염을 방지하기 위하여, 해당 물질의 검증, 확인, 보관, 취급, 및 사용을 보장할 수 있도록 절차가 수립되어 외부로부터 공급된 원료 및 포장재는 규정된 완제품 품질 합격판정기준을 충족시켜야 한다.

원료와 포장재의 관리에 필요한 사항은 다음과 같다.
- 중요도 분류
- 공급자 결정
- 발주, 입고, 식별·표시, 합격·불합격, 판정, 보관, 불출
- 보관 환경 설정
- 사용기한 설정
- 정기적 재고관리
- 재평가
- 재보관

2. 내용물 및 원료의 입고 기준

맞춤형화장품의 내용물 및 원료의 입고 시 **품질관리 여부를 확인**하고 책임판매업자가 제공하는 **품질성적서**를 구비할 것(다만, 책임판매업자와 맞춤형화장품판매업자가 동일한 경우에는 제외한다)

모든 원료와 포장재는 화장품 제조(판매)업자가 정한 기준에 따라서 품질을 입증할 수 있는 **검**

증자료를 공급자로부터 공급받아야 한다. 이러한 보증의 검증은 주기적으로 관리되어야 하며, 모든 원료와 포장재는 사용 전에 관리되어야 한다.

3. 원료 및 포장재의 구매 시 고려사항

[원료 및 포장재의 구매 시 고려사항]
- 요구사항을 만족하는 품목과 서비스를 지속적으로 공급할 수 있는 능력평가를 근거로 한 공급자의 체계적 선정과 승인
- 합격판정기준, 결함이나 일탈 발생 시의 조치 그리고 운송 조건에 대한 문서화된 기술 조항의 수립
- 협력이나 감사와 같은 회사와 공급자간의 관계 및 상호 작용의 정립

① 공급자 선정 시의 주의사항
  ○ 충분한 정보를 제공할 수 있는가?
  - 원료·포장재 일반정보, 안전성 정보, 안정성·사용기한 정보, 시험기록
  ○ "품질계약서"를 교환할 수 있는가?
  - 구입이 결정되면 품질계약서 교환이 필요해진다.
  - "변경사항"을 알려주는가?
  - 필요하면 방문감사와 서류감사를 수용할 수 있는가?
    ※ "공급자"는 제조원을 의미한다.
    ※ 판매회사 등을 포함할 때도 있다.

【공급자 승인】
○ 공급자가 "요구 품질의 제품을 계속 공급할 수 있다"는 것을 확인하고 인정할 것
○ 일반적으로는 품질보증부(or 구매부서)가 승인 한다.
○ "조사"+"감사" 결과로 승인한다.
○ 조사 시 고려할 점
  - 과거의 실적 : 일탈의 유무, 서비스의 좋고 나쁨 등
  - 세간의 소문, 신뢰도
  - 제품이나 회사의 특이성
○ 실시할 감사(Audit)
  - 방문감사
  - 서류감사(질문서로 실시)

4. 원료, 포장재의 선정 절차 예시
- 중요도분류 ⇨ 공급자선정 ⇨ 공급자승인 ⇨ 품질결정 ⇨ 품질계약서 공급계약 체결 ⇨ 정기적 모니터링

5. 원료, 포장재의 발주, 불출 절차

• 발주 ⇨ 입고 ⇨(육안검사) ⇨ 라벨첨부 ⇨ 보관 ⇨ 불출

6 원료, 포장재의 입고시 주의사항
• 제품을 정확히 식별하고 혼동의 위험을 없애기 위해 **라벨링**을 해야 한다.
• 원료 및 포장재의 용기는 물질과 뱃치 정보를 확인할 수 있는 **표시를 부착**해야 한다.
• 제품의 품질에 영향을 줄 수 있는 **결함을 보이는 원료와 포장재**는 결정이 완료될 때까지 **보류상태**로 있어야 한다.
• 원료 및 포장재의 상태(즉, **합격, 불합격, 검사 중**)는 적절한 방법으로 확인되어야 한다.
• 확인시스템(물리적 시스템 또는 전자시스템)은 혼동, 오류 또는 혼합을 방지할 수 있도록 설계되어야 한다.

7. 원료, 포장재의 입고시 주의사항
【원료, 포장재의 검체채취】
① 어디서, 누가, 방법, 표시
- "**시험자가 실시**한다"가 원칙   - **미리 정해진 장소**에서 실시
- 검체채취 절차를 정해 놓는다.
(1) 검체채취 방법
(2) 사용하는 설비
(3) 검체채취 양
(4) 필요한 검체 작게 나누기
(5) 검체용기
(6) 검체용기 표시
(7) 보관조건
(8) 검체채취 용기, 설비의 세척과 보관
- **검체채취 한 용기에는 "시험 중"라벨을 부착**한다.
② 환경 : 적절한 환경에서 실시(원료 등에 대한 오염이 발생하지 않는 환경)
③ 검체채취 수
- **뱃치를 대표하는 부분에서 검체 채취**
- 원료의 중요도, 공급자의 이력 등을 고려하여 검체채취 수를 조정
④ 검체채취 양

8 검체의 채취 및 보관
① 시험용 검체는 오염되거나 변질되지 아니하도록 채취하고, 채취한 후에는 원상태에 준하는 포장을 해야 하며, 검체가 채취되었음을 표시하여야 한다.
② 시험용 검체의 용기에는 다음 사항을 기재하여야 한다.
   1. 명칭 또는 확인코드
   2. 제조번호
   3. 검체채취 일자

9 완제품 보관 검체의 주요 사항

: **목적** : 제품을 사용기한 중에 재검토 할 때에 대비하기 위함이다.
① 제품을 그대로 보관한다.(시판용 제품의 포장형태와 동일하여야 한다.)
② 각 뱃치를 대표하는 검체를 보관한다.
③ 일반적으로는 각 뱃치별로 제품 시험을 2번 실시할 수 있는 양을 보관한다.
④ 제품이 가장 안정한 조건에서 보관한다.
⑤ 사용기한 경과 후 1년간 또는 개봉 후 사용기간을 기재하는 경우에는 제조일로부터 3년간 보관한다.(제조단위별로)

  1회 시험 출제 ➤ 5지선다형 문제로 출제

2. 유통화장품의 안전관리 기준

1. 유통화장품의 안전관리 기준(비의도적 검출 허용한도)

화장품을 제조하면서 다음 각 호의 물질을 인위적으로 첨가하지 않았으나, 제조 또는 보관 과정 중 포장재로부터 이행되는 등 비의도적으로 유래된 사실이 객관적인 자료로 확인되고 기술적으로 완전한 제거가 불가능한 경우 해당 물질의 검출 허용 한도

① 납 : 점토를 원료로 사용한 분말제품은 50μg/g이하, 그 밖의 제품은 20μg/g이하
② 니켈: 눈 화장용 제품은 35μg/g 이하, 색조 화장용 제품은 30μg/g이하, 그 밖의 제품은 10μg/g 이하
③ 비소 : 10μg/g이하
④ 수은 : 1μg/g이하
⑤ 안티몬 : 10μg/g이하
⑥ 카드뮴 : 5μg/g이하
⑦ 디옥산 : 100μg/g이하
⑧ 메탄올 : 0.2(v/v)%이하, 물휴지는 0.002%(v/v)이하
⑨ 포름알데하이드 : 2000μg/g이하, 물휴지는 20μg/g이하
⑩ 프탈레이트류(디부틸프탈레이트, 부틸벤질프탈레이트 및 디에칠헥실프탈레이트에 한함) : 총 합으로서 100μg/g이하

  1회 시험 출제 ➤ 5지선다형의 지문으로 다수 출제

[시험방법] - 중금속 시험방법(공통) 요약
① 유도결합플라즈마-질량분석기(ICP-MS) : 납, 니켈, 비소, 안티몬, 카드뮴 검출
② 유도결합플라즈마분광기(ICP) : 납, 비소 검출

  1회 시험 출제 ➤ 5지선다형의 지문으로 출제

2. 미생물 한도
① 총호기성생균수는 영·유아용 제품류 및 눈화장용 제품류의 경우 500개/g(mL)이하
② 물휴지의 경우 세균 및 진균수는 각각 100개/g(mL)이하
③ 기타 화장품의 경우 1,000개/g(mL)이하
④ 대장균, 녹농균, 황색포도상구균은 불검출

> 1회 시험 출제 ▶ 5지선다형의 지문으로 출제

3. 내용량 기준
① 제품 **3개**를 가지고 시험할 때 그 **평균 내용량**이 표기량에 대하여 **97% 이상**(다만, 화장 비누의 경우 건조중량을 내용량으로 한다)
② 제1호의 기준치를 벗어날 경우 : **6개**를 더 취하여 시험할 때 **9개**의 **평균 내용량**이 제1호의 기준치 이상

> 1회 시험 출제 ▶ 5지선다형의 지문으로 출제

[시험 방법]
(1) 용량으로 표시된 제품
   1) 내용물이 들어있는 용기에 뷰렛으로 적가하여 소비량을 측정
   2) 내용물을 제거하고 용기에 뷰렛으로 적가하여 소비량을 측정
   3) 전후의 용량차를 내용량으로 한다.
      단, 150ml 이상의 제품은 메스실린더를 써서 측정
(2) 질량으로 표시된 제품
   • 내용물이 들어 있는 용기의 무게와 내용물을 제거한 무게의 차이를 내용량으로 한다.
(3) 길이로 표시된 제품
   • 길이를 측정하고, 연필류는 심지에 대해 지름과 길이를 측정하여 내용량으로 한다.
(4) 화장비누
   • 건조중량을 내용량으로 한다.

4. pH 기준
• pH 기준 : 3.0~9.0
• 영·유아용 제품류(영·유아용 샴푸, 영·유아용 린스, 영·유아 인체 세정용 제품, 영·유아 목욕용 제품 제외), 눈 화장용 제품류, 색조 화장용 제품류, 두발용 제품류(샴푸, 린스 제외), 면도용 제품류(셰이빙 크림, 셰이빙 폼 제외), 기초화장용 제품류(클렌징 워터, 클렌징 오일, 클렌징 로션, 클렌징 크림 등 메이크업 리무버 제품 제외) 중 액, 로션, 크림 및 이와 유사한 제형의 액상제품은 **pH기준이 3.0~9.0**이어야 한다.

• 다만, **물을 포함하지 않는 제품**과 **사용한 후 곧바로 물로 씻어 내는 제품은 제외**

> 1회 시험 출제 ▶ 5지선다형의 지문으로 출제

5. 퍼머넌트웨이브용 및 헤어스트레이트너 제품 기준

① 치오글라이콜릭애씨드 또는 그 염류를 주성분으로 하는 냉2욕식 퍼머넌트웨이브용 제품
  (1) 제1제 : 치오글라이콜릭애씨드 또는 그 염류를 주성분
    1) pH : 4.5 ~ 9.6
    2) 알칼리 : 0.1N염산의 소비량은 검체 1mL 에 대하여 7.0mL이하
    3) 산성에서 끓인 후의 환원성 물질(치오글라이콜릭애씨드) : 산성에서 끓인 후의 환원성 물질의 함량(치오글라이콜릭애씨드로서)이 2.0 ~ 11.0%
    4) 산성에서 끓인 후의 환원성 물질이외의 환원성 물질(아황산염, 황화물 등) : 검체 1mL 중의 산성에서 끓인 후의 환원성 물질이외의 환원성 물질에 대한 0.1N 요오드액의 소비량이 0.6mL이하
    5) 환후의 환원성 물질(디치오디글라이콜릭애씨드) : 환원후의 환원성 물질의 함량은 4.0%이하

1회 시험 출제 ➤ 5지선다형의 지문으로 출제

② 시스테인, 시스테인염류 또는 아세틸시스테인을 주성분으로 하는 냉2욕식 퍼머넌트웨이브용 제품
  (1) 제1제 : 시스테인, 시스테인염류 또는 아세틸시스테인을 주성분
    1) pH : 8.0 ~ 9.5
    2) 알칼리 : 0.1N 염산의 소비량은 검체 1mL에 대하여 12mL이하
    3) 시스테인 : 3.0 ~ 7.5%
    4) 환원후의 환원성물질(시스틴) : 0.65%이하

(중략) ---- 법령집 2권 참조

[제1제의 공통 기준 사항]
    5) 중금속 : 20µg/g이하
    6) 비소 : 5µg/g이하
    7) 철 : 2µg/g이하

1회 시험 출제 ➤ 5지선다형의 지문으로 출제

6. 유리알칼리 기준

: 화장 비누에 한하여 0.1% 이하
① 에탄올법 : 나트륨 비누
② 염화바륨법 : 모든 연성 칼륨 비누 또는 나트륨과 칼륨이 혼합된 비누

1회 시험 출제 ➤ 5지선다형의 지문으로 출제(유리알카리 기준)

7. 인체 세포·조직 배양액 안전기준(용어의 정의)

① "**인체 세포·조직 배양액**"은 인체에서 유래된 세포 또는 조직을 배양한 후 세포와 조직을 제거하고 남은 액을 말한다.
② "**공여자**"란 배양액에 사용되는 세포 또는 조직을 제공하는 사람을 말한다.
③ "**윈도우 피리어드(window period)**"란 감염 초기에 세균, 진균, 바이러스 및 그 항원·항체·유전자 등을 검출할 수 없는 기간을 말한다.
④ "**청정등급**"이란 부유입자 및 미생물이 유입되거나 잔류하는 것을 통제하여 일정 수준 이하로 유지되도록 관리하는 구역의 관리수준을 정한 등급을 말한다.

8. 어린이보호포장대상공산품의 안전기준(용어의 정의)

- **용기(container)** : 제품에 대한 적정한 포장을 할 수 있도록 고안된 유리, 금속, 플라스틱 및 복합재료로 구성된 용기로서 봉함장치를 사용할 수 있도록 마개가 있는 포장재 형태
- **마개(closure)** : 주위 환경 변화에 관계없이 적정한 용기에 완전한 봉함을 할 수 있도록 금속, 플라스틱 및 복합재료로 구성된 캡 또는 안전장치
- **어린이 보호 포장(child-resistant package)** : 성인이 개봉하기는 어렵지 않지만 52개월 미만의 어린이가 내용물을 꺼내기 어렵게 설계·고안된 포장(용기를 포함)
- **재봉함 포장(reclosable package)** : 처음 개봉한 뒤 내용물을 흘리지 않고 충분한 횟수의 개봉 및 봉함 작업에도 처음과 같은 안전도를 제공할 정도로 다시 봉함할 수 있는 포장
- **대체품(substitute product)** 포장 : 내용물과 유사한 불활성 물질
  - 고체로 된 대체품 : 분말, 과립 또는 5~30mm 크기의 실제 제품과 유사한 단위 형태로 무채색이며 무해한 것
  - 액체로 된 대체품 : 무색의 물

9. 보호용기 안전요건 : 어린이 패널 참가자의 연령분포

- 남녀 10% 이상의 편차가 나지 않는 범위
- 2~44개월 30%, 45~48개월 40%, 49~51개월 30%
- 50명씩 4그룹으로 나누어 실시

3. 입고된 원료 및 내용물 관리기준

1. (맞춤형화장품)원료 및 내용물 입고·보관관리

① 입고시 품질관리 여부 및 사용기한을 등을 확인하고 품질성적서 구비
② 원료 및 내용물은 가능한 품질에 영향을 미치지 않는 장소에 보관
③ 사용기한이 경과한 원료 및 내용물은 조제에 사용하지 않도록 관리

2. 내용물 및 원료의 입고관리(CGMP 원자재 입고관리)

① 제조업자는 원자재 공급자에 대한 관리감독을 적절히 수행하여 입고관리가 철저히 이루어지도록 하여야 한다.
② 원자재의 **입고 시 구매 요구서, 원자재 공급업체 성적서 및 현품이 서로 일치**하여야 한다. 필요한 경우 운송 관련 자료를 추가적으로 확인할 수 있다.
③ 원자재 용기에 제조번호가 없는 경우에는 **관리번호를 부여하여 보관**하여야 한다.
④ 원자재 입고절차 중 육안확인 시 물품에 결함이 있을 경우 입고를 보류하고 격리보관 및 폐기하거나 원자재 공급업자에게 반송하여야 한다.
⑤ **입고된 원자재는 "적합", "부적합", "검사 중"** 등으로 **상태를 표시**하여야 하며, 구분된 공간에 별도로 보관되어야 한다. 필요한 경우 부적합된 원료와 포장재를 보관하는 공간은 잠금장치를 추가)

- 외부로부터 반입되는 모든 원료와 포장재는 관리를 위해 표시를 하여야 하며, 필요한 경우 포장외부를 깨끗이 청소한다. 한 번에 입고된 원료와 포장재는 **제조단위 별로 각각 구분하여 관리**하여야 한다.

⑥ 원자재 용기 및 시험기록서의 필수적인 기재사항
   (1) 원자재 공급자가 정한 제품명
   (2) 원자재 공급자명
   (3) 수령일자
   (4) 공급자가 부여한 제조번호 또는 관리번호

   1회 시험 출제 ➤ 5지선다형의 지문으로 출제(기재사항 아닌 것 찾기)

4. 보관중인 원료 및 내용물 출고기준

1. 보관중인 원료 및 내용물 출고기준

원자재는 **시험결과 적합 판정**된 것만을 **선입선출방식**으로 출고해야 하고 이를 확인할 수 있는 체계가 확립되어 있어야 한다.

- 불출된 원료와 포장재만이 사용되고 있음을 확인하기 위한 적절한 시스템(물리적 시스템 또는 그의 대체시스템 즉 전자시스템 등) 확립
- **승인된 자만이 원료 및 포장재의 불출 절차를 수행**
- 뱃치에서 취한 검체가 모든 합격 기준에 부합할 때 뱃치가 불출될 수 있다.
- 모든 보관소에서는 **선입선출의 절차가 사용**되어야 한다.

다만, 나중에 입고된 물품이 사용(유효)기한이 짧은 경우 먼저 입고된 물품보다 먼저 출고할 수 있다.

2. 보관관리

① **원자재, 반제품 및 벌크 제품** : 품질에 나쁜 영향을 미치지 아니하는 조건에서 보관, **보관기한을 설정**, 바닥과 벽에 닿지 아니하도록 보관, **선입선출에 의하여 출고할 수 있도록 보관**.
② 원자재, 시험 중인 제품 및 부적합품 : **각각 구획된 장소에서 보관**(예외:서로 혼동을 일으킬 우려가 없는 시스템에 의하여 보관되는 경우)
③ 설정된 보관기한 경과시 : 사용의 적절성을 결정하기 위해 **재평가시스템을 확립**, 동 시스템을 통해 보관기한이 경과한 경우 사용하지 않도록 규정

【원료와 포장재의 보관을 위한 고려사항】
① 보관 조건은 각각의 원료와 포장재에 적합하여야 하고, 과도한 열기, 추위, 햇빛 또는 습기에 노출되어 변질되는 것을 방지
- 물질의 특징 및 특성에 맞도록 보관, 취급되어야 한다.
- 특수한 보관 조건은 적절하게 준수, 모니터링 되어야 한다.
- 원료와 포장재의 용기는 밀폐되어, 청소와 검사가 용이하도록 충분한 간격으로, 바닥과 떨어진 곳에 보관
- **원료와 포장재가 재포장될 경우, 원래의 용기와 동일하게 표시(라벨링)**
- 원료 및 포장재의 관리는 허가되지 않거나, 불합격 판정을 받거나, 아니면 의심스러운 물질의 허가되지 않은 사용을 방지할 수 있어야 한다.(물리적 격리(quarantine)나 수동 컴퓨터 위치 제어 등의 방법)

② **재고의 회전을 보증하기 위한 방법이 확립(선입선출방식)**
- 재고의 신뢰성을 보증하고, 모든 중대한 모순을 조사하기 위해 주기적인 재고조사가 시행되어야 한다.
- 원료 및 포장재는 정기적으로 재고조사를 실시한다.
- 장기 재고품의 처분 및 선입선출 규칙의 확인이 목적
- 중대한 위반품이 발견되었을 때에는 일탈처리를 한다.

【원료, 포장재의 보관 환경】
- 출입제한 : 원료 및 포장재 보관소의 출입제한
- 오염방지 : 시설대응, 동선관리가 필요
- 방충방서 대책
- 온도, 습도 : 필요시 설정한다

5. 내용물 및 원료의 폐기 기준

1. 내용물 및 원료의 폐기 기준

① 품질에 문제가 있거나 회수·반품된 제품의 **폐기 또는 재작업** 여부 : **품질보증 책임자에 의해 승인**

② 재작업을 할 수 있는 경우(모두 만족할 경우)
　(1) **변질·변패 또는 병원미생물에 오염되지 아니한 경우**
　(2) **제조일로부터 1년이 경과하지 않았거나 사용기한이 1년 이상 남아있는 경우**
③ 재입고 할 수 없는 제품 : 폐기처리규정을 작성하여야 하며 폐기 대상은 따로 보관, 규정에 따라 신속하게 폐기

6. 내용물 및 원료의 사용기한 확인·판정

1. 내용물 및 원료의 사용기한 확인·판정

① 외부로부터 반입되는 모든 원료와 포장재는 관리를 위해 표시를 하여야 하며, 필요한 경우 포장외부를 깨끗이 청소한다. 한 번에 입고된 원료와 포장재는 제조단위 별로 각각 구분하여 관리하여야 한다.
② 적합판정이 내려지면, 원료와 포장재는 생산 장소로 이송된다. 품질이 부적합 되지 않도록 하기 위해 수취와 이송 중의 관리 등의 사전 관리를 해야 한다. 예를 들면 손상, 보관온도, 습도, 다른 제품과의 접근성과 공급업체 건물에서 주문 준비 시 혼동 가능성은 말할 것도 없다.
③ 확인, 검체채취, 규정 기준에 대한 검사 및 시험 및 그에 따른 승인된 자에 의한 불출 전까지는 어떠한 물질도 사용되어서는 안 된다는 것을 명시하는 원료 수령에 대한 절차서를 수립하여야 한다.
④ 구매요구서, 인도문서, 인도물이 서로 일치해야 한다. 원료 및 포장재 선적 용기에 대하여 확실한 표기 오류, 용기 손상, 봉인 파손, 오염 등에 대해 육안으로 검사한다. 필요하다면, 운송 관련 자료에 대한 추가적인 검사를 수행하여야 한다.
⑤ 제품을 정확히 식별하고 혼동의 위험을 없애기 위해 라벨링을 해야 한다.
⑥ 원료 및 포장재의 용기는 물질과 뱃치 정보를 확인할 수 있는 표시를 부착해야 한다. 제품의 품질에 영향을 줄 수 있는 결함을 보이는 원료와 포장재는 결정이 완료될 때까지 보류상태로 있어야 한다. 원료 및 포장재의 상태(즉, 합격, 불합격, 검사 중)는 적절한 방법으로 확인되어야 한다. 확인시스템(물리적 시스템 또는 전자시스템)은 혼동, 오류 또는 혼합을 방지할 수 있도록 설계되어야 한다.

원료 및 포장재의 확인은 다음 정보를 포함해야 한다.
　- 인도문서와 포장에 표시된 품목·제품명
　- 공급자가 명명한 제품명과 다르다면, 제조 절차에 따른 품목·제품명 또는 해당 코드번호
　- CAS번호(적용 가능한 경우)
　- 적절한 경우, 수령 일자와 수령확인번호
　- 공급자명
　- 공급자가 부여한 뱃치 정보(batch reference), 만약 다르다면 수령 시 주어진 뱃치 정보
　- 기록된 양

7. 내용물 및 원료의 개봉 후 사용기한 확인·판정

1. 내용물 및 원료의 개봉 후 사용기한 확인·판정

불출된 원료와 포장재만이 사용되고 있음을 확인하기 위한 적절한 시스템(물리적 시스템 또는 그의 대체시스템 즉 전자시스템 등)이 확립되어야 한다. 오직 승인된 자만이 원료 및 포장재의 불출 절차를 수행할 수 있다.

뱃치에서 취한 검체가 모든 합격 기준에 부합할 때 뱃치가 불출될 수 있다.

원료와 포장재는 불출되기 전까지 사용을 금지하는 격리를 위해 특별한 절차가 이행되어야 한다.

마지막으로, 모든 보관소에서는 **선입선출**의 절차가 사용되어야 한다.

특별한 환경을 제외하고, 재고품 순환은 오래된 것이 먼저 사용되도록 보증해야 한다. 모든 물품은 원칙적으로 선입선출 방법으로 출고 한다. 다만, 나중에 입고된 물품이 사용(유효)기한이 짧은 경우 먼저 입고된 물품보다 먼저 출고할 수 있다. 선입선출을 하지 못하는 특별한 사유가 있을 경우, 적절하게 문서화된 절차에 따라 나중에 입고된 물품을 먼저 출고할 수 있다.

원료의 사용기한(use by date)을 사례별로 결정하기 위해 적절한 시스템이 이행되어야 한다.

8. 내용물 및 원료의 변질 상태(변색, 변취 등) 확인

1. 내용물 및 원료의 변질 상태(변색, 변취 등) 확인

【원료의 재평가】

재평가 방법을 확립해 두면 **보관기한이 지난 원료를 재평가해서 사용**할 수 있다.

※ 원료의 최대보관기한을 설정하는 것이 바람직하다.

원료의 사용기한은 사용 시 확인이 가능하도록 라벨에 표시되어야 한다.

원료와 포장재, 반제품 및 벌크 제품, 완제품, 부적합품 및 반품 등에 도난, 분실, 변질 등의 문제가 발생하지 않도록 작업자외에 보관소의 출입을 제한하고, 관리하여야 한다.

【원료, 포장재의 재평가】
○ 재평가방법을 확립해 두면 사용 기한이 지난 원료 및 포장재를 재평가해서 사용할 수 있다.
○ 재평가방법에는 원료 등 및 화장품 제조의 장기 안정성 데이터의 뒷받침이 필요하다.

9. 내용물 및 원료의 폐기 절차

1. 일탈의 정의

일탈(Deviations)은 규정된 제조 또는 품질관리활동 등의 기준(예시 : 기준서, 표준작업지침

(Standard Operating Procedures) 등)을 벗어나 이루어진 행위이며, **기준일탈 (Out of specification)**이란 어떤 원인에 의해서든 **시험결과가 정한 기준값 범위를 벗어난 경우**이다. 기준일탈은 엄격한 절차를 마련하여 이에 따라 조사하고 문서화 하여야 한다.

2. 기준일탈과 재작업

【기준일탈 제품】
원료와 포장재, 벌크제품과 완제품이 **적합판정기준을 만족시키지 못 할 경우 "기준일탈 제품"** 으로 지칭
- **기준일탈이 된 완제품 또는 벌크제품은 재작업 할 수 있다.**
- 재작업이란 뱃치 전체 또는 일부에 추가 처리(한 공정 이상의 작업을 추가하는 일)를 하여 부적합품을 적합품으로 다시 가공하는 일
- 기준일탈 제품은 폐기하는 것이 가장 바람직하다.
※ 폐기하면 큰 손해가 되므로 재작업을 고려
- 권한 소유자(부적합 제품의 제조 책임자)에 의한 원인 조사가 필요
- 그 다음 재작업을 해도 제품 품질에 악영향을 미치지 않는 것을 예측해야 한다.

【재작업의 정의 및 절차】
① 재작업(Reprocessing)의 정의
 - 적합판정기준을 벗어난 완제품 또는 벌크제품을 재처리하여 품질이 적합한 범위에 들어오도록 하는 작업
② 재작업의 절차
 - 품질보증 책임자가 규격에 부적합이 된 원인 조사를 지시
 - 재작업 전의 품질이나 재작업 공정의 적절함 등을 고려하여 제품 품질에 악영향을 미치지 않는 것을 재작업 실시 전에 예측
 - 재작업 처리 실시의 결정은 **품질보증 책임자가 실시**
 - 승인이 끝난 재작업 절차서 및 기록서에 따라 실시
 - 재작업 한 최종 제품 또는 벌크제품의 제조기록, 시험기록을 충분<u>히 남긴다.</u>
 - **품질이 확인되고** 품질보증 책임자의 승인을 얻을 수 있을 때까지 재작업품은 다음 공정에 사용할 수 없고 출하할 수 없다.

3. 기준일탈의 처리절차

기준일탈인 경우에는 규정에 따라 책임자에게 보고한 후 조사하여야 한다. 조사 후에는 책임자에 의해 검체의 **일탈(deviation), 부적합(rejection),** 또는 이후의 평가를 위한 **보류(pending)**를 명확하게 결정해야 하며 재시험에 대해서는 충분한 정당성이나 근거자료가 있어야 한다.
 ① 기준일탈 결과가 발생
 ② 기준일탈 조사 결과
 ③ "시험, 검사, 측정이 틀림없음"을 확인
 ④ 기준일탈의 처리

⑤ 부적합 불합격 라벨을 부착(식별표시)
⑥ 부적합보관소 격리 보관
⑦ 부적합품의 처리(폐기처분, 재작업, 반품)

1회 시험 출제 ➢ 5지선다형의 지문으로 출제(기준일탈 순서 괄호넣기)

4. 회수·폐기명령 등

· 판매·보관·진열·제조 또는 수입한 화장품이나 그 원료·재료(물품) 등이 국민보건에 위해를 끼칠 우려가 있는 경우
· 아래의 법을 위반하여 국민보건에 위해를 끼칠 우려가 있는 경우
법 제9조위반 : 안전용기·포장 등
법 제15조위반 : 영업의 금지
법 제16조제1항 : 판매등의 금지
· 해당 영업자·판매자 또는 그 밖에 화장품을 업무상 취급하는 자에게 해당 물품의 회수·폐기 등의 조치를 명하여야 한다.
· 명령을 받은 영업자·판매자 또는 그 밖에 화장품을 업무상 취급하는 자
- 미리 회수계획을 보고하여야 한다.

[관계 공무원으로 하여금 해당 물품을 폐기하게 하거나 그 밖에 필요한 처분]
1. 명령을 받은 자가 그 명령을 이행하지 아니한 경우
2. 그 밖에 국민보건을 위하여 긴급한 조치가 필요한 경우

3.4 내용물 및 원료 관리 ------------------------ [연습문제]

[5지선다형]

01. 다음 중 유통화장품의 안전관리기준에 따라 pH 기준이 3.0~9.0 범위여야 하는 제품은?
① 린스 ② 기초화장품의 크림
③ 고형비누 ④ 샴푸
⑤ 트윈케이크

02. 다음 중 유통화장품의 안전관리기준에 따라 pH 기준이 3.0~9.0 범위여야 하는 제품은?
① 기초화장용 제품 중 로션
② 영·유아용 제품 중 샴푸
③ 두발용 제품 중 샴푸
④ 면도용 제품 중 세이빙 크림
⑤ 영·유아용 제품 중 린스

03. 화장품을 제조하면서 어떠한 물질을 인위적으로 첨가하지 않았으나 고무, 플라스틱 등을 부드럽게 하는 가소제의 사용으로 인해 비의도적으로 발생할 수 있는 물질은 무엇인가?
① 디옥산 ② 메탄올
③ 프탈레이트류 ④ 포름알데히드
⑤ 중금속

04. 다음 중 화장품을 제조하면서 어떠한 물질을 인위적으로 첨가하지 않았으나 에탄올 등의 변성제로 사용되어서 비의도적으로 발생할 수 있는 물질은 무엇인가?
① 디옥산 ② 메탄올
③ 프탈레이트류 ④ 포름알데히드
⑤ 중금속

05. 유통화장품의 안전관리 기준에서 비의도적 검출 허용 한도가 인정 되지 않는 경우는?
① 화장품을 제조하면서 인위적으로 첨가하지 않은 경우
② 제조 또는 보관 과정 중 포장재로부터 이행되는 등 비의도적으로 유래된 사실이 객관적인 자료로 확인된 경우
③ 기술적으로 완전한 제거가 불가능한 경우
④ 인체에 발랐을 때 1일 허용 한도를 초과하지 않은 경우
⑤ 자연 환경에 의하여 원료의 불순물로 존재하는 경우

06. 다음 중에서 비의도적 검출 허용 한도가 올바른 것은?
① 비소 : 1µg/g이하
② 수은 : 10µg/g이하
③ 디옥산 : 1000µg/g이하
④ 메탄올 : 2(v/v)%이하, 물휴지는 0.02%(v/v)이하
⑤ 포름알데하이드 : 2000µg/g이하, 물휴지는 20µg/g이하

07. 유통화장품의 안전관리 기준에서 내용량의 기준에 대한 설명이다. ㉠에 공통된 숫자(%)를 작성하시오.

<보기>
ㄱ. 제품 3개를 가지고 시험할 때 그 평균 내용량이 표기량에 대하여 (㉠) 이상
ㄴ. 기준치를 벗어날 경우 6개를 더 취하여 시험할 때 9개의 평균 내용량이 표기량에 대하여 (㉠) 이상
ㄷ. 그 밖의 특수한 제품 :「대한민국약전」(식품의약품안전처 고시)을 따를 것

① 2%
② 5%
③ 10%
④ 95%
⑤ 97%

08. 어린이보호포장대상공산품의 안전기준에 대한 설명 중 옳지 못한 것은?
① 성인이 개봉하기는 어렵지 않지만 52개월 미만의 어린이가 내용물을 꺼내기 어렵게 설계·고안된 포장을 말한다.
② 어린이 패널은 남녀 10% 이상의 편차가 나지 않는 범위에서 정한다.
③ 액체로 된 대체품은 무색의 물이어야 한다.
④ 어린이 패널은 50명씩 4그룹으로 나누어 실시한다.
⑤ 영유아 또는 어린이용 제품임을 특정하여 표시하는 화장품에는 안전용기·포장기준을 적용한다.

09. 영업자·판매자 또는 그 밖에 화장품을 업무상 취급하는 자에게 해당 물품의 회수·폐기 등의 조치를 명하여야 하는 경우에 해당 하지 않는 것은?
① 사용기한 또는 개봉 후 사용기간을 위조·변조한 화장품
② 안전용기·포장을 위반되는 화장품
③ 전부 또는 일부가 변패(變敗)된 화장품
④ 병원미생물에 오염된 화장품
⑤ 실증자료 제출을 요청받고도 실증자료를 제출하지 않고 표시·광고를 계속하는 경우

10. 유통화장품의 안전관리 기준에서 납과 니켈의 비의도적검출허용한도로 바르지 못한 것은?
① 납 : 점토를 원료로 사용한 분말제품은 50µg/g이하

② 납 : (점토를 원료로 사용 외)그 밖의 제품은 20㎍/g이하
③ 니켈 : 눈 화장용 제품은 35㎍/g 이하,
④ 니켈 : 색조 화장용 제품은 30㎍/g이하,
⑤ 니켈 : 그 밖의 제품은 1㎍/g 이하

11. 유통화장품의 안전관리 기준에서 비의도적검출허용한도로 올바르지 못한 것은?
① 비소 : 10㎍/g이하   ② 안티몬 : 10㎍/g이하
③ 카드뮴 : 5㎍/g이하   ④ 디옥산 : 100㎍/g이하
⑤ 수은 : 10㎍/g이하

12. 화장품책임판매업자는 화장품 유해사례 등 안전성 정보의 정기보고는 언제 하는가?
① 매 반기 종료 후 1월 이내
② 매년 2월과 8월
③ 다음 연도 2월말까지
④ 매년 11월 말까지
⑤ 매년 1월 1일 이전까지

13. 화장품책임판매업자는 화장품 유해사례 등 안전성 정보의 신속보고는 며칠 이내에 하는가?
① 5일 이내   ② 15일 이내
③ 30일 이내   ④ 60일 이내
⑤ 90일 이내

[단답형]

본 과목은 25문제 모두 "5지선다형(개관식)" 문제입니다. 그러나 학습을 위해서 다수의 단답형 문제를 제공하니 참고하셔서 학습해 주시기 바랍니다.

01. 영유아용 제품류 또는 만 13세 이하 어린이가 사용할 수 있음을 특정하여 표시하는 제품에 사용할 수 없는 색소에 해당하는 것을 모두 적으시오.

02. 보존제로서 살리실릭애씨드 및 그 염류는 "영유아용 제품류 또는 만13세 이하 어린이가 사용할 수 있음을 특정하여 표시하는 제품"에는 사용할 수 없다. 그 예외가 되는 제품은 무엇인가?

03. 다음 <보기>는 유통화장품의 안전관리기준 중 pH에 대한 내용이다. 다음 <보기>에서 ㉠에

적합한 pH 범위를 작성하시오.

<보기>

영·유아용 제품류(영·유아용 샴푸, 영·유아용 린스, 영·유아 인체 세정용 제품, 영·유아 목욕용 제품 제외), 눈 화장용 제품류, 색조 화장용 제품류, 두발용 제품류(샴푸, 린스 제외), 면도용 제품류(셰이빙 크림, 셰이빙 폼 제외), 기초화장용 제품류(클렌징 워터, 클렌징 오일, 클렌징 로션, 클렌징 크림 등 메이크업 리무버 제품 제외) 중 액, 로션, 크림 및 이와 유사한 제형의 액상제품은 pH 기준이 (㉠)이어야 한다. 다만, 물을 포함하지 않는 제품과 사용한 후 곧바로 물로 씻어 내는 제품은 제외한다.

04. 다음 <보기>에서 ㉠에 적합한 용어를 작성하시오.

<보기>

(㉠)란 화장품을 제조하면서 인위적으로 첨가하지 않았으나, 제조 또는 보관 과정 중 포장재로부터 이행되는 등 비의도적으로 유래된 사실이 객관적인 자료로 확인되고 기술적으로 완전한 제거가 불가능한 경우 해당 물질의 검출 허용 한도를 말한다.

05. 화장품을 제조하면서 인위적으로 첨가하지 않았으나, 제조 또는 보관 과정 중 포장재로부터 이행되는 등 비의도적으로 유래된 사실이 객관적인 자료로 확인되고 기술적으로 완전한 제거가 불가능한 경우 해당 물질의 검출 허용 한도를 "비의도적 검출 허용 한도"라 한다. 화장품 제조시 물휴지에서 메탄올의 비의도적 검출 허용 한도는 얼마인가?

06. 다음 <보기>는 유통화장품의 안전관리 기준에서 내용량의 기준에 대한 설명이다. ㉠, ㉡, ㉢에 적합한 숫자를 작성하시오.

<보기>

ㄱ. 제품 (㉠)개를 가지고 시험할 때 그 평균 내용량이 표기량에 대하여 97% 이상
ㄴ. 기준치를 벗어날 경우 (㉡)개를 더 취하여 시험할 때 (㉢)개의 평균 내용량이 표기량에 대하여 97% 이상
ㄷ. 그 밖의 특수한 제품 :「대한민국약전」(식품의약품안전처 고시)을 따를 것

07. 다음 <보기>에서 설명하는 포름알데하이드의 비의도적검출허용한도는 얼마인가?

<보기>

화장품을 제조하면서 인위적으로 첨가하지 않았으나, 제조 또는 보관 과정 중 포장재로부터 이행되는 등 비의도적으로 유래된 사실이 객관적인 자료로 확인되고 기술적으로 완전한 제거가 불가능한 경우 해당 물질의 검출 허용 한도를 정하고 있다.

08. 다음은 내용량 시험 기준에 대한 설명이다. 예외 사항에 해당하는 ㉠ 제품은 무엇인가?

> ─── <보기> ───
> ㄱ. 제품 3개를 가지고 시험할 때 그 평균 내용량이 표기량에 대하여 97% 이상
>   다만, (㉠)의 경우 건조중량을 내용량으로 한다.
> ㄴ. 제1호의 기준치를 벗어날 경우 : 6개를 더 취하여 시험할 때 9개의 평균 내용량이
>   제1호의 기준치 이상

09. 다음은 유통화장품의 안전관리 기준에서 미생물한도에 대한 내용이다.
<보기>에서 ㉠, ㉡에 적합한 용어를 작성하시오.

> ─── <보기> ───
> 1. 총호기성생균수는 영·유아용 제품류 및 눈화장용 제품류의 경우 500개/g(mL)이하
> 2. 물휴지의 경우 세균 및 진균수는 각각 100개/g(mL)이하
> 2. 기타 화장품의 경우 1,000개/g(mL)이하
> 4. (㉠), 녹농균, 황색포도상구균은 (㉡)

10. 다음 <보기>에서 ㉠에 적합한 용어를 작성하시오.

> ─── <보기> ───
> (㉠)이란 부유입자 및 미생물이 유입되거나 잔류하는 것을 통제하여 일정 수준 이하로 유지되도록 관리하는 구역의 관리수준을 정한 등급을 말한다.

11. 다음 <보기>에서 ㉠에 적합한 용어를 작성하시오.

> ─── <보기> ───
> (㉠)란 감염 초기에 세균, 진균, 바이러스 및 그 항원·항체·유전자 등을 검출할 수 없는 기간을 말한다.

12. 다음 <보기>에서 ㉠에 적합한 용어를 작성하시오.

> ─── <보기> ───
> **안전성시험자료**는 「비임상시험관리기준」(식품의약품안전처 고시)에 따라 시험한 자료이어야 한다. 다만, (㉠)은 국내·외 대학 또는 전문 연구기관에서 실시하여야 하며, 관련분야 전문의사, 연구소 또는 병원 기타 관련기관에서 **5년 이상** 해당시험에 경력을 가진 자의 지도 감독 하에 수행·평가되어야 한다.

13. 다음 <보기>에서 ㉠에 적합한 용어를 작성하시오.

<보기>

(㉠)(이)란 성인이 개봉하기는 어렵지 않지만 만 5세 미만의 어린이가 내용물을 꺼내기 어렵게 설계·고안된 포장(용기를 포함)을 말한다.

3.5 포장재의 관리

<학습차례>
1. 포장재의 입고 기준
2. 입고된 포장재 관리기준
3. 보관중인 포장재 출고기준
4. 포장재의 폐기 기준
5. 포장재의 사용기한 확인·판정
6. 포장재의 개봉 후 사용기한 확인·판정
7. 포장재의 변질 상태 확인
8. 포장재의 폐기 절차

1. 포장재의 입고 기준

1. 포장재 입고 기준

① 제조업자는 원자재 공급자에 대한 관리감독을 적절히 수행하여 입고관리가 철저히 이루어지도록 하여야 한다.
② 원자재의 **입고 시 구매 요구서, 원자재 공급업체 성적서 및 현품이 서로 일치**하여야 한다. 필요한 경우 운송 관련 자료를 추가적으로 확인할 수 있다.
③ 원자재 용기에 제조번호가 없는 경우에는 **관리번호를 부여하여 보관**하여야 한다.
④ 원자재 입고절차 중 육안확인 시 물품에 결함이 있을 경우 입고를 보류하고 격리보관 및 폐기하거나 원자재 공급업자에게 반송하여야 한다.
⑤ **입고된 원자재는** "**적합**", "**부적합**", "**검사 중**" 등으로 **상태를 표시**하여야 하며, 구분된 공간에 별도로 보관되어야 한다. 필요한 경우 부적합된 원료와 포장재를 보관하는 공간은 잠금장치를 추가)

• 외부로부터 반입되는 모든 원료와 포장재는 관리를 위해 표시를 하여야 하며, 필요한 경우 포장외부를 깨끗이 청소한다. 한 번에 입고된 원료와 포장재는 **제조단위 별로 각각 구분하여 관리**하여야 한다.

⑥ **원자재 용기 및 시험기록서의 필수적인 기재사항**
   (1) 원자재 공급자가 정한 제품명
   (2) 원자재 공급자명
   (3) 수령일자
   (4) 공급자가 부여한 제조번호 또는 관리번호

   1회 시험 출제 ➤ 필수적인 기재 사항이 아닌 것. 5지선다형 문제 출제

2. 내용물 및 원료의 입고 기준

① 맞춤형화장품의 내용물 및 원료의 입고 시 **품질관리 여부를 확인**하고 책임판매업자가 제공하는 **품질성적서**를 구비할 것(다만, 책임판매업자와 맞춤형화장품판매업자가 동일한 경우에는 제외한다)
② 모든 원료와 포장재는 화장품 제조(판매)업자가 정한 기준에 따라서 품질을 입증할 수 있는 **검증자료를 공급자로부터 공급**받아야 한다. 이러한 보증의 검증은 주기적으로 관리되어야 하며, 모든 원료와 포장재는 사용 전에 관리되어야 한다.

2. 입고된 포장재 관리기준

1. 포장재 관리기준

① **원자재, 반제품 및 벌크 제품** : 품질에 나쁜 영향을 미치지 아니하는 조건에서 보관, **보관기한을 설정**, 바닥과 벽에 닿지 아니하도록 보관, **선입선출에 의하여 출고할 수 있도록 보관**.
② 원자재, 시험 중인 제품 및 부적합품 : **각각 구획된 장소에서 보관**(예외:서로 혼동을 일으킬 우려가 없는 시스템에 의하여 보관되는 경우)
③ 설정된 보관기한 경과시 : 사용의 적절성을 결정하기 위해 **재평가시스템을 확립**, 동 시스템을 통해 보관기한이 경과한 경우 사용하지 않도록 규정

【원료와 포장재의 보관을 위한 고려사항】
① 보관 조건은 각각의 원료와 포장재에 적합하여야 하고, 과도한 열기, 추위, 햇빛 또는 습기에 노출되어 변질되는 것을 방지
  - 물질의 특징 및 특성에 맞도록 보관, 취급되어야 한다.
  - 특수한 보관 조건은 적절하게 준수, 모니터링 되어야 한다.
  - 원료와 포장재의 용기는 밀폐되어, 청소와 검사가 용이하도록 충분한 간격으로, 바닥과 떨어진 곳에 보관
  - **원료와 포장재가 재포장될 경우, 원래의 용기와 동일하게 표시(라벨링)**
  - 원료 및 포장재의 관리는 허가되지 않거나, 불합격 판정을 받거나, 아니면 의심스러운 물질의 허가되지 않은 사용을 방지할 수 있어야 한다.(물리적 격리(quarantine)나 수동 컴퓨터 위치 제어 등의 방법)
② **재고의 회전을 보증하기 위한 방법이 확립(선입선출방식)**
  - 재고의 신뢰성을 보증하고, 모든 중대한 모순을 조사하기 위해 주기적인 재고조사가 시행되어야 한다.
  - 원료 및 포장재는 정기적으로 재고조사를 실시한다.
  - 장기 재고품의 처분 및 선입선출 규칙의 확인이 목적
  - 중대한 위반품이 발견되었을 때에는 일탈처리를 한다.

  1회 시험 출제 ▶ 5지선다형 문제 출제

【원료, 포장재의 보관 환경】
- 출입제한 : 원료 및 포장재 보관소의 출입제한
- 오염방지 : 시설대응, 동선관리가 필요
- 방충방서 대책
- 온도, 습도 : 필요시 설정한다

【완제품의 입고, 보관 및 출하절차】
포장공정 ⇨ 검사 중(시험 중) 라벨 부착 ⇨ 입고대기구역 보관 ⇨ 완제품시험 합격 ⇨ 합격라벨 부착 ⇨ 보관 ⇨ 출하

3. 보관중인 포장재 출고기준

1. 보관중인 원료 및 내용물 출고기준

원자재는 **시험결과 적합 판정**된 것만을 **선입선출방식**으로 출고해야 하고 이를 확인할 수 있는 체계가 확립되어 있어야 한다.

· 불출된 원료와 포장재만이 사용되고 있음을 확인하기 위한 적절한 시스템(물리적 시스템 또는 그의 대체시스템 즉 전자시스템 등) 확립
· **승인된 자만이 원료 및 포장재의 불출 절차를 수행**
· 뱃치에서 취한 검체가 <u>모든 합격 기준에 부합할 때 뱃치가 불출될 수 있다.</u>
· 모든 보관소에서는 **선입선출의 절차가 사용**되어야 한다.
다만, 나중에 입고된 물품이 사용(유효)기한이 짧은 경우 먼저 입고된 물품보다 먼저 출고할 수 있다.

4. 포장재의 폐기 기준

1. 포장재의 폐기 기준

① 품질에 문제가 있거나 회수·반품된 제품의 **폐기 또는 재작업** 여부 : **품질보증 책임자에 의해 승인**
② 재작업을 할 수 있는 경우(모두 만족할 경우)
  (1) **변질·변패 또는 병원미생물에 오염되지 아니한 경우**
  (2) **제조일로부터 1년이 경과하지 않았거나 사용기한이 1년 이상 남아있는 경우**
③ 재입고 할 수 없는 제품 : 폐기처리규정을 작성하여야 하며 폐기 대상은 따로 보관, 규정에 따라 신속하게 폐기

5. 포장재의 사용기한 확인·판정

1. 포장재의 사용기한 확인·판정

① 불출된 원료와 포장재만이 사용되고 있음을 확인하기 위한 적절한 시스템(물리적 시스템 또는 그의 대체시스템 즉 전자시스템 등)이 확립되어야 한다.
② 오직 승인된 자만이 원료 및 포장재의 불출 절차를 수행할 수 있다.
③ 뱃치에서 취한 검체가 모든 합격 기준에 부합할 때 뱃치가 불출될 수 있다.
④ 원료와 포장재는 불출되기 전까지 사용을 금지하는 격리를 위해 특별한 절차가 이행되어야 한다.
⑤ 마지막으로, 모든 보관소에서는 **선입선출**의 절차가 사용되어야 한다.
- 특별한 환경을 제외하고, 재고품 순환은 오래된 것이 먼저 사용되도록 보증해야 한다.
- 모든 물품은 원칙적으로 선입선출 방법으로 출고 한다.
- 다만, 나중에 입고된 물품이 사용(유효)기한이 짧은 경우 먼저 입고된 물품보다 먼저 출고할 수 있다.
- 선입선출을 하지 못하는 특별한 사유가 있을 경우, 적절하게 문서화된 절차에 따라 나중에 입고된 물품을 먼저 출고할 수 있다.
- 원료의 사용기한(use by date)을 사례별로 결정하기 위해 적절한 시스템이 이행되어야 한다.

6. 포장재의 개봉 후 사용기한 확인·판정

1. 포장재의 개봉 후 사용기한 확인·판정

- 포장 후 남은 포장재 및 파손품을 환입한다.
    ① 환입 포장재란 포장 완료 후 남은 포장재 중 포장재 보관 창고로 재입고 되는 양품의 포장재를 말한다.
    ② 생산 부서에서 환입 시 표시 재료(설명서, 라벨, 케이스류)는 수작업으로 계수하거나 또는 중량으로 확인하여 인수·인계한다.
    ③ 용기류는 수작업으로 계수하여 제품명, 제조 단위별로 수량을 확인한다.
    ④ 환입 절차는 해당 부서장의 결재를 득한 환입 전표와 환입 자재를 포장재 보관 관리 담당에게 동시에 인수·인계하고, 포장재 보관 관리 담당자는 보관 관리 책임자에게 결재를 득한 후 환입된 자재의 상태를 확인, 점검 후 재 입고한다.
    ⑤ 환입된 포장재는 다음 작업 시 우선 출하하고, 출하 편의를 위하여 기존 포장재 위에 적재한다.
    ⑥ 포장 도중에 불량품이 발견되었을 경우에는 품질 관리(품질 보증) 부서에서 적합 판정된 포장재라도 포장 공정이 끝난 후 정상품 환입 시에 포장재 보관 관리 담당자에게 불량품과 같이 인수·인계한다.

⑦ 포장재 보관 관리 담당자는 불량 포장재에 대해 부적합 처리하여 부적합 창고로 이송한다.

7. 포장재의 변질 상태 확인

1. 내용물 및 원료의 변질 상태(변색, 변취 등) 확인

【원료의 재평가】
① 재평가 방법을 확립해 두면 **보관기한이 지난 원료를 재평가해서 사용**할 수 있다.
※ 원료의 최대보관기한을 설정하는 것이 바람직하다.
② 원료의 사용기한은 사용 시 확인이 가능하도록 라벨에 표시되어야 한다.
③ 원료와 포장재, 반제품 및 벌크 제품, 완제품, 부적합품 및 반품 등에 도난, 분실, 변질 등의 문제가 발생하지 않도록 작업자외에 보관소의 출입을 제한하고, 관리하여야 한다.

【원료, 포장재의 재평가】
① 재평가방법을 확립해 두면 사용 기한이 지난 원료 및 포장재를 재평가해서 사용할 수 있다.
② 재평가방법에는 원료 등 및 화장품 제조의 장기 안정성 데이터의 뒷받침이 필요하다.

8. 포장재의 폐기 절차

1. 폐기 기준
① 원자재 입고절차 중 육안확인 시 물품에 결함이 있을 경우 입고를 보류하고 격리보관 및 폐기하거나 원자재 공급업자에게 반송하여야 한다.
② 검체는 보존기간을 정해 놓는다. 일반적으로는 제품시험이 종료되고 그 시험결과가 승인되면 폐기한다.

2. 기준일탈과 재작업

【기준일탈 제품】

원료와 포장재, 벌크제품과 완제품이 **적합판정기준을 만족시키지 못 할 경우 "기준일탈 제품"**으로 지칭

- 기준일탈 제품이 발생했을 때는 미리 정한 절차를 따라 확실한 처리를 하고 실시한 내용을 모두 문서에 남긴다.
- **기준일탈이 된 완제품 또는 벌크제품은 재작업 할 수 있다.**
- 재작업이란 뱃치 전체 또는 일부에 추가 처리(한 공정 이상의 작업을 추가하는 일)를 하

여 부적합품을 적합품으로 다시 가공하는 일
- 기준일탈 제품은 폐기하는 것이 가장 바람직하다.
※ 폐기하면 큰 손해가 되므로 재작업을 고려
- 권한 소유자(부적합 제품의 제조 책임자)에 의한 원인 조사가 필요
- 그 다음 재작업을 해도 제품 품질에 악영향을 미치지 않는 것을 예측해야 한다.

3. 기준일탈의 처리절차

① 기준일탈인 경우에는 규정에 따라 책임자에게 보고한 후 조사하여야 한다.
② 조사 후에는 책임자에 의해 검체의 **일탈(deviation), 부적합(rejection),** 또는 이후의 평가를 위한 **보류(pending)**를 명확하게 결정해야 하며 재시험에 대해서는 충분한 정당성이나 근거자료가 있어야 한다.

【기준일탈의 처리 절차】

① 기준일탈 결과가 나옴
② 기준일탈 조사
③ "시험, 검사, 측정이 틀림없음"을 확인
④ 기준일탈의 처리
⑤ 부적합 불합격 라벨을 부착(식별표시)
⑥ 부적합보관소 격리 보관
⑦ 부적합품의 처리(폐기처분, 재작업, 반품)

> **1회 시험 출제** ➢ 5지선다형 문제로 출제(괄호 넣기 문제로 출제)

3.5 포장재의 관리 — [연습문제]

[5지선다형]

01. 맞춤형화장품판매업자가 원료 및 내용물의 구입 시 화장품책임판매업자로 부터 받아야 할 정보에 해당하지 않는 것은?
   ① 원료·포장재 일반정보
   ② 수입기록서
   ③ 안전성 정보
   ④ 안정성·사용기한 정보
   ⑤ 시험기록

02. 원료 및 포장재의 구매 시 고려할 사항 중 "공급자의 승인"에 해당하지 않는 것은?
   ① 공급자가 "요구 품질의 제품을 계속 공급할 수 있다"는 것을 확인하고 인정 한다.
   ② "조사"+"감사" 결과로 승인한다.
   ③ 품질보증부(or 구매부서)가 승인한다.
   ④ 과거의 실적(일탈의 유무, 서비스의 좋고 나쁨)은 고려하지 않는다.
   ⑤ 방문감사, 서류감사를 할 수 있다.

03. 다음 <보기>에서 원료, 포장재의 선정 절차 예시로 옳은 순서는?

   — <보기> —
   ㄱ. 중요도분류   ㄴ. 공급자선정
   ㄷ. 품질결정   ㄹ. 공급자승인
   ㅁ. 품질계약서 공급계약 체결   ㅂ. 정기적 모니터링

   ① ㄱ → ㄴ → ㄹ → ㄷ → ㅁ → ㅂ
   ② ㄴ → ㄷ → ㄹ → ㅁ → ㅂ → ㄱ
   ③ ㅂ → ㅁ → ㄹ → ㄴ → ㄱ → ㄷ
   ④ ㅁ → ㄴ → ㅂ → ㄹ → ㄱ → ㄷ
   ⑤ ㄱ → ㄴ → ㄹ → ㅂ → ㄱ → ㄴ

04. 다음 중에서 원료, 포장재의 발주, 불출 절차로 옳은 순서는?
   (단, 육안검사가 반드시 필요하다는 조건)
   ① 발주 → 입고 → (육안검사) → 라벨첨부 → 보관 → 불출
   ② 발주 → 입고 → 라벨첨부 → (육안검사) → 보관 → 불출
   ③ 발주 → 입고 → 라벨첨부 → 보관 → (육안검사) → 불출
   ④ 발주 → 입고 → 보관 → 라벨첨부 → (육안검사) → 불출
   ⑤ 발주 → (육안검사) → 입고 → 라벨첨부 → 보관 → 불출

05. 원료, 포장재의 입고시 주의사항에 해당되지 않는 것은?
① 제품 식별을 위한 라벨링
② 뱃치 정보를 확인할 수 있는 표시부착
③ 결함을 보이는 원료와 포장재는 결정이 완료될 때까지 보류상태
④ 원료 및 포장재의 상태(즉, 적합, 부적합, 검사 중) 확인
⑤ 검체채취는 입고책임자가 한다.

06. 원료, 포장재의 검체채취에 대한 사항 중 올바르지 못한 것은?
① 시험자가 실시한다.
② 정해진 장소에서 실시한다.
③ 검체채취 한 용기에는 "검체완료"라벨을 부착한다.
④ 뱃치를 대표하는 부분에서 검체 채취한다.
⑤ 검체채취 수를 조정할 수 있다.

07. 내용물 및 원료의 입고관리에 설명이다. 바르지 못한 것은?
① 입고된 원료와 포장재는 제조단위 별로 각각 구분하여 관리하여야 한다.
② 원자재의 입고 시 구매 요구서, 원자재 공급업체 성적서 및 현품이 서로 일치하여야 한다.
③ 원자재 용기에 제조번호가 없는 경우에는 관리번호를 부여하여 보관하여야 한다.
④ 육안확인 시 물품에 결함이 있을 경우 입고를 보류한다.
⑤ 입고된 원자재는 "적합", "부적합", "보류" 등으로 상태를 표시하여야 한다.

08. 내용물 및 원료의 입고시 원자재 용기 및 시험기록서의 필수적인 기재사항이 아닌 것은?
① 원자재 공급자가 정한 제품명
② 공급자의 주소
③ 원자재 공급자명
④ 수령일자
⑤ 공급자가 부여한 제조번호 또는 관리번호

09. 품질에 문제가 있거나 회수·반품된 제품의 폐기 또는 재작업 여부를 승인하는 책임자는?
① 생산책임자   ② 품질보증책임자
③ 검체채취자   ④ 공급자
⑤ 품질보증부서 담당자

10. 보관중인 원료 및 내용물 출고기준으로 옳지 못한 것은?
① 승인된 자만이 원료 및 포장재의 불출 절차를 수행한다.
② 뱃치에서 취한 검체가 모든 합격 기준에 부합할 때 뱃치가 불출될 수 있다.

③ 모든 보관소에서는 선한선출의 절차가 사용되어야 한다.
④ 원자재, 시험 중인 제품 및 부적합품은 각각 구획된 장소에서 보관한다.
⑤ 설정된 보관기한 경과시 사용의 적절성을 결정하기 위해 재평가시스템을 확립한다.

11. 원료, 포장재의 보관 환경에 대한 설명이다. 올바르지 못한 것은?
① 출입제한 : 원료 및 포장재 보관소의 출입제한
② 오염방지 : 시설대응, 동선관리가 필요
③ 방충방서 대책
④ 온도, 습도 : 필요시 설정 한다
⑤ 공기흐름 : 외부보다 압력이 낮아야 한다.

12. 다음 <보기>중 재작업을 할 수 있는 경우(모두 만족할 경우)를 모두 고르시오.

<보기>
ㄱ. 변질·변패 또는 병원미생물에 오염되지 아니한 경우
ㄴ. 제조일로부터 1년이 경과하지 않았거나 사용기한이 1년 이상 남아있는 경우
ㄷ. 기재·표시사항이 훼손, 변조, 위조 되지 않은 경우
ㄹ. 위해요소가 없다고 판단되는 경우
ㅁ. 입고된 원자재가 적합 판정을 받은 경우

① ㄱ, ㄴ   ② ㄴ, ㄷ
③ ㄱ, ㅁ   ④ ㄴ, ㄹ
⑤ ㄷ, ㅁ

13. 입고된 원자재의 육안검사 후 상태 표시에 해당하는 것은?
① "적합", "부적합", "검사 중"
② "적합", "부적합", "보류"
③ "최우수", "우수", "보통"
④ "일탈", "부적합", "검사 중"
⑤ "일탈", "부적합", "보류"

14. 원자재 입고절차 중 육안확인 시 물품에 결함이 있을 경우 이후의 처리로 옳지 못한 것은?(필요에 따라)
① 입고를 보류한다   ② 격리보관 한다
③ 폐기 한다   ④ 원자재 공급업자에게 반송한다
⑤ 회수한다.

15. 다음 <보기>의 (   )에 적당한 것은?

> ─────────── <보기> ───────────
> (   )인 경우에는 규정에 따라 책임자에게 보고한 후 조사하여야 한다. 조사 후에는 책임자에 의해 검체의 일탈(deviation), 부적합(rejection), 또는 이후의 평가를 위한 보류(pending)를 명확하게 결정해야 하며 재시험에 대해서는 충분한 정당성이나 근거 자료가 있어야 한다.

① 재작업 ② 재봉함
③ 기준일탈 ④ 위해요소
⑤ 유해사례

16. 다음 <보기>는 무엇에 대한 설명인가? (㉠)에 알맞은 것을 적으시오.

> ─────────── <보기> ───────────
> (㉠)(이)란 규정된 조건 하에서 측정기기나 측정 시스템에 의해 표시되는 값과 표준기기의 참값을 비교하여 이들의 오차가 허용범위 내에 있음을 확인하고, 허용범위를 벗어나는 경우 허용범위 내에 들도록 조정하는 것을 말한다.

① 교정 ② 검정
③ 검사 ④ 보정
⑤ 조정

17. 원료와 자재의 보관관리 방법으로 가장 적당한 것은?
① 원료와 자재는 반드시 표준온도로 보관한다.
② 햇빛이 잘 들도록 차광되지 않은 창문을 사용한다.
③ 원료는 바닥에 적재하지 않고 파레트 위에 여러 로트를 함께 적재한다.
④ 원료는 서로 교차오염이 없도록 가급적이면 구획·구분된 장소에 보관한다.
⑤ 원료와 자재는 벽에 잘 붙여서 적재하여 공간을 확보한다.

18. 원료와 자재의 보관관리 방법으로 가장 적당한 것은?
① 원료와 자재는 반드시 상온으로 보관한다.
② 햇빛이 잘 들도록 차광되지 않은 창문을 사용한다.
③ 원료와 자재는 바닥에 적재하지 않고 파레트 위에 여러 로트를 함께 적재한다.
④ 원료와 자재는 사용의 편의성을 위해 가급적이면 하나의 구획 안에 보관한다.
⑤ 원료와 자재는 선입선출방식으로 출고 되도록 한다.

19. 원료와 자재의 보관관리 방법 중 원료 보관소의 가장 적당한 온도는?
① 실온은 1~30℃   ② 표준온도 20℃
③ 상온 15~25℃   ④ 미온 30~40℃
⑤ 냉소 1~15℃

20. 화장품 원료의 시험용 검체의 용기에 기재할 사항으로 가장 적당하지 못한 것은?
① 원료명(또는 확인코드)   ② 제조번호(또는 제조단위)
③ 검체채취일   ④ 검체채취자
⑤ 원료공급처

[단답형]

본 과목은 25문제 모두 "5지선다형(개관식)" 문제입니다. 그러나 학습을 위해서 다수의 단답형 문제를 제공하니 참고하셔서 학습해 주시기 바랍니다.

01. 다음 <보기>는 무엇에 대한 설명인가? (㉠)에 알맞은 것을 적으시오.

── <보기> ──
원자재, 반제품 및 벌크 제품은 품질에 나쁜 영향을 미치지 아니하는 조건에서 보관, 보관기한을 설정, 바닥과 벽에 닿지 아니하도록 보관, (㉠)방식에 의하여 출고할 수 있도록 보관하여야 한다. 또한 재고의 회전을 보증하기 위한 방법이 확립되어야 하는데 이 방식을 (㉠)방식이라고 한다.

04

맞춤형 화장품의 이해

4.1 맞춤형화장품 개요

4.2 피부 및 모발 생리구조

4.3 관능평가 방법과 절차

4.4 제품상담

4.5 제품안내

4.6 혼합 및 소분

4.7 충진 및 포장

4.8 재고관리

CHAPTER
04 맞춤형화장품의 이해

4.1 맞춤형화장품 개요

<학습차례>
1. 맞춤형화장품 정의
2. 맞춤형화장품 주요 규정
3. 맞춤형화장품의 안전성
4. 맞춤형화장품의 유효성
5. 맞춤형화장품의 안정성

1. 맞춤형화장품의 정의

1. 맞춤형화장품의 정의
① 제조 또는 수입된 화장품의 **내용물**에 다른 화장품의 **내용물**이나 식품의약품안전처장이 정하는 **원료**를 추가하여 **혼합한 화장품**
② 제조 또는 수입된 화장품의 **내용물**을 **소분(小分)한 화장품**

2. 맞춤형화장품업의 정의
① 맞춤형화장품판매업"이란 **맞춤형화장품을 판매하는 영업**을 말한다.
② 맞춤형화장품판매업은 등록이 아닌 **신고**
③ 맞춤형화장품판매업을 하기 위해서는 반드시 "**맞춤형화장품조제관리사**"를 **채용**하여야 한다.

3. 맞춤형화장품판매업자의 준수사항

1. 맞춤형화장품 판매장 **시설·기구를 정기적으로 점검**하여 보건위생상 위해가 없도록 관리할 것
2. 다음 의 **혼합·소분 안전관리기준**을 준수할 것
   가. 혼합·소분 전에 혼합·소분에 사용되는 **내용물 또는 원료에 대한 품질성적서를 확인**할 것
   나. 혼합·소분 전에 **손을 소독하거나 세정**할 것. 다만, 혼합·소분 시 일회용 장갑을 착용하는 경우에는 그렇지 않다.
   다. 혼합·소분 전에 혼합·소분된 제품을 담을 **포장용기의 오염 여부를 확인**할 것
   라. 혼합·소분에 사용되는 장비 또는 기구 등은 **사용 전에** 그 위생 상태를 점검하고, 사용 후에는 오염이 없도록 **세척할 것**

마. 그 밖에 가목부터 라목까지의 사항과 유사한 것으로서 혼합·소분의 안전을 위해 식품의약품안전처장이 정하여 고시하는 사항을 준수할 것
3. 다음 사항이 포함된 **맞춤형화장품 판매내역서**(전자문서 포함)를 작성·보관할 것
   가. 제조번호
   나. 사용기한 또는 개봉 후 사용기간
   다. 판매일자 및 판매량
4. 맞춤형화장품 판매 시 다음 각 목의 사항을 소비자에게 설명할 것
   가. 혼합·소분에 사용된 내용물·원료의 내용 및 특성
   나. 맞춤형화장품 사용 시의 주의사항
5. 맞춤형화장품 사용과 관련된 부작용 발생사례에 대해서는 지체 없이 식품의약품안전처장에게 보고할 것

4. 화장품책임판매업자 등의 교육

① **교육명령의 대상**
다음 하나에 해당하는 화장품제조업자 및 화장품책임판매업자, 맞춤형화장품판매업자
   (1) **폐업등의 신고**(법 제15조)를 위반한 자
   (2) 화장품 **포장의 기재·표시** 등(법 제19조)의 위반에 따른 시정명령을 받은자
   (3) **화장품책임판매업자의 준수사항**(시행규칙 제11조)을 위반한 화장품책임판매업자
   (4) **화장품책임판매업자의 지도·감독 및 요청에 따라야** 하는 준수사항(시행규칙 제12조제1항)을 위반한 화장품제조업자
② **교육시간** : 4시간 이상, 8시간 이하
③ **교육 내용**
   (1) 화장품 관련 법령 및 제도에 관한 사항
   (2) 화장품의 안전성 확보 및 품질관리에 관한 사항
   (3) 교육 내용에 관한 세부 사항은 식품의약품안전처장의 승인을 받아야 한다.

5. 화장품책임판매업자가 두어야 하는 책임판매관리자의 자격기준

① 수입대행형 거래를 목적으로 화장품을 알선·수여하는 영업은 제외
② 의사, 약사
③ 대학교에서 학사 이상의 학위를 취득한 사람
   (1) 이공계 학과 또는 향장학·화장품과학·한의학·한약학과 등을 전공한 사람
   (2) 간호학과, 간호과학과, 건강간호학과를 전공하고 화학·생물학·생명과학·유전학·유전공학·향장학·화장품과학·의학·약학 등 관련 과목을 20학점 이상 이수한 사람
④ 전문대학 졸업자
   (1) 화학·생물학·화학공학·생물공학·미생물학·생화학·생명과학·생명공학·유전공학·향장학·화장품과학·한의학과·한약학과 등 화장품 관련 분야를 전공한 후 화장품 제조 또는 품질관리 업무에 1년 이상 종사한 경력이 있는 사람
   (2) 간호학과, 간호과학과, 건강간호학과를 전공하고 화학·생물학·생명과학·유전학·유전공학·향장학·화장품과학·의학·약학 등 관련 과목을 20학점 이상 이수한 후 화장품 제조나 품질관

리 업무에 1년 이상 종사한 경력이 있는 사람
⑤ 식품의약품안전처장이 정하여 고시하는 전문 교육과정을 이수한 사람
⑥ 화장품 제조 또는 품질관리 업무에 2년 이상 종사한 경력이 있는 사람

2. 맞춤형화장품의 주요 규정

1. 맞춤형화장품에 사용 가능한 원료 지정·고시

: 다음의 원료를 제외한 원료
① 화장품에 **사용할 수 없는 원료**
② 화장품에 **사용상의 제한이 필요한 원료**
③ 식품의약품안전처장이 **고시한 기능성화장품의 효능·효과를 나타내는 원료**

단, 맞춤형화장품판매업자에게 원료를 공급하는 **화장품책임판매업자**가 「화장품법」 제4조에 따라 해당 원료를 포함하여 **기능성화장품에 대한 심사를 받거나 보고서를 제출한 경우**는 제외 → **사용가능**

2. 맞춤형화장품판매업의 신고

1. 맞춤형화장품판매업 신고
   ① 맞춤형화장품판매업을 하려는 자 : **신고**(변경→변경신고)
      · 화장품제조업, 화장품책임판매업 : 등록(변경→변경등록)
      · 신고시에 **맞춤형화장품조제관리사 임을 증명하는 서류** 필요
   ② 맞춤형화장품판매업자 : **맞춤형화장품조제관리사를 두어야 한다.**
      · 맞춤형화장품조제관리사 : 맞춤형화장품판매업의 **혼합·소분 업무에 종사하는 자**
2. 제출서류
   ① 맞춤형화장품판매업 **신고서**
      *소재지별로 맞춤형화장품판매업소의 소재지 지방식품의약품안전청장에게 제출
   ② 맞춤형화장품조제관리사의 **자격증**
      *2인 이상의 조제관리사 신고가 가능하며, 이 경우 신고하려는 모든 조제관리사의 자격증 사본을 제출하여야 함

3. 맞춤형화장품판매업의 변경신고

① 맞춤형화장품판매업자가 변경신고를 하여야 하는 경우
   (1) 맞춤형화장품**판매업자의 변경**
   (2) 맞춤형화장품판매**업소의 상호 변경**
   (3) 맞춤형화장품판매**업소의 소재지 변경**
   (4) 맞춤형화장품**조제관리사의 변경**

※ 맞춤형화장품판매업자(법인 포함)의 상호 및 소재지 변경은 변경신고 대상에 해당되지 않는다.(업소와 업자의 차이 구분해야 함) - (화장품법 시행규칙 제8조의3 해설 참조)

② 변경 사유가 발생한 날부터 **30일 이내**
(행정구역 개편에 따른 소재지 변경의 경우에는 90일 이내)
- 맞춤형화장품판매업 **변경신고서**
- 맞춤형화장품판매업 **신고필증**

(1) 맞춤형화장품판매업자의 변경(법인의 경우에는 대표자의 변경)의 경우에는 다음의 서류
  가. 양도·양수의 경우에는 이를 증명하는 서류
  나. 상속의 경우에는 가족관계증명서
(2) 맞춤형화장품조제관리사 변경의 경우 : 자격증

4. 맞춤형화장품판매업의 신고를 할 수 없는 결격사유
① 정신질환자(제조업자만 해당)
② **피성년후견인, 파산선고를 받고 복권되지 아니한 자**
③ 마약류의 중독자(제조업자만 해당)
④ 화장품법 또는 「보건범죄 단속에 관한 특별조치법」을 위반하여 **금고 이상의 형을 선고**받고 그 집행이 끝나지 아니하거나 그 집행을 받지 아니하기로 확정되지 아니한 자
⑤ 등록이 취소되거나 **영업소가 폐쇄된 날부터 1년이 지나지 아니한 자**
(법 제24조 제1호부터 제3호까지의 어느 하나에 해당하여 등록이 취소되거나 영업소가 폐쇄된 경우는 제외)

[법 제24조제1호~제3호]
(1) 화장품제조업 또는 화장품책임판매업의 변경 사항 등록을 하지 아니한 경우
(2) 화장품의 일부 공정만을 제조하는 경우에 따른 시설을 갖추지 아니한 경우
2의2 맞춤형화장품판매업의 변경신고를 하지 아니한 경우
(3) 등록 또는 신고할 수 없는 결격사유 중 어느 하나에 해당하는 경우
*신고에 대한 결격사유와 영업소 폐쇄하는 절대적 사유가 서로 다르므로 주의.

5. 맞춤형화장품판매업에 대한 영업소 폐쇄의 절대적 사유
① 정신질환자
② 피성년후견인, 파산선고 받고 복권되지 아니한 자.
③ 마약류의 중독자
④ 화장품법,「보건범죄 단속 특별조치법」을 위반하여 금고 이상의 형을 선고 받고 형이 끝나지 아니한 자
⑤ 영업소가 폐쇄된 날부터 1년이 지나지 아니한 자
⑥ 업무정지기간 중에 업무를 한 경우

6. 맞춤형화장품조제관리사 자격시험

① 맞춤형화장품조제관리사 : 자격시험에 합격
② **거짓이나 그 밖의 부정한 방법으로 시험에 합격한 경우**→자격취소
③ 자격이 취소된 날부터 **3년**간 자격시험에 응시할 수 없다.

7. 교육 대상자

① 교육실시기관에서 교육을 이수하여야 하는 대상자
   (1) 정기교육대상 : 책임판매관리자, 맞춤형화장품조제관리사
   (2) 교육대상 : 화장품제조업자, 화장품책임판매업자, 맞춤형화장품판매업자
   (3) 둘 이상의 장소에서 업을 하는 경우 업자가 지정한 책임자
② **책임판매관리자**, **맞춤형화장품조제관리사** : 매년 4시간 이상, 8시간 이하의 집합교육 또는 온라인 교육 과정을 이수(최초 교육-집합교육 이수) → **정기교육대상**
③ 교육이수 명령 이후 6개월 이내에 4시간 이상, 8시간 이하의 집합교육 과정을 이수
④ 맞춤형화장품조제관리사 : 화장품의 안전성 확보 및 품질관리에 관한 교육을 매년 받아야 한다.

8. 맞춤형화장품판매업자의 의무(준수사항)

① 맞춤형화장품 판매장 **시설·기구의 관리** 방법
② 혼합·소분 **안전관리기준의 준수** 의무
③ 혼합·소분되는 **내용물 및 원료에 대한 설명 의무**

[명령에 따른 교육대상 의무]
① 화장품 관련 법령 및 제도 및 화장품의 안전성 확보 및 품질관리에 관한 내용에 관한 교육을 받아야 한다.
② 교육을 받아야 하는 자가 둘 이상의 장소에서 맞춤형화장품판매업을 하는 경우에는 종업원 중에서 총리령으로 정하는 자를 책임자로 지정하여 교육을 받게 할 수 있다.

9. 맞춤형화장품판매업 휴업·폐업 신고

① **폐업** 또는 **휴업**하려는 경우
② 휴업 후 그 업을 재개하려는 경우
다만, 휴업기간이 1개월 미만이거나 그 기간 동안 휴업하였다가 그 업을 재개하는 경우에는 그러하지 아니하다.
*맞춤형화장품조제관리사가 퇴직하여 다시 고용할 때 까지의 유예 기간 : 30일
*변경신고 기간 : 30일 이내

10. [벌칙] 3년 이하의 징역 또는 3천만원 이하의 벌금

① 3년 이하의 징역 또는 3천만원 이하의 벌금
- 화장품제조업 또는 화장품책임판매업을 하려는 자가 등록을 하지 않고 영업을 한 경우
- 맞춤형화장품판매업을 하려는 자가 신고를 하지 않고 영업을 한 경우
- 맞춤형화장품판매업을 신고한 자가 맞춤형화장품의 혼합·소분 업무에 종사하는 자(맞춤형화장품조제관리사)를 두지 않고 영업한 경우
- 기능성화장품으로 인정받아 판매 등을 하려는 화장품제조업자, 화장품책임판매업자, 대학·연구소 등은 품목별로 안전성 및 유효성에 관하여 심사를 받거나 식품의약품안전처장에게 보고서를 제출하여야 하는 규정을 위반한 자
- 거짓이나 부정한 방법으로 천연화장품 및 유기농화장품에 대해 인증받은 자
- 천연화장품 및 유기농화장품의인증을 받지 아니한 화장품에 대하여 인증표시나 이와 유사한 표시를 한 자
- 영업의 금지를 위반한 자
- 등록을 하지 아니한 자가 제조한 화장품 또는 제조·수입하여 유통·판매한 화장품
- 화장품의 포장 및 기재·표시 사항을 훼손(맞춤형화장품 판매를 위하여 필요한 경우는 제외) 또는 위조·변조한 것

② 징역형과 벌금형은 이를 함께 부과할 수 있다.

11. [벌칙] 1년 이하의 징역 또는 1천만원 이하의 벌금

① 1년 이하의 징역 또는 1천만원 이하의 벌금
- 화장품책임판매업자는 영유아 또는 어린이가 사용할 수 있는 화장품임을 표시·광고하려는 경우에는 제품별로 안전과 품질을 입증할 수 있는 다음 자료(제품별 안전성 자료)를 작성 및 보관하여야 한다. 이 사항을 위반한 자
    1. 제품 및 제조방법에 대한 설명 자료
    2. 화장품의 안전성 평가 자료
    3. 제품의 효능·효과에 대한 증명 자료
- 화장품책임판매업자 및 맞춤형화장품판매업자는 화장품을 판매할 때에는 어린이가 화장품을 잘못 사용하여 인체에 위해를 끼치는 사고가 발생하지 아니하도록 안전용기·포장을 사용하는 규정을 위반한 자
- 부당한 표시·광고 행위 등의 금지를 위반한 자
    1. 의약품으로 잘못 인식할 우려가 있는 표시 또는 광고
    2. 기능성화장품이 아닌 화장품을 기능성화장품으로 잘못 인식할 우려가 있거나 기능성화장품의 안전성·유효성에 관한 심사결과와 다른 내용의 표시 또는 광고
    3. 천연화장품 또는 유기농화장품이 아닌 화장품을 천연화장품 또는 유기농화장품으로 잘못 인식할 우려가 있는 표시 또는 광고
    4. 그 밖에 사실과 다르게 소비자를 속이거나 소비자가 잘못 인식하도록 할 우려가 있는 표시 또는 광고
- 화장품의 기재사항, 화장품의 가격표시, 기재·표시상의 주의에 위반되는 화장품 또는 의약품으로 잘못 인식할 우려가 있게 기재·표시된 화장품을 수입·유통·판매한 자

- 판매의 목적이 아닌 제품의 홍보·판매촉진 등을 위하여 미리 소비자가 시험·사용하도록 제조 또는 수입된 화장품을 판매한 자
- 화장품의 용기에 담은 내용물을 나누어 판매한 자(맞춤형화장품조제관리사를 통하여 판매하는 맞춤형화장품판매업자는 제외)
- 제14조제4항에 따른 중지명령에 따르지 아니한 자
- 실증자료의 제출을 요청받고도 제출기간 내에 이를 제출하지 아니한 채 계속하여 표시·광고를 하는 영업자 또는 판매자

② 징역형과 벌금형은 이를 함께 부과할 수 있다.

12. [벌칙] 규정에 따른 준수사항을 위반한 자 : 200만원 이하의 벌금

- 화장품제조업자의 의무
  - 화장품의 제조와 관련된 기록·시설·기구 등 관리 방법 준수
  - 원료·자재·완제품 등에 대한 시험·검사·검정 실시 방법 및 의무 준수
- 화장품책임판매업자의 의무
  - 화장품의 품질관리기준
  - 책임판매 후 안전관리기준
  - 품질 검사 방법 및 실시 의무
  - 안전성·유효성 관련 정보사항 등의 보고 및 안전대책 마련 의무
  - 화장품의 생산실적 또는 수입실적 보고
  - 화장품의 제조과정에 사용된 원료의 목록 등 보고
  * 원료의 목록에 관한보고는 화장품의 유통·판매 전에 하여야 한다
- 맞춤형화장품판매업자의 의무
  - 맞춤형화장품 판매장 시설·기구의 관리 방법 준수
  - 혼합·소분 안전관리기준의 준수 의무
  - 혼합·소분되는 내용물 및 원료에 대한 설명 의무 준수
- 국민보건에 위해(危害)를 끼치거나 끼칠 우려가 있는 화장품이 유통 중인 사실을 알게 된 경우에는 지체 없이 해당 화장품을 회수하거나 회수하는 데에 필요한 조치를 하여야 한다.
- 해당 화장품을 회수하거나 회수하는 데에 필요한 조치를 하려는 영업자는 회수계획을 미리 보고
- 화장품의 기재사항을 위반한 경우(가격은 제외)
- 인증의 유효기간이 경과한 화장품에 대하여 인증표시를 한 자
- 보고와 검사, 시정명령, 검사명령, 개수명령, 회수·폐기명령 등에 따른 명령을 위반하거나 관계 공무원의 검사·수거 또는 처분을 거부·방해하거나 기피한 자

<4장. 맞춤형화장품의 이해>

13. [과태료] 100만원 이하의 과태료 대상자

① 100만원 과태료
- 기능성화장품 심사를 위해 제출한 보고서나 심사받은 사항을 변경하고자 할 때도 품목별로 안전성 및 유효성에 관하여 변경심사를 받아야 하는 사항을 위반한 자
- 보고와 검사 명령을 받은 영업자·판매자 또는 그 밖에 화장품을 업무상 취급하는 자가 명령을 위반하여 보고를 하지 아니한 자
- 동물실험을 실시한 화장품 또는 동물실험을 실시한 화장품 원료를 사용하여 제조(위탁제조를 포함한다) 또는 수입한 화장품을 유통·판매한 자

② 50만원 과태료
- 화장품의 생산실적 또는 수입실적 또는 화장품 원료의 목록 등을 보고하지 아니한 화장품책임판매업자
- 화장품의 안전성 확보 및 품질관리에 관한 교육을 매년 받지 아니한 책임판매관리자 및 맞춤형화장품조제관리사
- 폐업 등의 신고를 하지 아니한 자
   1. 폐업 또는 휴업하려는 경우
   2. 휴업 후 그 업을 재개하려는 경우
   (단, 휴업기간이 1개월 미만이거나 그 기간 동안 휴업하였다가 그 업을 재개하는 경우는 예외)
- 화장품의 기재사항 중 가격을 표시 하지 않았거나 화장품을 직접 판매하는 자(판매자)가 판매하려는 가격을 표시하지 아니한 경우

> **1회 시험 출제** ➢ 과태료 부과 대상이 아닌 것은 찾는 문제(벌금과 과태료 구분)

3. 맞춤형화장품의 안전성

1. 맞춤형화장품의 안전성

① 맞춤형화장품의 안전성

화장품은 건강한 사람의 피부에 반복하여 장기적으로 사용되기 때문에 의약품처럼 치료라고 하는 유효성과 부작용이라는 위험의 발런스를 가치로 하는 것이 아니라, 절대적인 **안전성**이 확보되어야만 한다.

② 맞춤형화장품에서 신중하게 취급해야 할 원료
- **보존제**
- 산화방지제
- 금속이온봉쇄제
- **자외선흡수제**
- 타르계 **색소**

2. 안전용기·포장에 관한 규정

① 어린이가 화장품을 잘못 사용하여 인체에 위해를 끼치는 사고가 발생하지 아니하도록 안전용기·포장을 사용하여야 한다.

② 안전용기·포장을 사용하여야 하는 품목 : **만5세 미만 어린이**

   (1) **아세톤**을 함유하는 네일 에나멜 리무버 및 네일 폴리시 리무버

   (2) 어린이용 오일 등 개별포장 당 **탄화수소**류를 10퍼센트 이상 함유하고 운동점도가 21센티스톡스(섭씨 40도 기준) 이하인 비에멀전 타입의 **액체**상태의 제품

   (3) 개별포장당 **메틸 살리실레이트**를 5퍼센트 이상 함유하는 **액체**상태의 제품

     예외) 일회용 제품, 용기 입구 부분이 펌프 또는 방아쇠로 작동되는 분무용기 제품, 압축 분무용기 제품(에어로졸 제품 등)은 제외

> **1회 시험 출제** ➢ 5지선다형 문제 출제

3. 영업의 금지

[누구든지 판매하거나 판매할 목적으로 제조·수입·보관 또는 진열 금지 화장품]
(수입대행형 거래를 목적으로 하는 알선·수여를 포함)

① **심사를 받지 아니**하거나 **보고서를 제출하지 아니**한 기능성화장품
② 전부 또는 일부가 **변패(變敗)된 화장품**
③ 병원미생물에 **오염된 화장품**
④ **이물이 혼입**되었거나 부착된 것
⑤ 화장품에 **사용할 수 없는 원료**를 사용하였거나 **유통화장품 안전관리 기준에 적합하지 아니**한 화장품
⑥ 코뿔소 뿔 또는 호랑이 뼈와 그 추출물을 사용한 화장품
⑦ 보건위생상 위해가 발생할 우려가 있는 **비위생적인 조건**에서 제조되었거나 시설기준에 적합하지 아니한 시설에서 제조된 것
⑧ 용기나 포장이 불량하여 해당 화장품이 보건위생상 위해를 발생할 우려가 있는 것
⑨ 사용기한 또는 개봉 후 사용기간(병행 표기된 제조연월일을 포함한다)을 **위조·변조한 화장품**.

4. 판매 등의 금지

[판매, 보관 또는 진열 금지 화장품]

① **등록을 하지 아니한 자**가 제조한 화장품 또는 제조·수입하여 유통·판매한 화장품
② **신고를 하지 아니한 자**가 판매한 맞춤형화장품
③ **맞춤형화장품조제관리사를 두지 아니**하고 판매한 맞춤형화장품
④ 화장품 **기재사항, 가격표시, 기재·표시상의 주의 규정 위반** 화장품 또는 **의약품으로 잘못 인식**할 우려가 있게 기재·표시된 화장품
⑤ **판매의 목적이 아닌 제품**의 홍보·판매촉진 등을 위하여 미리 소비자가 시험·사용하도록 제조 또는 수입된 화장품(소비자에게 판매하는 화장품에 한함)
⑥ 화장품의 포장 및 기재·표시 사항을 **훼손**(맞춤형화장품 판매를 위하여 필요한 경우는 제외)

또는 위조·변조한 것

- **누구든지** 화장품의 용기에 담은 내용물을 나누어 판매 금지(맞춤형화장품조제관리사를 통하여 판매하는 맞춤형화장품판매업자는 제외)

4. 맞춤형화장품의 유효성

1. 맞춤형화장품의 유효성
- 세정 효과나 보습 효과, 자외선 차단 효과, 미백 효과, 육모나 양모, 피부 거칠음 개선 효과, 체취 방지 효과 등 소비자의 기대를 충분히 만족시키는 상품인지의 여부
- 바이오테크놀러지에 의한 신원료, 신약제의 개발, 정밀화학에 의한 신소재의 개발로 유용성이 높은 기능성화장품의 개발
① **생리학적 유용성** : 거친 피부 개선(보습), 주름 개선, 미백, 탈모 방지 등
② **물리화학적 유용성** : 자외선 차단, 메이크업에 의한 기미, 주근깨 커버 효과
③ 체취 방지, 모발의 개선 효과 등·**심리학적 유용성** : 향기요법, 메이크업의 색채 심리 효과

2. 유효성(기능성) 화장품원료
- **콜라겐** : 진피의 90% 콜라겐과 엘라스틴으로 구성
히아루론산(**소듐하이알루로네이트(Sodium Hyaluronate)**)으로 대신 사용이 증가
- **레틴A** : 여드름치료제로개발→잡티가 제거, 선 제품과 함께 사용
- **비타민A(레티놀)** : 피부세포 활성화를 통한 콜라겐, 엘라스틴의 합성, 2500IU(고시기준), 주름개선, 비타민 A 유도체(트레티노인)
- **비타민C(아스코빅애시드)** : 멜라닌색소 형성에 관여하는 티로시나아제 효소의 생성을 억제, 미백효과→**마그네슘아스코빌포스페이트(고시기준 3%)**
- **비타민E(α-토코페롤)** : 항산화제 역할, **토코페릴아세테이트**→산화방지제
- **코직산** : 티로시나아제의 활성 저해, 기미, 주근깨, 미백효과, 곰팡이성 미생물(메주, 누룩 등에서 발견)
- **AHA** : 5%이상 사용시 피부개선 효과, AHA와 레틴A 함께 사용, 박피, 여드름에 효과, 선 제품과 함께 사용
- **상황버섯추출물** : 티로시나아제 활성억제 효과, 항산화효과
- **태반추출물** : 플라센타(피부세포재생)
- **천연 및 유기농원료** : 고시 참고
- **줄기세포 화장품원료** : 사람유래 성분 금지(직접, 배양액), 배양액에서 특정성분을 규명하여 화장품에 사용(사이토카인, 펩타이드)
    - 사이토카인 : 펩타이드의 일종으로 면역, 세포성장
    - 펩타이드 : 단백질의 일부, 안티에이징

<4장.맞춤형화장품의 이해>

3. 보고서 제출을 생략하는 기능성원료
- 미백 : 닥나무추출물, 마그네슘아스코빌포스페이트, 알부틴, 에칠아스코빌에텔, 유용성감초추출물, 아스코빌글루코사이드, 나이아신아마이드, 알파비사볼롤, 아스코르빌테트라이소팔미테이트
- 주름개선 : 레티놀, 레티닐팔미테이트, 아데노신, 폴리에톡실레이티드 레틴아마이드
- 미백 및 주름개선
- 모발색상변화
- 체모제거 : 치오글리콜산 80%
- 자외선으로부터 피부보호
- 여드름성 피부 완화 : 살리실산
- 아토피의 건조함 완화 : 고시원료 없음
- 튼살로 인한 붉은선 : 고시원료 없음

5. 맞춤형화장품의 안정성

1. 맞춤형화장품의 안정성
화장품이 각종 기능을 발현하기 위해서는 내용물의 화학적·물리적인 변화가 일어나지 않도록 하는 것이 중요하다.
- 화학적변화 : 변색, 퇴색, 변취, 오염, 결정 석출 등
- 물리적변화 : 분리, 침전, 응집, 발분, 발한, 겔화, 휘발, 고화, 연화, 균열 등

□ 화장품의 안정성이란
① 제조 직후 제품의 품질이나 성상을 언제까지 유지하는 것이 가능한가?
② 제품 그 자체의 형상의 변화, 변질 및 기능의 저하에 있어서의 수명을 예측하기 위한 시험

2. 안정성 시험자료 대상 성분
□ 안정성 시험자료 대상 성분
: 아래 성분을 0.5% 이상 함유 제품의 경우 **안정성시험자료**를 **사용기한 만료일로부터 1년**간 보존해야 한다.
① 레티놀(비타민 A) 및 그 유도체(레티닐팔미테이트 등)
② 아스코빅애씨스(비타민 C) 및 그 유도체(아스코빌팔미테이트 등)
③ 토코페롤(비타민 E)
④ 과산화화합물
⑤ 효소

1회 시험 출제 ▶ 단답형 문제 출제

4.1 맞춤형화장품 개요 ------------------------ [연습문제]

[5지선다형]

01. 맞춤형화장품조제관리사가 정기교육을 이수하지 않았을 경우 처벌은 무엇인가?
① 업무정지 30일　　　　　② 자격정지 3개월
③ 과태료 50만원　　　　　④ 판매정지 15일
⑤ 벌금 200만원

02. 화장품법상 맞춤형화장품판매업에 해당하는 것은?
① 화장품제조업자에게 위탁하여 제조된 화장품을 유통·판매하는 영업
② 화장품을 직접제조 하여 유통·판매하는 영업
③ 화장품의 1차포장만을 하는 영업
④ 제조 또는 수입된 화장품의 내용물을 소분하여 판매하는 영업
⑤ 화장품 제조를 위탁받아 제조하는 영업

03. 다음 <보기> 중에서 매년 교육을 이수하여야 하는 정기교육 대상자에 해당 하는 것은?

――――― <보기> ―――――
ㄱ. 책임판매관리자　　　　ㄴ. 맞춤형화장품조제관리사
ㄷ. 화장품제조업자　　　　ㄹ. 화장품책임판매업자
ㅁ. 맞춤형화장품판매업자

① ㄱ, ㄴ　　　　　　　　② ㄱ, ㄴ, ㄷ
③ ㄴ, ㄷ, ㄹ　　　　　　④ ㄷ, ㄹ, ㅁ
⑤ ㄱ, ㄴ, ㄷ, ㄹ, ㅁ

04. 다음 <보기>중 맞춤형화장품판매업 신고를 할 수 없는 결격사유에 해당하지 않는 경우는?

――――― <보기> ―――――
ㄱ. 「정신건강증진 및 정신질환자 복지서비스 지원에 관한 법률」에 따른 정신질환자.
ㄴ. 피성년후견인 또는 파산선고를 받고 복권되지 아니한 자
ㄷ. 「마약류 관리에 관한 법률」에 따른 마약류의 중독자
ㄹ. 화장품법을 위반하여 금고 이상의 형을 선고받고 그 집행이 끝나지 아니한 자.
ㅁ. 영업소가 폐쇄된 날부터 1년이 지나지 아니한 자

① ㄱ, ㄴ　　　　　　　　② ㄱ, ㄷ
③ ㄴ, ㄷ　　　　　　　　④ ㄷ, ㄹ
⑤ ㄹ, ㅁ

05. 화장품법에 따라 맞춤형화장품조제관리사의 자격을 취소해야 하는 사유에 해당하는 것은?
① 화장품법을 위반하여 200만원이상 벌금 처분을 받은 경우
② 맞춤형화장품판매업자의 지시를 어겼을 경우
③ 거짓이나 그 밖의 부정한 방법으로 시험에 합격한 경우
④ 화장품책임판매업자와 계약을 위반 했을 경우
⑤ 고객에게 원료 및 맞춤형화장품에 대한 설명 의무를 게을리 했을 경우

06. 맞춤형화장품판매업의 휴업·폐업 신고에 대한 설명 중 옳은 것은?
① 1개월 미만 휴업하였다가 그 업을 재개하려는 경우 신고하여야 한다.
② 휴업기간이 1개월 미만 이었을 경우라도 그 업을 재개하려는 경우 신고하여야 한다.
③ 폐업 하였다가 그 업을 재개하려는 경우 변경신고 하여야 한다.
④ 1개월 이상 휴업 후 그 업을 재개하려는 경우 신고하여야 한다.
⑤ 1개월 이상 휴업 후 그 업을 재개하려는 경우 변경신고 하여야 한다.

07. 다음중 화장품 유통·판매·영업의 금지에 대한 설명 중 옳지 못한 것은?
① 보고서를 제출하지 아니한 기능성화장품은 판매할 목적으로 보관 또는 진열 금지
② 신고를 하지 아니한 자가 판매한 맞춤형화장품
③ 누구든지 화장품의 용기에 담은 내용물을 나누어 판매하는 것은 예외 없이 금지
④ 의약품으로 잘못 인식할 우려가 있게 기재·표시된 화장품을 판매할 목적으로 진열 금지
⑤ 화장품의 포장 및 기재·표시 사항을 훼손 한 것을 판매 금지

08. 다음은 화장품의 안전성 평가에 대한 설명이다. 옳은 것은?
① 급성 독성시험은 화장품을 잘못하여 먹었을 때 위험성을 예측하기 위한 시험이다.
② 피부 1차 자극성 시험은 인체에 대한 피부 자극성이나 감작성을 평가하는 시험으로 통상 등 부위나 팔 안쪽에 폐쇄 첩포하여 실행한다.
③ 광독성 시험은 피부에 투여했을 때의 접촉 감작(allergy)성을 검출하는 방법이다.
④ 감작성 시험은 피부상의 피험물질이 자외선에 의해 생기는 자극성을 검출하기 위한 시험이다.
⑤ 인체 패치테스트는 피부에 1회 투여했을 때 자극성을 평가하는 것이다.

09. 어린이가 화장품을 잘못 사용하여 인체에 위해를 끼치는 사고가 발생하지 아니하도록 안전용기·포장을 사용하여야 하는 영업자에 해당하는 것을 모두 고르시오.

<보기>
ㄱ. 화장품 제조업자
ㄴ. 화장품 직접제조 하여 유통·판매하는 자
ㄷ. 맞춤형화장품판매업자
ㄹ. 화장품을 위탁받아 제조하는 제조업자
ㅁ. 수입된 화장품의 내용물에 고시된 원료를 첨가한 맞춤형화장품을 판매하는 자

① ㄱ, ㄹ
② ㄱ, ㄷ, ㄹ

③ ㄴ, ㄷ, ㅁ   ④ ㄴ, ㄹ, ㅁ
⑤ ㄱ, ㄴ, ㅁ

10. 누구든지 판매하거나 판매할 목적으로 제조·수입·보관 또는 진열 금지해야 하는 화장품 대상이 아닌 것은?
① 심사를 받지 아니하거나 보고서를 제출하지 아니한 유기농화장품
② 전부 또는 일부가 변패(變敗)된 화장품
③ 병원미생물에 오염된 화장품
④ 화장품에 사용할 수 없는 원료를 사용하였거나 유통화장품 안전관리 기준에 적합하지 아니한 화장품
⑤ 사용기한 또는 개봉 후 사용기간을 위조·변조한 화장품

11. 안전용기·포장을 사용하여야 하는 품목을 모두 고르시오.

> (ㄱ) 용기 입구 부분이 펌프 또는 방아쇠로 작동되는 분무용기 제품
> (ㄴ) 아세톤을 함유하는 네일 에나멜 리무버 및 네일 폴리시 리무버
> (ㄷ) 어린이용 오일 등 개별포장 당 탄화수소류를 10퍼센트 이상 함유하고 운동점도가 21센티스톡스 이하인 비에멀젼 타입의 액체상태의 제품
> (ㄹ) 개별포장당 메틸 살리실레이트를 5퍼센트 이상 함유하는 액체상태의 제품
> (ㅁ) 일회용 제품, 압축 분무용기 제품(에어로졸 제품 등)

① (ㄱ), (ㄷ)   ② (ㄱ), (ㄹ)
③ (ㄴ), (ㄷ), (ㅁ)   ④ (ㄴ), (ㄷ), (ㄹ)
⑤ (ㄴ), (ㄷ), (ㄹ), (ㅁ)

12. 안전용기·포장 대상 품목 및 기준에 대한 설명 중 옳지 않은 것은?
① 아세톤을 함유하는 네일 에나멜 리무버는 안전용기·포장을 사용하여야 한다.
② 안전용기·포장은 만 5세 미만의 어린이가 개봉하기는 어렵게 된 것이어야 한다.
③ 개봉하기 어려운 정도의 구체적인 기준 및 시험방법은 식품의약품안전처장이 정하여 고시하는 바에 따른다.
④ 일회용 제품, 용기 입구 부분이 펌프로 작동되는 분무용기 제품은 안전용기·포장 대상에서 제외한다.
⑤ 개별포장당 메틸 살리실레이트를 5퍼센트 이상 함유하는 액체상태의 제품은 안전용기·포장을 사용하여야 한다.

13. 누구든지 화장품을 판매하거나 판매할 목적으로 보관 또는 진열하여서는 아니 되는 화장품으로 옳지 못한 것은?
① 신고를 하지 아니한 자가 판매한 맞춤형화장품
② 등록을 하지 아니한 자가 제조·수입하여 유통·판매한 화장품

③ 책임판매관리자를 두지 아니하고 판매한 맞춤형화장품
④ 의약품으로 잘못 인식할 우려가 있게 기재·표시된 화장품
⑤ 화장품의 포장 및 기재·표시 사항을 훼손 또는 위조·변조한 것

14. 다음 화장품의 유형에서 맞춤형화장품에서 판매할 수 있는 유형에 해당 하는 것은

<보기>
ㄱ. 기초화장품 제품류   ㄴ. 목욕용 제품류
ㄷ. 방향용 제품류   ㄹ. 색조 화장용 제품류
ㅁ. 인체 세정용 제품류

① ㄱ, ㄴ, ㄷ   ② ㄴ, ㄹ, ㅁ
③ ㄱ, ㄷ, ㄹ   ④ ㄴ, ㄷ, ㄹ
⑤ ㄷ, ㄹ, ㅁ

15. 다음 중 화장품법에서 정의하는 맞춤형화장품에 해당하는 것은?
① 화장비누(고형비누)
② 사용제한 보존제를 첨가한 화장품
③ 사용제한 자외선차단제를 함량기준내로 첨가한 화장품
④ 고시된 기능성 원료를 첨가한 화장품
⑤ 책임판매업자가 이미 심사를 받아 공급한 미백원료를 첨가한 화장품

16. 다음 중 화장품법에서 정의하는 맞춤형화장품에 해당하지 않는 것은?
① 소분하여 판매 하는 화장비누(고형비누)
② 국내에서 제조된 벌크제품에 식약처 고시원료를 첨가한 제품
③ 수입된 화장품의 내용물에 다른 화장품의 내용물을 혼합한 제품
④ 책임판매업자에게 공급받은 내용물을 소분한 제품
⑤ 제조 또는 수입된 완제품에 심사를 받은 미백원료를 첨가한 제품

17. 맞춤형화장품판매업의 영업범위에 대한 설명 중 옳은 것은?
① 제조 또는 수입된 화장품의 내용물을 소분한 화장품을 판매하는 영업
② 화장품제조업자에게 위탁하여 제조된 화장품을 유통·판매하는 영업
③ 수입된 화장품을 유통·판매하는 영업
④ 수입대행형 거래를 목적으로 화장품을 알선·수여하는 영업
⑤ 화장품제조업자가 화장품을 직접 제조하여 유통·판매하는 영업

18. 맞춤형화장품의 사후관리(판매관리)에 관한 사항이다. 옳은 것은?
① 맞춤형화장품판매업자는 맞춤형화장품의 판매내역을 작성·보관하여야 한다.

② 혼합 또는 소분에 사용되는 내용물 및 원료에 대해 소비자에게 설명할 의무가 없다.
③ 안전성 정보를 인지한 경우 정기보고를 통해 식약처에 알려야 한다.
④ 판매한 맞춤형화장품이 회수 대상임을 인지한 경우 30일이내로 회수 조치를 취해야 한다.
⑤ 회수대상 맞춤형화장품을 구입한 소비자로부터 적극적 회수 조치는 책임판매업자가 하여야 한다.

19. 다음은 맞춤형화장품판매업자의 준수사항에 대한 설명이다. 바르지 못한 것은?
① 맞춤형화장품판매업소마다 맞춤형화장품조제관리사를 두어야 한다.
② 맞춤형화장품 혼합·소분 시 책임판매업자와 계약한 사항을 준수하여야 한다.
③ 제조번호, 판매일자·판매량, 사용기한(또는 개봉 후 사용기간)을 포함한 맞춤형화장품 판매내역을 작성·보관 하여야 한다.
④ 맞춤형화장품의 사용기한은 혼합·소분일을 기준으로 하며 내용물 또는 원료의 사용기한을 초과할 수 있다.
⑤ 맞춤형화장품 내용물 및 원료의 입고 시 품질관리 여부를 확인하고 책임판매업자가 제공하는 품질성적서를 구비하여야 한다.

20. 다음 <보기>중 맞춤형화장품판매업자가 준수해야할 의무사항에 해당하는 것을 모두 고르시오.

<보기>
ㄱ. 맞춤형화장품 판매장 시설·기구의 관리 방법 준수
ㄴ. 혼합·소분 안전관리기준의 준수 의무
ㄷ. 혼합·소분되는 내용물 및 원료에 대한 설명 의무 준수
ㄹ. 화장품의 제조과정에 사용된 원료의 목록을 유통·판매 전에 보고할 의무
ㅁ. 내용물 및 원료를 공급하는 화장품책임판매업자를 관리·감독할 의무

① ㄱ, ㄴ
② ㄱ, ㄴ, ㄷ
③ ㄴ, ㄷ, ㄹ
④ ㄷ, ㄹ, ㅁ
⑤ ㄹ, ㅁ

21. 맞춤형화장품조제관리사 자격시험의 결격사유에 해당하는 사람은?
① 피성년후견인이나 파산선고를 받은 자
② 자격이 취소된 날부터 3년이 경과하지 않은 자
③ 화장품법을 위반하여 30일 이상 금고를 받고 집행이 끝나지 아니한 자.
④ 정신질환자
⑤ 영업소폐쇄가 된지 1년이 지나지 않은 자

22. 다음 중 맞춤형화장품판매업의 영업소 폐쇄의 행정처분을 해야 하는 경우는?
① 맞춤형화장품판매업소의 소재지 변경신고를 1차 위반한 경우
② 맞춤형화장품 사용 계약을 체결한 책임판매자의 변경신고를 4차이상 위반한 경우
③ 맞춤형화장품조제관리사의 변경신고를 하지 않은 경우
④ 업무정지기간 중에 해당 업무를 한 경우(단, 광고업무에 한정해 정지인 경우는 제외)
⑤ 맞춤형화장품판매업소의 소재지 변경신고를 3차 위반한 경우

23. 다음 중 맞춤형화장품 판매관리에 있어서 판매내역을 작성·보관 하여야 하는 세부사항에 해당 하지 않는 것은?
① 제조번호　　　　　　② 판매일자판매량
③ 가격　　　　　　　　④ 사용기한 또는 개봉 후 사용기간
⑤ 판매량

24. 다음 중 화장품에 광고할 수 있는 내용은?
① 아토피 치료　　　　② 주름 제거
③ 기미 제거　　　　　④ 피부 진정
⑤ 여드름 흉터 제거

25. 맞춤형화장품조제관리사 시험 및 교육에 관한 내용 중 옳지 않은 것은?
① 보건복지부장관이 실시하는 자격시험에 합격 하여야 한다.
② 화장품의 안전성 확보 및 품질관리에 관한 교육을 매년 받아야 한다.
③ 거짓이나 그 밖의 부정한 방법으로 시험에 합격한 경우에는 자격을 취소하여야 한다.
④ 자격이 취소된 사람은 취소된 날부터 3년간 자격시험에 응시할 수 없다.
⑤ 자격시험 응시와 자격증 발급을 신청하고자 하는 자는 수수료를 납부하여야 한다.

26. 맞춤형화장품판매업자의 의무 및 준수사항이 아닌 것은?
① 혼합·소분 안전관리기준의 준수 의무를 준수하여야 한다.
② 맞춤형화장품 판매장 시설·기구의 관리 방법을 준수하여야 한다.
③ 내용물 및 원료를 공급하는 화장품책임판매업자를 관리·감독할 의무를 준수하여야 한다.
④ 혼합·소분되는 내용물 및 원료에 대한 설명 의무를 준수하여야 한다.
⑤ 화장품의 안전성 확보 및 품질관리에 관한 교육을 매년 받아야 한다.

27. 맞춤형화장품판매업자의 의무 사항에 해당하는 것은?

(ㄱ) 맞춤형화장품 판매장 시설·기구의 관리 방법 준수
(ㄴ) 혼합·소분 안전관리기준의 준수 의무 준수
(ㄷ) 혼합·소분되는 내용물 및 원료에 대한 설명 의무 준수

(ㄹ) 화장품책임판매업자와의 계약사항 이행 및 준수
(ㅁ) 화장품의 제조와 관련된 기록·시설·기구 등 관리 방법 준수

① (ㄱ), (ㄴ) ② (ㄱ), (ㄴ), (ㄷ)
③ (ㄴ), (ㅁ) ④ (ㄴ), (ㄹ), (ㅁ)
⑤ (ㄱ), (ㄴ), (ㄷ), (ㄹ)

28. 맞춤형화장품판매업자가 책임판매업자로부터 받아 보관해야 할 서류는?
① 제품표준서 ② 제조지시서
③ 수입관리기록서 ④ 판매내역서
⑤ 품질성적서

29. 맞춤형화장품조제관리사의 정기교육 시간은 어떻게 되는가?
① 4시간 이하 ② 4시간 이상, 8시간 이하
③ 8시간 이상 ④ 16시간 이상
⑤ 연2회 각 4시간 이상

30. 맞춤형화장품조제관리사의 정기교육 방식에 대한 설명이 바른 것은?
① 매년 집합교육
② 매 반기마다 집합교육
③ 매년 최초 집합교육 이후 온라인교육
④ 매년 온라인교육
⑤ 매 반기마다 최초 집합교육 이후 온라인교육

31. 맞춤형화장품조제관리사의 퇴직으로 인하여 다른 조제관리사를 채용하였다. 변경신고를 며칠 내로 하여야 하는가?
① 지체 없이 ② 5일 이내
③ 7일 이내 ④ 15일 이내
⑤ 30일 이내

32. 맞춤형화장품조제관리사의 퇴직으로 인하여 29일째까지 다른 조제관리사를 채용하지 못했다. 맞춤형화장품판매업자가 취할 수 있는 행동으로 옳은 것은?
① 채용할 때 까지 영업을 계속한다.
② 휴업신고를 하고 조제관리사를 채용한 후 변경신고를 하고 영업을 재개 한다.
③ 관할 식약청에 신고를 한다.
④ 맞춤형화장품판매업자가 맞춤형화장품 혼합·소분 업무를 직접한다.
⑤ 혼합·소분 업무를 일시정지하고 영업은 계속한다.

33. 다음 <보기>에서 (㉠)들어갈 적당한 용어는?

<보기>

맞춤형화장품에 사용 가능한 원료는 다음의 원료를 제외한 원료이다.
ㄱ. 화장품에 사용할 수 없는 원료
ㄴ. 화장품에 사용상의 제한이 필요한 원료
ㄷ. 식품의약품안전처장이 고시한 (㉠)의 효능·효과를 나타내는 원료
단, 맞춤형화장품판매업자에게 원료를 공급하는 화장품책임판매업자가 「화장품법」 제4조에 따라 해당 원료를 포함하여 (㉠)에 대한 심사를 받거나 보고서를 제출한 경우는 제외 한다.

① 천연화장품
② 유기농화장품
③ 기능성화장품
④ 맞춤형화장품
⑤ 한방화장품

34. 맞춤형화장품조제관리사가 종사 하는 업무는 무엇인가?
① 화장품조제 업무
② 혼합·소분 업무
③ 화장품판매 업무
④ 화장품제조 업무
⑤ 책임판매 업무

35. 맞춤형화장품판매업에 대한 영업소 폐쇄의 사유에 해당되지 않는 것은?
① 정신질환자
② 미성년자
③ 마약류의 중독자
④ 업무정지기간 중에 업무를 한 경우(단, 광고업무 정지의 경우는 제외)
⑤ 영업소가 폐쇄된 날부터 1년이 지나지 아니한 자

36. 맞춤형화장품판매업에 대한 영업소 폐쇄의 사유에 해당되지 않는 것은?
① 정신질환자
② 피성년후견인
③ 마약류의 중독자
④ 광고업무정지기간 중에 업무를 한 경우
⑤ 영업소가 폐쇄된 날부터 1년이 지나지 아니한 자

37. 식품의약품안전처장은 법에 따라 영업자에게 업무정지처분에 갈음하여 과징금을 부과할 수 있다. 그 금액의 기준은 얼마인가?
① 5천만원 이하
② 5천만원 초과 ~ 1억원 이하

③ 1억원 초과 ~ 3억원 이하
④ 3억원 초과 ~ 5억원 이하
⑤ 10억원 이하

38. 다음 <보기>에 적당한 용어로 올바른 것은?

<보기>
「화장품법 시행규칙」에 따라 전문 교육과정을 이수하여 책임판매관리자의 자격기준을 인정받을 수 있는 품목은 (㉠)(으)로 한다. 다만, 상시근로자수가 2인 이하로서 직접제조한 (㉠)만을 판매하는 화장품책임판매업자의 경우에 한한다.

① 화장비누
② 흑채
③ 제모왁스
④ 맞춤형화장품
⑤ 방향용품

39. 다음 중 사용금지원료에 해당하는 것은?
① 만수국꽃추출물
② 만수국아재비꽃추출물 또는 오일
③ 하이드롤라이즈드밀단백질
④ 천수국꽃추출물
⑤ 땅콩오일, 추출물 및 유도체

40. 맞춤형화장품판매업자가 상속으로 인하여 대표자가 변경되었다. 제출할 서류가 아닌 것은?
① 가족관계증명서
② 맞춤형화장품 신고필증
③ 변경등록 신청서
④ 양도계약서
⑤ 담당공무원 요청하는 대표자 관련 필요서류

41. 다음 중 화장품에 광고할 수 있는 내용은?
① 여드름 치료
② 피부 재생
③ 기미 제거
④ 안면 리프팅
⑤ 피부 보습

[단답형]

01. 다음 <보기>는 맞춤형화장품에 관한 설명이다. <보기>에서 ㉠, ㉡에 해당하는 적합한 단어를 각각 작성하시오.

   <보기>
   ㄱ. 맞춤형화장품 제조 또는 수입된 화장품의 내용물에 다른 화장품의 내용물이나 식품의약품안전처장이 정하는 원료를 추가하여 (㉠)한 화장품
   ㄴ. 제조 또는 수입된 화장품의 내용물 (㉡)한 화장품

02. 다음 <보기>는 맞춤형화장품판매업에 관한 설명이다. <보기>에서 ㉠에 해당하는 적합한 단어를 작성하시오.

   <보기>
   맞춤형화장품판매업을 (㉠)한 맞춤형화장품판매업자는 총리령으로 정하는 바에 따라 맞춤형화장품의 혼합·소분 업무에 종사하는 자를 두어야 한다.

03. 화장품법 제3조의4에 따라 맞춤형화장품조제관리사가 되려는 사람은 화장품과 원료 등에 대하여 식품의약품안전처장이 실시하는 자격시험에 합격하여야 한다. 맞춤형화장품조제관리사가 거짓이나 그 밖의 부정한 방법으로 시험에 합격한 경우에는 자격을 취소하여야 하며, 자격이 취소된 사람은 취소된 날부터 (㉠)간 자격시험에 응시할 수 없다. ㉠에 들어갈 적합한 기간을 적으시오.

04. 화장품법 제3조의4에 따라 (㉠)(이)가 되려는 사람은 화장품과 원료 등에 대하여 식품의약품안전처장이 실시하는 자격시험에 합격하여야 한다. (㉠)가 거짓이나 그 밖의 부정한 방법으로 시험에 합격한 경우에는 자격을 취소하여야 하며, 자격이 취소된 사람은 취소된 날부터 3년간 자격시험에 응시할 수 없다. ㉠에 들어갈 적합한 용어을 적으시오.

05. 다음 <보기>는 화장품법 시행규칙 제18조 1항에 따른 안전용기·포장을 사용하여야 할 품목에 대한 설명이다. ㉠에 적합한 용어를 작성하시오.

   <보기>
   ㄱ. 아세톤을 함유하는 네일 에나멜 리무버 및 네일 폴리시 리무버
   ㄴ. 개별 포장당 메틸 살리실레이트를 5% 이상 함유하는 (㉠)상태의 제품
   ㄷ. 어린이용 오일 등 개별포장 당 탄화수소류를 10% 이상 함유하고 운동점도가 21 센티스톡스(섭씨 40도 기준) 이하인 비에멀젼 타입의 (㉠)상태의 제품

06. 다음 <보기>는 화장품법 시행규칙 제18조 1항에 따른 안전용기·포장을 사용하여야 할 품목에 대한 설명이다. ㉠, ㉡에 적합한 용어를 각각 작성하시오.

― <보기> ―
ㄱ. 아세톤을 함유하는 네일 에나멜 리무버 및 네일 폴리시 리무버
ㄴ. 개별 포장당 메틸 살리실레이트를 (㉠) 이상 함유하는 액체상태의 제품
ㄷ. 어린이용 오일 등 개별포장 당 탄화수소류를 (㉡) 이상 함유하고 운동점도가 21센티스톡스(섭씨 40도 기준) 이하인 비에멀젼 타입의 액체상태의 제품

07. 다음 <보기>는 화장품법에서 영업의 금지 및 판매의 금지에 대한 내용이다. ㉠, ㉡에 적절한 용어를 각각 적으시오.

― <보기> ―
누구든지 화장품법 제3조의2(맞춤형화장품판매업의 신고)에 따라 신고를 하지 아니한 자가 판매한 (㉠)이나 (㉡)를 두지 아니하고 (㉠)을 판매하거나 판매할 목적으로 보관 또는 진열하여서는 아니 된다. 누구든지 화장품의 용기에 담은 내용물을 나누어 판매하는 것을 금지한다. 단, (㉡)를 통하여 판매하는 맞춤형화장품판매업자는 제외한다.

08. 다음 <보기>는 맞춤형화장품의 사후관리 기준에 대한 설명이다. (㉠)에 알맞은 것은?

― <보기> ―
① 맞춤형화장품판매업자는 안전성 정보(부작용 발생 사례 포함)를 인지한 경우 신속히 (㉠)에게 보고하여야 한다.
② 회수 대상임을 인지한 경우 신속히 (㉠)에게 보고 및 회수 대상 맞춤형화장품을 구입한 소비자로부터 적극적 회수조치를 하여야 한다.

09. 다음 <보기>에서 설명하는 내용은 무엇에 대한 용어 인가?.

― <보기> ―
가. 제조 또는 수입된 화장품의 내용물에 다른 화장품의 내용물이나 식품의약품안전처장이 정하는 원료를 추가하여 혼합한 화장품
나. 제조 또는 수입된 화장품의 내용물을 소분(小分)한 화장품

10. 다음 <보기>에서 설명하는 내용은 무엇에 대한 용어 인가?.

― <보기> ―
가. 제조 또는 수입된 화장품의 내용물에 다른 화장품의 내용물이나 식품의약품안전처장이 정하는 원료를 추가하여 혼합한 화장품을 판매하는 영업
나. 제조 또는 수입된 화장품의 내용물을 소분(小分)한 화장품을 판매하는 영업

4.2 피부 및 모발 생리구조

<학습차례>

1. 피부의 생리 구조
2. 모발의 생리 구조
3. 피부 모발 상태 분석

1. 피부의 생리 구조

1. 피부의 생리 구조

① 피부의 구조

(1) 표피(epidermis)
: 피부결, 보습력과 피부색상이 결정.
(2) 진피(dermis)
: 신경조직, 혈관, 땀샘, 피지선, 교원섬유(콜라겐)와 탄력섬유(엘라스틴)으로 구성.
(3) 피하조직(subcutaneous tissue)
: 지방세포로 구성, 체온유지에 중요한 역할.
(4) 피지선(sebaceous gland)
(5) 한선(땀샘;sweat gland)
(6) 모발, 손톱 및 발톱

2. 표피의 구조 및 특성

① 표피(Epidermis)
• 약 0.1~0.3mm 정도의 두께
• 각질층, 투명층, 과립층, 유극층, 기저층으로 분류
• 턴 오버(turn over) 주기 28일

② 표피의 구조

(1) **기저층** : 진피와 접해 있으며 각질형성세포가 탄생하는 장소.
(2) **유극층** : 세포와 세포사이의 연결 역할을 하며 지질입자(세라마이드, 콜레스트롤, 지방산)와 여러 가지 효소성분(단백질 분해효소, 포스파타제, 지방분해효소, 당분해효소) 함유.

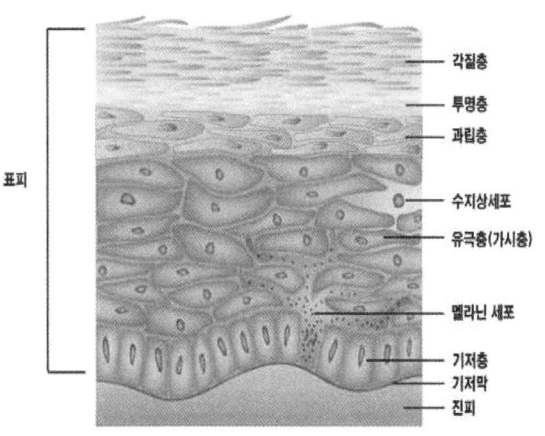

(3) 과립층 : 유극층에서 밀려 올라온 세포들이 생명을 잃으면서 케라틴이 생성. 필라그린(각질층으로 올라가면서 공기와 접촉하면 그 스스로가 아미노산으로 분해되어 천연보습인자(NMF)로 변한다)출현.

(4) 각질층 : 케라틴 단백질과 지방물질이 장벽을 형성하여 표피 안의 수분이 밖으로 빠져나가는 것을 방지하고 외부로부터 물질이 안으로 들어오는 것을 차단해 주는 피부의 보호장벽 역할을 한다.

③ 표피구성세포

(1) 각질형성세포(케라티노사이트) : 기저층, 유극층, 과립층, 각질층, 표피의 약80%

(2) 랑게르한스세포 : 피부면역기능에 중요한 역할
- 랑게르한스 세포는 랑게르한스 과립을 가지고 있는 세포로서 피부의 면역기능에 중요한 역할을 한다
- 주로 표피의 유극층 상부에 존재하며 각질층을 통과할 수 있는 항원의 침입을 인지하는 면역기능을 가진 세포이다.

(3) 멜라닌형성세포 : 멜라닌합성, 자외선 흡수 및 산란
- 멜라닌 합성은 아미노산의 일종인 티로신을 출발 물질로서 티로시나아제라는 효소에 의해 도파로 바뀌고, 다시 도파키논으로 산화되는 반응에 의해 합성이 개시된다.
- 멜라닌은 자외선을 흡수하거나 산란시켜 피부를 보호한다.

[멜라노솜]
멜라닌 세포(흑색 소포) 속에 들어 있는 색소 과립으로 멜라닌의 생성은 멜라닌 세포(melanocyte)의 세포질 내에 형성되는 특수한 구조인 멜라노솜(melanosome) 중에서 일어난다.

1회 시험 출제 ➤ 단답형 문제 출제(멜라노사이트, 멜라노솜)

(4) 메르켈세포(촉각세포) : 촉각감지, 기저층에 위치

3. 진피의 구조 및 특성

① 진피(Dermis)
- 약 2~4mm 정도의 두께, 섬유상 단백질(콜라겐, 엘라스틴)과 다당류(히아루론산) 등이 세포외 매트릭스를 구성, 모세혈관, 신경이 분포
- 피부의 90%를 차지

② 진피의 구조

(1) 유두층 : 진피의 상부, 표피에 영양소와 산소공급

(2) 망상층 : 유두진피의 하부, 신축성과 탄력, 한선/혈관/피지선 /신경이 분포

③ 진피의 구성요소

(1) 섬유아세포 : 교원섬유, 탄력섬유, 기질등의 합성

(2) 이동성세포 : 신체방어(대식세포, 림프구, 과립성 백혈구)

(3) 세포외 기질 : 콜라겐(교원섬유), 엘라스틴(탄력섬유), 기질(당단백질, 점다당질)
- **콜라겐**(collagen):교원섬유(collagenous fiber)
  - 콜라겐은 진피의 80~90%를 차지

-콜라겐 한 분자는 3중 나선형의 구조, 대략 3,000개 이상의 아미노산들로 결합된 거대분자
- **엘라스틴**(elastin):탄력섬유(Elastic fiber)
-진피성분의 2~3%를 차지
-피부탄력성에 중요한 역할, 화학물질에 대해 저항력이 높음
-나이가 들면 탄력섬유가 감소되며 이로 인해 깊은 주름살과 늘어짐이 나타난다.
- **당단백질**(glycoprotein)
-탄수화물과 단백질과의 화합물로 이루어지는 복합 단백질로 세포의 이동, 세포 사이의 접착력, 섬유질 사이의 접착력에 영향을 준다.
-피부조직을 재건하고 상처치유과정에 있어 매우 중요한 역할
- **점 다당질**(glycosaminoglycans:GAG)
-세포와 섬유질들 사이사이를 채우고 있는 물질(세포외 기질) : 수분을 붙잡는 중요한 역할
-진피에서 가장 풍부하게 발견되는 GAG는 히아루론산(HA:Hyaluronic Acid), 자신의 약 수천배의 수분을 잡음(소듐하이알루로네이트(Sodium Hyaluronate-히아루론산의 유도체: 강력한보습제)
-진피의 염분과 수분 균형에 기여

4. 피하조직, 피지선, 한선

① **피하조직**(Subcutaneous tissue)
- 진피의 밑에 있는 결합 조직층, 느슨한 섬유조직
   (1) 체온조절기능
   (2) 유기체의 영양과 에너지의 저장기능
   (3) 충격완화, 피부탄력성유지, 피하조직과 연결된 뼈와 근육을 보호

② **피지선**(Sebaceous Gland)
- 전신, 안면, 두피에 많음, 손바닥·발바닥을 제외한 피부전신에 분포
- 대부분 모포에 연결되어 모공으로 배출
남성호르몬(안드로겐)에 의해 활성 증가

   (1) 피지분비기전 : 피지를 분비하는 분비선, 안드로겐에 의해 조정
   (2) 구성성분 : 트리글리세라이드, 왁스, 스쿠알렌, 자유지방산, 콜레스테롤 등
   (3) 피지의 기능 : 피지막형성, 수분증발억제, 여드름유발
   (4) 피지막 : 수·지질막, pH5~6 약산성, 피부보호역할
      - 피지막 : 피지 구성성분 + 땀(수분, 단백질, 아미노산, 젖산, 요산, 요소, 염분)

③ **한선**(Sweat Gland) : 땀을 분비하는 샘으로 땀샘이라 한다.
- 분비방식에 따라 표피에 개구된 에크린 한선(소한선)과 모공으로 개구된 아포크린 한선(대한

선)으로 구분
　　(1) 에크린 한선(소한선:ecrine sweat gland)
　　　-전신, 특히 이마, 겨드랑이, 손바닥, 발바닥에 많은 존재
　　　-약산성으로 세균 번식을 억제
　　　ⓐ 체온조절(열과 심리적자극에 의한 발한)
　　　ⓑ 각질층의 천연보습인자(NMF)로 작용, pH4~6의 약산성 유지
　　(2) 아포크린 한선(대한선:apocrine sweat gland)
　　　-겨드랑이, 항문, 생식기등 특정 부위에 분포
　　　ⓐ 모공을 통해 피지와 섞여 배출
　　　ⓑ 약알칼리성으로 세균감염이 쉽고 특유한 냄새 유발

5. 피부와 보습

① **수분량**
　　(1) 생체 수분량 : 출생시 80%→20세전후 75%→70세경 60%
　　(2) 각질층 : 15~20% / 내부표피나 진피층 : 60~70%
　　(3) 각질층의 수분이 10% 이하가 되면 피부가 거칠어지고 촉촉함을 잃는다.

② **피지막, 세포간지질, 천연보습인자(NMF)** : 3중방어막
　　(1) 피지막 : 피부 표면을 덮어서 수분 증발을 억제
　　(2) 세포간지질 : 각질세포사이에 존재, 수분증발 및 NMF 성분의 아미노산 방출을 막음, 세라마이드가 주성분
　　(3) 천연보습인자 : 각질층에 존재하는 아미노산 등의 수용성 단백질, 무기염류→수분증발 억제, 수분 흡인

6. 천연보습인자(NMF)

① 필라그린이 분해되면서 형성된 부산물
② 각질층에서 케라토히알린의 구성 성분인 프로필라그린은 필라그린으로 변화되고, 단백질인 필라그린은 각질세포에서 2~3일 안에 효소에 의해 아미노산으로 분해되어 천연보습인자가 된다.
③ 천연보습인자는 각질층의 보습 유지에 중요한 역할
④ 부족할 경우 어린선, 건선, 아토피 피부염 등의 피부질환이 악화
⑤ 나이가 들거나 비누나 계면활성제 세제류를 사용했을 때 감소

　　• 아미노산 : 40%　　　　• 피롤리돈 카르복실산 : 12%
　　• 무기염류 : 1.5%　　　　• 암모니아 : 1.5%
　　• 젖산염 : 12%　　　　　• 요소, 요산 : 7%
　　• 당류, 기타 9%

7. 피부의 기능(생리작용)

① 물리적·화학적 방어작용 ② 자외선 방어작용
③ 보습작용 ④ 흡수작용
⑤ 체온조절작용 ⑥ 분비배설작용
⑦ 감각작용(지각작용) ⑧ 비타민 D 생성작용
⑨ 항산화 작용 ⑩ 면역작용, 기타작용

8. 물리적·화학적 방어작용

• 진피층에 존재하는 피부에 탄력을 주는 탄력섬유(엘라스틴)나 강도를 유지하는 교원섬유(콜라겐)
• 피하조직은 외부로부터 자극에 직접 내부에 미치지 않도록 쿠션 역할을 하여 피부를 보호하고 진피 내 신경과 혈관을 보호
• 피부는 각질층에 존재하는 유산이나 지방산에 의해 알칼리를 중화하여 피부의 표면을 항상 약산성(pH 5 전후)을 유지
• 약산성의 보호막(산성보호막)은 피부에서 미생물, 세균의 발육과 증식을 막는 보호기능

9. 자외선 방어작용

• 피부에 투과된 자외선에 대한 방어에는 멜라노사이트가 만드는 멜라닌이 가장 중요한 역할
• 표피에 생성된 멜라닌색소는 자외선을 흡수하여 피부 속으로 침투하는 것을 차단
• 멜라닌은 각질층을 통과한 자외선의 약90% 이상을 흡수하는 화학적 필터 역할
• 각질층 내에 존재하는 NMF 성분 중 하나인 우로카닌산(아미노산의 일종인 히스티딘의 대사물)은 천연의 자외선B의 흡수제로서 자외선 방어에 기여
• 각질층은 피부에 도달하는 자외선의 대부분을 반사 또는 분산, 흡수하여 피부를 보호

10. 보습작용

① **수분 보유능**(Water retention capacity)
• 각질층의 수분 보유에 중요한 역할을 하는 것은 수용성 성분인 천연보습인자(NMF)이다.
② **베리어 기능**(장벽기능:Barrier Function)
• 수분의 증산이나 NMF 성분 중 가장 많은 구성을 차지하는 아미노산의 방출을 막아주는 중요한 역할
• 이 세포간 지질은 대부분 세라마이드, 콜레스테롤과 그 에스테르, 지방산으로 구성

11. 기타 작용

① 흡수작용
• 피부를 통해 주입된 물질이 흡수되는 것을 경피흡수라 한다.
• 세포사이 공간 또는 세포 자체 통과와 피부 부속기를 통해 흡수
② 체온조절작용

- 피부 모세 혈관의 확장, 수축에 의한 피부 혈류량의 변화와 발한에 의한 기화열에 의해 체온을 조절하여 36.5°C의 정상적인 체온 유지

③ 분비배설작용
- 한선과 피지선을 통해 땀과 피지를 분비하여 배설하는 작용

④ 감각작용(지각작용)
- 촉각자극에 반응하는 지각신경 말단이 분포해 있어서 외부의 자극으로부터 위험을 감지하고 인체를 방어
- 촉각수용체 : 마이스너 소체, 파치니 소체, 메르켈 세포, 크라우제 소체, 루피니 소체, 자유신경종말

⑤ 비타민 D 생성작용
- 표피 과립층에서 7-디하이드로 콜레스테롤(7-dehydro cholesterol)로부터 자외선에 의해 비타민 D가 합성
- 인체 내에 비타민 D가 부족하면 칼슘의 부족으로 인해 골다공증과 같은 질환이 발생

⑥ 항산화 작용
- 자외선 등은 피부 내에 활성산소·프리라디칼을 생성하여 피부 노화의 원인 → 피부는 효소성, 비효소성 항산화 분자가 존재하여 종합적인 항산화 시스템을 구축

⑦ 면역작용, 기타작용

12. 피부의 흡수 메카니즘

① **경피흡수 메카니즘**
  (1) 표피를 통한 흡수(각질세포직접통과, 세포사이 경로 통과)
  (2) 피부 부속기관을 통한 흡수(피지선, 한선)

② **경피흡수에 영향을 미치는 요인**
  (1) 피부의 생리적 요인
  (2) 경피흡수에 영향을 미치는 기타 요인

13. 피부의 pH

① **피부의 pH와 기능**
  (1) 피부표면, 모발 : 약산성 pH 4.0~6.0
  (2) 피부의 알칼리화 → 산성보호막 파괴 → 세균/미생물증식

② **피부의 알칼리 중화능력**
  (1) 케라틴(단백질) : 알칼리성 비누에 약함→알칼리화
  (2) 한선에서 분비하는 땀 : 젖산, 요산, 피지산→알칼리중화

14. 피부장애와 질환

발진(병변)이란?
피부의 외상, 손상, 질병 등으로 인해 피부조직에 구조적인 변화가 일어나 이상이 있는 부분을 의미한다.

① **원발진**(primary lesion) : 피부에 최초로 발생하는 1차적 장애
② **속발진**(secondary lesion) : 원발진이 계속진행되거나 회복, 외상, 그 밖의 외적 요인에 의해 변화된 2차적 장애

15. 화장품 성분의 경피 흡수

① 화장품의 경피 흡수의 경로
  (1) 각질층(표피) 통과 경로(세포사이 경로, 세포통과 경로)
  (2) 부속기관 통과 경로(피지선, 한선)
② 화장품의 경피흡수 방법
  (1) 물리적인 경피흡수 방법
  (이온영동법, 일렉트로포레이션, 초음파, MTS, 마사지)
  (2) 화학적인 경피흡수 방법(AHA, BHA)
③ 화장품 제형을 이용한 흡수 방법
  (리포좀, 나노 에멀젼, 에토좀)

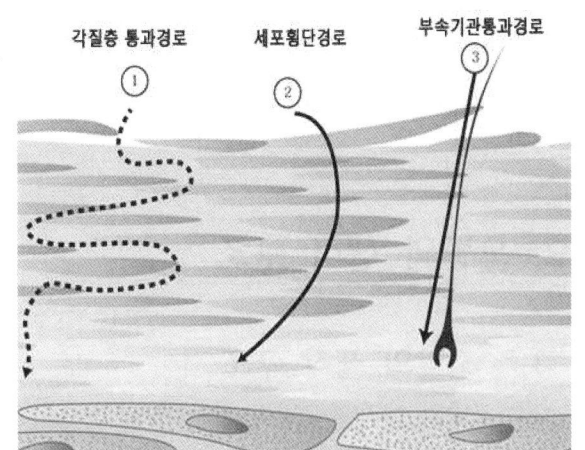

16. 비타민의 종류

① 지용성 비타민
  (1) 비타민 A(레티놀) 및 유도체 : 피부의 주름개선에 도움을 주는 제품의 성분
    1) 레티놀(순수 비타민A) : 2,500IU/g
    2) 레티닐 팔미테이트(retinyl palmitate) : 10,000IU/g
    3) 폴리에톡실레이티드레틴아마이드 : 0.05~0.2%
  (2) 비타민 D
    1) 비타민 D_2(에르고칼시페롤:사용금지원료) : 식물에 많이 포함
    2) 비타민 D_3(콜레칼시페롤:사용금지원료) : 동물에서의 피부에 존재하는 7-데하이드로콜레스테롤(프로바이타민 D_3)이 자외선 (290-310 nm의 UVB, 최적 파장은 295-300 nm) 조사 때문에 광학 반응이 일어나 프리바이타민 D_3를 형성
  (3) 비타민 E(사용상의 제한이 있는 기타원료)
    1) 토코페롤(사용상의 제한이 있는 기타원료) : 산화안정성이 떨어져 사용시에는 안정성자료를 별도로 보관해야 한다.
    2) 토코페릴아세테이트(사용상의 제한이 없음) : 산화안정성이 떨어지는 순수 토코페롤의 대안 물질로 사용되고 있으며 20% 이내로 사용제한
  (4) 비타민 K_1(피토나디온:사용금지원료) : 피토나디온(K_1)으로서 녹색 채소에 다량 함유되어 있고, 시판되는 의약품으로는 피토나디온이 사용된다.
② 수용성 비타민
  (1) 비타민 L : 사용금지원료
    1) 비타민 L1(안트라닐산) : 간 진액에서 분리
    2) 비타민 L2(5'-티오메틸아데노신) : 이스트에서 분리

(2) 비타민 C(아스코르빈산)과 유도체 : 피부의 미백에 도움을 주는 제품의 기능성 성분
  1) 마그네슘아스코빌포스페이트 : 3% 농도
  2) 아스코빌글루코사이드 : 2% 농도
  3) 에칠아스코빌에텔 : 1~2% 농도
  4) 아스코빌테트라이소팔미테이트 : 2% 농도
(3) 비타민 B 복합체
  비타민 B3 대표적인 성분으로는 미백효과가 있는 나이아신아마이드(niacinamide)

1회 시험 출제 ➢ 5지선다형의 지문으로 출제(비타민의 종류 및 유도체가 바른 것 고르기)

2. 모발의 생리 구조

1. 모발의 생리 구조

① 모발의 생리 : 모발의 기능, 모발의 종류, 모발의 구조
  (1) 모발의 기능
  • 보호 : 외부의 위험, 자극으로 부터 인체를 보호, 중금속의 배출
  • 장식 : 욕구 충족
  (2) 모발의 종류
  • 경모 : 털이 굵고 색이 진하며, 모수질이 있고 멜라닌 색소가 많다. 주로 머리나 수염, 겨드랑이, 음모에 분포
  • 연모 : 태어날 때부터 가지고 있는 털. 모수질이 없고 멜라닌 색소가 부족하여 털이 얇고 색이 연하여 눈에 잘 띄지 않는다. 연모는 태모라고도 불린다.

2. 모발의 구조

① 모발의 구조
  (1) 모간 : 모발의 바깥쪽, 모표피, 모피질, 모수질로 나뉨
  • 모표피-생선 비늘 모양의 형태, 친유성
  • 모피질-멜라닌 색소를 지니고 있고 친수성, 모발의 85%~90%를 차지, 펌과 염색에 관련
  • 모수질-안에 공기층이 있다. 벌집 모양의 다각형 모양으로 구성. 모 수질이 많은 모발은 펌 웨이브 형성이 잘되고, 모 수질이 적은 모발은 펌 웨이브 형성이 어렵다.

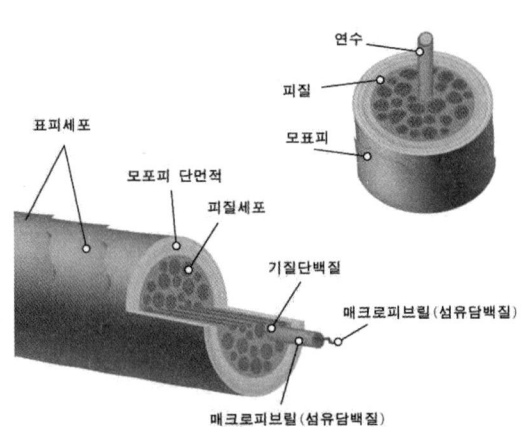

1회 시험 출제 ➢ 단답형 문제로 출제(정답 : 모피질) 그림 참고.

(2) 모근 : 모발의 안쪽. 모세혈관, 모유두, 모모세포, 색소형성세포, 피지선, 입모근으로 형성
- 모세혈관-영양분과 산소를 모유두에게 공급
- 모유두- 영양분을 모모세포에게 공급
- 색소형성세포-멜라닌을 생성
- 피지선-피지를 분비
- 입모근-근육을 수축하여 털을 수직으로 세움

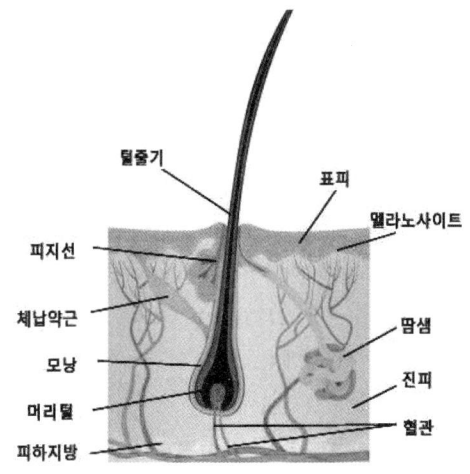

3. 모발의 성장주기(헤어 사이클)
① 모발의 성장주기(헤어 사이클)
(1) 성장기(2~6년) : 모모에서 왕성한 세포분열로 모발이 성장. 85~90%
(2) 퇴행기(3주) : 색소생성, 세포분열이 정지되고 모낭수축이 일어난다.1~2%
(3) 휴지기(3개월) : 모낭이 위로 올라와 모근이 단축되고 모발이 빠진다. 5~10%

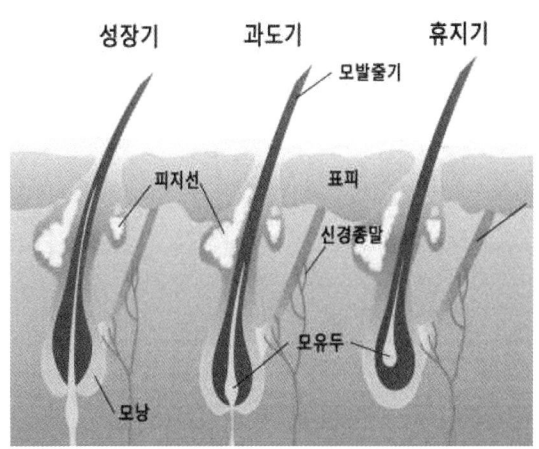

4. 모발의 결합
① 펩타이드 결합
- 화학적으로 저항성이 있는 결합이다. 펌으로는 절단이 힘들지만 염색되어 있는 모발에 과연화 및 열작업에서 절단되기도 한다. 탈색, 블랙빼기, 염색을 할 경우 산화제 3% 이상으로 • 시술할 경우 펩티드 사슬이 끊어진다. 특히 열처리를 하면 더 많이 끊어진다.

② 시스틴 결합
- S-S는 시스테인 2분자가 결합한 것으로 환원제에 의해 시스틴결합이 절단되며 산화제로 재결합하여 S-S로 되돌아 간다.
- 치오글라이콜릭애씨드 : 산화방지제, 퍼머넌트웨이브용제/헤어스트레이트너용제, 환원제

③ 염(이온)결합
- 모발은 pH 4.5~5.5 범위를 벗어나는 시술을 했을 경우 이온(염)결합은 깨어진다. 즉 pH 4.5~5.5에서 안정적인 이온결합 상태가 된다.

④ 수소결합
- 아미노산과 아미노산 사이에서의 결합을 나타내며 물에 의한 모발 힘은 적지만 건조에

의한 모발 힘은 강하다. 모발의 힘은 70% 수소결합이 관여한다.

5. 펌의 원리

① 펌의 원리

(1) **1제 환원제** : 시스테인, 치오글리콜릭애씨드, 시스테아민

(2) **2제 산화제** : 브롬산나트륨, 과산화수소

• 펌 1제를 도포하는 것이 환원반응, 펌 2제를 도포하는 것이 산화 반응

• 펌제 내 알칼리제가 모발의 큐티클을 열고, 환원제가 침투하여 시스틴 결합을 절단합니다.

• 환원제는 자신은 산화되면서 상대 물질에 환원을 시켜 준다.

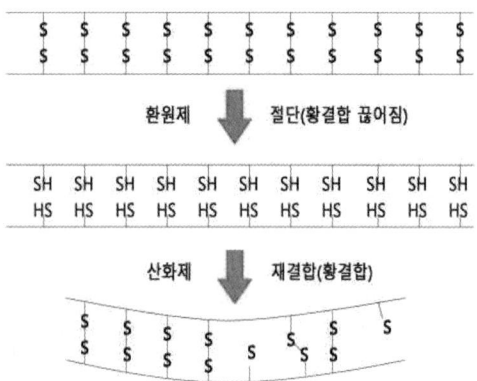

3. 피부 모발 상태 분석

1. 피부 모발 상태 분석

두피 상태 분석	관리방법
기름기가 흐른다	지성용 샴푸로 두피를 꼼꼼하게 감고 헹군다. 두피를 청결하게 하고 피지를 제거하는 두피용 트리트먼트나 앰플로 주 1회 이상 두피를 마사지 한다.
비듬이 많고 가렵다	비듬용 샴푸로 두피를 꼼꼼하게 감고 헹군다. 비듬을 제거하는 두피용 트리트먼트나 앰플로 주 1회 이상 두피를 마사지 한다.
각질이 많이 일어나고 건조하다	보습제, 트리트먼트, 팩을 주 2회 이상 꾸준히 사용하고, 샴푸시 손가락 지문 끝을 이용해서 부드럽게 마사지 한다.

모발 상태 분석	관리방법
건강하고 탄력 있음	중성용 린스로 모발만 마사지 한 후 세심하게 씻어낸다.
푸석거리고 갈라짐	손상 모발용 린스로 머리 감은 후 마사지 하고 씻어낸다. 주2회 이상 손상 모발용 앰플이나 트리트먼트로 팩을 한다.
끈적이고 떡짐	지성 모발용 샴푸로 매일 머리 감은 후 린스하고 씻어낸다. 지성 모발용 앰플이나 트리트먼트 팩을 한다.

① 샴푸(Shampoo)-'머리를 씻는다'

샴푸는 머리카락과 두피에 붙어 있는 피지나 각질, 먼지 등의 오염 물질을 깨끗하게 씻어 내는 두발용 화장품을 말한다.

② 린스(Rinse)-'헹구다'

린스는 헹굼과 동시에 모발을 정돈하고 윤기를 내며 머리카락을 보호하기 위한 모발용 화장품이다. 샴푸 후 모발에 남아 있는 금속성 피막과 비누의 불용성 알칼리 성분을 제거해서 모발이 엉킴과 정전기를 방지한다. 주로 **양이온 계면활성제**가 사용된다.

4.2 피부 및 모발 생리구조 ---------------------- [연습문제]

[5지선다형]

01. 다음 중 천연보습인자(NMF)에 해당하지 않은 것은?
① 아미노산　　　　② 소듐하이알루로네이트
③ 요소　　　　　　④ 젖산염
⑤ 피롤리돈카르본산염

02. 다음 중 진피층에 존재하는 성분에 해당하는 것은?
① 세라마이드　　　② 소듐하이알루로네이트
③ 천연보습인자(NMF)　④ 필라그린
⑤ 아미노산

03. 피부의 구조에서 진피층을 구성하는 구성요소로 올바른 것은?
① 각질형성세포　　② 랑게르한스세포
③ 멜라닌형성세포　④ 섬유아세포
⑤ 메르켈세포(촉각세포)

04. 다음 <보기>는 인체의 피부에서 표피층을 구성하고 있는 층의 분류이며 표피층에서 가장 바깥쪽에 위치하며 피부의 최종 방어막 역할을 한다. (㉠) 무엇인가?

─ <보기> ─
· 표피층 : 기저층 - 유극층 - 과립층 - (㉠)

① 유두층　　　　　② 망상층
③ 투명층　　　　　④ 각질층
⑤ 진피층

05. 기저층에서 만들어진 새로운 세포가 각질층까지 올라와 떨어져 나가는 과정을 무엇이라 하는가?
① 턴 오버 주기　　② 터닝 포인트
③ 전환 시기　　　　④ 헤어 사이클
⑤ 성장 주기

06. 표피층에서 진피와 접해 있으면서 각질형성세포가 탄생하는 장소는 어디인가?
① 각질층　　　　　② 유극층

③ 유두층 ④ 기저층
⑤ 망상층

07. 다음중 표피층에 존재하는 표피구성세포가 아닌 것은?
① 메르켈세포(촉각세포) ② 섬유아세포
③ 멜라닌형성세포 ④ 랑게르한스세포
⑤ 각질형성세포(케라티노사이트)

08. 유극층에서 밀려 올라온 세포들이 생명을 잃으면서 케라틴이 생성되며 필라그린 출현 피부층은 어디인가?
① 각질층 ② 과립층
③ 유두층 ④ 기저층
⑤ 망상층

09. 다음 <보기>에서 설명하는 피부층은 어디인가?

―――――― <보기> ――――――
케라틴 단백질과 지방물질이 장벽을 형성하여 표피 안의 수분이 밖으로 빠져 나가는 것을 방지하고 외부로부터 물질이 안으로 들어오는 것을 차단해 주는 피부의 보호장벽 역할을 한다.

① 각질층 ② 과립층
③ 유두층 ④ 기저층
⑤ 망상층

10. 피부의 구조에서 표피층을 구성하는 구성요소와 설명이 올바른 것은?
① 각질형성세포(케라티노사이트) : 교원섬유, 탄력섬유, 기질등의 합성
② 랑게르한스세포 : 촉각감지, 기저층에 위치
③ 멜라닌형성세포 : 멜라닌합성, 자외선 흡수 및 산란
④ 메르켈세포(촉각세포) : 피부면역기능에 중요한 역할
⑤ 섬유아세포 : 기저층, 유극층, 과립층, 각질층, 표피의 약80%를 차지

11. 진피층에 존재하며 피부탄력성에 중요한 역할을 하는 성분은 무엇인가?
① 엘라스틴 ② 콜라겐
③ 히알루론산 ④ 당단백질
⑤ 세라마이드

12. 땀을 분비하는 샘으로 땀샘이라 한다. 특히 약산성으로 세균 번식을 억제하는 역할을 하는 기관은?
① 에크린 한선　　　　② 아포크린 한선
③ 대한선　　　　　　④ 피지선
⑤ 모공

13. 천연보습인자(NMF)의 구성물질에 해당 하지 않는 것은?
① 아미노산　　　　　② 피롤리돈 카르복실산
③ 무기염류　　　　　④ 젓산염
⑤ 세라마이드

14. 피지의 구성성분 중 해당하지 않는 것은?
① 트리글리세라이드　② 왁스
③ 아미노산(크레아틴)　④ 자유지방산
⑤ 스쿠알렌

15. 피부의 생리작용 중 가장 적합하지 않은 것은?
① 물리적·화학적 방어작용　② 비타민 C 생성작용
③ 자외선 방어작용　　　　　④ 항산화 작용
⑤ 보습작용

16. 경피흡수 메커니즘에서 화장품 흡수 경로에 해당 하지 않는 것을 고르시오.
① 표피를 통한 흡수
② 모세혈관을 통한 흡수
③ 각질세포를 직접 통과 하여 흡수
④ 세포사이 경로를 통과 하여 흡수
⑤ 피부 부속기관을 통한 흡수(피지선, 한선)

17. (㉠)(은)는 수분의 증산이나 NMF 성분 중 가장 많은 구성을 차지하는 아미노산의 방출을 막아주는 중요한 역할을 한다. 이러한 기능을 무엇이라 하나?
① 베리어 기능　　　② 수분 보유능
③ 흡수작용　　　　④ 방어작용
⑤ 항산화작용

18. 피부표면과 모발의 이상적인 pH기준으로 적절한 것은?
① pH 3.0~9.0　　　② pH 4.0~6.0
③ pH 5.0~7.0　　　④ pH 6.0~8.0

⑤ pH 7.0 이상

19. 다음 중 화장품의 피부흡수 중 화학적인 경피흡수 방법에 해당하는 것은?
① 이온영동법　　　　　② AHA
③ 일렉트로포레이션　　④ 초음파
⑤ MTS

20. 피부의 외상, 손상, 질병 등으로 인해 피부조직에 구조적인 변화가 일어나 이상이 있는 부분을 의미하는 용어는?
① 병변(발진)　　　　　② 알레르기
③ 질환　　　　　　　　④ 두드러기
⑤ 장애

21. 모발의 성장주기(헤어 사이클) 순서가 올바른 것은?
① 성장기 → 휴지기 → 퇴행기
② 휴지기 → 성장기 → 퇴행기
③ 퇴행기 → 성장기 → 휴지기
④ 휴지기 → 퇴행기 → 성장기
⑤ 성장기 → 퇴행기 → 휴지기

22. 모발의 결합을 이루는 형태가 아닌 것은?
① 펩타이드 결합　　　　② 시스틴결합(디설파이드결합)
③ 염(이온)결합　　　　　④ 수소결합
⑤ 공유결합

23. 디설파이드결합을 끊어주는 역할을 하는 환원제에 해당하는 것을 모두 고르시오.

───── <보기> ─────
ㄱ. 브롬산나트륨　　ㄴ. 치오글리콜릭애씨드
ㄷ. 시스테인　　　　ㄹ. 시스테아민
ㅁ. 과산화수소

① ㄱ, ㅁ　　　　　② ㄴ, ㄷ, ㄹ
③ ㄱ, ㄷ, ㄹ　　　　④ ㄴ, ㄹ, ㅁ
⑤ ㄷ, ㄹ, ㅁ

<4장.맞춤형화장품의 이해>

24. 다음 <보기>에 해당하는 적당한 계면활성제는 무엇인가?

<보기>
산성에서 양이온, 알칼리에서 음이온의 특성을 가진다. 다른 이온성 계면활성제에 비해 피부 안정성이 좋고 세정력, 살균력, 유연효과를 지녀 저자극 샴푸, 어린이용 샴푸에 이용된다.

① 양이온 계면활성제
② 음이온 계면활성제
③ 양쪽성 계면활성제
④ 비이온 계면활성제
⑤ 천연 계면활성제

25. 다음 <보기>는 무엇에 대한 설명인가?

<보기>
화장품의 안정성 또는 성상에 악영향을 끼치는 금속성이온과 결합하여 불활성화 시키는 성분으로 화장품 원료와 친화력이 없는 칼슘 또는 마그네슘이온, 완제품의 산패에 영향을 미치는 철 또는 구리 이온을 제거하는 데 사용된다.

① 고분자화합물
② 금속이온봉쇄제
③ 산화방지제
④ pH조절제
⑤ 보존제

[단답형]

01. 다음 <보기>는 무엇에 대한 설명인가? (㉠)에 알맞은 것을 적으시오.

<보기>
① 필라그린이 분해되면서 형성된 부산물로서 각질층의 보습 유지에 중요한 역할을 한다.
② 각질층에서 케라토히알린의 구성 성분인 프로필라그린이 필라그린으로 변화되고, 단백질인 필라그린은 각질세포에서 2~3일 안에 효소에 의해 아미노산으로 분해되어 (㉠)가 된다. 구성성분은 아미노산, 요소, 젓산염, 피롤리돈카르본산염, 무기염류, 암모니아, 요산, 당류 등으로 형성 되어 있다.

02. 피부의 90%를 차지하며 섬유상 단백질(콜라겐, 엘라스틴)과 다당류(히아루론산) 등으로 구성되어 있고 모세혈관, 신경이 분포한 피부층을 무엇이라 하는가?

<4장.맞춤형화장품의 이해>

03. 계면활성제 중에서 피부 안정성이 높고, 유화력, 습윤력, 가용화력, 분산력 등이 우수하여 세정제를 제외한 대부분의 화장품에 사용되는 계면활성제는 무엇인가?

04. (㉠)(은)는 헹굼과 동시에 모발을 정돈하고 윤기를 내며 머리카락을 보호하기 위한 모발용 화장품이다. 샴푸 후 모발에 남아 있는 금속성 피막과 비누의 불용성 알칼리 성분을 제거해서 모발이 엉킴과 정전기를 방지한다. 이런 용도로 주로 양이온 계면활성제 가 사용된다.

<4장.맞춤형화장품의 이해>

4.3 관능평가 방법과 절차

<학습차례>

1. 관능평가 방법과 절차

1. 관능평가 방법과 절차

1. 관능평가란?
① 여러 가지 품질을 인간의 오감에 의하여 평가하는 제품검사
② 화장품 관능검사란 화장품의 적합한 관능품질을 확보하기 위하여 외관·색상 검사, 향취 검사, 사용감 검사를 수행하는 능력이다

2. 관능평가의 종류
① **기호형** : 관능검사에는 좋고 싫음을 주관적으로 판단
② **분석형** : 표준품 및 한도품 등 기준과 비교하여 합격품, 불량품을 객관적으로 평가, 선별하거나, 사람의 식별력 등을 조사
③ **신제품개발 단계에서 다음의 사항을 고려하여 구분 활용**
 (1) 신제품 기획 : 소비자의 기호성 조사하거나, 참고품 등과 비교, 검토하여 분석
 (2) 설계 : 용기, 패키지 등의 디자인 및 재질, 내용물 특성을 분석 또는 기호성 참고 조사
 (3) 시제품제작, 생산, 제품검사 : 견본품, 표준품 등을 기준으로 시제품, 제품의 모양새 등을 확인,검사

3. 관능평가 방법 및 절차

[관능평가 방법]
① **성상·색상**
 (1) 유화제품(유액, 크림 등) : 표준견본과 대조하여 평가하고자 하는 내용물의 표면의 매끄러움, 내용물의 점성, 내용물의 색상이 유백색인지 육안으로 확인한다.
 (2) 색조제품(립스틱, 파운데이션, 아이섀도 등) : 표준견본과 내용물을 슬라이드 글라스(slide glass)에 각각 소량씩 묻힌 후 슬라이드 글라스로 눌러서 대조되는 색상을 육안으로 확인한다. 또는 필요에 따라 손등이나 실제 사용부위(입술, 눈주위, 얼굴 등)에 발라서 색상을 확인할 수 있다.
② **향취**
 비이커에 일정량의 내용물을 담고 코를 비이커에 가까이 대고 향취를 맡는다. 또는 피부(손등)에 내용물을 바르고 향취를 맡아 본다.
③ **사용감**

(1) 내용물을 손등에 문질러서 사용감(무거움, 가벼움, 촉촉함, 산뜻함)을 확인 한다.

[관능평가 절차]
① 외관·색상 검사하기
  (1) 외관·색상을 검사하기 위한 표준품을 선정
  (2) 원자재 시험검체와 제품의 공정 단계별 시험검체를 채취하고 각각의 기준과 평가척도
  (3) 외관·색상 시험방법에 따라 시험하고 적합유무를 판정하여 기록·관리
② 향취 검사하기
  (1) 향취를 검사하기 위한 표준품을 선정하고 보관·관리
  (2) 원료 및 제품의 시험검체를 채취하고 향취 시험방법에 따라 시험
  (3) 향취 시험결과에 따라 적합유무를 판정하고 기록·관리
③ 사용감 검사하기
  (1) 사용감을 검사하기 위한 표준품을 선정하고 보관·관리
  (2) 원자재 및 제품의 시험검체를 채취하고 사용감 시험방법에 따라 시험
  (3) 사용감 시험결과에 따라 적합유무를 판정하고 기록·관리
  • 사용감이란 원자재나 제품을 사용할 때 피부에서 느끼는 감각으로 매끄럽게 발리거나 바른 후 가볍거나 무거운 느낌, 밀착감, 청량감 등을 말한다.

4. 관능검사에 사용되는 표준품의 종류
• 제품 표준견본 : 완성제품의 개별포장에 관한 표준
• 제품색조 표준견본 : 제품내용물 색조에 관한 표준
• 제품내용물 표준견본 : 외관, 성상, 냄새, 사용감에 관한 표준
• 레벨 부착 위치견본 : 완성제품, 레벨 부착위치에 관한 표준
• 충전 위치견본 : 내용물을 제품용기에 충전할 때의 액면위치에 관한 표준
• 원료색조 표준견본 : 착색제의 색조에 관한 표준
• 원료 표준견본 : 외관, 색, 성상, 냄새 등에 관한 표준
• 향료 표준견본 : 향, 색조, 외관 등에 관한 표준
• 용기 포장재 표준견본 : 용기 포장재의 검사에 관한 표준
• 용기 포장재 한도견본 : 용기 포장재 외관검사에 사용하는 합격품 한도를 나타내는 표준

5. 제품평가 측면의 관능평가 (화장품 인체적용시험 및 효력시험 가이드라인)
① 관능시험(sensorial test) : 패널 또는 전문가의 감각을 통한 제품성능에 대한 평가
② 일반패널(소비자)에 의한 평가
  (1) 맹검 사용시험(blind use test)
  (2) 비맹검 사용시험(condept use test)
③ 전문가 패널에 의한 평가
④ 전문가에 의한 평가

6. 관능평가요소 및 방법 예시

① 관능평가요소

제품군		핵심품질요소
기초	스킨류	탁도, 변취
	로션류	변취, 분리(압도), 점/경도 변화
	에센스류	변취, 분리(압도), 점/경도 변화
	크림류	증발/표면굳음, 변취, 분리(압도), 점/경도 변화
메이크업	파운데이션류	증발/표면굳음, 변취, 점/경도 변화
	메이크업베이스류	증발/표면굳음, 변취, 점/경도 변화
	립스틱류	변취, 분리(압도), 경도 변화

② 관능평가방법 예시

시험항목	시험방법
침전, 탁도	탁도 측정용 10ml 바이알에 액상제품을 담은 후 turbidity meter를 이용하여 현탁도를 측정
변취	적당량을 손등에 펴 바른 다음 냄새를 맡으며, 원료의 베이스 냄새를 중점으로 하고 표준품(제조 직후)과 비교하여 변취 여부를 확인
분리(압도)	육안과 현미경을 사용하여 유화상태(기포, 빙결 여부, 응고, 분리현상, gel화, 유화입자 크기 등)를 관찰
점/경도변화	시료를 실온이 되도록 방치한 후 점도 측정용기에 시료를 넣고 시료의 점도 범의에 적합한 spindle을 사용하여 점도를 측정. 점도가 높을 경우 경도를 측정
증발/표면굳음	1) 건조감량 : 시험품 표면을 일정량 취하여 일반시험법에 따라 시험(1g, 105℃, 함량) 2) 무게측정 : 시료를 실온으로 식힌 후 사료 보관 전/후의 무게 차이를 측정

4.3 관능검사 ------------------------------- [연습문제]

[5지선다형]

01 다음중 화장품 관능평가에 적절하지 못한 것은?
① 성상
② 향취
③ 사용감
④ 색상
⑤ 맛

02 다음 <보기>는 화장품 관능평가 중 어떠한 제품에 대한 평가 방법인가?

<보기>

표준견본과 대조하여 평가하고자 하는 내용물의 표면의 매끄러움, 내용물의 점성, 내용물의 색상이 유백색인지 육안으로 확인한다.

① 색조제품
② 에어로졸 제품
③ 방향제품
④ 유화제품
⑤ 고형제품

03 제품평가 측면의 관능평가를 위한 관능시험에 해당되지 않는 것은?
① 전문가에 의한 평가
② 일반패널(소비자)에 의한 맹검 사용시험(blind use test)
③ 일반패널(소비자)에 의한 비맹검 사용시험(condept use test)
④ 전문가 패널에 의한 평가
⑤ 제조직원들에 의한 직접 사용시험

04 다음은 화장품 관능평가의 절차이다. 절차가 올바른 것은?

<보기>

ㄱ. 표준품을 선정하고 보관·관리
ㄴ. 시험방법에 따라 시험
ㄷ. 기록·관리
ㄹ. 시험검체를 채취
ㅁ. 적합유무를 판정

① ㄱ → ㄹ → ㄴ → ㅁ → ㄷ
② ㄹ → ㄱ → ㄴ → ㅁ → ㄷ
③ ㄱ → ㄹ → ㄷ → ㄴ → ㅁ

④ ㄹ → ㄱ → ㄴ → ㄷ → ㅁ
⑤ ㄱ → ㄴ → ㄹ → ㅁ → ㄷ

05 다음 중 스킨과 같은 액제 상태의 화장품을 위한 관능평가요소에 해당하는 것은?
① 분리(압도), 점/경도 변화 ② 증발/표면굳음
③ 탁도, 변취   ④ 변취, 분리(압도)
⑤ 경도 변화

06 다음 <보기>의 시험방법은 어떤 제품의 관능평가를 위한 것이다. 적당한 제품은?

― <보기> ―
ㄱ. 시험항목 : 증발/표면굳음
ㄴ. 시험방법
 1) 건조감량:시험품 표면을 일정량 취하여 일반시험법에 따라 시험(1g, 105℃, 함량)
 2) 무게측정:시료를 실온으로 식힌 후 사료 보관 전/후의 무게 차이를 측정

① 스킨류   ② 립스틱류
③ 로션류   ④ 파운데이션류
⑤ 에센스류

[단답형]

01. 다음 <보기>에서 (㉠)에 적당한 용어를 쓰시오.

― <보기> ―
ㄱ. (㉠) (이)란 여러 가지 품질을 인간의 오감에 의하여 평가하는 제품검사를 말한다.
ㄴ. 화장품 (㉠)(이)란 화장품의 적합한 관능품질을 확보하기 위하여 외관·색상 검사, 향취 검사, 사용감 검사를 수행하는 능력이다

02 다음 <보기>에서 (㉠)과 (㉡)에 적당한 용어를 쓰시오.

― <보기> ―
관능검사란 여러 가지 품질을 인간의 오감(五感)에 의하여 평가하는 제품검사를 말한다.
관능검사에는 좋고 싫음을 주관적으로 판단하는 (㉠)과, 표준품 및 한도품 등 기준과 비교하여 합격품, 불량품을 객관적으로 평가, 선별하거나, 사람의 식별력 등을 조사하는 (㉡)의 2가지 종류가 있다

<4장.맞춤형화장품의 이해>

4.4 제품 상담

<학습차례>

1. 맞춤형 화장품의 효과
2. 맞춤형 화장품의 부작용의 종류와 현상
3. 배합금지 사항 확인·배합
4. 내용물 및 원료의 사용제한 사항

1. 맞춤형화장품의 효과

1. 맞춤형화장품의 효과
① 다양한 형태의 맞춤형 화장품 판매로 소비자의 다양한 욕구를 충족시킬 수 있다.
② 개인의 피부타입, 특성 등에 맞는 제품구매로 고객 만족도 증가
③ 유전자 분석기반을 바탕으로 유전자 맞춤형 화장품 가능
  • 개인별 피부상태에 따른 다양한 기능의 화장품 가능
  • 개인별 선호도에 따른 맞춤형 화장품
  • 원료의 선택적 사용에 따른 개인별 알레르기 최소화
  • 개절변화 요소 반영에 따른 맞춤형 화장품 가능

2. 맞춤형화장품의 기능적 효과
① **맞춤형화장품의 일반적인 효과**
  • 인체를 청결·미화하여 매력을 더하고 용모를 밝게 변화시킨다.
  • 모발의 건강을 유지 또는 증진하여 준다.
② **맞춤형화장품의 기능적 효과**
  • 피부를 곱게 태워주거나 자외선으로부터 피부를 보호
  • 피부의 미백에 도움
  • 피부의 주름개선에 도움
  • 모발의 색상을 변화
  • 체모를 제거하는 기능
  • 여드름성 피부를 완화하는데 도움

2. 맞춤형화장품의 부작용의 종류와 현상

1. 맞춤형화장품 부작용의 종류
① 피부에 **붉은 발진**이 있거나 **열감**이 느껴진다
② 피부에 **두드러기나 물집**(수포)이 생긴다
③ 갑작스럽게 **여드름**이 생긴다
④ 사용부위에 **가려움증이나 따가움**이 느껴진다
⑤ 화장품을 바르거나 사용한 곳이 **부어오른다**
⑥ 갑자기 차가움과 뜨거움 등의 주변 **온도에 민감**해진다
⑦ 피부 색이 **검거나 어두운 색**으로 변한다

2. 맞춤형화장품의 부작용의 종류와 현상

① 화장품 성분에 의한 부작용
<u>알레르기 반응을 일으키는 성분</u>에 의해 예민한 피부 주변에 쉽게 발생 한다.
이런 화장품알레르기는 화장독이라고도 하며 문제를 일으킨 제품의 사용을 중단하면 **빠른 호전**을 기대할 수 있다. 약한 발진이나 두드러기가 생기면 가까운 피부과에 사용하던 화장품을 함께 준비하여 가면 **빠른** 치료효과 기대할 수 있다.

② 외부오염물질에 의한 부작용
화장품에 함유되어있는 유분에 의해 공기 중의 먼지와 같은 오염물질이 쉽게 피부에 부착된다. 이런 오염물질에 의해서 피부의 **모공이 막히거나 세균이 증식**하게 되면 피부의 트러블을 유발하게 된다. 이런 경우 유분이 적은 화장품을 사용하거나 혹은 피부가 끈적거릴 때 세안을 해주는 것으로도 호전을 기대할 수 있다. 모공을 막아서 생기는 화장품에 의해 심화되는 여드름의 경우 잘 씻어 주는 것으로도 충분히 개선할 수 있다.

③ 유통기한 경과에 의한 부작용
유통기한이 지난 화장품을 사용하게 되면 **피부의 트러블이 심각**하게 진행 될 수 있다.
화장품은 상하지 않고 세균의 증식이 완벽하게 차단된 것이 아니기 때문에 유통기한이 경과한 화장품을 피부에 사용하게 되면 피부에 부작용을 일으킬 수 있다. 특히나 방부제 함량이 낮은 제품의 경우 유통기한 이내에 꼭 사용하여야 하고 유통기한 이내라고 하더라도 변색, 변취, 침전, 분리 등과 같은 현상이 나타난다면 폐기하는 것이 좋다.

3. 배합금지 사항 확인·배합

1. 맞춤형화장품 배합 시 주의점
• 화장품의 내용물과 내용물이 혼합되었을 시 유해물질과 생성되는 물질은 거의 없으나 내용물과 내용물의 혼합시, 내용물에 원료를 첨가시에 주의해야 할 사항이 있다.

① AHA 제품간 혼합시 : 배합한도 이상 혼합될 경우 → 피부자극
② 레티놀 제품간 혼합시 : 배합한도 이상 혼합될 경우 → 높은 농도 사용시 자극
③ 선(Sun) 제품간 혼합시 : 배합한도 이상 혼합될 경우
④ 산소발생원료인 불소계실리콘(반도체세정용원료)
⑤ 탄산 발생원료
⑥ 피부연화 우레아 - 발뒤꿈치 각질제거용(10% 이상 사용시 의약품)

• 배합한도 및 배합금지 원료의 배합으로 인한 제품의 안전성 문제 발생

2. 배합으로 인한 제형 변화로 인한 안정성 문제
① 제형상 O/W형과 W/O형의 배합문제
  • 크림에 추출물을 혼합시에 로션이나 액제처럼 점도하락 발생시 문제점
② 과도한 향의 혼합으로 인한 알러지 발생 가능성
  • 향을 선택한다면 향을 첨가하기 쉬운 형태의 크림, 로션 베이스가 필요.
  • 기존 향이 들어 있는 크림, 로션에 다른 향의 혼합으로 인한 문제
③ 기능성원료에 대한 유효성
④ 소비자가 원료지식이 전무한 경우
  • 소비자가 주름/미백의 어떤 원료가 좋아서 많은 종류의 추출물을 사용시 문제

3. 맞춤형화장품의 안전성 검토 필요사항
[유통화장품의 안전관리 기준 적합 여부 검토]
① 납, 비소, 수은, 안티몬, 카드뮴, 디옥산, 메탄올, 포름알데히드, 프탈레이트류 등
② 두 상품간 혼합으로 발생할 수 있는 방부제의 초과 또는 방부력 하락

<4장. 맞춤형화장품의 이해>

4. 내용물 및 원료의 사용제한 사항

1. 내용물 및 원료의 사용제한 사항

- 맞춤형화장품판매업에서 가장 우려되는 부분이 맞춤형화장품의 안전성의 문제이다.

따라서 맞춤형화장품판매업자는 화장품책임판매업자와의 계약을 통해서 계약된 내용에 따라 내용물 및 원료를 관리하고 맞춤형화장품을 조제하여야 한다.

- 즉 화장품책임판매업자로부터 공급 받은 원료와 내용물에 대한 **품질성적서**를 확인하고 관리하여야 한다.
- 화장품책임판매업자는 제조 및 품질관리의 적합성을 보장하는 기준서 중 품질관리기준서에 포함 되어 있는 시험지시서에 따라 원료 및 내용물(벌크제품 포함)의 시험성적서를 기준으로 품질성적서를 구비하여 품질관리를 하여야 한다.
  - **기준서** : 제품표준서, 제조관리기준서, **품질관리기준서** 및 제조위생관리기준서

① 화장품 제조 및 품질관리
  - 원료
  - 포장재
  - 완제품(벌크제품)

② 맞춤형화장품판매업
  - 책임판매업자와의 계약에 따라 공급 받는 **원료, 내용물**(완제품, 벌크제품)에 대한 **품질성적서를 확인, 보관** 하여야 한다.

2. 맞춤형화장품에 사용 가능한 원료 지정·고시

: 다음의 원료를 제외한 원료
① 화장품에 사용할 수 없는 원료(**사용금지 원료**)
② 화장품에 사용상의 제한이 필요한 원료(**사용상 제한이 있는 원료**)
③ 식품의약품안전처장이 **고시한 기능성화장품의 효능·효과를 나타내는 원료**

※ 단, 맞춤형화장품판매업자에게 원료를 공급하는 화장품책임판매업자가 「화장품법」 제4조에 따라 해당 원료를 포함하여 **기능성화장품에 대한 심사를 받거나 보고서를 제출한 경우**는 제외

또한, 사용기준이 지정·고시된 원료 외의 (살균)보존제, 색소, 자외선차단제 등은 사용할 수 없다.

<4장.맞춤형화장품의 이해>

4.4 제품 상담 -------------------------------- [연습문제]

[5지선다형]

01. 맞춤형화장품의 효과로 볼 수 없는 것은?
  ① 소비자의 다양한 욕구를 충족시킬 수 있다.
  ② 피부타입, 특성에 맞는 제품구매로 고객 만족도 증가
  ③ 소비자가 원하는 모든 원료를 맞춤형화장품제조에 사용 가능
  ④ 원료의 선택적 사용에 따른 개인별 알레르기 최소화
  ⑤ 개절변화 요소 반영에 따른 맞춤형 화장품 가능

02. 맞춤형화장품의 배합 시 주의 해야 할 사항으로 옳지 않은 것은?
  ① AHA 제품간 혼합시 배합한도 이상 혼합으로 인한 피부자극
  ② 레티놀 제품간 혼합시 배합한도 이상 혼합으로 인한 피부자극
  ③ 선(Sun) 제품간 혼합시 배합한도 이상 혼합시 문제
  ④ 기능성원료와 기능성원료의 배합으로 시너지 효과 기대
  ⑤ 피부연화 우레아를 10% 이상 사용시 의약품으로 취급되는 문제

03. 맞춤형화장품조제시 배합으로 인한 안정성 문제가 예상되지 않는 것은?
  ① O/W형과 W/O형의 배합시 제형의 변화
  ② 크림에 추출물을 혼합시에 로션이나 액제처럼 점도하락 발생
  ③ 과도한 향의 혼합으로 인한 알레르기 발생 가능성
  ④ 기존 향이 들어 있는 크림, 로션에 다른 향의 혼합으로 인한 문제
  ⑤ 내용물과 내용물의 혼합으로 예상되는 효능효과의 상승

04. 맞춤형화장품에 사용할 수 없는 원료는?
  ① 어성초 우린물   ② 글리세린
  ③ 호랑이 뼈와 그 추출물   ④ 프로필렌글리콜
  ⑤ 소듐하이알루로네이트

05. 맞춤형화장품에 사용할 수 있는 원료는?
  ① 살리실릭애씨드
  ② 벤조페논
  ③ 이미다졸리디닐우레아

④ 프로필렌글리콜
⑤ 리모넨(과산화물가가 20mmol/L 초과)

06. 다음 중 맞춤형화장품에 사용할 수 있는 원료에 해당하는 것은?
① 나이아신아마이드　② 마그네슘아스코빌포스페이트
③ 주석산　④ 알파비사볼롤
⑤ 알부틴

07. 맞춤형화장품조제관리사인 소영씨는 혼합·소분 작업시 페닐파라벤을 첨가하였다. 위해성 등급이 무엇에 해당 되는가?
① 가등급　② 나등급
③ 다등급　④ 1등급
⑤ 2등급

[5지선다형]

01. 맞춤형화장품판매업자는 책임판매업자와의 계약에 따라 공급 받는 원료, 내용물(완제품, 벌크제품)에 대한 (㉠)(을)를 확인, 보관 하여야 한다.

4.5 제품 안내

<학습차례>

1. 맞춤형 화장품 표시사항
2. 맞춤형 화장품 안전기준의 주요사항
3. 맞춤형 화장품의 특징
4. 맞춤형 화장품의 사용법

1. 맞춤형 화장품 표시 사항

1. 용기 기재사항(맞춤형화장품 기준)

① 맞춤형화장품 표시·기재사항
- 명칭
- 가격
- 식별번호
- 사용기한 또는 개봉 후 사용기간
- 책임판매업자 및 맞춤형화장품판매업자 상호

② 화장품 포장의 기재·표시 등
- 맞춤형화장품의 경우에는 책임판매업자 및 맞춤형화장품판매업자의 상호를 표시
- 맞춤형화장품은 제조연월일 대신 혼합·소분일을 표기
- 맞춤형화장품의 포장의 경우 식별번호
- 맞춤형화장품에서 제품정보란 식별번호, 혼합·소분일자를 말한다.

③ 맞춤형화장품의 사용기한 또는 개봉 후 사용기간
- 맞춤형화장품의 경우 제조연월일을 혼합·소분일
- 맞춤형화장품의 경우 제조일자를 혼합·소분일자

2. 화장품 표시·광고 시 준수사항

① 할 수 없는 표시·광고
- 의약품으로 잘못 인식할 우려가 있는 표시·광고
- 기능성화장품, 천연화장품 또는 유기농화장품으로 잘못 인식할 우려가 있는 표시·광고
- 의사·치과의사·한의사·약사·의료기관이 지정·공인·추천·지도·연구·개발 또는 사용하고 있다는 내용의 표시·광고(예외사항 있음)
- 기술제휴를 하지 않고 외국과의 기술제휴 등을 표현하는 표시·광고
- 배타성을 띤 "최고" 또는 "최상" 등의 절대적 표현의 표시·광고
- 외국제품을 국내제품으로 또는 국내제품을 외국제품으로 잘못 인식할 우려가 있는 표시·광고

• 사실과 다르거나 소비자가 잘못 인식할 우려가 있는 표시·광고
• 소비자를 속이거나 소비자가 속을 우려가 있는 표시·광고
• 품질·효능 등에 관하여 객관적으로 확인될 수 없는 표시·광고
• 저속하거나 혐오감을 주는 표현·도안·사진 등을 이용하는 표시·광고
• 국제적 멸종위기종의 가공품이 함유된 화장품임을 표현하거나 암시하는 표시·광고
• 사실 유무와 관계없이 다른 제품을 비방하거나 비방한다고 의심이 되는 표시·광고

② **할 수 있는 표시·광고**
• 인체 적용시험 결과가 관련 학회 발표 등을 통하여 공인된 경우
• 경쟁상품과 비교하는 표시·광고는 비교 대상 및 기준을 분명히 밝히고 객관적으로 확인될 수 있는 사항만을 표시·광고
• 기술제휴를 한 경우 외국과의 기술제휴 등을 표현하는 표시·광고

1회 시험 출제 ➤ 5지선다형 문제 출제

3. 화장품 전성분 표시

① **전성분**이라 함은 제품표준서등 처방계획에 의해 투입·사용된 원료의 명칭으로서 혼합원료의 경우에는 그것을 구성하는 개별 성분의 명칭을 말한다.
② 대상 : 모든 화장품을 대상으로 한다.(아래 예외사항)
  (1) 내용량이 50g 또는 50mL 이하인 제품
  (2) 판매를 목적으로 하지 않으며, 제품 선택 등을 위하여 사전에 소비자가 시험·사용하도록 제조 또는 수입된 제품(예:비매품, 견본품, 시공품)
③ 표시의 순서
  (1) 성분의 표시는 화장품에 사용된 함량순으로 많은 것부터 기재한다.
  (2) 혼합원료는 개개의 성분으로서 표시하고, **1% 이하**로 사용된 성분, 착향제 및 착색제에 대해서는 순서에 상관없이 기재할 수 있다.
④ 표시생략 할 수 있는 성분
  (1) 메이크업용제품, 눈화장용제품, 염모용제품 및 매니큐어용 제품에서 홋수별로 착색제가 다르게 사용된 경우「± 또는 +/-」의 표시 뒤에 사용된 모든 착색제 성분을 공동으로 기재
  (2) 원료 자체에 이미 포함되어 있는 안정화제, 보존제 등으로 제품 중에서 그 효과가 발휘되는 것보다 적은 양으로 포함되어 있는 부수성분과 불순물
  (3) 제조 과정중 제거되어 최종 제품에 남아 있지 않는 성분
  (4) 착향제는「향료」로 표시
  (5) 착향제의 구성 성분중 알레르기 유발물질로 알려져 있는 25종(별표2)성분이 함유되어 있는 경우에는 그 성분을 표시하도록 권장
  (6) pH 조절 목적으로 사용되는 성분은 그 성분을 표시하는 대신 중화반응의 생성물로 표시
  (7) 표시할 경우 기업의 정당한 이익을 현저히 해할 우려가 있는 성분의 경우에는 그 사유의 타당성에 대하여 사전 심사를 받은 경우에 한하여「기타 성분」으로 기재

1회 시험 출제 ➤ 5지선다형 문제 출제

2. 맞춤형화장품 안전기준의 주요사항

1. 맞춤형화장품 안전기준의 주요사항

① Negative list System(현재 식약처 방침)
  • 네거티브 리스트에 화장품에 사용할 수 없는 원료를 고시하고 그 밖의 모든 원료는 사용할 수 있도록 하는 제도다.

② Positive list System
  • 목록상 원료에 대해서는 허용기준을 설정해 기준 내 사용을 허가하지만 목록에 없는 원료는 사실상 사용을 금지시키는 제도다.

③ **맞춤형화장품에 사용할 수 없는 원료**
  (1) 사용금지 원료
  (2) 사용상 제한이 필요한 원료
  (3) 심사(보고서제출)를 받지 않은 고시된 원료

④ **기타 제한사항**
  (1) 지정·고시된 원료 외의 보존제, 색소, 자외선차단제 등은 사용 금지
  (2) 책임판매업자로와의 계약에 의해 입고된 내용물 및 원료만 사용
  (3) 책임판매업자로 부터 품질성적서 받아서 보관
  (4) 위해요소가 우려되거나 위해화장품이 있을 경우 책임판매업자에게 보고

2. 안전용기·포장 대상 품목 및 기준

① 아세톤을 함유하는 네일 에나멜 리무버 및 네일 폴리시 리무버
② 어린이용 오일 등 개별포장 당 탄화수소류를 10퍼센트 이상 함유하고 운동점도가 21센티스톡스(섭씨 40도 기준) 이하인 비에멀젼 타입의 액체상태의 제품
③ 개별포장당 메틸 살리실레이트를 5퍼센트 이상 함유하는 액체상태의 제품
  • 일회용 제품, 용기 입구 부분이 펌프 또는 방아쇠로 작동되는 분무용기 제품, 압축 분무용기 제품(에어로졸 제품 등)은 제외
  • 안전용기·포장은 성인이 개봉하기는 어렵지 아니하나 만 5세 미만의 어린이가 개봉하기는 어렵게 된 것이어야 한다. 이 경우 개봉하기 어려운 정도의 구체적인 기준 및 시험방법은 산업통상자원부장관이 정하여 고시하는 바에 따른다.

    1회 시험 출제 ➤ 5지선다형 문제 출제

3. 영유아 또는 어린이 사용 화장품의 관리

① 화장품책임판매업자는 영유아 또는 어린이가 사용할 수 있는 화장품임을 표시·광고하려는 경우 제품별로 안전과 품질을 입증할 수 있는 **제품별 안전성 자료를 작성 및 보관**하여야 한다.
  • 제품 및 제조방법에 대한 설명 자료
  • 화장품의 **안전성 평가** 자료
  • 제품의 효능·효과에 대한 증명 자료

② 최종 제조·수입된 제품의 사용기한(개봉 후 사용기간을 기재하는 경우 제조연월일로부터 3년간 보관)이 만료되는 날부터 1년간 보관
③ 안전성 자료를 작성·보관한 제품의 경우 **영유아 또는 어린이가 특정하여 사용할 수 있거나 이와 유사한 표시·광고를 할 수 있다.**

1회 시험 출제 ▶ 단답형 문제 출제(정답 : 안전성 평가)

4. 영유아 또는 어린이의 연령 기준
① 영유아 또는 어린이의 연령 기준
  (1) 영유아 : 만 3세 이하
  (2) 어린이 : 만 4세 이상부터 만 13세 이하까지
② 제품별 안전성 자료를 작성·보관해야 하는 표시·광고의 범위
  (1) 표시의 경우: 화장품의 1차 포장 또는 2차 포장에 영유아 또는 어린이가 사용할 수 있는 화장품임을 특정하여 표시하는 경우
  (2) 광고의 경우: 영유아 또는 어린이가 사용할 수 있는 화장품임을 특정하여 광고하는 경우

5. 제품별 안전성 자료의 작성·보관
① 제품별 안전성 자료의 보관기간
  (1) 화장품의 1차 포장에 사용기한을 표시하는 경우 : 영유아 또는 어린이가 사용할 수 있는 화장품임을 표시·광고한 날부터 마지막으로 제조·수입된 제품의 사용기한 만료일 이후 1년까지의 기간.(이 경우 제조는 화장품의 제조번호에 따른 제조일자를 기준으로 하며, 수입은 통관일자를 기준으로 한다.)
  (2) 화장품의 1차 포장에 개봉 후 사용기간을 표시하는 경우 : 영유아 또는 어린이가 사용할 수 있는 화장품임을 표시·광고한 날부터 마지막으로 제조·수입된 제품의 제조연월일 이후 3년까지의 기간. (이 경우 제조는 화장품의 제조번호에 따른 제조일자를 기준으로 하며, 수입은 통관일자를 기준으로 한다.)
② 제품별 안전성 자료의 작성·보관의 방법 및 절차 등에 필요한 세부 사항(고시에 따름)

3. 맞춤형화장품의 특징

1. 맞춤형화장품의 특징
① 맞춤형화장품은 개인의 가치가 강조되는 사회, 문화적 환경변화에 따라 개인맞춤형 상품 서비스를 통한 다양한 소비욕구를 충족시킬 수 있도록 탄생한 제도이다.
  • **피부고민** : 개인의 피부에 대한 고민을 대면상담 또는 비대면상담(온라인)을 통하여 고객에게 맞는 맞춤형화장품을 조제·판매하여 개인별 만족도를 높일 수 있다.
  • **피부타입** : 다양한 개인의 피부를 고려할 수 있다.

<4장.맞춤형화장품의 이해>

- **기후(계절)변화** : 기후나 계절 변화에 따른 맞춤형 화장품 적용할 수 있다.
- **부위별 특성**(U존과 T존 등) : 피부의 각 부위별 특성을 고려하여 적용할 수 있다.
- **생리주기** : 여성들의 신체적 리듬(호르몬균형))을 고려한 피부변화를 예측하여 적용할 수 있다.

② 기술적 측면
- 인공지능(AI), IoT기술을 기반으로 한 데이터베이스 축적으로 다양한 맞춤형화장품을 설계 가능하다.
- BT, IT기술로 신소재 개발, 신원료 개발을 통한 특화된 맞춤형화장품 적용
- 다양한 판매방식을 도입하여 맞춤형 화장품의 시장발전가능성을 가속하 할 수 있다.

2. 맞춤형화장품의 판매 방식
① 현장혼합형 ② DIY Kit 형
③ 공장제조, 배송형 ④ 디바이스 형

*식약처 포럼에서 발표된 자료를 참조로 작성한 것임

4. 맞춤형화장품의 사용법

1. 맞춤형화장품 주의사항
: 화장품 사용 시의 주의사항 : 공통사항
① 화장품 사용 시 또는 사용 후 직사광선에 의하여 사용부위가 붉은 반점, 부어오름 또는 가려움증 등의 이상 증상이나 부작용이 있는 경우 전문의 등과 상담할 것
② 상처가 있는 부위 등에는 사용을 자제할 것
③ 어린이의 손이 닿지 않는 곳에 보관할 것
④ 직사광선을 피해서 보관할 것

> **1회 시험 출제** ➤ 5지선다형의 지문으로 출제

2. 맞춤형화장품 사용법
- 맞춤형조제관리사와 전문적인 상담을 통해 조제한 맞춤형화장품을 사용한다.
- 이상 증상이 발생할 경우 즉시 사용을 중단한다.
- 사용기한(개봉후 사용기간)을 지켜서 사용한다.
- 맞춤형조제관리사로부터 내용물과 원료에 대한 설명을 듣고 사용한다.

① 액제, 로션제, 크림제
- 본품 적당량을 취해 피부에 골고루 펴 바른다.

② 인체 세정용 화장품류
- 본품 적당량을 취해 피부에 사용한 후 물로 바로 깨끗이 씻어낸다

③ 침적마스크
  • 본품을 피부에 붙이고 10~20분 후 지지체를 제거한 다음 남은 제품을 골고루 펴 바른다
④ **체모 제거용 액제, 로션제, 크림제, 에어로졸제**
  • 사용 전 제모할 부위를 씻고 건조시킨 후 이 제품을 제모할 부위의 털이 완전히 덮이도록 충분히 바른다. 문지르지 말고 5~10분간 그대로 두었다가 일부분을 손가락으로 문질러 보아 털이 쉽게 제거되면 젖은 수건[(제품에 따라서는) 또는 동봉된 부직포 등]으로 닦아 내거나 물로 씻어낸다.
  • 면도한 부위의 짧고 거친 털을 완전히 제거하기 위해서는 한 번 이상(수일 간격) 사용하는 것이 좋다

4.5 제품 안내 -------------------------------- [연습문제]

[5지선다형]

01. 영유아 또는 어린이가 사용할 수 있는 화장품에 대한 설명 중 옳지 않은 것은?
① 화장품책임판매업자는 영유아 또는 어린이가 사용할 수 있는 화장품임을 표시·광고하려는 경우에는 제품별 안전성 자료를 작성 및 보관하여야 한다.
② 어린이용 오일 등 개별포장 당 탄화수소류를 10퍼센트 이상 함유하고 운동점도가 21센티스톡스(섭씨 40도 기준) 이하인 비에멀젼 타입의 액체상태의 제품은 안전용기·포장을 사용하여야 한다.
③ 안전용기·포장은 성인이 개봉하기는 어렵지 아니하나 만 5세 미만의 어린이가 개봉하기는 어렵게 된 것이어야 한다.
④ 화장품책임판매업자 및 제조업자는 어린이가 화장품을 잘못 사용하지 아니하도록 안전용기·포장을 사용하여야 한다.
⑤ 영·유아용 제품류란 만 3세 이하의 어린이용을 말한다

02. 영업자 또는 판매자가 제출하여야 하는 실증자료의 범위 및 요건에 대한 설명 중 옳지 않은 것은?
① 인체 적용시험 자료에 해당하는 시험결과
② 표본설정, 질문사항, 질문방법이 그 조사의 목적이나 통계상의 방법과 일치하는 조사결과
③ 다수의 사용자나 제품을 직접 사용한 소비자들의 설문조사 자료
④ 학술적으로 널리 알려져 있거나 관련 산업 분야에서 일반적으로 인정된 방법 등으로서 과학적이고 객관적인 실증방법 일 것.
⑤ 인체 외 시험 자료 또는 같은 수준 이상의 조사 자료

03. 영업자 또는 판매자가 실증자료를 제출할 때에 적어야할 사항과 제출서류에 대한 설명이 옳지 않은 것은?
① 실증방법
② 시험·조사기관의 자격을 증명할 수 있는 서류
③ 실증 내용 및 결과
④ 시험·조사기관의 명칭, 대표자의 성명, 주소 및 전화번호
⑤ 실증자료 중 영업상 비밀에 해당되어 공개를 원하지 아니하는 경우에는 그 내용 및 사유

04. 화장품법 제8조제2항에 따라 사용상의 제한이 필요한 원료에 대하여 그 사용기준이 지정·

<4장. 맞춤형화장품의 이해>

고시된 원료에 해당 하는 것은?

<보기>
ㄱ. 보존제   ㄴ. 산화방지제
ㄷ. 계면활성제   ㄹ. 색소
ㅁ. 자외선차단제

① ㄱ, ㄴ
② ㄴ, ㄹ, ㅁ
③ ㄷ, ㄹ
④ ㄴ, ㄷ, ㄹ
⑤ ㄱ, ㄹ, ㅁ

05. 맞춤형화장품의 포장용기에 표시해야할 사항이 아닌 것은?
① 명칭
② 내용물의 중량
③ 식별번호
④ 사용기한 또는 개봉 후 사용기간
⑤ 책임판매업자 및 맞춤형화장품판매업자 상호

06. 1차 포장용기에 반드시 표시해야 할 사항이 아닌 것은?
① 화장품의 명칭
② 영업자의 상호
③ 제조번호
④ 사용기한 또는 개봉 후 사용기간
⑤ 가격

07. 맞춤형화장품판에 사용할 수 있는 원료는 무엇인가?
① 지정·고시된 원료 외의 보존제, 색소, 자외선차단제
② 화장품책임판매업자와의 계약에 의해 입고된 내용물 및 원료
③ 배합한도를 지킨 사용상의 제한이 필요한 원료
④ 심사(보고서제출)를 받지 않은 고시된 기능성 원료
⑤ 호랑이뼈, 코뿔소 뿔 및 그 추출물

08. 책임판매업자에게 보고해야 할 사항에 해당되지 않는 것은?
① 위해요소가 우려되는 경우
② 안정성 정보를 인지한 경우
③ 부작용 발생 사례가 있을 경우
④ 위해화장품이 있을 경우
⑤ 내용물 및 원료에 대해 소비자에게 설명의 의무를 다하지 않은 경우

09. 영유아 또는 어린이가 사용할 수 있는 화장품임을 표시·광고하려는 경우 제품별 안전성 자료를 작성 및 보관하는 기간은?
① 사용기한이 만료되는 날부터 3년간
② 제조연월일로 부터 2년간(개봉 후 사용기한을 기재하는 경우)
③ 사용기한을 포함하여 3년간
④ 사용기한이 만료되는 날부터 1년간
⑤ 개봉 후 사용기간과 동일한 기간

10. 맞춤형화장품 사용 시 주의 사항이다. 적당하지 못한 것은?
① 맞춤형조제관리사와 전문적인 상담을 통해 조제한 맞춤형화장품을 사용한다.
② 이상 증상이 발생할 경우 즉시 사용을 중단한다.
③ 사용기한(개봉 후 사용기간)을 지켜서 사용한다.
④ 맞춤형조제관리사로부터 내용물과 원료에 대한 설명을 듣고 사용한다.
⑤ 맞춤형화장품 사용시 나타나는 현상은 명현현상이므로 지속적으로 사용하면 개선된다.

11. 일반적인 화장품의 사용법으로 적당하지 않은 것은?
① 화장품의 용기를 깨끗하게 유지하고 쓰지 않을 때는 잘 닦아 둔다.
② 화장하기 전 손을 깨끗이 씻는다.
③ 화장품에 침이나 물 등을 섞지 않는다.
④ 제품의 색상이나 냄새가 변했을 때는 사용하지 않고 버린다.
⑤ 화장품은 표준온도에서 보관하여야 한다.

12. 다음은 어떤 제형의 화장품에 대한 사용법인가?

─── <보기> ───
[용량, 용법] 본품 적당량을 취해 피부에 사용한 후 물로 바로 깨끗이 씻어낸다

① 액제
② 로션제
③ 크림제
④ 인체 세정용
⑤ 체모 제거용

[단답형]

01. 다음 <보기>는 인체 외 시험자료에 대한 설명이다. <보기>에서 ㉠, ㉡에 해당하는 적합한 단어를 각각 작성하시오

<보기>

인체 외 시험은 (㉠)으로 검증된 방법이거나 (㉡)을 거쳐 수립된 표준작업지침에 따라 수행되어야 한다.
(예시) 표준화된 방법에 따라 일관되게 실시할 목적으로 절차·수행방법 등을 상세하게 기술한 문서에 따라 시험을 수행한 경우 합리적인 실증자료로 볼 수 있음

02. 다음 <보기>에서 ㉠, ㉡에 적합한 용어를 작성하시오.(순서는 관계없음)

<보기>

식품의약품안전처장은 (㉠), 색소, (㉡) 등과 같이 특별히 사용상의 제한이 필요한 원료에 대하여는 그 사용기준을 지정하여 고시하여야 하며, 사용기준이 지정·고시된 원료 외의 (㉠), 색소, (㉡) 등은 사용할 수 없다.

03. 화장품에 사용할 수 없는 원료를 고시하고 그 밖의 모든 원료는 사용할 수 있도록 하는 제도를 무엇이라 하는가?

<4장.맞춤형화장품의 이해>

4.6 혼합 및 소분

<학습차례>

1. 원료 및 제형의 물리적 특성
2. 화장품 배합한도 및 금지원료
3. 원료 및 내용물의 유효성
4. 원료 및 내용물의 규격(PH, 점도, 색상, 냄새 등)
5. 혼합·소분에 필요한 도구·기기 리스트 선택
6. 혼합·소분에 필요한 기구 사용
7. 맞춤형화장품 판매업 준수사항에 맞는 혼합·소분 활동

1. 원료 및 제형의 물리적 특성

1. 화장품 제형의 정의

① **로션제** : 유화제 등을 넣어 유성성분과 수성성분을 균질화하여 **점액상**으로 만든 것
② **액제** : 화장품에 사용되는 성분을 용제 등에 녹여서 액상으로 만든 것
③ **크림제** : 유화제 등을 넣어 유성성분과 수성성분을 균질화하여 **반고형상**으로 만든 것
④ **침적마스크제** : 액제, 로션제, 크림제, 겔제 등을 부직포 등의 지지체에 침적하여 만든 것
⑤ **겔제** : 액체를 침투시킨 분자량이 큰 유기분자로 이루어진 반고형상
⑥ **에어로졸제** : 원액을 같은 용기 또는 다른 용기에 충전한 분사제(액화기체, 압축기체 등)의 압력을 이용하여 안개모양, 포말상 등으로 분출하도록 만든 것
⑦ **분말제** : 균질하게 분말상 또는 미립상으로 만든 것, 부형제 등을 사용할 수 있다.

2. 제형별 분류

제형	종류	특징
계면활성제형	화장비누	전신용 세정제의 주류, 사용이 간편하다.
	페이스트	얼굴전용 사용이 거품 생성이 우수하다
	젤	두발, 바디용 세정제의 주류
	과립, 분말	사용간편, 효소 등 배합 가능
	에어로졸	발포형으로 쉐이빙폼에 주로 사용
용제형	크림	오일을 다량 함유 에멀젼, 콜드크림이나 클렌징 크림
	유액	크림에 비해 사용감이 산뜻하다.
	오일	피부보습막 보호기능이 뛰어나다.
	워터	화장수 타입으로 가벼운 메이크업에 적당하다.
	젤	수성타입, 유성타입

3. 유액(제형별 분류)

제형	종류	특징
제형별	O/W 에멀젼	가볍고 산뜻한 사용감, 대부분의 로션은 유분이 30% 이하인 O/W형의 유화 타입을 유지
	W/O 에멀젼	보습 효과 및 화장 지속성이 우수
	W/O/W 에멀젼	사용감, 보습 효과 우수
	S/W 에멀젼	부드럽고 산뜻한 사용감 부여
	W/S 에멀젼	가벼운 사용감, 유효 성분 안정성, 안전성 우수

4. 유액(제형별 분류)

구분	분산계		화장품 용용 예
	분산매	분산상	
수계 분산	물, 알코올 등	무기분체	카밍로션
	유화액(O/W)	착색안료 백색안료	파운데이션류 마스카라 아이라이너 선크림
비수계 분산	유기용매	유기안료 무기안료	네이락카 (네일에나멜)
	오일, 왁스	체질안료 착색안료	립스틱, 립라이너 투웨이케익 팩트

2. 화장품 배합한도 및 금지원료

1. 맞춤형화장품에 사용할 수 없는 원료

① 사용금지 원료
② 사용상제한이 있는 원료
③ 심사를 받지 않은 기능성화장품의 효능·효과를 나타내는 원료
  • 기타 지정·고시 되지 않은 **보존제, 색소, 자외선차단제** 원료 등

2. 책임판매업자가 심사(보고서제출) 받지 않는 기능성 원료 금지

① 피부를 곱게 태워주거나 자외선으로부터 피부를 보호하는데 도움을 주는 제품의 성분 및 함량
② 피부의 미백에 도움을 주는 제품의 성분 및 함량
③ 피부의 주름개선에 도움을 주는 제품의 성분 및 함량
④ 모발의 색상을 변화(탈염·탈색 포함)시키는 기능을 가진 제품의 성분 및 함량
⑤ 체모를 제거하는 기능을 가진 제품의 성분 및 함량
⑥ 여드름성 피부를 완화하는데 도움을 주는 제품의 성분 및 함량

3. 원료 및 내용물의 유효성

1. 원료 및 내용물의 유효성

① 원료 및 내용물의 유효성에 대해서는 식품의약품안정처에 고시된 성분 및 기능성화장품으로 심사(보고서 제출) 받은 제품에 대해서 그 유효성을 설명할 수 있다.
② 기능성화장품의 유효성
- 피부를 곱게 태워주거나 자외선으로부터 피부를 보호
- 피부의 미백에 도움
- 피부의 주름개선에 도움
- 모발의 색상을 변화
- 체모를 제거하는 기능
- 여드름성 피부를 완화하는데 도움

4. 원료 및 내용물의 규격(pH, 점도, 색상, 냄새 등)

1. 원료 규격이란?

: 원료 규격(Specification)
규격의 설정은 "항목설정", "시험법의 설정", "기준치 설정", "설정된 규격 시험 확인검증"의 4단계로 이루어진다. 품질관리에 필요한 기준은 해당 원료의 안정성을 등을 고려하여 설정한다.

2. 물질명 표시

① 물질명 다음에 ( ) 또는 [ ]중에 분자식을 기재한 것은 화학적 순수물질을 뜻한다. 분자량은 국제원자량표에 따라 계산하여 소수점 이하 셋째 자리에서 반올림하여 **둘째 자리까지 표시**
② 물질명 표시의 예

> 나이아신아마이드
> Niacinamide
>
> $C_6H_6N_2O$: 122.13
>
> 이 원료를 건조한 것은 정량할 때 나이아신아마이드($C_6H_6N_2O$) 98.0% 이상을 함유한다.

3. 원료 및 내용물의 규격(pH)

① 액성을 산성, 알칼리성 또는 중성으로 나타낸 것은 따로 규정이 없는 한 리트머스지를 써서 검사
② 액성을 구체적으로 표시할 때에는 pH값을 쓴다.
③ 미산성, 약산성, 강산성, 미알칼리성, 약알칼리성, 강알칼리성 등으로 기재한 것은 산성 또는 알칼리성의 정도의 개략(槪略)을 뜻하는 것으로 pH의 범위는 다음과 같다.

미산성	약 5~약 6.5	미알칼리성	약 7.5~약 9
약산성	약 3~약 5	약알칼리성	약 9~약 11
강산성	약 3이하	강알칼리성	약 11이상

④ pH 측정을 위한 검체의 처리는 검체:정제수 = 1:15 비율로 한다.

4. 원료 및 내용물의 규격(점도)

① 맑다 또는 거의 맑다라고 기재된 것은 다음의 기준에 따른다.
 (1) 맑다 : 탁도표준액 0.2mℓ에 물을 넣어 20mℓ로 하고 여기에 희석시킨 질산(1→3) 1mℓ, 덱스트린용액(1→50) 0.2mℓ 및 질산은시액 1mℓ를 넣고 15분간 방치할 때의 탁도 이하이어야 한다. 다만 부유물 등 이물은 거의 없어야 한다.
 (2) 거의 맑다 : 탁도표준액 0.5mℓ에 물을 넣어 20mℓ로 하고 여기에 희석시킨 질산(1→3) 1mℓ, 덱스트린용액(1→50) 0.2mℓ 및 질산은시액 1mℓ를 넣고 15분간 방치할 때의 탁도 이하이어야 한다. 다만 부유물등 이물은 거의 없어야 한다. 탁도표준액 : 0.1N 염산 1.41mℓ에 물을 넣어 정확하게 50mℓ로 한다. 그 16.0mℓ를 취하여 물을 넣어 정확하게 1ℓ로 한다.
② 화장품원료의 시험에 있어서 화장품원료가 용매에 녹는다 또는 섞인다라 함은 맑게 녹거나 또는 임의의 비율로 맑게 섞이는 것을 뜻하며 섬유 등을 볼 수 없거나 또는 있더라도 극히 적어야 한다.

5. 원료 및 내용물의 규격(색상:성상), 냄새

① **성상의 항에서 백색이라고 기재한 것은** 백색 또는 거의 백색, 무색이라고 기재한 것은 무색 또는 거의 무색을 나타내는 것이다. 색조를 시험하는 데는 따로 규정이 없는 한 고체의 화장품원료는 1g을 백지 위 또는 백지위에 놓은 시계시에 취하여 관찰하며 액상의 화장품원료는 안지름 15mm의 무색시험관에 넣고 백색의 배경을 써서 액층을 30mm로 하여 관찰한다. 액상의 화

장품원료의 맑은 것을 시험할 때에는 흑색 또는 백색의 배경을 써서 앞의 방법을 따른다. 액상의 화장품원료의 형을 관찰할 때에는 흑색의 배경을 쓰고 백색의 배경은 쓰지 않는다.
② **성상의 항에 있어서 냄새가 없다** 라고 기재한 것은 냄새가 없든가 혹은 거의 냄새가 없는 것을 뜻한다. 냄새시험은 따로 규정이 없는한 그 1g을 100㎖ 비커에 취하여 시험한다.

6. 원료 및 내용물의 규격(농도)

① 용액의 농도
- (1→5), (1→10), (1→100) 등으로 기재한 것 : 고체물질 1g 또는 액상물질 1mL를 용제에 녹여 전체량을 각각 5mL, 10mL, 100mL 등으로 하는 비율
- 혼합액을 (1:10) 또는 (5:3:1) 등으로 나타낸 것 : 액상물질의 1용량과 10용량과의 혼합액, 5용량과 3용량과 1용량과의 혼합액

② 용량의 비율표시
- %는 량백분률을, w/v %는 량 대 용량백분률을, v/v %는 용량 대 용량백분률을, v/w %는 용량 대 량백분률을, ppm은 량백만분률을 나타낸다.

7. 원료 및 내용물의 규격(온도)

① 시험 또는 저장할 때의 온도(구체적인 수치를 기재)
- 표준온도는 20℃   상온은 15 ~ 25℃
- 실온은 1 ~ 30℃   미온은 30 ~ 40℃
- 냉소 : 1 ~ 15℃ 이하의 곳
- 냉수 : 10℃ 이하   미온탕 ; 30 ~ 40℃
- 온탕: 60 ~ 70℃   열탕: 약 100℃의 물
- 가열한 용매 또는 열용매 : 그 용매의 비점 부근의 온도로 가열한 것
- 가온한 용매 또는 온용매 : 보통 60 ~ 70℃로 가온한 것
- 수욕상 또는 수욕중에서 가열한다라 함은 : 끓인 수욕 또는 100℃의 증기욕을 써서 가열
- 냉침 : 15 ~ 25℃ / 온침 : 35 ~ 45℃에서 실시한다.

② 온도의 규격 기타
- 시험은 따로 규정이 없는 한 상온에서 실시하고 조작 직후 그 결과를 관찰
- 온도의 영향이 있는 것의 판정은 표준온도에 있어서의 상태를 기준
- 따로 규정이 없는 한 일반시험법에 규정되어 있는 시약을 쓰고 시험에 쓰는 물은 「정제수」온도의 표시는 셀시우스법에 따라 아라비아숫자 뒤에 ℃를 붙인다.

8. 원료 및 내용물의 규격(기타)

① 통칙 및 일반시험법에 쓰이는 시약, 시액, 표준액, 용량분석용표준액, 계량기 및 용기 : 따로 규정이 없는 한 일반시험법에서 규정하는 것을 쓴다.
② 시험에 쓰는 물 : 따로 규정이 없는 한 정제수로 한다.
③ 용질명 다음에 용액이라 기재하고, 그 용제를 밝히지 않은 것 : 수용액을 말한다.
질량을 「정밀하게 단다.」 : 달아야 할 최소 자리수를 고려하여 0.1mg, 0.01mg 또는 0.001mg

까지 단다는 것
④ 질량을「정확하게 단다」: 지시된 수치의 질량을 그 자리수까지 단다는 것
시험할 때 n자리의 수치를 얻으려면 : 보통 (n+1)자리까지 수치를 구하고 (n+1)자리의 수치를 반올림
⑤ 시험조작을 할때「직후」또는「곧」이란 : 보통 앞의 조작이 종료된 다음 30초 이내에 다음 조작을 시작하는 것
⑥ 용질이「용매에 녹는다 또는 섞인다」: 투명하게 녹거나 임의의 비율로 투명하게 섞이는 것을 말하며 섬유 등을 볼 수 없거나 있더라 매우 적다.
⑦ 검체의 채취량에 있어서「약」이라고 붙인 것 : 기재된 양의 ±10%의 범위

5. 혼합·소분에 필요한 도구·기기 리스트 선택

1. 혼합·소분에 필요한 도구·기기 리스트

① 기기 리스트	
• 전자저울	무게(질량, 중량)를 측정
• 호모믹서, 호모게나이저	혼합, 교반
• 디스퍼	혼합, 교반
• 아지믹서	혼합, 교반
• 교반 탱크	혼합, 교반
• 바코드 발행기	바코드 생성
• 충진기	제품의 1차 포장
• 가열식 교반기	가열 혼합, 교반
• 디지털 온도계, 온습도계	온도, 습도 측정
• pH meter	pH 측정
• 초음파 세척기	세척

② 도구 리스트	
• 유리온도계	온도 측정
• 유리비이커	소분·혼합용, 실험용
• 마그네틱바	혼합, 교반
• 세구세척병	세척
• 스텐 시약스푼	계량
• 스텐 스페츌라	계량
• 표준분동 세트	저울 검교정용
• 교반봉(또는 실리콘주걱(헤라))	교반
• 나이프	혼합, 소분

1회 시험 출제 ➢ 5지선다형 문제로 출제(호모게나이저)

6. 혼합·소분에 필요한 기구 사용

1. 혼합·소분에 필요한 기구 사용

설비의 관리는 고장 발생후 정비를 행하는 사후보전활동보다는 일정주기마다 또는 설비진단 결과 등에 의해 고장정지 없이 정비를 계획적으로 실시하는 예방보전 활동이 중요하다.

① 저울
　: 저울은 검·교정을 하여 사용한다.
　　칭량 원료의 무게에 따라 적합한 저울을 선택 사용한다.
　　　(1) kg 단위 저울: 0.01 kg 단위로 칭량
　　　(2) g 단위 저울: 0.1g 단위로 칭량
　　　(3) 색소 저울, 향 저울: 0.001g 단위로 칭량

② 호모믹서, 호모게나이저
　• 화장품 제조시에 가장 많이 사용하는 기기로써 O/W 및 W/O 제형 모두 제조 가능하다.
　• 호모믹서는 운동자와 고정자 구성되어 있다. 운동자가 고정자 내벽에서 고속 회전시키는 장치이다.
　• 연속상에 강한 전단력으로 입자화하여 분산시키는 기기로써 수 ㎛까지 입자화가 가능하다.

③ 디스퍼
　• 간단히 두 물질을 혼합할 때 이용되는 혼합기로 화장품 제조에서는 주로 스킨과 같이 점도가 낮은 가용화 제품을 제조할 때 오일에 고체성분을 용해시켜 혼합하거나 폴리머를 정제수에 분산시킬 때 주로 사용된다.

7. 맞춤형화장품판매업 준수사항에 맞는 혼합·소분 활동

1. 맞춤형화장품판매업자의 준수사항

1. 맞춤형화장품 판매장 **시설·기구를 정기적으로 점검**하여 보건위생상 위해가 없도록 관리할 것
2. 다음 의 **혼합·소분 안전관리기준**을 준수할 것
　가. 혼합·소분 전에 혼합·소분에 사용되는 **내용물 또는 원료에 대한 품질성적서를 확인**할 것
　나. 혼합·소분 전에 **손을 소독하거나 세정**할 것. 다만, 혼합·소분 시 일회용 장갑을 착용하는 경우에는 그렇지 않다.
　다. 혼합·소분 전에 혼합·소분된 제품을 담을 **포장용기의 오염 여부를 확인**할 것
　라. 혼합·소분에 사용되는 장비 또는 기구 등은 **사용 전에** 그 위생 상태를 점검하고, 사용 후에는 오염이 없도록 **세척할 것**
　마. 그 밖에 가목부터 라목까지의 사항과 유사한 것으로서 혼합·소분의 안전을 위해 식품의약품안전처장이 정하여 고시하는 사항을 준수할 것

3. 다음 사항이 포함된 **맞춤형화장품 판매내역서**(전자문서 포함)를 작성·보관할 것
   가. 제조번호
   나. 사용기한 또는 개봉 후 사용기간
   다. 판매일자 및 판매량
4. 맞춤형화장품 판매 시 다음 각 목의 사항을 소비자에게 설명할 것
   가. 혼합·소분에 사용된 내용물·원료의 내용 및 특성
   나. 맞춤형화장품 사용 시의 주의사항
5. 맞춤형화장품 사용과 관련된 부작용 발생사례에 대해서는 지체 없이 식품의약품안전처장에게 보고할 것

2. 기타 맞춤형화장품판매업자의 준수사항

① 맞춤형화장품**판매업소마다** 맞춤형화장품조제관리사를 둘 것
② 둘 이상의 책임판매업자와 계약하는 경우 사전에 각각의 책임판매업자에게 고지한 후 계약을 체결하여야 하며, 맞춤형화장품 **혼합·소분 시 책임판매업자와 계약한 사항을 준수할 것**
③ 판매 중인 맞춤형화장품이 **회수대상 맞춤형화장품**에 해당함을 알게 된 경우 신속히 **책임판매업자에게 보고**하고, 회수대상 맞춤형화장품을 구입한 **소비자에게 적극적으로 회수조치**를 취할 것
④ 맞춤형화장품과 관련하여 **안전성 정보**(부작용 발생 사례를 포함한다)에 대하여 신속히 책임판매업자에게 보고할 것

4.6 혼합 및 소분 ------------------------------- [연습문제]

[5지선다형]

01. 다음 <보기>에서 설명하는 유화기로 가장 적합한 것은?

> <보기>
> ㄱ. 크림이나 로션 타입의 제조에 주로 사용 된다.
> ㄴ. 터빈형의 회전날개를 원통으로 둘러싼 구조이다.
> ㄷ. 연속상에 강한 전단력으로 입자화하여 분산시키는 기기로써 수 ㎛까지 입자화가 가능하다.

① 디스퍼
② 호모믹서
③ 프로펠러믹서
④ 아토마이저
⑤ 아지믹서

02. 다음 중 용제형에 해당하는 화장품은 어느 것인가?
① 화장비누
② 페이스트
③ 과립, 분말
④ 유액
⑤ 에어로졸

03. 다음 중 계면활성제형에 해당하는 화장품은 어느 것인가?
① 크림
② 페이스트
③ 유액
④ 오일
⑤ 워터

04. 다음 중 용제형 제형으로 "오일을 다량 함유하는 에멀전으로 콜드크림이나 클렌징 크림"으로 주로 이용되는 화장품의 종류는?
① 크림
② 젤
③ 유액
④ 오일
⑤ 워터

05. 다음은 유액의 제형에 대한 설명이다. 그 설명에 해당하는 유액의 형태는 무엇인가?

> <보기>
> 가볍고 산뜻한 사용감을 가지고 대부분의 로션은 유분이 30% 이하인 (㉠)형의 유화 타입을 유지한다.

① O/W ② W/O
③ W/O/W ④ S/W
⑤ W/S

06. 다음 <보기>에서 설명하는 유화기로 가장 적합한 것은?

<보기>
간단히 두 물질을 혼합할 때 이용되는 혼합기로 화장품 제조에서는 주로 스킨과 같이 점도가 낮은 가용화 제품을 제조할 때 오일에 고체성분을 용해시켜 혼합하거나 폴리머를 정제수에 분산시킬 때 주로 사용된다.

① 디스퍼 ② 호모믹서
③ 프로펠러믹서 ④ 호모게니이져
⑤ 아지믹서

07. 원료의 규격(pH, 점도, 색상, 냄새 등) 설정 단계에 해당하지 않는 것은?
① 항목설정 ② 시험법의 설정
③ 기준치 설정 ④ 설정된 규격시험 확인검증
⑤ 적합, 부적합 판단

08. 물질의 분자량은 표시의 기준에 해당하는 것은?(분자량은 국제원자량표에 따른다)
① 소수점 첫째 자리까지 표시
② 소수점 둘째 자리까지 표시
③ 소수점 셋째 자리까지 표시
④ 소수점 이하 둘째 자리에서 반올림하여 첫째 자리까지 표시
⑤ 소수점 이하는 버린다.

09. 다음 중 액성(pH)에 대한 규격 설명으로 옳은 것은?
① 액성을 산성, 알칼리성 또는 중성으로 나타낼 때 반드시 pH값을 써야 한다.
② 액성을 구체적으로 표시할 때에 pH값을 쓴다.
③ 미산성, 약산성, 강산성 등으로 기재하는 것은 불명확하므로 반드시 정확하게 수치로 나타내어야 한다.
④ 약산성은 약 5~약 6.5 정도를 의미한다.
⑤ 약알칼리성 약 7.5~약 9 정도를 의미한다.

10. "맑다"라고 기재된 것의 규격시험기준에서 탁도표준액과 물의 양으로 적당한 것은?

① 탁도표준액 0.2㎖에 물을 넣어 20㎖로 한다.

② 탁도표준액 0.5㎖에 물을 넣어 20㎖로 한다.
③ 탁도표준액 0.2㎖에 물을 넣어 30㎖로 한다.
④ 탁도표준액 0.5㎖에 물을 넣어 30㎖로 한다.
⑤ 탁도표준액 0.3㎖에 물을 넣어 20㎖로 한다.

11. 원료 및 내용물의 규격 시험중 색상기준에서 고체 화장품의 원료에 대한 시험기준으로서 옳은 것은?(따로 규정이 없고 색조를 시험한다.)
① 고체 화장품원료 1g을 백지 위 또는 백지위에 놓인 시계시에 취하여 관찰한다.
② 고체 화장품원료 2g을 비이커에 취하여 관찰한다.
③ 고체 화장품원료 2g을 슬라이드 글라스에 취하여 관찰한다.
④ 화장품원료 1g, 액층 30㎜를 만들어 관찰한다.
⑤ 고체 화장품원료 1g을 흑색 배경 위에서 관찰한다.

12. 원료 및 내용물의 규격 시험중 성상의 항에 있어서 "냄새가 없다"라는 규격시험기준에 해당하는 것은?
① 1g을 100㎖ 비커에 취하여 시험한다
② 1g을 200㎖ 비커에 취하여 시험한다
③ 2g을 200㎖ 비커에 취하여 시험한다
④ 3g을 300㎖ 비커에 취하여 시험한다
⑤ 5g을 500㎖ 비커에 취하여 시험한다

13. 액상의 화장품원료의 형을 관찰할 때에 사용하는 배경의 색은?(단, 맑은 액상이 아님)
① 백색   ② 흑색
③ 적색   ④ 녹색
⑤ 투명

14. 다음 용액의 농도에 대한 규격시험기준 중 설명이 옳은 것은?
① (1→5) : 고체물질 1g(1mL)을 용제에 녹여 전체량을 5mL로 하는 비율
② (1:10) : 고체물질의 1g과 10g의 혼합
③ (1→5) : 고체물질 1g(1mL)과 용제 5g(5mL)을 혼합하는 비율
④ (1:10) : 액상물질의 1g과 고체물질 10g의 혼합
⑤ (1→5) : 액상물질 1mL를 고체물질 5g과 혼합하는 비율

15. 원료 및 내용물의 규격에서 용량의 비율표시로 옳지 못한 것은?
① %는 량백분률
② w/v %는 량 대 용량백분률
③ v/v %는 용량 대 용량백분률
④ v/w %는 용량 대 량백분률

⑤ ppm은 용량백만분율

16. 시험 또는 저장할 때의 온도(구체적인 수치를 기재)의 기준 중 옳지 않은 것은?
① 표준온도는 20℃
② 상온은 25~40℃
③ 실온은 1~30℃
④ 미온은 30~40℃
⑤ 냉소는 1~15℃ 이하의 곳

17. 원료 및 내용물의 규격에 대한 설명 중 옳지 못한 것은?
① 시험은 따로 규정이 없는 한 상온에서 실시
② 온도의 영향이 있는 것의 판정은 표준온도에서 상태를 기준
③ 따로 규정이 없는 한 정제수
④ 보통 (n+1)자리까지 수치를 구하고 (n+1)자리의 수치를 반올림
⑤ 검체의 채취량에 있어서 「약」은 기재된 양의 ±5%의 범위

18. 다음 <보기>를 참고로 맞춤형화장품조제관리사 소영씨가 제조한 맞춤형화장품의 사용기한으로 적당한 것은?

― <보기> ―
ㄱ. 혼합·소분에 사용한 내용물의 사용기한 : 2021년 1월 15일
ㄴ. 혼합·소분일 : 2020년 4월 15일

① 2021년 4월 14일
② 2021년 4월 15일
③ 2022년 4월 14일
④ 2021년 1월 14일
⑤ 2022년 1월 14일

19. 맞춤형화장품 판매내역에 들어갈 내용으로 바람직하지 못한 것은?
① 제조번호
② 판매일자
③ 판매량
④ 사용기한
⑤ 혼합·소분에 사용한 내용물의 주의사항

20. 혼합·소분 시 오염방지를 위한 안전관리기준의 준수사항이 아닌 것은?
① 혼합·소분 전에는 손을 소독 또는 세정한다.
② 혼합·소분 전에는 일회용 장갑을 착용한다.
③ 혼합·소분에 사용되는 장비 또는 기기 등은 사용 전·후 세척할 것
④ 혼합·소분된 제품을 담을 용기의 오염여부를 사전에 확인할 것
⑤ 판매장 즉석에서 제조하여 소비자에게 전달한다.

21. 맞춤형화장품 판매 시 소비자에게 설명해야 할 사항이 아닌 것은?
① 내용물에 대한 설명
② 사용한 기구 및 기기에 대한 설명
③ 사용시 주의사항
④ 보관상 주의사항
⑤ 원료에 대한 설명

22. 판매 중인 맞춤형화장품이 회수대상 맞춤형화장품에 해당함을 알게 된 경우 조치로서 바람직하지 못한 것은?
① 신속히 책임판매업자에게 보고한다.
② 구입한 소비자에게 적극적으로 회수조치 한다.
③ 메일, 팩스, 전화, 전자메일, 우편, 홈페이지 등을 통하여 소비자에게 알린다.
④ 회수의무자는 책임판매업자이므로 보고하고 지시를 기다린다.
⑤ 회수과정동안 책임판매업자와의 지속적인 연락을 통하여 의견을 나눈다.

[단답형]

01. 다음 <보기>는 화장품 제형에 관한 설명이다. <보기>에서 ㉠, ㉡에 해당하는 적합한 단어를 각각 작성하시오

<보기>
ㄱ. 로션제 : 유화제 등을 넣어 (㉠)과 (㉡)을 균질화하여 점액상으로 만든 것
ㄴ. 액제 : 화장품에 사용되는 성분을 용제 등에 녹여서 액상으로 만든 것
ㄷ. 크림제 : 유화제 등을 넣어 (㉠)과 (㉡)을 균질화하여 반고형상으로 만든 것

02. 다음 <보기>는 화장품 제형에 관한 설명이다. <보기>에서 ㉠, ㉡에 해당하는 적합한 단어를 각각 작성하시오

<보기>
ㄱ. 로션제 : 유화제 등을 넣어 유성성분과 수성성분을 균질화하여 (㉠)으로 만든 것
ㄴ. 액제 : 화장품에 사용되는 성분을 용제 등에 녹여서 액상으로 만든 것
ㄷ. 크림제 : 유화제 등을 넣어 유성성분과 수성성분을 균질화하여 (㉡)으로 만든 것

4.7 충진 및 포장

<학습차례>
1. 제품에 맞는 충진 방법
2. 제품에 적합한 포장 방법
3. 용기 기재사항

1. 제품에 맞는 충진 방법

1. 충전(충진), 포장
① **충전** : 빈 공간을 채우거나 빈 곳에 집어넣어서 채운다는 의미로, 화장품의 경우 일정한 규격의 용기에 내용물을 넣어 채우는 작업을 말한다.
② **포장** : 1차 포장 <u>화장품 내용물을 직접적으로 접촉</u>하는 것을 1차 포장재라고 하고, 종이 상자와 같이 외부를 포장하는 재질을 2차 포장재라고 한다. 제품을 구매한 후 2차 포장재는 대부분 버리게 되며, 이로 인해 화장품에 대한 정보가 남아 있지 않아 1차 포장재에는 화장품의 명칭, 제조업자 및 제조 판매업자의 상호, 제조 번호를 읽기 쉽고 이해하기 쉬운 한글로 정확히 기재 표시하도록 하고 있으며, 필요시 외국어를 함께 기재할 수 있게 하고 있다.

2. 제품에 맞는 충진 방법
① 화장품의 충전·포장 설비 선택은 제품의 공정, 점도, 제품의 안정성, pH, 밀도, 용기 재질 및 부품설계 등과 같은 제품과 용기의 특성에 기초를 두어야 한다.
② 제품의 제형 및 물리적 특성에 따라 적절한 충전·포장 방법을 선택한다.
③ 맞춤형화장품의 충전·포장 도구 및 기구의 선택과 방법은 일반적인 화장품의 기준에 준하여 실시한다.
(단, 안전용기·포장에 관한 기준은 해당 법령기준을 따르고, 기재·표시는 맞춤형화장품 기재·표시에 준하여 실시한다)

3. 제품에 맞는 충진 방법(적정 포장)
[품질유지성]
① **내용물 보호기능**
 • 알칼리용출 : 유리는 내약품성에 안정하나 소다라임소재는 알칼리 용출에 유의 - 내용물의 경시변화(pH 안정성 등)를 충분히 검토해야 한다.
 • 광투과성 : 내용물의 색상을 보기 위해 투명용기를 채택하는 경우 자외선에 의한 변색우려
  - 차광용기를 사용하거나 내용물에 자외선흡수제로 퇴색을 방지해야 한다.
 • 내용물 투과성 : 폴리에틸렌(polyethylane, PE) 용기는 내용물이 용기에 투과되어 향수제

품, 헤어리퀴드 향의 일부가 침투하여 용기변형이 발생하므로 PE를 사용하지 않는다.
  • 수분투과성 : 폴리스타이렌(polystyrene, PS)은 흡수성이 적고 수분투과성은 PE, PP(polypropylene)보다 높으므로 수분함유량이 많은 제품은 주의를 요한다.
  • 변취 : 플라스틱 용기는 유리나 금속에 비해 여러 첨가제의 영향으로 변취의 문제가 생길 수 있다.
② **재료적성** : 내약품성, 내부식성, 내광성
③ **소재의 안전성** : 식품위생법에 준하여 소재 사용

[기능성]
① 사용상의 기능 : 인간공학적 기능, 물리적 기능
  • 캡 빠짐(헐거워짐) : 캡이 헐거우면 입구가 작은 초자 용기의 나사선에서 내용물이 새어 나오는 경우가 발생
  • 충격강도 : 다양한 충격(떨어 뜨림, 캡의 헐거워짐, 용기의 내구성)에 내구성을 지녀야 한다.
② 사용상의 안정성 : 사용 장면에 따른 안전성, 사용방법에 따른 안전성
  • 가스를 사용하는 경우, 특별한 장소(목욕탕)에서 사용하는 경우

[적정포장]
① 적정품질 수준, 적정용량, 적정용적
  • 입구가 작은 용기 : 내용물이 온도에 따라 팽창하여 내부압력이 상승, 유리, 플라스틱의 경우 팽창을 감안하여 용량을 산정해야 한다.
  • 입구가 큰 용기 : 내용물 팽창에 의한 흘러넘침을 방지(캡핑. capping)해야 한다.
  • 기타 : 용기 설계시 투명용기의 용량 문제, 에탄올 함량이 높은 남성용 스킨, 샤워코롱의 내용물 팽창에 의한 영향 고려.

[경제성] : 재료비, 물류비용 등

[판매촉진성] : 구매효과에 영향

4. 화장품 제형에 따른 충전
① **제형별 충전 방법(1)**
  (1) 액상과 크림상은 용기나 파우치에 충전
  (2) 고형의 립스틱은 몰드에 성형 조립
  (3) 분말상의 파우더는 접시에 타정
② **제형별 충전 방법(2)**
  (1) 화장수 유액 타입 : 병 충전
  (2) 크림 타입 : 입구가 넓은 병 또는 튜브 충전
  (3) 분체 타입 : 종이상자 또는 자루충전기
  (4) 에어로졸 타입 : 특수장치 충전

2. 제품에 적합한 포장 방법

1. 포장작업
① 포장작업에 관한 **문서화된 절차**를 수립하고 유지하여야 한다.
② 포장작업은 다음 각 호의 사항을 포함하고 있는 **포장지시서**에 의해 수행되어야 한다.
  (1) 제품명
  (2) 포장 설비명
  (3) 포장재 리스트
  (4) 상세한 포장공정
  (5) 포장생산수량
③ 포장작업을 시작하기 전에 **포장작업 관련 문서의 완비**여부, **포장설비의 청결 및 작동여부** 등을 점검하여야 한다.

2. 포장, 충전 관련 용어의 정의
① 제조란 원료 물질의 칭량부터 혼합, 충전(1차포장), 2차포장 및 표시 등의 일련의 작업을 말한다.
② 벌크제품이란 충전(1차포장) 이전의 제조 단계까지 끝낸 제품을 말한다.
③ 완제품이란 출하를 위해 제품의 포장 및 첨부문서에 표시공정 등을 포함한 모든 제조공정이 완료된 화장품을 말한다.

[포장재]
화장품법 제2조(정의) 제6호, 제7호에 따른 정의에 의하면, "1차 포장"이란 화장품 제조 시 내용물과 직접 접촉하는 포장용기를 말한다. "2차 포장"이란 1차 포장을 수용하는 1개 또는 그 이상의 포장과 보호재 및 표시의 목적으로 한 포장(첨부문서 등을 포함한다)을 말한다.

3. 포장관련 기록양식
[기준서] : 제조관리기준서
[절차서 & 지침서] : 충진 포장 공정관리 절차서
[기록양식] : 충진·포장 지시 및 기록서

4. 화장품 포장재
① 화장품 포장재의 정의
  • 1차포장재, 2차포장재, 각종 라벨, 봉함 라벨까지 포장재에 포함
  • 라벨에는 제품 제조번호 및 기타 관리번호를 기입하므로 실수방지가 중요하여 라벨은 포장재에 포함하여 관리하는 것을 권장
② 용기(병, 캔 등)의 청결성 확보(특히 1차포장재)
  • 자사에서 세척할 경우 : 세척방법의 확립이 필수, 세척방법의 유효성을 정기적으로 확인

• 용기공급업자(실제로 제조하고 있는 업자)에게 의존할 경우
- 용기 공급업자를 감사하고 용기 제조방법이 신뢰할 수 있다는 것을 확인하는 일부터 시작한다. 신뢰할 수 있으면 계약을 체결한다.
- 용기는 매 뱃치 입고 시에 무작위 추출하여 육안 검사를 실시하여 그 기록을 남긴다.

5. 포장작업시 주의사항

① 제품, 원료 또는 포장재와 직접 접촉하는 사람은 제품 안전에 영향을 확실히 미칠 수 있는 건강 상태가 되지 않도록 주의사항을 준수해야 한다.
② 시험용 검체는 오염되거나 변질되지 아니하도록 채취하고, 채취한 후에는 원상태에 준하는 포장을 해야 하며, 검체가 채취되었음을 표시하여야 한다.
③ 2차 포장작업시 라벨 또는 제조번호 날인 작업시에도 적합한 위생 및 안전한 환경에서 실시하여야 한다.

6. 포장구역

① 포장 구역은 제품의 교차 오염을 방지할 수 있도록 설계되어야 한다.
② 포장 구역은 설비의 팔레트, 포장 작업의 다른 재료들의 폐기물, 사용되지 않는 장치, 질서를 무너뜨리는 다른 재료가 있어서는 안 된다.
③ 구역 설계는 사용하지 않는 부품, 제품 또는 폐기물의 제거를 쉽게 할 수 있어야 한다.
④ 폐기물 저장통은 필요하다면 청소 및 위생 처리 되어야 한다.
⑤ 사용하지 않는 기구는 깨끗하게 보관되어야 한다.

7. 포장구역 청정도 기준

청정도 등급	대상시설	해당 작업실	청정공기 순환	구조 조건	관리 기준	작업 복장
3	화장품 내용물이 노출 안되는 곳	포장실	차압 관리	Pre-filter 온도조절	갱의, 포장재의 외부 청소 후 반입	작업복, 작업모, 작업화

• 이미 포장(1차포장)된 완제품을 업체의 필요에 따라 세트 포장하기 위한 경우에는 완제품 보관소의 등급(4등급) 이상으로 관리하면 무방하다.

【공기 조절의 4대 요소】

4대 요소 : 청정도　　실내온도　습도　기류
　　　　　　↓　　　　　↓　　　↓　　↓
대응설비 : 공기정화기　열교환기　가습기　송풍기

8. 충전 및 포장 절차

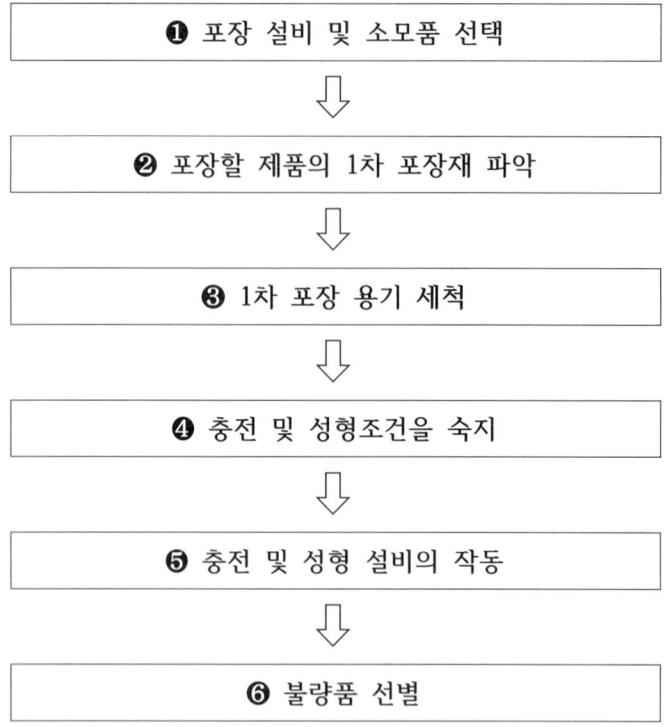

9. 제품의 포장 재질
① 포장 폐기물의 발생 억제, 재활용촉진
② 재활용이 쉬운 포장재 사용, 중금속이 함유된 재질의 포장재 제조 및 유통 금지
③ PVC(폴리염화비닐)를 사용하여 첩합(Lamination), 수축 포장 또는 도포(코팅)한 포장재(제품의 용기 등에 붙이는 표지를 포함) 사용 금지
④ PVC(폴리염화비닐)를 사용하여 수축 포장한 포장재를 사용하지 아니하면 포장재의 기능에 장애를 일으킬 우려가 있는 경우 PVC 사용
⑤ 포장재의 사용량과 포장 횟수를 줄여 불필요한 포장 억제
⑥ 포장 용기를 재사용할 수 있는 비율
   (1) 화장품 중 색조 화장품(메이크업)류: 100분의 1 이상
   (2) 합성수지 용기를 사용한 액체 세제류·분말 세제류: 100분의 50 이상
   (3) 두발용 화장품 중 샴푸·린스류: 100분의 25 이상
   (4) 위생용 종이 제품 중 물티슈류: 100분의 60 이상

10. 제품의 포장 방법
① 제품의 종류별 포장 방법(포장 공간 비율 및 포장 횟수)에 대한 기준
   (1) 인체 및 두발 세정용 제품류: 15 % 이하, 2차 이내
   (2) 그 밖의 화장품류(방향제를 포함한다): 10 % 이하(향수 제외), 2차 이내

(3) 세제류: 15 % 이하, 2차 이내
(4) 종합 제품 화장품류: 25 % 이하, 2차 이내
② 추가사항
(1) 제품의 특성상 1개씩 포장 후 여러 개를 함께 포장하는 경우 종합제품의 공간비율 및 포장횟수 대상이 아님(각 단위 제품은 제품별 포장 공간 비율 및 포장횟수 기준에 접합)
(2) 부스러짐 방지 및 자동화를 위하여 받침 접시를 사용하는 경우에는 이를 포장 횟수에서 제외
(3) 종합 제품으로 복합 합성수지 재질·폴리염화비닐 재질 또는 합성 섬유 재질로 제조된 받침 접시 또는 포장용 완충재를 사용한 제품의 포장 공간 비율은 20% 이하
(4) 단위 제품인 화장품의 내용물 보호 및 훼손 방지를 위해 2차 포장 외부에 덧붙인 필름(투명 필름류만 해당한다)은 포장 횟수의 적용 대상인 포장으로 보지 않음.

11. 1차 포장 용기의 세척

① 세척시 고려 사항
(1) 세척 대상 물질을 확인한다.
(2) 대상 용기를 세척한다.
(3) 세제와 소독제 취급 방법을 확인한다.
(4) 세척 주기를 정한다.
(5) 세척제 : 물, 증기, 브러시, 에탄올등 필요한 경우 세제(계면활성제)
(6) 용기 세척의 원칙을 이해한다.
(7) 세척 결과를 판정한다.
② 세척 결과의 판정 : 우선 순위 순서
: 육안 판정 ⇨ 닦아 내기 판정 ⇨ 린스 정량법
(1) 육안 판정 : 가장 간편하고 정확한 판정 방법
(2) 닦아 내기 판정 : 육안 판정을 할 수 없는 경우
(3) 린스 정량법 : 닦아 내기 판정을 할 수 없는 경우

3. 용기 기재사항

1. 화장품 용기의 정의

① **밀폐용기** : 일상의 취급 또는 보통 보존상태에서 외부로부터 **고형의 이물**이 들어가는 것을 방지하고 고형의 내용물이 손실되지 않도록 보호할 수 있는 용기. 밀폐용기로 규정되어 있는 경우에는 기밀용기도 쓸 수 있다.
② **기밀용기** : 일상의 취급 또는 보통 보존상태에서 **액상 또는 고형의 이물 또는 수분**이 침입하지 않고 내용물을 손실, 풍화, 조해 또는 증발로부터 보호할 수 있는 용기. 기밀용기로 규정되어 있는 경우에는 밀봉용기도 쓸 수 있다.
③ **밀봉용기** : 일상의 취급 또는 보통의 보존상태에서 **기체 또는 미생물**이 침입할 염려가 없는

용기
④ **차광용기** : 광선의 투과를 방지하는 용기 또는 투과를 방지하는 포장을 한 용기

> 1회 시험 출제 ▶ 단답형 문제로 출제(정답 : 차광)

2. 화장품 표시 사항

① 내용량이 소량인 화장품의 포장 등 총리령으로 정하는 포장에는 **화장품의 명칭**, 화장품책임판매업자 및 **맞춤형화장품판매업자의 상호**, **가격**, **제조번호**와 **사용기한 또는 개봉 후 사용기간**(개봉 후 사용기간을 기재할 경우에는 제조연월일을 병행 표기)만을 기재·표시할 수 있다.

❶ 내용량이 10ml(g) 초과 ~ 30ml(g) 이하인 화장품의 포장
 · ① + 용량, 지정성분, 영업자상호/주소, 주의사항, 소비자분쟁해결기준, 바코드
 *바코드는 표시량이 15g(ml) 이하인 경우 생략 가능하다.

❷ 내용량이 30ml(g) 초과 ~ 50ml(g) 이하인 화장품의 포장
 · ③ + 분리배출 표기

❸ 50ml(g) 초과하는 화장품의 포장
 · 전성분 표기

② 총리령으로 정하는 포장 : 1차포장, 2차포장 모두 해당
 (1) 내용량이 10밀리리터 이하 또는 10그램 이하인 화장품의 포장
 (2) 판매의 목적이 아닌 제품의 선택 등을 위하여 미리 소비자가 시험·사용하도록 제조 또는 수입된 화장품의 포장(가격은 비매품, 견본품 등의 표시)

3. 1차 포장에 반드시 표시하여야 할 사항

① 화장품의 명칭
② 영업자의 상호
③ 제조번호
④ 사용기한 또는 개봉 후 사용기간
 · <u>가격은 제외</u>

> 1회 시험 출제 ▶ 단답형으로 출제(정답 : 제조번호)

[제조번호의 표시 방식]
① 사용기한(또는 개봉 후 사용기간)과 쉽게 구별되도록 기재·표시해야 한다.
② 개봉 후 사용기간을 표시하는 경우에는 병행 표기해야 하는 제조연월일도 각각 구별이 가능하도록 기재·표시해야 한

4. 기재·표시를 생략할 수 있는 성분

① 제조과정 중에 제거되어 **최종 제품에는 남아 있지 않은 성분**
② 안정화제, 보존제 등 **원료 자체에 들어 있는 부수 성분**으로서 <u>그 효과가 나타나게 하는 양보다 적은 양이 들어 있는 성분</u>
③ **내용량이 10밀리리터 초과 50밀리리터 이하** 또는 중량이 10그램 초과 50그램 이하 화장품

의 포장인 경우에는 다음 각 목의 성분을 제외한 성분

1회 시험 출제 ➤ 5지선다형 문제 출제

[생략할 수 없는 성분]
- 타르색소
- 금박
- 샴푸와 린스에 들어 있는 인산염의 종류
- 과일산(AHA)
- 기능성화장품의 경우 그 효능·효과가 나타나게 하는 원료
- 식품의약품안전처장이 배합 한도를 고시한 화장품의 원료

5. 화장품 가격표시제 용어의 정의
① 표시의무자 : 화장품을 일반 소비자에게 판매하는 자
② 판매가격 : 화장품을 일반 소비자에게 판매하는 실제 가격

[표시대상]
- 판매가격표시 대상 : 국내에서 판매되는 모든 화장품

[표시의무자의 지정]
① 표시의무자
- 소매 점포 : **소매업자**(직매장 포함)
- 방문판매업·후원방문판매업,통신판매업, 다단계판매업 : **판매업자**
② **책임판매업자, 제조업자 : 판매 가격 표시 금지**
③ 매장크기에 관계없이 가격표시를 하지 아니하고 판매하거나 판매할 목적으로 진열·전시 금지

6. 가격표시 및 표시방법
: **실제 거래가격을 표시**
① 쉽게 훼손되거나 지워지지 않으며 분리되지 않도록 스티커 또는 꼬리표를 표시
② 판매가격이 변경되었을 경우에는 기존의 가격표시가 보이지 않도록 변경 표시
③ 개별 제품에 스티커 등을 부착
④ 화장품 개별 제품에는 판매가격을 표시하지 아니할 수 있다.
⑤ 『판매가 ○○원』 등으로 소비자가 알아보기 쉽도록 선명하게 표시

7. 화장품의 가격표시, 기재·표시상의 주의사항
① **화장품의 가격표시**
- 소비자에게 화장품을 직접 판매하는 자(판매자)가 판매하려는 가격을 표시
- 일반 소비자가 알기 쉽도록 표시하되, 그 세부적인 표시방법은 식품의약품안전처장이 정하

② **기재·표시상의 주의사항**
- 기재·표시는 다른 문자 또는 문장보다 쉽게 볼 수 있는 곳에 하여야 한다.
- 따라 읽기 쉽고 이해하기 쉬운 한글로 정확히 기재·표시하여야 한다.
- 한자 또는 외국어를 함께 기재할 수 있다.
- 수출용 제품 등의 경우에는 그 수출 대상국의 언어로 적을 수 있다.
- 화장품의 성분을 표시하는 경우에는 표준화된 일반명을 사용할 것

1회 시험 출제 ➢ 5지선다형 문제 출제

8. 사용기준이 지정·고시된 원료 중 보존제의 함량 기재·표시

① 영·유아용 제품류인 경우
② 화장품에 어린이용 제품임을 특정하여 표시·광고하려는 경우

[사용기준이 지정·고시된 원료] - 보존제의 함량을 기재·표시 해야함
- 보존제
- 색소
- 자외선차단제

9. 화장품제조업자 및 화장품판매업자의 상호 및 주소

① 화장품제조업자 또는 화장품책임판매업자의 주소는 등록필증에 적힌 소재지 또는 반품·교환 업무를 대표하는 소재지를 기재·표시해야 한다.
② "화장품제조업자"와 "화장품책임판매업자"는 각각 구분하여 기재·표시해야 한다. 다만, 화장품제조업자와 화장품책임판매업자가 같은 경우는 "화장품제조업자 및 화장품책임판매업자"로 한꺼번에 기재·표시할 수 있다.
③ 공정별로 2개 이상의 제조소에서 생산된 화장품의 경우에는 일부 공정을 수탁한 화장품제조업자의 상호 및 주소의 기재·표시를 생략할 수 있다.
④ 수입화장품의 경우에는 추가로 기재·표시하는 제조국의 명칭, 제조회사명 및 그 소재지를 국내 "화장품제조업자"와 구분하여 기재·표시해야 한다.

10. 화장품의 포장에 기재·표시하여야 하는 사항

- **화장품의 포장에 기재·표시하여야 하는 사항**

① 식품의약품안전처장이 정하는 **바코드**
② **기능성화장품의 경우** 심사 받거나 보고한 효능·효과, 용법·용량
③ **성분명을 제품 명칭의 일부로 사용한 경우** 그 성분명과 함량(방향용 제품은 제외)
④ **인체 세포·조직 배양액이 들어있는 경우** 그 함량
⑤ 화장품에 **천연 또는 유기농으로 표시·광고하려는 경우**에는 원료의 함량
⑥ **수입화장품인 경우**에는 제조국의 명칭(원산지를 표시한 경우 생략), 제조회사명 및 그 소재지

11. 성분의 기재·표시 생략 항목 확인

① 모든 성분을 즉시 확인할 수 있도록 포장에 전화번호나 홈페이지 주소를 적을 것
② 모든 성분이 적힌 책자 등의 인쇄물을 판매 업소에 늘 갖추어 둘 것

12. 부당한 표시·광고 행위 등의 금지

• 영업자(판매자)는 다음 하나에 해당하는 표시 또는 광고를 하여서는 아니 된다.
① **의약품으로 잘못 인식**할 우려가 있는 표시 또는 광고
② **기능성화장품이 아닌 화장품**을 기능성화장품으로 **잘못 인식**할 우려가 있거나 기능성화장품의 안전성·유효성에 관한 심사결과와 **다른 내용의 표시 또는 광고**
③ 천연화장품 또는 유기농화장품이 아닌 화장품을 **천연화장품 또는 유기농화장품으로 잘못 인식**할 우려가 있는 표시 또는 광고
④ 그 밖에 사실과 다르게 **소비자를 속이거나** 소비자가 **잘못 인식하도록** 할 우려가 있는 표시 또는 광고

13. 내용물의 용량 또는 중량 표시

① 화장품의 1차 포장 또는 2차 포장의 무게가 포함되지 않은 용량 또는 중량을 기재·표시해야 한다.
② 화장 비누(고체 형태의 세안용 비누를 말한다)의 경우에는 수분을 포함한 중량과 건조중량을 함께 기재·표시해야 한다.

14. 사용기한 또는 개봉 후 사용기간

① 사용기한은 "사용기한" 또는 "까지" 등의 문자와 "연월일"을 소비자가 알기 쉽도록 기재·표시해야 한다. 다만, "연월"로 표시하는 경우 사용기한을 넘지 않는 범위에서 기재·표시해야 한다.
② 개봉 후 사용기간은 "개봉 후 사용기간"이라는 문자와 "○○월" 또는 "○○개월"을 조합하여 기재·표시하거나, 개봉 후 사용기간을 나타내는 심벌과 기간을 기재·표시할 수 있다.
(예시: 심벌과 기간 표시) 개봉 후 사용기간이 12개월 이내인 제품

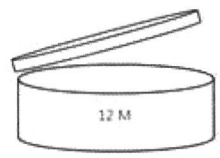
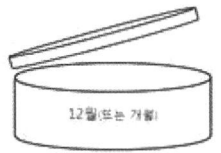

15. 화장품 바코드 용어정의

① **화장품코드** : 개개의 화장품을 식별하기 위하여 고유하게 설정된 번호로써 국가식별코드, 제조업자 등의 식별코드, 품목코드 및 검증번호(Check Digit)를 포함한 12 또는 13자리의 숫자

② **바코드** : 화장품 코드를 포함한 숫자나 문자 등의 데이터를 일정한 약속에 의해 컴퓨터에 자동 입력시키기 위한 다음 각 목의 하나에 여백 및 광학적문자판독(Optical Character Recognition) 폰트의 글자로 구성되어 정보를 표현하는 수단으로서, 스캐너가 읽을 수 있도록 인쇄된 심벌(마크)
  (1) 여러 종류의 폭을 갖는 백과 흑의 평형 막대의 조합
  (2) 일정한 배열로 이루어져 있는 사각형 모듈 집합으로 구성된 데이터 매트릭스

16. 화장품 바코드 표시대상

① 화장품바코드 표시대상품목 : 국내에서 제조되거나 수입되어 국내에 유통되는 **모든 화장품(기능성화장품 포함)**을 대상
② 내용량이 15밀리리터 이하 또는 **15그램 이하인 제품의 용기** 또는 **포장**이나 **견본품**, **시공품** 등 **비매품** : 화장품바코드 표시를 생략할 수 있다.

17. 화장품 바코드 표시의무자, 표시방법

• 화장품바코드 표시 : 국내에서 화장품을 유통·판매하고자 하는 **화장품책임판매업자**가 한다.
① 책임판매업자 등 : 화장품 품목별·포장단위별로 **개개의 용기** 또는 **포장**에 바코드 심벌을 표시하여야 한다.
② 화장품바코드 표시 : 유통단계에서 쉽게 **훼손되거나 지워지지 않도록** 하여야 한다.

18. 표시·광고할 수 있는 인증·보증의 종류

① **할랄**(Halal)·**코셔**(Kosher)·**비건**(Vegan) 및 천연·유기농 인증·보증
② **우수화장품 제조 및 품질관리기준(GMP), ISO 22716** 인증·보증
③ 국제기구, 외국 정부 또는 외국의 법령에 따라 인증·보증
④ 중앙행정기관·특별지방행정기관, 지방자치단체, 공공기관에서 받은 인증·보증

19. 화장품 표시·광고 실증(용어의 정의)

① **실증자료** : 표시·광고에서 주장한 내용 중에서 사실과 관련한 사항이 진실임을 증명하기 위하여 작성된 자료
② **실증방법** : 표시·광고에서 주장한 내용 중 사실과 관련한 사항이 진실임을 증명하기 위해 사용되는 방법
③ **인체 적용시험** : 화장품의 표시·광고 내용을 증명할 목적으로 해당 화장품의 효과 및 안전성을 확인하기 위하여 사람을 대상으로 실시하는 시험 또는 연구
④ **인체 외 시험** : 실험실의 배양접시, 인체로부터 분리한 모발 및 피부, 인공피부 등 인위적 환경에서 시험물질과 대조물질 처리 후 결과를 측정하는 것
⑤ **시험기관** : 시험을 실시하는데 필요한 사람, 건물, 시설 및 운영단위
⑥ **시험계** : 시험에 이용되는 미생물과 생물학적 매체 또는 이들의 구성성분으로 이루어지는 것

20. 표시·광고에 따른 실증자료

표시·광고 표현	실증자료
○ 여드름성 피부에 사용에 적합	▶ 인체 적용시험 자료 제출
○ 항균(인체세정용 제품에 한함)	▶ 인체 적용시험 자료 제출
○ **피부노화 완화**	▶ 인체 적용시험 자료 또는 **인체 외 시험 자료 제출**
○ 일시적 셀룰라이트 감소	▶ 인체 적용시험 자료 제출
○ 붓기, 다크서클 완화	▶ 인체 적용시험 자료 제출
○ 피부 혈행 개선	▶ 인체 적용시험 자료 제출
○ **콜라겐 증가, 감소 또는 활성화**	▶ **기능성화장품에서 해당 기능을 실증한 자료 제출**
○ **효소 증가, 감소 또는 활성화**	▶ **기능성화장품에서 해당 기능을 실증한 자료 제출**

21. 표시·광고 실증의 대상

화장품의 포장, 화장품 광고의 매체 또는 수단에 의한 표시·광고 중 사실과 다르게 소비자를 속이거나 소비자가 잘못 인식하게 할 우려가 있어 실증이 필요하다고 인정하는 표시·광고로 한다.

① 화장품제조업자, 화장품책임판매업자 또는 판매자가 제출하여야 하는 실증자료의 범위 및 요건
    (1) **시험결과**: 인체 적용시험 자료, 인체 외 시험 자료 또는 같은 수준 이상의 조사 자료일 것
    (2) **조사결과**: 표본설정, 질문사항, 질문방법이 그 조사의 목적이나 통계상의 방법과 일치할 것
    (3) **실증방법**: 실증에 사용되는 시험 또는 조사의 방법은 학술적으로 널리 알려져 있거나 관련 산업 분야에서 일반적으로 인정된 방법 등으로서 과학적이고 객관적인 방법일 것

② 화장품제조업자, 화장품책임판매업자 또는 판매자가 실증자료를 제출할 때 다음사항을 적고 이를 증명할 수 있는 자료를 첨부하여 제출하여야 한다.
    (1) 실증방법
    (2) 시험·조사기관의 명칭, 대표자의 성명, 주소 및 전화번호
    (3) 실증 내용 및 결과
    (4) 실증자료 중 영업상 비밀에 해당되어 공개를 원하지 아니하는 경우에는 그 내용 및 사유

4.7 충진 및 포장 ---[연습문제]

[5지선다형]

01. 화장품의 경우 일정한 규격의 용기에 내용물을 넣어 채우는 작업을 무엇이라고 하는가?
    ① 2차포장　　　　　② 충전(충진)
    ③ 적재　　　　　　 ④ 보관
    ⑤ 칭량

02. 액상과 크림상의 충전 방법으로 적당한 것은?
    ① 용기나 파우치 충전　② 몰드에 성형 조립
    ③ 접시에 타정　　　　④ 종이상자
    ⑤ 자루충전기

03. 크림 타입의 화장품 충전 방법으로 적당한 것은?
    ① 병 충전　　　　　② 종이상자 또는 자루충전기
    ③ 접시에 타정　　　④ 특수장치 충전
    ⑤ 입구가 넓은 병 또는 튜브 충전

04. 포장작업 수행시 포장지시서에 포함되어야 할 내용에 해당되지 않는 것은?
    ① 제품명　　　　　② 포장 설비명
    ③ 포장재 리스트　　④ 상세한 포장공정
    ⑤ 포장생산비용

05. 포장작업을 시작하기 전에 실시해야할 사항 중 바람직하지 못한 것은?
    ① 포장작업 관련 문서의 완비여부 점검
    ② 포장설비의 청결 점검
    ③ 포장설비의 작동여부 점검
    ④ 포장작업자의 명단 확인
    ⑤ 포장작업자의 위생관리 점검

06. 화장품 제조 시 내용물과 직접 접촉하는 포장용기를 무엇이라 하는가?
    ① 1차 포장　　　　② 2차 포장
    ③ 포장재　　　　　④ 보호재
    ⑤ 충전재

<4장. 맞춤형화장품의 이해>

07. 다음 <보기>에서 각각에 알맞은 용어를 순서대로 작성하시오.

<보기>
ㄱ. (㉠)(이)란 원료 물질의 칭량부터 혼합, 충전(1차포장), 2차포장 및 표시 등의 일련의 작업을 말한다.
ㄴ. (㉡)(이)란 충전(1차포장) 이전의 제조 단계까지 끝낸 제품을 말한다.
ㄷ. (㉢)(이)란 출하를 위해 제품의 포장 및 첨부 문서에 표시공정 등을 포함한 모든 제조공정이 완료된 화장품을 말한다.

① 반제품-완제품-벌크제품
② 반제품-벌크제품-완제품
③ 제조-벌크제품-완제품
④ 제조-반제품-완제품
⑤ 벌크제품-반제품-완제품

08. 화장품 포장재로서 옳지 않은 것은?
① 1차포장재
② 2차포장재
③ 각종 라벨
④ 첨부문서는 제외
⑤ 봉함 라벨

09. 포장구역에 대한 설명으로 옳지 못한 것은?
① 교차 오염을 방지할 수 있도록 설계되어야 한다.
② 설비의 팔레트, 포장 작업의 다른 재료들의 폐기물, 사용되지 않는 장치, 질서를 무너뜨리는 다른 재료가 있어서는 안 된다.
③ 구역 설계는 사용하지 않는 부품, 제품 또는 폐기물의 제거를 쉽게 할 수 있어야 한다.
④ 폐기물 저장통은 절대 두어서는 아니 된다.
⑤ 사용하지 않는 기구는 깨끗하게 보관되어야 한다.

10. 포장작업시 주의사항에 해당하지 않는 것은?
① 작업자의 건강 상태 및 위생관리에 주의한다.
② 시험용 검체는 오염되거나 변질되지 아니하도록 채취한다.
③ 2차 포장작업시 라벨 또는 제조번호 날인 작업시에는 위생, 환경을 고려하지 않아도 된다.
④ 검체를 채취한 후에는 원상태에 준하는 포장을 해야 한다.
⑤ 검체가 채취되었음을 표시하여야 한다.

11. 포장구역의 청정도 기준에 대한 설명이다. 바른 것은?
① 청정도 등급 3을 유지 한다.
② 구조 조건은 HEPA-filter를 사용해야 한다.
③ 청정공기 순환은 할 필요가 없다.

④ 청정도 등급은 2등급을 유지해야 한다.
⑤ 화장품 내용물이 노출 되는 작업실 기준이다.

12. 공기조절의 4대요소와 대응설비가 바르지 못한 것은?
① 청정도 - 공기정화기
② 차압 - 냉난방기
③ 실내온도 - 열교환기
④ 습도 - 가습기
⑤ 기류 - 송풍기

13. 다음 <보기>에서 충전 및 포장의 절차를 올바르게 나열한 것은?

---<보기>---
ㄱ. 포장 설비 및 소모품 선택   ㄴ. 1차 포장 용기 세척
ㄷ. 충전 및 성형조건을 숙지   ㄹ. 포장할 제품의 1차 포장재 파악
ㅁ. 불량품 선별   ㅂ. 충전 및 성형 설비의 작동

① ㄱ → ㄴ → ㄷ → ㄹ → ㅂ → ㅁ
② ㄴ → ㄷ → ㄹ → ㅁ → ㅂ → ㄱ
③ ㅂ → ㅁ → ㄹ → ㄴ → ㄱ → ㄷ
④ ㅁ → ㄴ → ㅂ → ㄹ → ㄱ → ㄷ
⑤ ㄱ → ㄹ → ㄴ → ㄷ → ㅂ → ㅁ

14. 제품의 포장 재질에 대한 내용으로 옳지 않은 것은?
① PVC(폴리염화비닐)를 사용하여 첩합(Lamination)한 포장재는 사용금지 한다.
② 포장 폐기물의 발생 억제해야 한다.
③ 중금속이 함유된 재질의 포장재 제조 및 유통 금지한다.
④ 화장품포장은 포장횟수를 최대 3회 이하로 한다.
⑤ 포장재의 사용량과 포장 횟수를 줄여 불필요한 포장 억제한다.

15. 제품의 종류별 포장 방법(포장 공간 비율 및 포장 횟수)에 대한 기준이다. 일반화장품의 경우 공간비율을 얼마 이하로 하여야 하는가?
① 5%이하
② 10%이하
③ 15%이하
④ 10%이상
⑤ 15%이상

16. 제품의 종류별 포장 방법(포장 공간 비율 및 포장 횟수)에 대한 기준에서 일반화장품의 포장공간비율과 포장횟수가 바른것은?
① 10% 이하 - 1차 이내
② 15% 이하 - 1차 이내
③ 10% 이하 - 2차 이내
④ 15% 이하 - 2차 이내
⑤ 25% 이하 - 2차 이내

<4장. 맞춤형화장품의 이해>

17. 다음은 화장품 용기 중 내용물 보호에 가장 효과적인 순서로 나열한 것은?
① 기밀용기 < 밀폐용기 < 밀봉용기
② 밀폐용기 < 기밀용기 < 밀봉용기
③ 기밀용기 < 밀봉용기 < 밀폐용기
④ 밀봉용기 < 밀폐용기 < 차광용기
⑤ 차광용기 < 밀봉용기 < 밀폐용기

18. 화장품의 명칭, 화장품책임판매업자 및 맞춤형화장품판매업자의 상호, 가격, 제조번호와 사용기한 또는 개봉 후 사용기간만을 기재·표시할 수 있는 화장품에 해당되지 않는 것은?
① 10밀리리터 이하의 화장품의 포장
② 10그램 이하의 화장품의 포장
③ 판매의 목적이 아닌 시험·사용을 위한 견본품의 포장
④ 판매의 목적이 아닌 시험·사용을 위한 비매품의 포장
⑤ 10밀리리터 초과 50밀리리터 이하의 화장품의 포장

19. 1차 포장에 반드시 표시하여야 할 사항이 아닌 것은?
① 화장품의 명칭   ② 영업자의 상호
③ 제조번호   ④ 사용기한 또는 개봉 후 사용기간
⑤ 가격

20. 기재·표시를 생략할 수 있는 성분이 아닌 것을 모두 고르시오?
① 제조과정 중에 제거되어 최종 제품에는 남아 있지 않은 성분
② 원료 자체에 들어 있는 안정화제로서 그 효과가 나타나게 하는 양보다 적은 양이 들어 있는 성분
③ 원료 자체에 들어 있는 보존제로서 그 효과가 나타나게 하는 양보다 적은 양이 들어 있는 성분
④ 내용량이 10밀리리터 초과 50밀리리터 이하 화장품의 포장인 경우 폴리올류
⑤ 내용량이 10밀리리터 초과 50밀리리터 이하 화장품의 포장인 경우 과일산(AHA)

21. 다음 중 화장품 가격표시의 표시의무자가 아닌 것은?
① 소매 점포의 판매업자
② 방문판매업의 판매업자
③ 맞춤형화장품의 판매업자
④ 다단계판매업의 판매업자
⑤ 화장품책임판매업자

22. 기재·표시상의 주의사항으로 옳지 않은 것은?
① 기재·표시는 다른 문자 또는 문장보다 쉽게 볼 수 있는 곳에 하여야 한다.
② 따라 읽기 쉽고 이해하기 쉬운 한글로 정확히 기재·표시하여야 한다.
③ 한자 또는 외국어를 함께 기재할 수 없다.
④ 수출용 제품 등의 경우에는 그 수출 대상국의 언어로 적을 수 있다.
⑤ 화장품의 성분을 표시하는 경우에는 표준화된 일반명을 사용하도록 한다.

23. 보존제의 함량을 기재·표시 해야 하는 화장품류에 속하지 않는 것은?
① 영·유아용 인체 세정용 제품
② 영·유아용 샴푸
③ 만 3세 이하의 어린이용 오일
④ 어린이용 제품(만13세이하)임을 특정하여 표시·광고하려는 샴푸
⑤ 0.5%이상 보존제를 함유한 기능성제품

24. 전성분 표시의 방법에 대한 설명으로 올바르지 못한 것은?
① 1%이하로 사용된 성분과 착향제, 착향료에 대해서는 순서에 관계없이 기재
② 성분 함유량이 많은 순서대로 표기
③ 판매목적이 아닌 제품(비매품)은 전성분 기재를 하지 않아도 된다.
④ 50ml/50g이하의 제품에는 전성분 기재를 하지 않아도 된다.
⑤ 알레르기를 유발하는 착향료는 추가로 기재 하지 않아도 된다.

25. 바코드를 생략 가능한 화장품의 종류가 아닌 것은?
① 내용량이 15밀리리터 이하인 제품의 용기 또는 포장
② 기능성화장품
③ 견본품
④ 시공품
⑤ 비매품

26. 다음중 바코드 표시의무자에 해당하는 업자는 누구인가?
① 화장품제조업자   ② 화장품책임판매업자
③ 맞춤형화장품판매업자   ④ 화장품책임판매관리자
⑤ 맞춤형화장품조제관리사

27. 다음 <보기>는 제품의 사용기한를 표시하는 심벌이다. 설명이 올바른 것은?

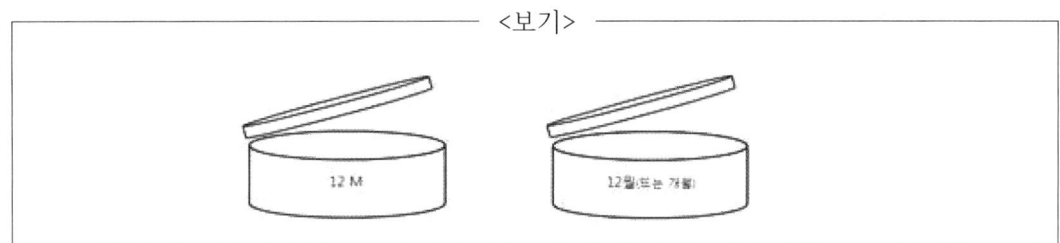

① 사용기한 12월까지 ② 유통기한 12개월
③ 개봉 후 사용기간 12월 ④ 보존기간 12개월까지
⑤ 제조후 사용기간 12개월 이내

28. 다음 <보기>중에서 화장품가격을 표시하는 표시의무자에 해당 하는 것은 ?

<보기>
ㄱ. 화장품제조업자   ㄴ. 화장품책임판매업자
ㄷ. 맞춤형화장품판매업자   ㄹ. 소매업자

① ㄱ, ㄴ ② ㄴ, ㄷ
③ ㄷ, ㄹ ④ ㄱ, ㄹ
⑤ ㄱ, ㄷ, ㄹ

29. 화장품 가격표시제 실시요령에 대한 설명 중 옳지 못한 것은?
① 일반소비자에게 판매되는 실제 거래가격을 표시하여야 한다.
② 대상은 국내에서 제조되거나 수입되어 국내에서 판매되는 모든 화장품으로 한다.
③ 판매가격이라 함은 화장품을 일반 소비자에게 판매하는 실제 가격을 말한다.
④ 『판매가 ○○원』 등으로 소비자가 알아보기 쉽도록 선명하게 표시하여야 한다.
⑤ 판매가격이 변경되었을 경우 기존의 가격표시가 잘 보이도록 변경 표시하여야 한다.

30. 화장품 안전기준 등에 관한 규정에 대한 설명으로 옳지 못한 것은?
① 화장품에 사용할 수 없는 원료 및 사용상 제한이 필요한 원료의 사용기준을 지정한다.
② 이 규정은 국내에서 제조, 수입 또는 유통되는 모든 화장품에 대하여 적용한다.
③ 사용상의 제한이 필요한 원료외의 보존제, 자외선 차단제 등은 사용할 수 없다.
④ 제품 3개를 가지고 시험할 때 그 평균 내용량이 표기량에 대하여 95% 이상이어야 한다.
⑤ 기능성화장품의 효능·효과를 나타내는 원료는 맞춤형화장품에 사용할 수 없다.(단, 화장품책임판매업자가 심사나 보고서를 제출한 경우는 제외)

<4장. 맞춤형화장품의 이해>

31. 화장품 안전기준 등에 관한 규정에 따라 "내용량" 기준에 적합한 것은?
   ① 제품1(97g), 제품2(99g), 제품3(96g)
   ② 제품1(97g), 제품2(97g), 제품3(96g)
   ③ 제품1(96g), 제품2(96g), 제품3(96g)
   ④ 제품1(98g), 제품2(97g), 제품3(95g)
   ⑤ 제품1(95g), 제품2(95g), 제품3(99g)

32. 다음 중 바코드 표시를 생략할 수 있는 경우에 해당하는 것은?
   ① 내용량이 15밀리리터를 초과하는 제품의 용기
   ② 외국으로 수출만을 목적으로 제조한 제품의 포장
   ③ 내용량이 15그램을 초과하는 제품의 포장
   ④ 국외에서만 제조·유통·판매 되는 제품의 용기
   ⑤ 견본품, 시공품, 비매품의 용기

33. 다음 중 화장품에서 표시·광고할 수 있는 인증·보증의 종류가 아닌 것은?
   ① 할랄(Halal)   ② 코셔(Kosher)
   ③ CGMP   ④ ISO 22716
   ⑤ HACCP 인증

34. 다음 중 식품의약품안전처에서 관리하고 있는 화장품 인증 기준에 해당하는 것은?
   ① CGMP   ② 코셔(Kosher)
   ③ CPNP   ④ ISO 22716
   ⑤ HACCP 인증

35. 다음 중 바코드 표시에 대한 설명이다. 옳지 않은 것은?
   ① 국내에서 화장품을 유통·판매하고자 하는 화장품책임판매업자가 한다.
   ② 화장품 품목별·포장단위별로 개개의 용기 또는 포장에 바코드 심벌을 표시하여야 한다.
   ③ 유통단계에서 쉽게 훼손되거나 지워지지 않도록 하여야 한다.
   ④ 국내에서 제조되거나 수입되어 국내에 유통되는 모든 화장품을 대상으로 하며 기능성화장품은 제외한다.
   ⑤ 내용량이 15밀리리터 이하인 제품의 용기는 화장품바코드 표시를 생략할 수 있다.

36. 안전용기·포장 대상 품목 및 기준에 따르면 안전용기·포장은 성인이 개봉하기는 어렵지 아니하나 (㉠)의 어린이가 개봉하기는 어렵게 된 것이어야 한다. ㉠에 알맞은 것은?
   ① 영·유아   ② 만 3세 이하
   ③ 만 5세 미만   ④ 만 7세 미만
   ⑤ 만 13세 이하

37. 화장품법 시행규칙 제18조 1항에 따른 안전용기·포장을 사용하여야 할 품목인 것은?

① 일회용 제품
② 만 5세 미만 어린이용 제품임을 특정하여 표시·광고하는 제품
③ 용기 입구 부분이 방아쇠로 작동되는 분무용기 제품
④ 용기 입구 부분이 펌프로 작동되는 분무용기 제품
⑤ 압축 분무용기 제품(에어로졸 제품 등)

38. 다음 <보기> 중 화장품 표시·광고 표현에 따른 실증자료가 제대로 연결된 것은?

―――――――――――― <보기> ――――――――――――
① 여드름성 피부에 사용에 적합 → 기능성화장품에서 해당 기능을 실증한 자료 제출
② 항균(인체세정용 제품에 한함)→ 인체 외 시험 자료 제출
③ 피부노화 완화 → 인체 적용시험 자료 또는 인체 외 시험 자료 제출
④ 콜라겐 증가, 감소 또는 활성화 → 인체 적용시험 자료 제출
⑤ 효소 증가, 감소 또는 활성화 → 인체 적용시험 자료 제출

39. 다음 <보기> 중에서 "기능성화장품에서 해당 기능을 실증한 자료 제출"을 해야 하는 화장품 표시·광고 표현에 해당하는 것은?

―――――――――――― <보기> ――――――――――――
ㄱ. 여드름성 피부에 사용에 적합
ㄴ. 항균(인체세정용 제품에 한함)
ㄷ. 피부노화 완화
ㄹ. 콜라겐 증가, 감소 또는 활성화
ㅁ. 효소 증가, 감소 또는 활성화

① ㄱ, ㄴ
② ㄴ, ㄷ
③ ㄷ, ㄹ
④ ㄹ, ㅁ
⑤ ㄱ, ㅁ

40. 영유아 또는 어린이가 사용할 수 있는 화장품임을 표시·광고하려는 경우 화장품책임판매업자가 작성·보관해야 할 사항이 아닌 것은?

① 제품별로 지정·고시된 원료의 사용기준에 관한 자료
② 제품별로 안전과 품질을 입증할 수 있는 제품별 안전성 자료를 작성 및 보관
③ 제품별로 제품 및 제조방법에 대한 설명 자료
④ 제품별로 화장품의 안전성 평가 자료
⑤ 제품별로 제품의 효능·효과에 대한 증명 자료

41. 내용량이 10밀리리터 이하인 화장품의 포장에 기재·표시할 사항이 아닌 것은?
① 화장품의 명칭
② 화장품책임판매업자 및 맞춤형화장품판매업자의 상호
③ 가격
④ 내용물의 용량 또는 중량
⑤ 사용기한 또는 개봉 후 사용기간

42. 화장품의 기재·표시 사항에 대한 설명으로 옳지 못한 것은?
① 기능성화장품의 경우 "기능성화장품"이라는 글자 또는 기능성화장품을 나타내는 도안으로서 식약처장이 정하는 도안을 표시하여야 한다.
② 내용량이 10그램 이하인 화장품의 포장에는 "사용할 때 주의사항"을 생략할 수 있다.
③ 제품의 명칭, 영업자의 상호는 시각장애인을 위한 점자 표시를 병행할 수 있다.
④ 제조과정 중에 제거되어 최종 제품에 남아 있지 않은 성분은 기재·표시를 생략할 수 있다.
⑤ 내용량이 10밀리리터 이하인 화장품의 1차 포장에는 "영업자의 상호" 기재·표시를 생략할 수 있다.

43. 화장품포장의 기재·표시를 생략할 수 있는 성분에 대한 설명으로 옳지 않은 것은?
① 제조과정 중에 제거되어 최종 제품에는 남아 있지 않은 성분은 기재·표시를 생략할 수 있다.
② 식품의약품안전처장이 배합 한도를 고시한 화장품의 원료는 기재·표시를 생략할 수 있다.
③ 안정화제, 보존제 등 원료 자체에 들어 있는 부수 성분으로서 그 효과가 나타나게 하는 양보다 적은 양이 들어 있는 성분은 기재·표시를 생략할 수 있다.
④ 내용량이 10밀리리터 초과 50밀리리터 이하인 화장품의 포장인 경우 과일산(AHA)은 기재·표시를 하여야 한다.
⑤ 내용량이 10그램 초과 50그램 이하인 화장품의 포장인 경우 타르색소는 기재·표시를 하여야 한다.

44. 시행규칙에 따른 화장품의 포장에 기재·표시하여야 하는 사항이 아닌 것은?
① 화장품에 어린이용 제품임을 특정하여 표시·광고하려는 경우 사용기준이 지정·고시된 원료 중 보존제의 함량
② 식품의약품안전처장이 정하는 바코드
③ 기능성화장품의 경우 심사 받거나 보고한 효능·효과, 용법·용량
④ 인체 세포·조직 배양액이 들어있는 경우 그 효능·효과
⑤ 화장품에 천연 또는 유기농으로 표시·광고하려는 경우에는 원료의 함량

45. 화장품의 포장에 기재·표시하여야 하는 사항 중 "질병의 예방 및 치료를 위한 의약품이 아님"이라는 문구를 넣어야 하는 기능성화장품에 해당 하는 것은?

> (ㄱ) 탈모 증상의 완화에 도움을 주는 화장품
> (ㄴ) 체모를 제거하는 기능을 가진 화장품.
> (ㄷ) 아토피성 피부로 인한 건조함 등을 완화하는 데 도움을 주는 화장품
> (ㄹ) 자외선을 차단 또는 산란시켜 자외선으로부터 피부를 보호하는 기능을 가진 화장품
> (ㅁ) 튼살로 인한 붉은 선을 엷게 하는 데 도움을 주는 화장품

① (ㄱ), (ㄴ)   ② (ㄴ), (ㄷ)
③ (ㄹ), (ㅁ)   ④ (ㄴ), (ㄹ), (ㅁ)
⑤ (ㄱ), (ㄷ), (ㅁ)

46. 화장품의 가격표시 및 기재·표시상의 주의사항 중 옳지 않은 것은?
① 화장품의 성분을 표시하는 경우에는 명확한 영문명을 사용하여야 한다.
② 소비자에게 화장품을 직접 판매하는 자가 판매하려는 가격을 표시 하여야 한다.
③ 기재·표시는 다른 문자 또는 문장보다 쉽게 볼 수 있는 곳에 하여야 한다.
④ 수출용 제품 등의 경우에는 그 수출 대상국의 언어로 적을 수 있다.
⑤ 따라 읽기 쉽고 이해하기 쉬운 한글로 정확히 기재·표시하여야 한다.

47. 표시·광고 내용의 실증에 관한 설명 중 옳지 않은 것은?
① 영업자는 자기가 행한 표시·광고 중 사실과 관련한 사항에 대하여 실증할 수 있어야 한다.
② 영업자 또는 판매자는 표시·광고를 위반한 날부터 15일 이내 실증자료를 제출하여야 한다.
③ 실증자료의 제출을 요청 받아 제출한 경우에는 다른 법률에 따라 다른 기관이 요구하는 자료제출을 거부할 수 있다.
④ 제출기간 내에 이를 제출하지 아니한 채 계속하여 표시·광고를 하는 때에는 실증자료를 제출할 때까지 그 표시·광고 행위의 중지를 명하여야 한다.
⑤ 영업자 또는 판매자가 행한 표시·광고의 실증이 필요하다고 인정하는 경우에는 그 내용을 구체적으로 명시하여 해당 영업자 또는 판매자에게 관련 자료의 제출을 요청할 수 있다.

[단답형]

01. 다음 <보기>는 화장품 가격표시제 실시요령 고시에서 정의하는 내용이다. ㉠, ㉡에 알맞은 것을 적으시오.

   <보기>

   ㄱ. (㉠)(이)라 함은 화장품을 일반 소비자에게 판매하는 자를 말한다.
   ㄴ. (㉡)(이)라 함은 화장품을 일반 소비자에게 판매하는 실제 가격을 말한다.

02. 다음 <보기>에서 ㉠에 적합한 용어를 작성하시오.

   <보기>

   (㉠)(이)란 일상의 취급 또는 보통 보존상태에서 액상 또는 고형의 이물 또는 수분이 침입하지 않고 내용물을 손실, 풍화, 조해 또는 증발로부터 보호할 수 있는 용기를 말한다. (㉠)로 규정되어 있는 경우에는 밀봉용기도 쓸 수 있다.

03. 어린이보호포장대상공산품의 안전기준에서 만 5세 미만의 어린이가 개봉하기 어려운 정도의 구체적인 기준 및 시험방법은 다음과 같다. (㉠)에 알맞은 것은?

   <보기>

   어린이보호포장에 대한 요건 및 시험절차에서 어린이 패널 참가자의 연령분포는 남녀 (㉠) 이상의 편차가 나지 않는 범위에서 42~44개월 30%, 45~48개월 40%, 49~51개월 30%로 하여 50명씩 4그룹으로 나누어 실시하여야 한다.

04. 다음 <보기>에서 ㉠에 적합한 용어를 작성하시오.

   <보기>

   다음 어느 하나에 해당하는 경우 화장품법 제8조제2항에 따라 사용기준이 지정·고시된 원료 중 (㉠)의 함량을 기재·표시 하여야 한다.
   ① 영·유아용 제품류인 경우
   ② 화장품에 어린이용 제품(만 13세 이하의 어린이를 대상으로 생산된 제품을 말한다. 다만, 가목에 따른 영·유아용 제품류는 제외한다)임을 특정하여 표시·광고하려는 경우

05. 다음 <보기>는 화장품법 시행규칙 제18조 1항에 따른 안전용기·포장을 사용하여야 할 품목에 대한 설명이다. ㉠, ㉡에 적합한 용어를 작성하시오.

<보기>

ㄱ. (㉠)(을)를 함유하는 네일 에나멜 리무버 및 네일 폴리시 리무버
ㄴ. 개별 포장당 (㉡)(을)를 5% 이상 함유하는 액체상태의 제품
ㄷ. 어린이용 오일 등 개별포장 당 탄화수소류를 10% 이상 함유하고 운동점도가 21 센티스톡스(섭씨 40도 기준) 이하인 비에멀젼 타입의 액체상태의 제품

06. 다음 <보기>에서 ㉠에 적합한 용어를 작성하시오.

<보기>

(㉠)(이)라 함은 화장품 코드를 포함한 숫자나 문자 등의 데이터를 일정한 약속에 의해 컴퓨터에 자동 입력시키기 위한 다음 각 목의 하나에 여백 및 광학적문자판독(Optical Character Recognition) 폰트의 글자로 구성되어 정보를 표현하는 수단으로서, 스캐너가 읽을 수 있도록 인쇄된 심벌(마크)을 말한다.
 ① 여러 종류의 폭을 갖는 백과 흑의 평형 막대의 조합
 ② 일정한 배열로 이루어져 있는 사각형 모듈 집합으로 구성된 데이터 매트릭스

07. 다음 <보기>에서 ㉠에 적합한 용어를 작성하시오.

<보기>

(㉠)(이)란 실험실의 배양접시, 인체로부터 분리한 모발 및 피부, 인공피부 등 인위적 환경에서 시험물질과 대조물질 처리 후 결과를 측정하는 것을 말한다.

08. 다음 <보기>에서 ㉠에 적합한 용어를 작성하시오.

<보기>

(㉠)(이)란 화장품의 표시·광고 내용을 증명할 목적으로 해당 화장품의 효과 및 안전성을 확인하기 위하여 사람을 대상으로 실시하는 시험 또는 연구를 말한다.

09. 다음 <보기>의 화장품 표시·광고 표현에 따라 제출해야 할 실증자료는?

<보기>

ㄱ. 콜라겐 증가, 감소 또는 활성화
ㄴ. 효소 증가, 감소 또는 활성화

10. 다음 <보기>는 화장품 표시·광고 실증에 관한 설명이다. <보기>에서 ㉠, ㉡에 해당하는 적합한 단어를 각각 작성하시오

― <보기> ―

ㄱ. (㉠)(이)란 표시·광고에서 주장한 내용 중에서 사실과 관련한 사항이 진실임을 증명하기 위하여 작성된 자료를 말한다.

ㄴ. (㉡)(이)란 표시·광고에서 주장한 내용 중 사실과 관련한 사항이 진실임을 증명하기 위해 사용되는 방법을 말한다.

4.8 재고관리

<학습차례>

1. 원료 및 내용물의 재고 파악
2. 적정 재고를 유지하기 위한 발주

1. 원료 및 내용물의 재고 파악

1. 재고관리시 안전·유의 사항

① 원료 규격, 원료 COA, 원료 물질 안전 보건 자료(한국어/영어판 MSDS/GHS)의 일치 여부를 확인한다.
② 원료의 재고량과 구입량을 정확히 파악, 검토하여 거래처에 발주해야 한다.
③ 원료의 재고량과 구입량을 정확히 파악하여 부족한 원료나 신규 원료에 대해 거래처에 발주해야 한다.

- **INCI명** : 화장품 원료의 명명에 대한 국제표준
- **ICID** : 국제화장품원료집
- **EWG** : 화장품원료의 성분과 안전성에 대한 데이터베이스 제공
- **MSDS** : 화학물질을 안전하게 사용하고 관리하기 위하여 필요한 정보를 기재한 Sheet. 제조자명, 제품명, 성분과 성질, 취급상의 주의, 적용법규, 사고시의 응급처치방법 등이 기입되어 있다. 화학물질 등 안전 Data Sheet라고도 한다.
- **GHS** : MSDS에 포함된 내용 및 순서들을 통일하여 국제적 규격으로 만든 것(GHS MSDS)
- **COA** : 원료성적서, 시험성적서

2. 화장품 원료의 발주 관리

① 생산 계획서에 의거 제품에서 각각의 원료량을 산출하여 적정한 재고를 관리해야 한다.
(1) 화장품 원료 사용량 예측
생산 계획서(제조 지시서)에 의거하여 본제품 각각의 원료 사용량을 산출하고, 원료 목록장을 작성하여 재고를 관리한다.
(2) 화장품 원료 거래처 관리
- 화장품의 원료는 70% 이상 외국에서 수입되므로 거래처 관리에 신경을 쓰고, 원료의 수급 기간을 고려하여 최소 발주량을 산정해 발주해야 한다.
- 거래처 발주 시에는 원료 발주 공문(구매 요청서)으로 발주한다.

3. 화장품 원료의 입고/출고 관리

① 품질 관리부에서 화장품 원료 시험 결과 적합 판정된 것만을 **선입선출방식**으로 출고하고 이를 확인할 수 있다.

    (1) 화장품의 원료를 거래처로부터 받아서 원료의 구매 요청서와 성적서, 현품이 일치하는가를 살핀 후에 원료 입출고 관리장에 기록한다.
    (2) 원료가 출고될 때는 원료의 수불장에 기록한다.

② 포장재, 원료 및 내용물 출고 시에는 **선입선출방식, 선한선출방식**을 적용하여 사용기한이 경과된 재고가 없도록 하여야 한다.

    (1) **선입선출방식**(First In First Out, FIFO) : 먼저 입고된 원자재를 먼저 사용하는 방식
    (2) **선한선출방식**(First Expired First Out, FEFO) : 먼저 유효기한에 도달하는 원자재를 먼저 사용하는 방식

2. 적정 재고를 유지하기 위한 발주

1. 적정 재고를 유지하기 위한 발주

① **원료 규격서**에 원료의 성상, 색상, 냄새, pH, 굴절률, 중금속, 비소, 미생물, 보관 조건, 유통 기한, 포장 단위, INCI명 등이 기재되어 있는지 기록내용을 확인한다.
② 원료의 물질 안전 보건 자료**(MSDS/GHS)를 확인**한다.
    (1) 한국산업안전보건공단 홈페이지(www.kosha.or.kr)에서 홈>정보 사항>직업 건강 정보>MSDS/GHS에서 해당 원료의 물질 안전 보건 자료를 검색한다.
    (2) 원료의 MSDS/GHS를 보고 화학 물질에 대한 정보와 응급시 알아야 할 사항, 응급 사항 시 대응 방법, 유해 상황 예방책, 기타 중요한 정보를 확인한다.
③ **원료의 COA**를 보고 물리 화학적 물성과 외관 모양, 중금속, 미생물에 관한 정보를 파악하고, 원료 규격서 범위에 일치하는가를 판단한다.
④ 생산 계획서 및 제조 지시서를 보고 **원료 재고량과 신규 구입량을 파악**하여 원료를 구입한다.
    (1) 생산 계획서 및 제조 지시서를 확인한다.
    (2) 생산 계획서 및 제조 지시서에 기존 원료와 신규 원료를 파악한다.
    (3) 원료 구입 시 원료 거래처의 수급 기간을 확인한다.
    (4) 기존 원료의 경우 재고량 확인 후 부족 시 거래처에서 원료를 구입한다.
    (5) 신규 원료의 경우 원료 거래처 파악 후에 원료를 구입한다.
⑤ 원료 **거래처에 원료 발주서를 작성**한다.

*원료 발주서에는 발신/수신/기안 일시/납품처와 필요 원료 목록/단위/발주량/비고(입고 예정일) 등을 기록한다.

4.8 재고관리 ---------------------------------[연습문제]

[5지선다형]

01. 다음은 원료와 관계된 규격 및 성분, 성적서, 안전성, 주의사항을 알아보기 위한 용어들이다. 그 설명이 바르지 못한 것은?
① INCI명 : 국제화장품원료집
② EWG : 화장품원료의 성분과 안전성에 대한 데이터베이스 제공
③ MSDS : 화학물질을 안전하게 사용하고 관리하기 위하여 필요한 정보를 기재한 Sheet.
④ GHS : MSDS에 포함된 내용 및 순서를 통일하여 국제적 규격으로 만든 것(GHS MSDS)
⑤ COA : 원료성적서, 시험성적서

02. 다음 중 원료의 물질 안전 보건 자료(MSDS/GHS)를 확인하기 위한 홈페이지는 어디인가?
① 식품의약품안전처　　② 보건복지부
③ 한국산업안전보건공단　　④ 한국생산성본부
⑤ 대한화장품협회

03. 다음 <보기>는 적정 재고를 유지하기 위한 발주 과정이다. 순서대로 나열한 것은?

> ㄱ. 원료 규격서 기록내용을 확인한다.
> ㄴ. 생산 계획서 및 제조 지시서를 보고 원료 재고량과 신규 구입량을 파악하여 원료를 구입한다.
> ㄷ. 원료의 COA를 보고 원료 규격서 범위에 일치하는가를 판단한다.
> ㄹ. 원료의 물질 안전 보건 자료(MSDS/GHS)를 확인한다.
> ㅁ. 원료 거래처에 원료 발주서를 작성한다.

① ㄱ → ㄹ → ㄷ → ㄴ → ㅁ
② ㄴ → ㄷ → ㄹ → ㅁ → ㄱ
③ ㄱ → ㄹ → ㄴ → ㅁ → ㄷ
④ ㄹ → ㄴ → ㅁ → ㄱ → ㄷ
⑤ ㅁ → ㄴ → ㄹ → ㄱ → ㄴ

04. 화학 물질에 대한 정보와 응급시 알아야 할 사항, 응급 사항 시 대응 방법, 유해 상황 예방책, 기타 중요한 정보를 확인할 수 있는 문서는 무엇인가?
① MSDS/GHS　　② INCI명
③ 원료의 COA　　④ EWG
⑤ ICID

05. 화장품 원료의 명명에 대한 국제표준은 무엇인가?
   ① ICID
   ② INCI
   ③ EWG
   ④ MSDS
   ⑤ COA

[단답형]

01. 포장재, 원료 및 내용물 출고 시에는 (㉠)방식, 선한선출방식을 적용하여 사용기한이 경과된 재고가 없도록 하여야 한다. (㉠)에 들어갈 용어를 쓰시오.

해설및 정답

1. 화장품법의 이해
2. 화장품 제조 및 품질관리
3. 유통화장품의 안전관리
4. 맞춤형화장품의 이해

CHAPTER
01 화장품법의 이해

1.1 화장품법의 이해

[5지선다형]

02. 화장품법에 정의하는 화장품은 인체 대한 작용이 경미한 물품을 말한다.
03. "안전용기·포장"이란 만 5세 미만의 어린이가 개봉하기 어렵게 설계·고안된 용기나 포장을 말한다. "표시"란 화장품의 용기·포장에 기재하는 문자·숫자·도형 또는 그림 등을 말한다.
05. 1차 포장이란 화장품 제조 시 내용물과 직접 접촉하는 포장용기를 말한다. 2차 포장이란 1차 포장을 수용하는 1개 또는 그 이상의 포장과 보호재 및 표시의 목적으로 한 포장을(첨부문서 포함)말한다. 사용기한이란 화장품이 제조된 날부터 적절한 보관 상태에서 제품이 고유의 특성을 간직한 채 소비자가 안정적으로 사용할 수 있는 최소한의 기한을 말한다.
06. 맞춤형화장품을 판매하는 영업은 맞춤형화장품판매업이다.(맞춤형화장품과 맞춤형화장품판매업에 대한 용어의 구분)
07. 두발용 제품류 : 샴푸, 린스
09. 어린이용 제품에 대한 화장품 유형 분류가 없음, 즉 어린이가 사용할 수 있는 제품이라 특정하여 표시광고 할 수는 있지만, 그 자체가 어린이용 화장품 분류를 의미하는 것은 아니다.
10. 영·유아의 기준 : 만 3세 이하
    안전용기·포장의 기준 : 만 5세 미만(또는 52개월 미만)
    어린이용 화장품임을 특정하여 표시·광고하는 기준 : 만 4세 이상부터 만 13세 이하까지
11. 재생, 치료, 제거 등과 같은 의학적 효능에 대한 광고는 할 수 없다.
13. 액취제거용 제품은 의약외품에 해당한다. 체취제거용(데오도란트) 제품은 화장품에 해당.
15. 기능성화장품은 효능·효과가 사용된 원료의 목적과 같아야 한다.
17. 손상된 피부장벽을 회복함으로써 가려움 개선에 도움을 주는 화장품(아토피성 피부로 인한 가려움 등을 치료하는 데 도움을 주는 화장품-고시·개정예정)
18. 19. 화장품의 포장에 기재·표시하여야 하는 사항 중 제2조제8호부터 제11호까지에 해당하는 기능성화장품의 경우에는 "질병의 예방 및 치료를 위한 의약품이 아님"이라는 문구를 넣어야 함 〈참고:시행규칙 제19조제4항제7호〉 *아토피에 관한 사항은 변경예정(입법예고 중)
20. 21. 석유화학 용제의 사용 시 반드시 최종적으로 모두 회수되거나 제거되어야 하며, 방향족, 알콕실레이트화, 할로겐화, 니트로젠 또는 황(DMSO 예외) 유래 용제는 사용이 불가하다.
22. 유기농원료를 허용하는 공정에 따라 가공한 원료는 유기농유래원료이므로 천연유래원료가 된다. 식물은 가공하지 않은 것이어야 한다.
24. 천연화장품 및 유기농화장품의 용기와 포장에 사용 금지 : 폴리염화비닐(PVC), 폴리스티렌폼
25. 자원재활용법의 기준에 의하면 최우수등급에 해당하는 포장재는 PSP, PET
    장품 펌프마개 : 보통
    포장재의 재활용 용이성에 따른 등급분류 : 최우수/우수/보통/어려움
28. 맞춤형화장품판매업자(법인 포함)의 상호 및 소재지 변경은 변경신고 대상에 해당되지 아니 한다.
    변경등록을 하는 경우에는 변경 사유가 발생한 날부터 30일(행정구역 개편에 따른 소재지 변경의 경우에는 90일) 이내
30. 화장품의 품질요소는 안정성,안정성, 유효성(유용성), 사용성 이다.
33. 판매내역 작성·보관 : 제조번호, 판매일자·판매량, 사용기한 또는 개봉 후 사용기간 포함
35. 손·발의 피부연화 제품(요소제제의 핸드크림 및 풋크림), 외음부 세정제에 대한 주의사항 문구이다.
36. 정신질환자에 해당하지 않음을 증명하는 의사 진단서, 마약류의 중독자에 해당되지 않음을 증명하는 의사의 진단서 : 제조업자만 제출
39. 전문대학 졸업자로서 "화학·생물학·화학공학·생물공학·미생물학·생화학·..." 을 전공한 후 화장품 제조 또는 품질관리 업무에 1년 이상 종사한 경력이 있는 사람
42. 맞춤형화장품판매업을 하려는 자는 식품의약품안전처장에게 신고하여야 한다.

<1장. 화장품법의 이해>

45. 여드름성 피부를 완화하는 데 도움을 주는 기능성화장품은 인체세정용 제품류로 한정한다.
46. 안전성에 관한 자료(안전성과 안정성의 차이에 대한 이해가 필요)를 제출해야 한다. 안정성 X
47. 유효성 또는 기능에 관한 자료(가. 효력시험 자료, 나. 인체 적용시험 자료)
48. 제품의 효능·효과를 나타내는 성분·함량을 고시한 품목의 경우 ①~④까지의 자료 제출을 생략할 수 있다. 기준 및 시험방법을 고시한 품목의 경우 ⑤번 자료 제출을 생략할 수 있다.
51. 기재·표시를 생략할 수 있는 성분에 해당하지 않는 성분들 : 타르색소. 금박, 샴푸와 린스에 들어 있는 인산염의 종류, 과일산(AHA). 기능성화장품의 경우 그 효능·효과가 나타나게 하는 원료. 식품의약품안전처장이 배합 한도를 고시한 화장품의 원료 [법 제19조제2항제3호]

정답

01 ④	02 ⑤	03 ③	04 ②	05 ③	06 ③	07 ⑤	08 ④	09 ④	10 ②
11 ⑤	12 ⑤	13 ①	14 ⑤	15 ①	16 ④	17 ④	18 ②	19 ②	20 ④
21 ④	22 ①	23 ①	24 ④	25 ②	26 ③	27 ④	28 ③	29 ①	30 ①
31 ②	32 ②	33 ③	34 ⑤	35 ①	36 ①	37 ③	38 ⑤	39 ③	40. ③
41 ④	42 ①	43 ①	44 ①	45 ④	46 ③	47 ①	48 ⑤	49 ③	50. ⑤
51 ④	52 ②	53 ②	54 ③	55 ②	56 ⑤				

[단답형]

정답

01	수출
02	경미
03	㉠피부, ㉡모발
04	㉠95%, ㉡10%
05	㉠3, ㉡1
06	㉠미네랄 원료, ㉡화석연료
07	합성원료
08	㉠5%, ㉡2%
09	에톡실화
10	㉠자외선, ㉡모발
11	인체세정용
12	안전성
13	안정성시험

1.2 개인정보 보호법

[5지선다형]
02. (긴급조치가필요한 경우)접속경로의 차단, 취약점 점검·보완, 유출된 개인정보의 삭제를 통지 이전에 할 수 있다.
05. 11. 민감정보 : 유전자검사 등의 결과로 얻어진 유전정보, 범죄경력자료에 해당하는 정보
06. 전자적파일은 영구삭제(복원불능), 기록물/인쇄물/서면/기록매체 등은 파쇄 또는 소각으로 파기한다.
08. 1천명이상 개인정보 유출시 신고기관 : 행정안전부, 한국인터넷진흥원에 신고
09. 10. 고유식별정보 : 주민등록번호, 여권번호, 운전면허의 면허번호, 외국인등록번호

<1장. 화장품법의 이해>

12. 1천명이상 개인정보 유출시 신고기관 : 행정안전부, 한국인터넷진흥원에 신고하고 인터넷 홈페이지에 7일 이상 게재하여야 한다.

| 정답 | 01 ② | 02 ① | 03 ⑤ | 04 ③ | 05 ① | 06 ① | 07 ⑤ | 08 ④ | 09 ④ | 10 ③ |
| | 11 ② | 12 ② | | | | | | | | |

[단답형]

| 정답 | 01 | 개인정보 |
| | 02 | 민감정보 |

1장. 해설 및 정답

CHAPTER 02 화장품제조 및 품질관리

2.1 화장품 원료의 종류와 특성

[5지선다형]

02. 폴리올류 : 글리세린, 부틸렌글리콜, 프로필렌글리콜 - 보습제로 사용
03. 광물성오일 : 유동파라핀, 바세린 등 / 실리콘오일 : 디메틸폴리실록산, 메틸페닐폴리실록산, 사이클로메치콘 등
04. 05. 대장균(Escherichia Coli), 녹농균(Pseudomonas aeruginosa), 황색포도상구균(Staphylococcus aureus) : 불검출
07. ① 양이온 계면활성제 : 살균제, 유연제, 대전방지제로 주로 활용된다. 샴푸, 헤어토닉에도 이용
    ② 음이온 계면활성제 : 세정력과 거품 우수, 클렌징제품. 바디클렌징, 클렌징크림, 샴푸, 치약
    ③ 양쪽성 계면활성제 : 피부 안정성, 세정력, 살균력, 유연효과, 저자극 샴푸, 어린이용 샴푸에 이용
    ⑤ 천연계면활성제 : 천연물질로 가장 널리 이용되는 것은 리포솜 제조에 사용되는 레시틴이다.
08. 자외선C(UVC) : 200~290nm, 자외선B(UVB) : 290~320nm, 자외선A(UVA) : 320~400nm
09. pH 조절제 : 시트러스계열(pH를 산성화 시킴), 암모늄 카보나이트 (pH를 알칼리화 시킴)
10. 페닐파라벤은 사용금지 원료
    메틸파라벤, 에틸파라벤(수용성방부효과) → 단일 사용량 0.4%, 혼합사용시 각각 0.4%
11. 치오글리콜산 80%는 체모 제거하는 기능을 가진 원료이며 3.0~4.5% 사용 가능하다.
    탈모증상완화에 도움을 주는 원료 엘-멘톨, 덱스판테놀, 징크피리치온액(50%), 징크피리치온
13. 벤잘코늄클로라이드 : 사용 후 씻어내는 제품에 0.1%, 기타 제품에 0.05%
    벤잘코늄클로라이드 : 소독제로서 0.5~1(w/w)%가 주로 사용된다.
    페닐파라벤 : 사용금지 원료
14. 사용금지원료 : 클로로아세타마이드, 페닐살리실레이트, 페닐파라벤, 리모넨, 벤조일퍼옥사이드 등
    사용제한이 있는 원료 : 징크피리치온, 우레아
17. 주요금지성분 : 리모넨(과산화물가 20mmol/L 이상), 벤조일퍼옥사이드, 붕산, 인체세포조직 및 배양액 인태반 유래물질, 하이드로퀴논, 카본블랙, 포름알데하이드, 클로로아세타마이드, 아젤라산, 페닐파라벤, 트레티노인, 플루아니손, 아트라놀, 두타스테리드, 미세플라스틱(세정, 각질 제품에 남아있는 5mm이하인 고체플라스틱), 니트로메탄, 클로로아트라놀, 하이드로퀴논, HICC, 메칠렌글라이콜, 천수국꽃 추출물 등
18. 폴리올류 : 글리세린, 프로필렌글리콜, 부틸렌글리콜
    라우린산(고급지방산), 세토스테아일알코올(고급알코올, 유화안정제), 바세린(광물성오일:탄화수소류)
19. 보습제 : 글리세린류(폴리올), 천연보습인자(NMF), 히알루론산(소듐하이알루로네이트)
    금속이온봉쇄제 : EDTA염류
    pH조절제 : 시트러스계열(AHA성분), 암모늄 카보나이트
    산화방지제 : 토코페릴 아세테이트, 몰식자산, 부틸히드록시툴루엔(BHT), 부틸히드록시아니솔(BHA)
    증점제 : 산탄검, 셀룰로오스, 카르복시비닐폴리머
    방부제 : 메틸파라벤, 에틸파라벤, 프로필파라벤, 부틸파라벤, 디아 졸리디닐 우레아, 페녹시에탄올, 메칠이소치아졸리논
20. 21. 22. 유기합성색소 : 염료, 레이크, 유기안료 / 무기안료 : 체질안료, 백색안료, 착색안료
    마이카, 탈크, 카올린(체질안료), 티나늄디옥사이드, 징크옥사이드(백색안료), 산화철(착색안료)
23. 에치씨청색 17 호 : 염모용 화장품에만 사용
    적색 102호(뉴콕신), 적색 2호(아마란트) : 영유아, 어린이용 제품이라 특정하여 표시하는 경우 사용금지
    마이카 : 화장품에만 사용
24. 인체세정용 제품류에 살리실릭애씨드로서 2%
    사용 후 씻어내는 두발용 제품류에 살리실릭애씨드로서 3%
    〈영유아용 제품류 또는 만 13세 이하 어린이가 사용할 수 있음을 특정하여 표시하는 제품에는 사용금지(다만, 샴푸는 제외), 기능성화장품의 유효성분으로 사용하는 경우에 한하며 기타 제품에는 사용금지〉

※ 위 경우는 최대함량을 의미하며, 보고서를 제출생략 하는 여드름완화 기능성화장품의 함량기준은 0.5% 이다.
27. 알파비사보롤 0.5%, 나이아신아마이드 2~5%

정답										
	01 ⑤	02 ①	03 ③	04 ②	05 ⑤	06 ①	07 ④	08 ③	09 ⑤	10 ①
	11 ③	12 ⑤	13 ①	14 ③	15 ②	16 ③	17 ⑤	18 ①	19 ⑤	20 ②
	21 ①	22 ④	23 ①	24 ①	25 ③	26 ④	27 ⑤	28 ①	29 ④	30 ④
	31 ⑤									

[단답형]
01. 화장품에 사용되는 에탄올 : 변성에탄올 사용(SD-에탄올 40), 변성제(프로필렌글리콜, 부탄올)

정답		
	01	에탄올
	02	유용성감초추출물, 마그네슘아스코빌포스페이트, 알부틴
	03	음이온 계면활성제
	04	글리세린
	05	㉠레이크, ㉡기질
	06	㉠살리실릭애씨드, ㉡0.5%
	07	자외선차단지수
	08	자외선A차단지수
	09	㉠최소홍반량, ㉡최소지속형즉시흑화량

2.2 판매 가능한 맞춤형화장품의 구성

[5지선다형]
01. 화장품은 치료, 제거 등과 같은 의학적 효능을 설명할 수 없다.
03. 04. 맞춤형화장품에 맞춤형화장품조제관리사가 상주하여 직접 소분·혼합해야 한다.
07. 08. 맞춤형화장품에서 판매 가능한 화장품의 유형은 방향용 제품류, 기초화장용 제품류, 색조 화장품류
09. 샴푸, 린스 : 두발용 제품류 / 염모제 - 두발 염색용 제품류 / 바디클렌저-인체세정용
    손·발의 피부연화 제품, 클렌징 워터, 클렌징 오일 - 기초화장용 제품

정답									
	01 ②	02 ③	03 ⑤	04 ①	05 ①	06 ④	07 ②	08 ①	09 ⑤

[단답형]
04. 화장품에 사용되는 에탄올 : 변성에탄올 사용(SD-에탄올 40), 변성제(프로필렌글리콜, 부탄올)

정답		
	01	㉠보존제, ㉡자외선차단제, ㉢색소
	02	수렴화장수
	03	품질성적서
	04	에탄올

2.3 화장품 사용제한 원료

[5지선다형]
01. 식품의약품안전처장이 고시한 기능성화장품의 효능·효과를 나타내는 원료는 맞춤형화장품에 사용할 수 없으나 화장품책임판매업자가 심사를 받거나 보고서를 제출한 경우에 해당하는 제품은 사용 가능하다.
02. ① 천수국꽃추출물 또는 오일 : 사용금지(2019.10.17 고시 개정)
② 메칠이소치아졸리논 : 사용상 제한이 있는 보존제, 씻어내는 제품에 한해 0.0015% 사용
③ 살리실릭애씨드 및 그 염류 : 사용상 제한이 있는 보존제, 0.5% 한도, 영·유아 및 어린이용 금지
④ 티타늄디옥사이드 : 사용상 제한이 있는 자외선 차단성분, 차단제로서 25% 사용한도
⑤ 소듐하이알루로네이트 : 히알루론산 유도체, 보습제
03. ① 산화방지제로 사용상 제한, 금지가 없는 원료, 기능성원료 아님.
② 비타민E(토코페롤) : 사용상 제한이 있는 기타원료, 사용한도 20%
③ 징크옥사이드 : 사용상 제한이 있는 자외선 차단성분, 차단제로서 25% 사용한도
④ 페녹시에탄올 : 사용상 제한이 필요한 원료, 보존제 성분, 사용한도 1%
⑤ 나이아신아마이드: 기능성 미백원료, 2~5%사용한도
04. Positive System : 사용할 수 있는 원료만 지정·고시, 그 외 원료는 사용 금지. 즉, 보존제, 자외선차단제, 색소는 고시되어 있는 원료 외에는 사용할 수 없다.(부분적 Positive System)
05. p-하이드록시벤조익애씨드, 트리클로산 : 보존제(사용상 제한이 있는 원료)
08. 10. 살리실릭애씨드, 아이오도프로피닐부틸카바메이트, 적색102호, 적색2호
11. 13. 등색 401호(오렌지 401, Orange no. 401) : 점막에 사용할 수 없음
12. 티타늄디옥사이드, 징크옥사이드(백색안료), 마이카(체질안료), 산화철(착색안료) - 무기안료
16. 2020.1.1.일 적용되는 알레르기 유발 착향료 25종에 대한 표시·기재사항을 정확히 이해하여야 한다.
17. 18. 표시·기재 방법은 향료라고 표시한 후 그 성분명을 별도로 표시·기재하여야 한다. 전성분 표시 방법을 적용하길 권장한다. 내용량 10mL(g) 초과 50mL(g) 이하인 소용량 화장품의 경우 생략할 수 있다.
착향의 목적으로 사용된 에센셜오일 및 추출물에 알레르기 유발 물질을 함유된 경우 그 성분을 표시·기재 하여야 한다.
21. 메칠이소치아졸리논 : 사용 후 씻어내는 제품 0.0015%, 기타제품에는 사용금지
24. 25. 의약외품 : 베이비파우더, 여드름개선제, 치아미백제, 애완동물목욕용품, 액취방지제, 치약 등
화장품 : 화장비누, 흑채, 제모왁스, 물휴지

정답	01 ④	02 ⑤	03 ①	04 ④	05 ④	06 ④	07 ⑤	08 ③	09 ①	10 ②
	11 ④	12 ⑤	13 ⑤	14 ③	15 ①	16 ①	17 ①	18 ③	19 ②	20 ②
	21 ②	22 ①	23 ⑤	24 ①	25 ④					

[단답형]
02. 영·유아용 제품류 또는 만13세이하 어린이가 사용할 수 있음을 특정하여 표시하는 제품에 사용금지인 원료
보존제 : 살리실릭애씨드 및 그 염류, 아이오도프로피닐부틸카바메이트 및 그 염류(샴푸는 제외)
색소 : 적색 102호(뉴콕신), 적색 2호(아마란트)

정답	01	보존제, 색소, 자외선차단제
	02	살리실릭애씨드
	03	레이크
	04	기질
	05	벤질알코올, 시트랄, 유제놀, 제라니올, 리모넨, 신남알
	06	㉠심사, ㉡보고서

<2장. 화장품제조 및 품질관리>

2.4 화장품 관리

[5지선다형]

01. 여드름 피부를 완화하는 기능성화장품은 인체세정용에 한하므로 용법·용량에서 씻어내어야 한다.
03. 페닐파라벤은 사용 금지 원료
05. 손·발의 피부연화 제품(요소제제의 핸드크림 및 풋크림), 외음부 세정제에 대한 주의사항 문구이다.
07. 09. 분무형 자외선차단제품 : 얼굴에 직접 분사하지 말고 손에 덜어 얼굴에 바를 것

정답	01 ① 02 ③ 03 ① 04 ⑤ 05 ① 06 ② 07 ⑤ 08 ③ 09 ② 10 ③
	11 ③ 12 ④

[단답형]

02. 03. 포름알데하이드가 0.05% 이상 검출된 제품의 경우에는 "포름알데하이드 성분에 과민한 사람은 신중히 사용할 것"이라는 표시 문구를 넣어야 한다.
포름알데하이드의 비의도적검출허용한도 : 2000㎍/g이하(물휴지는 20㎍/g이하) = 0.2%

정답	01	가연성가스를 사용하는 제품
	02	0.05%
	03	2,000㎍(또는 0.2%)

2.5 위해사례 판단 및 보고

[5지선다형]

01. 원자재, 반제품 및 완제품에 대한 시험결과 : 적합, 부적합, 보류
    입고된 원료와 포장재 : 적합, 부적합, 검사중
02. ① 티타늄디옥사이드 : 자외선차단제, 25%
    ② 에칠헥실메톡시신나메이트 : 자외선차단제, 7.5%
    ④ 레티닐팔미테이트 : 주름개선, 10,000IU/g
    ⑤ 덱스판테놀 : 탈모 증상의 완화에 도움을 주는 기능성화장품원료(비오틴, 엘-멘톨, 징크피리치온, 징크피리치온액 50%)
03. 위해성 가등급
    ① 화장품에 사용할 수 없는 원료를 사용한 화장품
    ② 사용기준이 지정·고시된 원료 외의 보존제, 색소, 자외선차단제 등을 사용한 화장품
04. 페닐파라벤 : 사용금지 물질, 가등급 - 회수대상
    나등급 기준 : 안전용기·포장위반 화장품, 유통화장품 안전관리 기준에 적합하지 아니한 화장품
07. 회수의무자 : 영업자(제조업자, 책임판매업자, 맞춤형화장품판매업자)
08. 가등급 : 회수 시작일로부터 15일 이내, 나등급 : 회수 시작일로부터 30일 이내
14. ① 위해화장품의 경우 회수대상화장품이라는 사실을 안 날부터 5일 이내 회수계획서 제출
    ② 퍼머넌트 웨이브 제품 및 헤어스트레이트너 제품은 개봉후 7일 이내 사용 할것
    ③ 표시·광고 내용의 실증자료 제출 15일 이내, 유해사례 신속보고 15일 이내
    ④ 모든 변경사유는 사유가 발생한 날부터 30일 이내 변경 신고, 등록(행정구역개편으로 인한 변경 90일)
    ⑤ 천연·유기농화장품의 인증의 유효기간 연장시 만료 90일 전에 신청, 인증유효기간은 3년
21. 회수한 화장품을 폐기하려는 경우 폐기신청서 제출하고 관계 공무원의 참관 하에 환경 관련 법령에서 정하는 바에 따라 폐기 하여야 한다.

2장. 해설 및 정답

22. 회수한 화장품을 폐기하려는 경우 : 회수계획서 사본, 회수확인서 사본
    회수를 완료한 경우 : 회수종료신고서, 회수확인서 사본, 폐기확인서 사본(폐기한 경우에만), 평가보고서 사본
25. 공표하는 회수사유는 위해 발생사실과 함께 신문, 인터넷홈페이지 등에 게재할 내용이다.
26. 공표를 한 영업자는 공표 결과를 지체 없이 지방식품의약품안전청장에게 통보하여야 한다.

정답 01 ② 02 ③ 03 ① 04 ② 05 ② 06 ④ 07 ④ 08 ② 09 ③ 10 ⑤
         11 ④ 12 ④ 13 ② 14 ③ 15 ⑤ 16 ① 17 ③ 18 ③ 19 ③ 20 ②
         21 ⑤ 22 ① 23 ① 24 ① 25 ④ 26 ④

[단답형]

정답 01 5일
         02 실마리정보
         03 인체적용제품
         04 위해성평가
         05 ㉠위해요소, ㉡위해성, ㉢위해성평가

CHAPTER
03 유통화장품의 안전관리

3.1 작업장 위생관리

[5지선다형]
01. 알코올은 미생물의 세포벽의 구성물질인 단백질을 파괴하여 괴사 시킨다.
    알코올 70%일 때 그 효과가 가장 좋다.
02. 세척제는 물과 증기만으로 할 수 있으면 가장 좋다. 세제는 가급적 사용하지 않는다.
    소독제는 대상물을 손상시켜서는 안되며 취급 방법이 어렵지 않아야 한다.
05. 가급적이면 세제는 사용하지 않는 것이 좋으나 부득이 한 경우 화장품 용기 세척용으로 적당한 세제를 사용한다.
09. 공기의 흐름은 압력이 높은 곳에서 낮은 곳으로 흐르므로 실내압은 외부 보다 높게 하여야 한다.
10. 세척확인방법 : 육안판정, 닦아내기 판정, 린스정량이 있다.
11. 14. 설비 중 부품은 분해할 수 있으면 분해해서 세척하여야 한다.
15. 소독제로 사용가능한 것은 에탄올 70%, 이소프로필알코올 70%가 적당하다.
16. 가능하면 세제를 쓰지 않고 물과 스팀으로 세척을 한다. 세제는 잔류하여 설비와 내용물에 영향을 미칠수 있다.

| 정답 | 01 ② | 02 ① | 03 ① | 04 ③ | 05 ⑤ | 06 ② | 07 ④ | 08 ① | 09 ⑤ | 10 ⑤ |
| | 11 ② | 12 ⑤ | 13 ① | 14 ④ | 15 ④ | 16 ④ | 17 ⑤ | | | |

3.2 작업자 위생관리

[5지선다형]
01. 02. 정제수제조방식 : 이온교환수지 처리, 증류, 역삼투, 소독방법: 열처리, UV 조사
04. 세척제 : 정제수, 상수, 온수 / 소독제 : 에탄올 70%, 이소프로필알코올 70%
05. 정제수의 검출허용한도 세균 및 진균수는 100개/g(ml) 이다.
07. 원료 칭량, 반제품 제조 및 충전 작업자는 수시로 복장의 청결 상태를 점검하여 이상시 즉시 세탁된 깨끗한 것으로 교환 착용한다.

| 정답 | 01 ③ | 02 ② | 03 ② | 04 ④ | 05 ④ | 06 ④ | 07 ⑤ |

3.3 설비 및 기구 관리

[5지선다형]
01. 천정 주위의 대들보, 파이프, 덕트 등은 가급적 노출되지 않도록 설계하고, 파이프는 받침대 등으로 고정하고 벽에 닿지 않게 하여 청소가 용이하도록 설계하여야 한다.
02. 일반세척은 물을 최우선으로 하고, 유화기 등은 물+브러시를 제1선택지로 한다.
03. 판정에서는 육안판정을 제1선택지로 한다.
04. 세척 후에는 반드시 판정을 실시. 각 판정방법의 절차를 정해 놓고 제1선택지를 육안판정으로 한다.
06. 이송→온수세척→솔세척→정제수세척→물기제거→소독→이동
07. W/O형은 세제(클렌징 폼, 중성 세제)를 사용, O/W형은 세제를 생략 가능

10. 솔(브러시)는 세척의 방법이다. 확인·판정을 위한 방법이 아니다.

정답 01 ④ 02 ④ 03 ① 04 ① 05 ⑤ 06 ① 07 ④ 08 ① 09 ③ 10 ④

3.4 내용물 및 원료 관리

[5지선다형]
01. 02. 물을 포함하지 않는 제품과 사용한 후 곧바로 물로 씻어 내는 제품은 pH기준 대상이 아니다.
03. 프탈레이트류 : 배합금지품목이며 고무, 플라스틱을 부드럽게 하는 가소제의 사용으로 발생, 내분비장애 물질
04. 메탄올은 배합금지품목이며 에탄올 등의 변성제로 사용되어 비의도적으로 검출 될 수 있다.
06. 포름알데하이드의 비의도적 검출 허용 한도는 2000μg/g이하(0.2% 이하), 물휴지는 20μg/g이하
07. ① 천연·유기농화장품에서 합성원료중 석유화학부분은 2%를 초과할 수 없다.
    ② 천연·유기농화장품에서 합성원료는 5% 이내에서 사용할 수 있다(원칙적으로 합성원료는 사용금지)
    ③ 유기농화장품에서 유기농함량의 기준은 유기농원료가 10% 이상 함유되어야 한다.
    ④ 천연화장품은 천연함량 95% 이상, 유기농화장품은 유기농 함량을 포함한 천연 함량이 전체 제품에서 95% 이상으로 구성
    ⑤ 내용량 기준은 97%
08. 화장품법에서 안전용기·포장은 만 5세 미만(만 52개월 미만)을 기준으로 한다.
09. 실증자료 제출기간 내에 이를 제출하지 아니한 채 계속하여 표시·광고를 하는 때에는 실증자료를 제출할 때까지 그 표시·광고 행위의 중지를 명하여야 한다. 즉, 회수대상이 아님
13. 위해에 대한 회수계획서 제출은 5일이내, 가등급 회수는 15일이내 회수기간 명시
    기능성실증자료 15일, 납부기한이 지난 후 15일 이내에 독촉장을 발부, 안정성 정보는 그 정보를 알게 된 날로부터 15일 이내 신속보고

정답 01 ② 02 ① 03 ③ 04 ② 05 ④ 06 ⑤ 07 ⑤ 08 ⑤ 09 ⑤ 10 ⑤
11 ⑤ 12 ① 13 ② 14 15 16 17 18 19 20
21 22 23 24 25 26 27 28 29 30
31 32 33 34 35 36 37 38 39 40
41 42 43

[단답형]
06. 제품 3개를 가지고 시험할 때 그 평균 내용량이 표기량에 대하여 97%이상
    기준치를 벗어날 경우 6개를 더 취하여 시험할 때 9개의 평균 내용량이 표기량에 대하여 97%이상
08. 화장비누의 경우 건조중량, 수분중량을 모두 기재·표시 하여야 한다. 내용량 시험기준은 건조중량으로 한다.
    유리알칼리 기준은 0.1% 이하여야 한다. / 유리알칼리 시험법 : 나트륨법, 염화바륨법

정답
01 적색 102호(뉴콕신), 적색 2호(아마란트)
02 샴푸
03 3.0~9.0
04 비의도적 검출 허용 한도
05 0.002%(v/v)이하
06 ㉠ 3, ㉡ 6, ㉢ 9

07	2,000µg/g이하, 물휴지는 20µg/g이하	
08	화장비누	
09	㉠ 대장균, ㉡ 불검출	
10	청정등급	
11	윈도우 피리어드	
12	인체첩보시험	
13	어린이보호포장(안전용기·포장)	

3.5 포장재의 관리

[5지선다형]
06. 검체채취 한 용기에는 "시험 중" 라벨을 부착한다.
07. 입고된 원자재는 "적합", "부적합", "검사 중" 등으로 상태를 표시하여야 한다.
09. 품질에 관련되는 것은 품질보증부서에서 품질보증책임자에 의해 승인된다.
11. 공기의 흐름은 압력이 높은 곳에서 낮은 곳으로 흐른다. 따라서 대부분의 시설은 압력이 외부보다 높아야 한다.
13. 기준일탈인 경우 검체의 판정 : 일탈, 부적합, 보류
    원자재, 반제품 및 완제품에 대한 시험결과 : 적합, 부적합, 보류
15. 일탈과 기준일탈의 차이를 이해해야 하며, 기준일탈의 처리 절차 또한 중요하다.
17. 18. 원료와 자재는 벽에서 일정거리를 두고 적재하며 롯트 단위별로 적재 하여야 한다. 또한 보관서 창문은 열리지 않고 차광되어야 한다. 보관온도는 실온(1~30℃)이 권장된다.
19. 보관온도는 실온(1~30℃)이 권장된다. 시험·검사는 상온(15~25℃)에서 한다.
20. 원료의 시험용 검체라벨은 원료명, 제조번호, 검체채취일, 검체채취자, 원료제조처, 검체량, 원료보관조건 등이 기재 되어야 한다.

정답 01 ② 02 ④ 03 ① 04 ① 05 ⑤ 06 ③ 07 ⑤ 08 ② 09 ② 10 ③
11 ⑤ 12 ① 13 ③ 14 ⑤ 15 ③ 16 ① 17 ④ 18 ⑤ 19 ① 20 ⑤

[단답형]

정답 01 선입선출

CHAPTER
04 맞춤형화장품의 이해

4.1 맞춤형화장품 개요

[5지선다형]

04. 정신질환자, 마약류중독자는 제조업 등록에 대한 결격사유, 등록취소(영업소 폐쇄)는 모두 해당.
05. 현재의 화장품법상 자격 취소사유는 거짓이나 그 밖의 부정한 방법으로 시험에 합격한 경우만 해당
06. 변경신고는 맞춤형화장품판매업소 상호, 대표자, 맞춤형화장품조제관리사가 변경된 경우
07. 누구든지 화장품의 용기에 담은 내용물을 나누어 판매 금지(맞춤형화장품조제관리사를 통하여 판매하는 맞춤형화장품 판매업자는 제외)
08. 화장품책임판매업자 및 맞춤형화장품판매업자는 화장품을 판매할 때에는 어린이가 화장품을 잘못 사용하여 인체에 위해를 끼치는 사고가 발생하지 아니하도록 안전용기·포장을 사용하여야 한다. 〈화장품법 제9조(안전용기·포장 등)〉
10. 영업의금지 대상 화장품 : 심사를 받지 아니하거나 보고서를 제출하지 아니한 기능성화장품
11. 안전용기·포장을 사용하여야 하는 품목에서 일회용 제품, 용기 입구 부분이 펌프 또는 방아쇠로 작동되는 분무용기 제품, 압축 분무용기 제품(에어로졸 제품 등)은 제외한다.
12. 안전용기·포장은 성인이 개봉하기는 어렵지 아니하나 만 5세 미만의 어린이가 개봉하기는 어렵게 된 것이어야 한다. 이 경우 개봉하기 어려운 정도의 구체적인 기준 및 시험방법은 산업통상자원부장관이 정하여 고시하는 바에 따른다.
14. 맞춤형화장품에서 취급할 수 있는 화장품의 유형으로는 다음과 같다.
방향류(4종),기초화장품류(10종), 색조화장제품류(8종) 〈식약처 맞춤형화장품 시범사업 기준〉
15. 16. 화장비누(고체형태의 세안비누)는 맞춤형화장품 제외 대상(화장품법 시행규칙 제2조의2)
18. 안전성 정보(부작용 발생 사례 포함)를 인지한 경우 신속히 책임판매업자에게 보고하여야 한다.
19. 맞춤형화장품에서는 제조일(자) 대신 혼합·소분일을 사용한다.
맞춤형화장품의 사용기한은 내용물 및 원료의 사용기한(또는 개봉 후 사용기간)을 초과 할 수 없다.
23. 가격은 화장품 용기에 기재·표시할 사항이지 판매내역에 포함할 내용은 아님
판매내역 작성·보관 : 제조번호, 판매일자·판매량, 사용기한 또는 개봉 후 사용기간 포함
30. 교육시간 : 연1회, 4시간이상 ~ 8시간 이하, 최초-집합교육, 이후-온라인교육
31. 화장품법에서의 모든 변경에 관한 사항은 30일 이내 변경등록(또는 신고) 하여야 한다. 단, 행정구역개편으로 인한 변경신고는 90일 이내이다.
32. 맞춤형화장품판매업은 맞춤형조제관리사를 두어야 하며 혼합·소분업무는 직접 하여야 한다. 변경신고 할 수 있는 기간인 30일 전까지 채용하지 못했다면 휴업을 신고하는 것이 옳다.
35. 36. 피성년후견인이란 법적으로 판정이 난 경우이므로 단순히 미성년자라 하여 결격사유에 해당되는 것은 아니다. 또한 광고 업무에 한정하여 영업정지한 경우는 폐쇄 대상이 아니다.
39. 천수국꽃추출물은 사용금지 원료로 지정·고시 됨
40. 상속에 의한 대표자 변경은 양도·양수가 아니므로 양도계약서는 필요치 않다.
41. 42. 피부진정, 완화, 개선, 도움과 같은 표현은 쓸 수 있지만 치료, 재생, 제거 등과 같은 의학적 효능은 광고 할 수 없다.

정답	01 ③	02 ④	03 ①	04 ②	05 ③	06 ④	07 ③	08 ①	09 ③	10 ①
	11 ④	12 ③	13 ③	14 ④	15 ⑤	16 ①	17 ①	18 ①	19 ④	20 ②
	21 ②	22 ④	23 ③	24 ④	25 ①	26 ③	27 ⑤	28 ⑤	29 ②	30 ③
	31 ⑤	32 ②	33 ③	34 ②	35 ②	36 ④	37 ⑤	38 ①	39 ④	40 ④
	41 ⑤									

4장. 해설 및 정답

<4장. 맞춤형화장품의 이해>

[단답형]

05. 06 안전용기·포장을 사용해야하는 경우는 아세톤, 메틸살리실레이트(5%이상), 탄화수소류(10%이상) 함유하는 액체상태의 제품이다.
09. 10. 맞춤형화장품과 맞춤형화장품판매업의 용어 차이에 대해 꼼꼼히 살펴보자

정답		
01	㉠ 혼합, ㉡ 소분	
02	신고	
03	3년	
04	맞춤형화장품조제관리사	
05	액체	
06	㉠5%, ㉡10%	
07	㉠ 맞춤형화장품, ㉡ 맞춤형화장품조제관리사	
08	화장품책임판매업자	
09	맞춤형화장품	
10	맞춤형화장품판매업	

4.2 피부 및 모발 생리구조

[5지선다형]

01. 13. 천연보습인자(NMF)의 구성물질 : 아미노산(크레아틴) : 40%, 젖산염 : 12%, 피롤리돈 카르복실산 : 12%, 요소(우레아), 요산 : 7%, 당류, 기타 9%, 무기염류 : 1.5%, 암모니아 : 1.5%
02. 진피층 구성물질 : 콜라겐, 엘라스틴, 히알루론산(점다당질), 당단백질
03. 07. 진피의 구성요소 : 섬유아세포, 이동성세포, 세포외 기질
04. 표피층 : 기저층, 유극층, 과립층, 각질층 / 진피층 : 유두층, 망상층
10. ① 각질형성세포(케라티노사이트) : 기저층, 유극층, 과립층, 각질층, 표피의 약80%를 차지
　② 랑게르한스세포 : 피부면역기능에 중요한 역할
　③ 멜라닌형성세포 : 멜라닌합성, 자외선 흡수 및 산란
　④ 메르켈세포(촉각세포) : 촉각감지, 기저층에 위치
　⑤ 섬유아세포 : 교원섬유, 탄력섬유, 기질등의 합성
12. 에크린한선(소한선) : 약산성으로 세균 번식을 막는다.
　아포크린한선(대한선) : 특이한 취향이 나고 알칼리성으로 세균 번식이 쉽다.
14. 피지 구성성분 : 트리글리세라이드, 왁스, 스쿠알렌, 자유지방산, 콜레스테롤
16. 화장품의 흡수경로 : 표피(각질세포를 직접, 세포사이 경로)를 통한 흡수, 부속기관을 통한 흡수
19. 화학적인 경피흡수는 AHA, BHA를 이용하는 것이다.
20. 병변 : 원발진과 속발진이 있다.
23. 제1제 환원제 : 치오글리콜리애씨드, 시스테인, 시스테아민 / 제2제 산화제 : 브롬산나트륨, 과산화수소

정답										
	01 ②	02 ②	03 ④	04 ④	05 ①	06 ④	07 ②	08 ②	09 ①	10 ③
	11 ①	12 ①	13 ⑤	14 ③	15 ②	16 ②	17 ①	18 ②	19 ②	20 ①
	21 ⑤	22 ⑤	23 ②	24 ③	25 ②					

<4장. 맞춤형화장품의 이해>

[단답형]

정답
01 천연보습인자(NMF)
02 진피층
03 비이온(성) 계면활성제
04 린스

4.3 관능검사

[5지선다형]
01. 화장품 관능평가 : 성상·색상, 향취, 사용감

정답 01 ⑤ 02 ④ 03 ⑤ 04 ① 05 ③ 06 ④

[단답형]

정답
01 관능검사
02 ㉠기호형, ㉡분석형

4.4 제품 상담

[5지선다형]
04. 누구든지 코뿔소 뿔 또는 호랑이 뼈와 그 추출물을 사용한 화장품을 판매 하거나 판매할 목적으로 제조·수입·보관 또는 진열하여서는 아니 된다.
05. 이미다졸리디닐우레아 : 보존제로 0.6% 사용상 제한이 있는 원료, 벤조페논 : 사용제한원료
리모넨(과산화물가가 20mmol/L 초과) : 사용금지 원료, 살리실릭에씨드 : 사용제한원료
06. 주석산(타타린산)은 AHA 성분으로 주로 pH조절제로 사용된다. 각질분해 효과가 있다.
07. 사용금지원료를 사용한 경우 : 위해성 가등급 / 위해성 등급 : 가등급, 나등급, 다등급

정답 01 ③ 02 ④ 03 ⑤ 04 ③ 05 ④ 06 ③ 07 ①

[단답형]

정답 01 품질성적서

<4장. 맞춤형화장품의 이해>

4.5 제품 안내

[5지선다형]
01. 화장품책임판매업자 및 맞춤형화장품판매업자는 화장품을 판매할 때에는 어린이가 화장품을 잘못 사용하여 인체에 위해를 끼치는 사고가 발생하지 아니하도록 안전용기·포장을 사용하여야 한다. [화장품법 제9조제1항]
02. 실증자료의 제출을 요청 받은 영업자 또는 판매자는 요청받은 날부터 15일 이내에 그 실증자료를 식품의약품안전처장에게 제출하여야 한다.
03. 시험·조사기관의 명칭, 대표자의 성명, 주소 및 전화번호
05. 06. 가격이 표시되어야 한다. 1차포장에서는 가격은 필수 사항은 아니다.
11. 표준온도는 20℃, 화장품은 실온(1~30℃)에서 보관하는 것이 좋다.

| 정답 | 01 ④ | 02 ③ | 03 ② | 04 ⑤ | 05 ② | 06 ⑤ | 07 ② | 08 ⑤ | 09 ④ | 10 ⑤ |
| | 11 ⑤ | 12 ④ | | | | | | | | |

[단답형]

정답	01	㉠과학적, ㉡밸리데이션
	02	㉠보존제, ㉡자외선차단제
	03	네거티브 시스템

4.6 혼합 및 소분

[5지선다형]
01. ① 디스퍼 : 주로 스킨과 같이 점도가 낮은 가용화 제품을 제조할 때 오일에 고체성분을 용해시켜 혼합하거나 폴리머를 정제수에 분산시킬 때 주로 사용
② 호모믹서 : 물과 오일의 입자를 0.3~0.5미크론 단위로 분쇄해주는 미세 유화효과, 유화제형인 크림과 로션에 필요하다.
⑤ 아지믹서 : 단순히 물과 오일을 섞어주는 교반기, 입자가 크기가 불균일
02. 03. 04. 계면활성제형 : 화장비누, 페이스트, 젤, 과립, 분말, 에어로졸 / 용제형 : 크림, 유액, 오일, 워터, 젤
05. W/O : 보습효과 및 화장 지속성이 우수, 콜드크림과 같은 강한 점도를 가지는 크림 제품
07. 원료 규격(Specification) : 규격의 설정은 "항목설정", "시험법의 설정", "기준치 설정", "설정된 규격시험 확인 검증"의 4단계로 이루어진다.
08. 분자량은 국제원자량표에 따라 계산하여 소수점 이하 셋째 자리에서 반올림하여 둘째 자리까지 표시
09. 미산성, 약산성, 강산성, 미알칼리성, 약알칼리성, 강알칼리성 등으로 기재한 것은 산성 또는 알칼리성의 정도의 개략(槪略)을 뜻한다. 미산성 : 약 5~약 6.5 / 미알칼리성 : 약 7.5~약 9
10. 맑다 : 탁도표준액 0.2㎖에 물을 넣어 20㎖로 하고 여기에 희석시킨 질산(1→3) 1㎖, 덱스트린용액(1→50) 0.2㎖ 및 질산은시액 1㎖를 넣고 15분간 방치할 때의 탁도 이하이어야 한다. 다만 부유물 등 이물은 거의 없어야 한다.
12. 성상의 항에 있어서 "냄새가 없다"라고 기재한 것은 냄새가 없든가 혹은 거의 냄새가 없는 것을 뜻한다. 냄새 시험은 따로 규정이 없는 한 그 1g을 100㎖ 비커에 취하여 시험한다.
13. 액상의 화장품원료의 형을 관찰할 때에는 흑색의 배경을 쓰고 백색의 배경은 쓰지 않는다. 액상의 화장품원료의 맑은 것을 시험할 때에는 흑색 또는 백색의 배경을 쓴다.
14. 혼합액을 (1:10) : 액상물질의 1용량과 10용량과의 혼합액
(1→5) : 고체물질 1g 또는 액상물질 1mL를 용제에 녹여 전체량을 각각 5mL로 하는 비율
16. 상온은 15~25℃이다. 대부분의 규정이 없는 경우 시험은 상온에서 하며, 시험검사 결과가 온도에 영향을 받는 경우에

<4장.맞춤형화장품의 이해>

는 표준온도(20℃)에서 실시한다. 원료 및 내용물의 보관은 대체로 실온(1~30℃)에서 한다.
17. 검체의 채취량에 있어서 「약」이라고 붙인 것 : 기재된 양의 ±10%의 범위
18. 맞춤형화장품의 사용기한 또는 개봉 후 사용기간은 맞춤형화장품의 혼합 또는 소분에 사용되는 내용물의 사용기한 또는 개봉 후 사용기간을 초과할 수 없다

정답 01 ② 02 ④ 03 ② 04 ① 05 ① 06 ① 07 ⑤ 08 ② 09 ② 10 ①
11 ① 12 ① 13 ② 14 ① 15 ⑤ 16 ② 17 ⑤ 18 ④ 19 ⑤ 20 ⑤
21 ② 22 ④

[단답형]

정답 01 ㉠유성성분, ㉡수성성분
02 ㉠점액상, ㉡반고형상

4.7 충진 및 포장

[5지선다형]
04. 포장지시서에 포함되어야 할 내용 : 제품명, 포장 설비명, 포장재 리스트, 상세한 포장공정, 포장 생산수량
06. "1차 포장"이란 화장품 제조 시 내용물과 직접 접촉하는 포장용기를 말한다.
"2차 포장"이란 1차 포장을 수용하는 1개 또는 그 이상의 포장과 보호재 및 표시의 목적으로 한 포장(첨부문서 등을 포함)을 말한다.
08. 첨부문서는 2차포장재에 속한다.
11. 포장실(3등급) : 화장품 내용물이 노출 안 되는 곳, 차압관리, Pre-filter, 온도조절, 갱의, 포장재의 외부, 청소 후 반입
제조실, 충전실, 내용물 보관소 등(2등급) : 화장품 내용물이 노출되는 작업실, 10회/hr 이상 청정공기 순환, Pre-filter, Med-filter
12. 공기조절의 4대요소(대응설비) : 청정도(공기정화기), 실내온도(열교환기), 습도(가습기), 기류(송풍기)
14. 화장품에서 포장은 포장횟수를 최대 2회로 한다.
15. 인체 및 두발 세정용 제품류: 15 % 이하, 2차 이내 / 그 밖의 화장품류(방향제를 포함한다): 10 % 이하(향수 제외), 2차 이내
20. 내용량이 10밀리리터 초과 50밀리리터 이하 화장품의 포장 : 타르색소, 금박, 샴푸와 린스에 들어 있는 인산염의 종류, 과일산(AHA), 기능성화장품의 경우 그 효능·효과가 나타나게 하는 원료, 식약처장이 배합 한도를 고시한 화장품의 원료는 생략 금지
21. 제조업자, 화장품책임판매업자는 표시의무자가 아니며 판매가격표시는 금지이다.
23. 영·유아용 제품류 또는 어린이용 제품임을 특정하여 표시·광고 하려는 제품의 경우 보존제 함량을 기재·표시 해야 한다.
25. 32. 국내에 유통되는 모든 화장품에 바코드 표기해야 하며, 5미리이하, 견본품, 비매품, 시공품은 생략
27. 그림은 개봉 후 사용기간 12월, 개봉 후 사용기간 12개월 이내를 의미
28. 소매 점포 : 소매업자(직매장 포함) / 방문판매업·후원방문판매업,통신판매업, 다단계판매업 : 판매업자 / 맞춤형화장품판매업 : 판매업자
30. 31. 제품 3개를 가지고 시험할 때 그 평균 내용량이 표기량에 대하여 97% 이상이어야 한다.
33. 34. HACCP인증 : 식품 및 축산물 안전관리인증기준 / CPNP : 유럽화장품인증
39. 피부노화 완화 : 인체 적용시험 자료 또는 인체 외 시험 자료 제출
여드름성 피부에 사용에 적합, 항균(인체세정용 제품에 한함) : 인체 적용시험 자료 제출
41. 내용량이 10밀리리터 이하 또는 10그램 이하인 화장품의 포장에 기재·표시할 사항
① 화장품의 명칭
② 화장품책임판매업자 및 맞춤형화장품판매업자의 상호

<4장.맞춤형화장품의 이해>

③ 가격
④ 제조번호와 사용기한(또는 개봉 후 사용기간)
42. 화장품의 명칭, 영업자의 상호, 제조번호, 사용기한(개봉 후 사용기간)은 어떤 경우에도 반드시 표기되어야 하는 기재·표시 사항이다.
43. 내용량이 10밀리리터 초과 50밀리리터 이하 또는 중량이 10그램 초과 50그램 이하 화장품의 포장인 경우에는 "식품의약품안전처장이 배합 한도를 고시한 화장품의 원료"의 기재·표시를 생략할 수 없다.
44. 인체 세포·조직 배양액이 들어있는 경우 그 함량을 기재·표시하여야 한다.
45. 화장품의 포장에 기재·표시하여야 하는 사항 중 제2조제8호부터 제11호까지에 해당하는 기능성화장품의 경우에는 "질병의 예방 및 치료를 위한 의약품이 아님"이라는 문구 <참고:시행규칙 제19조제4항제7호>
47. 실증자료의 제출을 요청받은 영업자 또는 판매자는 요청받은 날부터 15일 이내에 그 실증자료를 식품의약품안전처장에게 제출하여야 한다.

정답										
	01 ②	02 ①	03 ⑤	04 ⑤	05 ④	06 ①	07 ③	08 ④	09 ④	10 ③
	11 ①	12 ②	13 ⑤	14 ④	15 ②	16 ③	17 ⑤	18 ⑤	19 ⑤	20 ⑤
	21 ⑤	22 ③	23 ⑤	24 ⑤	25 ②	26 ②	27 ③	28 ③	29 ⑤	30 ④
	31 ①	32 ⑤	33 ⑤	34 ①	35 ④	36 ③	37 ②	38 ③	39 ④	40 ①
	41 ④	42 ⑤	43 ②	44 ④	45 ⑤	46 ①	47 ②			

[단답형]
02. 밀폐용기, 기밀용기, 밀봉용기, 차광용기에 대해서 구분하여 이해 하여야 한다.

정답		
	01	㉠표시의무자, ㉡판매가격
	02	기밀용기
	03	10%
	04	보존제
	05	㉠아세톤, ㉡메틸 살리실레이트
	06	바코드
	07	인체 외 시험
	08	인체적용시험
	09	기능성화장품에서 해당 기능을 실증한 자료 제출
	10	㉠ 실증자료, ㉡ 실증방법

4.8 재고관리

[5지선다형]
01. 04. 05. INCI명 : 화장품 원료의 명명에 대한 국제표준 / ICID : 국제화장품원료집
02. 한국산업안전보건공단 홈페이지(www.kosha.or.kr)에서 홈>정보 사항>직업 건강 정보>MSDS/GHS에서 해당 원료의 물질안전 보건 자료를 검색한다.

정답	01 ①	02 ③	03 ①	04 ①	05 ②

4장. 해설 및 정답

<4장.맞춤형화장품의 이해>

[단답형]
02. 밀폐용기, 기밀용기, 밀봉용기, 차광용기에 대해서 구분하여 이해 하여야 한다.

정답　01　선입선출

부록

1. 식약처예시문항
2. 제1회시험기출문제 분석
3. 제2회시험예상문제 300선

<식약처 예시문제>

<맞춤형화장품조제관리사 예시문항>

□ 과목명: 화장품법의 이해[1-4번]

1. 화장품법상 등록이 아닌 신고가 필요한 영업의 형태로 옳은 것은?
   ① 화장품 제조업
   ② 화장품 수입업
   ③ 화장품 책임판매업
   ④ 화장품 수입대행업
   ⑤ 맞춤형화장품 판매업
   정답: ⑤

2. 고객 상담 시 개인정보 중 민감 정보에 해당 되는 것으로 옳은 것은?
   ① 여권법에 따른 여권번호
   ② 주민등록법에 따른 주민등록번호
   ③ 출입국관리법에 따른 외국인등록번호
   ④ 도로교통법에 따른 운전면허의 면허번호
   ⑤ 유전자검사 등의 결과로 얻어진 유전 정보
   정답: ⑤

3. 맞춤형화장품 판매업소에서 제조·수입된 화장품의 내용물에 다른 화장품의 내용물이나 식품의약품안전처장이 정하는 원료를 추가하여 혼합하거나 제조 또는 수입된 화장품의 내용물을 소분(小分)하는 업무에 종사하는 자를 (㉠)(이)라고 한다. ㉠에 들어갈 적합한 명칭을 작성하시오.
   정답: 맞춤형화장품조제관리사

4. 다음 <보기>는 화장품법 시행규칙 제18조 1항에 따른 안전용기·포장을 사용하여야 할 품목에 대한 설명이다. 괄호에 들어갈 알맞은 성분의 종류를 작성하시오.

   ─────────── <보기> ───────────
   ㄱ. 아세톤을 함유하는 네일 에나멜 리무버 및 네일 폴리시 리무버
   ㄴ. 개별 포장당 메틸 살리실레이트를 5% 이상 함유하는 액체상태의 제품
   ㄷ. 어린이용 오일 등 개별포장 당 (   )류를 10% 이상 함유하고 운동점도가 21 센티스톡스(섭씨 40도 기준) 이하인 비에멀전 타입의 액체상태의 제품

   정답: 탄화수소

<비누공작소>

<식약처 예시문제>

□ 과목명: 화장품제조 및 품질관리[5-10번]

5. 화장품에 사용되는 원료의 특성을 설명 한 것으로 옳은 것은?
   ① 금속이온봉쇄제는 주로 점도증가, 피막형성 등의 목적으로 사용된다.
   ② 계면활성제는 계면에 흡착하여 계면의 성질을 현저히 변화시키는 물질이다.
   ③ 고분자화합물은 원료 중에 혼입되어 있는 이온을 제거할 목적으로 사용된다.
   ④ 산화방지제는 수분의 증발을 억제하고 사용감촉을 향상시키는 등의 목적으로 사용된다.
   ⑤ 유성원료는 산화되기 쉬운 성분을 함유한 물질에 첨가하여 산패를 막을 목적으로 사용된다.
   정답: ②

6. 맞춤형화장품의 내용물 및 원료에 대한 품질검사결과를 확인해 볼 수 있는 서류로 옳은 것은?
   ① 품질규격서   ② 품질성적서
   ③ 제조공정도   ④ 포장지시서
   ⑤ 칭량지시서
   정답: ②

7. 맞춤형화장품 매장에 근무하는 조제관리사에게 향료 알레르기가 있는 고객이 제품에 대해 문의를 해왔다. 조제관리사가 제품에 부착된 <보기>의 설명서를 참조하여 고객에게 안내해야 할 말로 가장 적절한 것은?

   ─────────────── <보기> ───────────────

   • 제품명: 유기농 모이스춰로션
   • 제품의 유형: 액상 에멀젼류
   • 내용량: 50g
   • 전성분: 정제수, 1,3부틸렌글리콜, 글리세린, 스쿠알란, 호호바유, 모노스테아린산글리세린, 피이지 소르비탄지방산에스터, 1,2헥산디올, 녹차추출물, 황금추출물, 참나무이끼추출물, 토코페롤, 잔탄검, 구연산나트륨, 수산화칼륨, 벤질알코올, 유제놀, 리모넨

   ① 이 제품은 유기농 화장품으로 알레르기 반응을 일으키지 않습니다.
   ② 이 제품은 알레르기는 면역성이 있어 반복해서 사용하면 완화될 수 있습니다.
   ③ 이 제품은 조제관리사가 조제한 제품이어서 알레르기 반응을 일으키지 않습니다.
   ④ 이 제품은 알레르기 완화 물질이 첨가되어 있어 알레르기 체질 개선에 효과가 있습니다.
   ⑤ 이 제품은 알레르기를 유발할 수 있는 성분이 포함되어 있어 사용 시 주의를 요합니다.
   정답: ⑤

<식약처 예시문제>

8. 다음 <보기>에서 ㉠에 적합한 용어를 작성하시오.

― <보기> ―

(㉠)(이)란 화장품의 사용 중 발생한 바람직하지 않고 의도되지 아니한 징후, 증상 또는 질병을 말하며, 해당 화장품과 반드시 인과관계를 가져야 하는 것은 아니다

정답: 유해사례

9. 다음 <보기>에서 ㉠에 적합한 용어를 작성하시오.

― <보기> ―

계면활성제의 종류 중 모발에 흡착하여 유연효과나 대전 방지 효과, 모발의 정전기 방지, 린스, 살균제, 손 소독제 등에 사용되는 것은 (㉠)계면활성제이다.

정답: 양이온

10. 다음 <보기> 중 맞춤형화장품 조제관리사가 올바르게 업무를 진행한 경우를 모두 고르시오.

― <보기> ―

ㄱ. 고객으로부터 선택된 맞춤형화장품을 조제관리사가 매장 조제실에서 직접 조제하여 전달하였다
ㄴ. 조제관리사는 썬크림을 조제하기 위하여 에틸헥실메톡시신나메이트를 10%로 배합, 조제하여 판매하였다.
ㄷ. 책임판매업자가 기능성화장품으로 심사 또는 보고를 완료한 제품을 맞춤형화장품 조제관리사가 소분하여 판매하였다.
ㄹ. 맞춤형화장품 구매를 위하여 인터넷 주문을 진행한 고객에게 조제관리사는 전자상거래 담당자에게 직접 조제하여 제품을 배송까지 진행하도록 지시하였다.

정답: ㄱ, ㄷ

<식약처 예시문제>

□ 과목명: 유통화장품 안전관리[11-13번]

11. 다음 <보기>에서 맞춤형화장품조제에 필요한 원료 및 내용물 관리로 적절한 것을 모두 고르면?

<보기>
ㄱ. 내용물 및 원료의 제조번호를 확인한다.
ㄴ. 내용물 및 원료의 입고 시 품질관리 여부를 확인한다.
ㄷ. 내용물 및 원료의 사용기한 또는 개봉 후 사용기한을 확인한다.
ㄹ. 내용물 및 원료 정보는 기밀이므로 소비자에게 설명하지 않을 수 있다.
ㅁ. 책임판매업자와 계약한 사항과 별도로 내용물 및 원료의 비율을 다르게 할 수 있다.

① ㄱ, ㄴ, ㄷ
② ㄱ, ㄴ, ㄹ
③ ㄱ, ㄷ, ㅁ
④ ㄴ, ㅁ, ㄹ
⑤ ㄷ, ㅁ, ㄹ

정답: ①

12. 맞춤형화장품의 원료로 사용할 수 있는 경우로 적합한 것은?
① 보존제를 직접 첨가한 제품
② 자외선차단제를 직접 첨가한 제품
③ 화장품에 사용할 수 없는 원료를 첨가한 제품
④ 식품의약품안전처장이 고시하는 기능성화장품의 효능·효과를 나타내는 원료를 첨가한 제품
⑤ 해당 화장품책임판매업자가 식품의약품안전처장이 고시하는 기능성화장품의 효능·효과를 나타내는 원료를 포함하여 식약처로부터 심사를 받거나 보고서를 제출한 경우에 해당하는 제품

정답: ⑤

13. 다음 <보기>의 우수화장품 품질관리기준에서 기준일탈 제품의 폐기 처리 순서를 나열한 것으로 옳은 것은?

<보기>
ㄱ. 격리 보관
ㄴ. 기준 일탈 조사
ㄷ. 기준일탈의 처리
ㄹ. 폐기처분 또는 재작업 또는 반품
ㅁ. 기준일탈 제품에 불합격라벨 첨부
ㅂ. 시험, 검사, 측정이 틀림없음 확인
ㅅ. 시험, 검사, 측정에서 기준 일탈 결과 나옴

① ㄷ→ㄴ→ㅂ→ㅅ→ㄹ→ㄱ→ㅁ
② ㅁ→ㄴ→ㅂ→ㄷ→ㅅ→ㄱ→ㄹ
③ ㅅ→ㄴ→ㄹ→ㄷ→ㅁ→ㅂ→ㄱ
④ ㅅ→ㄴ→ㅂ→ㄷ→ㅁ→ㄱ→ㄹ
⑤ ㅅ→ㄴ→ㅂ→ㄷ→ㅁ→ㄹ→ㄱ

정답: ④

<비누공작소>

<식약처 예시문제>

□ 과목명: 맞춤형화장품의 이해[14-19번]

14. 맞춤형화장품에 혼합 가능한 화장품 원료로 옳은 것은?
　① 아데노신　　　　　　　　② 라벤더오일
　③ 징크피리치온　　　　　　④ 페녹시에탄올
　⑤ 메칠이소치아졸리논
　정답: ②

15. 피부의 표피를 구성하고 있는 층으로 옳은 것은?
　① 기저층, 유극층, 과립층, 각질층　　② 기저층, 유두층, 망상층, 각질층
　③ 유두층, 망상층, 과립층, 각질층　　④ 기저층, 유극층, 망상층, 각질층
　⑤ 과립층, 유두층, 유극층, 각질층
　정답: ①

16. 맞춤형화장품 조제관리사인 소영은 매장을 방문한 고객과 다음과 같은 <대화>를 나누었다. 소영이가 고객에게 혼합하여 추천할 제품으로 다음 <보기> 중 옳은 것을 <u>모두</u> 고르면?

―――――――――― <대화> ――――――――――

고객: 최근에 야외활동을 많이 해서 그런지 얼굴 피부가 검어지고 칙칙해졌어요.
　　　건조하기도 하구요.
소영: 아. 그러신가요? 그럼 고객님 피부 상태를 측정해 보도록 할까요?
고객: 그럴까요? 지난번 방문 시와 비교해 주시면 좋겠네요.
소영: 네. 이쪽에 앉으시면 저희 측정기로 측정을 해드리겠습니다.
피부측정 후,
소영: 고객님은 1달 전 측정 시보다 얼굴에 색소 침착도가 20% 가량 높아져있고, 피부 보습도도 25% 가량 많이 낮아져 있군요.
고객: 음. 걱정이네요. 그럼 어떤 제품을 쓰는 것이 좋을지 추천 부탁드려요.

―――――――――― <보기> ――――――――――

ㄱ. 티타늄디옥사이드(Titanium Dioxide) 함유 제품
ㄴ. 나이아신아마이드(Niacinamide) 함유 제품
ㄷ. 카페인(Caffeine) 함유 제품
ㄹ. 소듐하이알루로네이트(Sodium Hyaluronate) 함유제품
ㅁ. 아데노신(Adenosine) 함유제품

　① ㄱ, ㄷ　　　　　　　　② ㄱ, ㅁ
　③ ㄴ, ㄹ　　　　　　　　④ ㄴ, ㅁ
　⑤ ㄷ, ㄹ
　정답: ③

17. 다음의 <보기>는 맞춤형화장품의 전성분 항목이다. 소비자에게 사용된 성분에 대해 설명하기 위하여 다음 화장품 전성분 표기 중 사용상의 제한이 필요한 보존제에 해당하는 성분을 다음 <보기>에서 하나를 골라 작성하시오.

<보기>

정제수, 글리세린, 다이프로필렌글라이콜, 토코페릴아세테이트, 다이메티콘/비닐다이메티콘크로스폴리머, C12-14파레스-3, 페녹시에탄올, 향료

정답: 페녹시에탄올

18. 다음 <보기>는 맞춤형화장품에 관한 설명이다. <보기>에서 ㉠, ㉡에 해당하는 적합한 단어를 각각 작성하시오

<보기>

ㄱ. 맞춤형화장품 제조 또는 수입된 화장품의 (㉠)에 다른 화장품의 (㉠)(이)나 식품의약품안전처장이 정하는 (㉡)(을)를 추가하여 혼합한 화장품
ㄴ. 제조 또는 수입된 화장품의 (㉠)(을)를 소분(小分)한 화장품

정답: ㉠: 내용물, ㉡: 원료

19. 다음 <보기>는 유통화장품의 안전관리기준 중 pH에 대한 내용이다. <보기> 기준의 예외가 되는 두 가지 제품에 대해 모두 작성하시오.

<보기>

영·유아용 제품류(영·유아용 샴푸, 영·유아용 린스, 영·유아 인체 세정용 제품, 영·유아 목욕용 제품 제외), 눈 화장용 제품류, 색조 화장용 제품류, 두발용 제품류(샴푸, 린스 제외), 면도용 제품류(셰이빙 크림, 셰이빙 폼 제외), 기초화장용 제품류(클렌징 워터, 클렌징 오일, 클렌징 로션, 클렌징 크림 등 메이크업 리무버 제품 제외) 중 액, 로션, 크림 및 이와 유사한 제형의 액상제품은 pH 기준이 3.0~9.0 이어야 한다.

정답: 물을 포함하지 않는 제품, 사용 후 곧바로 씻어 내는 제품

2020년 <1회 시험> 기출문제 분석

> 본 문제는 2020년 2월 22일(토)에 시행된 **제1회 시험문제를 분석**하여 순서에 관계 없이 재구성한 것이므로 제1회 시험문제와 완전히 동일하지 않습니다.
>
> 시험을 치룬 카페회원들과 저자의 기억을 더듬어 재구성한 것이라 실제 문제와 지문들이 다소 상이할 수 있으나 <u>원래 문제의 취지를 살려 재구성</u> 한 것이니 **2회 시험 대비에 도움**이 되리라 사료됩니다. 함께 해 주신 카페회원님들께 감사한 마음 전합니다.
>
> ☞ 맞춤형화장품조제관리사 STUDY CAFE <https://cafe.naver.com/ilovearoma/>

[5지선다형 문제]

1. 화장품에 대한 정의로 옳은 것은?
① 피부·모발·구강의 건강을 유지하기 위해 사용되는 물품
② 피부·모발·구강의 건강을 증진하기 인체에 바르는 물품
③ 인체를 청결·미화하도록 인체에 바르고 문지르거나 뿌리는 물품
④ 인체를 청결·미화하여 매력을 더하고 용모를 밝게 변화시키는 의약외품
⑤ 인체에 대한 작용이 뛰어난 효능을 가지는 의약품에 해당하는 물품
답 : ③

2. 천연화장품 및 유기농화장품의 함량에 대해 올바른 것은?

> ㄱ. 천연화장품은 중량 기준으로 천연 함량이 전체 제품에서 (㉠)이상으로 구성되어야 한다.
> ㄴ. 유기농화장품은 중량 기준으로 유기농 함량이 전체 제품에서 (㉡)이상이어야 하며, 유기농 함량을 포함한 천연 함량이 전체 제품에서 (㉢) 이상으로 구성되어야 한다.

	㉠	㉡	㉢		㉠	㉡	㉢
①	95%	10%	95%	②	10%	10%	95%
③	10%	85%	95%	④	95%	10%	85%
⑤	85%	10%	95%				

정답 : ①

3. 자외선에 설명 중 올바르지 못한 것은?
① UV C는 파장 290~320nm 사이의 자외선으로 일광화상의 원인이 된다.
② 자외선차단지수라고 하는 SPF는 최소지속형즉시흑화량으로 구해지는 값이다.
③ 최소홍반량은 UVA를 사람의 피부에 조사한 후 홍반을 나타낼 수 있는 최소한의 자외선 조사량을 말한다.
④ 자외선A차단지수는 UVA를 차단하는 제품의 차단효과를 나타내는 지수이며 SPF로 표시한다.

⑤ 자외선차단지수(SPF)는 자외선차단제품을 도포하여 얻은 최소홍반량을 자외선차단제품을 도포하지 않고 얻은 최소홍반량으로 나눈 값이다.
답 : ⑤

4. 비타민의 종류와 그 유도체가 올바르게 연결된 것은?
① 비타민 A - 토코페릴아세테이트
② 비타민 D - 에르고칼시페롤
③ 비타민 E - 레티닐 팔미테이트
④ 비타민 C - 나이아신아마이드
⑤ 비타민 B_3 - 마그네슘아스코빌포스페이트
답 : ②

5. 다음 화장품의 주의사항 중 공통사항이 아닌 것은?
① 직사광선에 의하여 이상 증상이 있는 경우 전문의 등과 상담할 것
② 상처가 있는 부위 등에는 사용을 금지할 것
③ 어린이의 손이 닿지 않는 곳에 보관할 것
④ 직사광선을 피해서 보관할 것
⑤ 부작용이 있는 경우 전문의 등과 상담할 것
답 : ②

6. 개인정보의 수집·이용 할 수 있는 경우에 해당 하지 않는 것은?
① 정보주체의 동의를 받은 경우
② 회사에서 급하게 필요에 의해 요구되어 지는 경우
③ 공공기관이 법령 등에서 정하는 소관 업무의 수행을 위하여 불가피한 경우
④ 정보주체와의 계약의 체결 및 이행을 위하여 불가피하게 필요한 경우
⑤ 정보주체 또는 그 법정대리인이 의사표시를 할 수 없는 상태에 있거나 주소불명 등으로 사전 동의를 받을 수 없는 경우
답 : ②

7. 맞춤형화장품신고의 결격사유에 해당하지 않는 것은?

ㄱ. 정신질환자
ㄴ. 피성년후견인 또는 파산선고를 받고 복권되지 아니한 자
ㄷ. 마약류의 중독자
ㄹ. 화장품법을 위반하여 금고 이상의 형을 선고받고 그 집행이 끝나지 아니한 자
ㅁ. 영업소가 폐쇄된 날부터 1년이 지나지 아니한 자

① ㄱ, ㄴ
② ㄱ, ㄷ
③ ㄴ, ㄷ
④ ㄹ, ㅁ
⑤ ㄴ, ㄹ, ㅁ
답 : ②

8. 화장품의 유형별 분류와 그 종류가 옳은 것은?
① 퍼머넌트 웨이브 - 두발 염색용 제품

② 마스카라 - 색조화장용 제품
③ 목욕용 오일 - 인체세정용 제품
④ 염모제 - 두발용 제품
⑤ 손발피부연화제품 - 기초화장용 제품
답 : ⑤

9. 개인정보의 보호 원칙에 대한 것 중 옳지 못한 것은?
① 처리 목적에 필요한 범위에서 최소한의 개인정보만을 적법하고 정당하게 수집하여야 한다.
② 처리 목적 외의 용도로 활용하여서는 아니 된다.
③ 처리 목적에 필요한 범위에서 개인정보의 정확성, 완전성 및 최신성이 보장되도록 하여야 한다.
④ 정보주체의 사생활 침해를 최소화하는 방법으로 개인정보를 처리하여야 한다.
⑤ 개인정보의 익명처리가 가능한 경우라 하더라도 실명에 의하여 처리하여야 한다.
답 : ⑤

10. 다음 중 과태료 부과 대상이 아닌 경우는?
① 화장품의 안전성 확보 및 품질관리에 관한 교육을 매년 받지 않은 맞춤형화장품조제관리사
② 의약품으로 잘못 인식할 우려가 있는 표시 또는 광고를 한 자
③ 화장품의 기재사항 중 가격을 표시 하지 아니한 경우
④ 폐업신고를 하지 않은 영업자
⑤ 화장품의 생산실적, 수입실적, 화장품 원료의 목록 등을 보고하지 아니한 화장품책임판매업자
답 : ②

11. 맞춤형화장품조제관리사의 업무로 가장 적절하지 않은 것은?
① 일반화장품을 판매하는 업무
② 수입된 화장품의 내용물에 고시된 원료를 혼합하는 업무
③ 제조 또는 수입된 화장품의 내용물을 소분하는 업무
④ 국내에서 제조된 화장품의 내용물에 고시된 원료를 혼합하는 업무
⑤ 심사를 받은 기능성원료를 벌크제품에 혼합하는 업무
답 : ①

12. 다음 중 화장품법에 따른 기능성 화장품에 해당하지 않는 것은?
① 피부의 미백에 도움을 주는 제품
② 피부의 주름개선에 도움을 주는 제품
③ 피부를 곱게 태워주거나 자외선으로부터 피부를 보호하는 데에 도움을 주는 제품
④ 일시적인 모발의 색상 변화·제거 또는 영양공급에 도움을 주는 제품
⑤ 피부나 모발의 기능 약화로 인한 건조함, 갈라짐, 빠짐, 각질화 등을 방지하거나 개선하는 데에 도움을 주는 제품
답 : ④

13. 신속한 위해성평가가 요구될 경우 실시할 수 있는 위해성평가에 해당하지 않는 것은?
① 특정집단에 노출 가능성이 클 경우 어린이 및 임산부 등 민감집단 및 고위험집단을 대상으로 위해성평가를 실시할 수 있다.

② 인체노출 안전기준의 설정이 어려울 경우 위해요소의 인체 내 독성 등 확인과 인체의 위해요소 노출 정도만으로 위해성을 예측할 수 없다.
③ 인체적용제품의 섭취, 사용 등에 따라 사망 등의 위해가 발생하였을 경우 위해요소의 인체 내 독성 등의 확인만으로 위해성을 예측할 수 있다.
④ 위해요소의 인체 내 독성 등 확인과 인체노출 안전기준 설정을 위하여 국제기구 및 신뢰성 있는 국내·외 위해성평가기관 등에서 평가한 결과를 준용하거나 인용할 수 있다.
⑤ 인체의 위해요소 노출 정도를 산출하기 위한 자료가 불충분하거나 없는 경우 활용 가능한 과학적 모델을 토대로 노출 정도를 산출할 수 있다.
답 : ②

14. 다음 화장품 표시·광고에 대한 준수사항으로 올바르지 못한 것은?
① 의사·치과의사·한의사·약사·의료기관이 지정·공인·추천·지도·연구·개발 또는 사용하고 있다는 내용의 표시·광고를 하지 말 것
② 국제적 멸종위기종의 가공품이 함유된 화장품임을 표현하거나 암시하는 표시·광고를 하지 말 것
③ 사실 유무와 관계없이 다른 제품을 비방하거나 비방한다고 의심이 되는 표시·광고를 하지 말 것
④ 배타성을 띤 "최고" 또는 "최상" 등의 절대적 표현의 표시·광고를 하지 말 것
⑤ 경쟁상품과 비교하는 표시·광고는 비교 대상 및 기준을 분명히 밝히고 객관적으로 확인될 수 있는 사항이라 하더라도 표시·광고를 하지 말 것
답 : ⑤

15. 피부의 광노화에 영향을 미치는 태양광선의 파장으로 적당한 것은?
① 100~200   ② 200~300
③ 300~400   ④ 400~500
⑤ 500~600
정답 : ③

16. 다음 중 납, 니켈, 비소, 안티몬, 카드뮴을 공통적으로 검출할 수 있는 시험법은 무엇인가?
① 디티존법
② 원자흡광도법
③ 기체크로마토그래프-질량분석기법
④ 유도결합플라즈마분광기(ICP)를 이용한 방법
⑤ 유도결합플라즈마-질량분석기(ICP-MS)를 이용한 방법
답 : ⑤

17. 유통화장품의 안전관리 기준에서 미생물의 검출한도가 옳지 못한 것은?
① 총호기성생균수는 영·유아용 제품류의 경우 100개/g(mL)이하
② 물휴지의 경우 세균 및 진균수는 각각 100개/g(mL)이하
③ 기타 화장품의 경우 1,000개/g(mL)이하
④ 대장균, 녹농균, 황색포도상구균은 불검출
⑤ 총호기성생균수는 눈화장용 제품류의 경우 500개/g(mL)이하

답 : ①

18. 다음 기능성화장품의 원료의 효능 및 성분, 최대함량이 올바른 것은?
   ① 여드름 기능성 : 살리실릭애씨드 0.5%
   ② 미백에 도움 : 알부틴 0.5%
   ③ 주름완화 : 아데노신 0.04%
   ④ 체모제거 : 비오틴 5%
   ⑤ 미백에 도움 : 알파-비사보롤 2~5%
   답 : ③

19. 다음 기능성화장품의 원료의 성분과 함량이 올바른 것은?
   ① 옥토크릴렌 - 10%   ② 호모살레이트 - 7.5%
   ③ 벤조페논 - 10%   ④ 징크옥사이드 - 10%
   ⑤ 에칠헥실메톡시신나메이트-10%
   답 : ①

20. 탈모증상 완화에 도움을 주는 원료가 아닌 것은?
   ① 비오틴   ② 치오글리콜산 80%
   ③ 덱스판테놀   ④ 엘-멘톨
   ⑤ 징크피리치온
   답 : ②

21. 완제품 보관 검체의 주요 사항에 대한 설명 중 옳은 것을 모두 고르시오.

   ㄱ. 검체는 반드시 냉장보관하여야 한다.
   ㄴ. 각 뱃치를 대표하는 검체를 보관한다.
   ㄷ. 제품별로 시험을 2번 실시할 수 있는 양을 보관한다.
   ㄹ. 제품이 가장 안정한 조건에서 보관한다.
   ㅁ. 개봉 후 사용기간을 기재하는 경우에는 사용기간으로부터 3년간 보관한다.

   ① ㄱ, ㅁ   ② ㄴ, ㄷ
   ③ ㄴ, ㄹ   ④ ㄱ, ㄷ
   ⑤ ㄷ, ㅁ
   답 : ③

22. 점토를 원료로 사용한 분말제품은 50㎍/g이하, 그 밖의 제품은 20㎍/g이하 검출허용한도에 해당하는 원료에 해당하는 것으로 옳은 것은?
   ① 납   ② 니켈
   ③ 비소   ④ 카드뮴
   ⑤ 안티몬
   답 : ①

23. 다음 중 카드뮴의 비의도적검출허용한도로 옳은 것은?
   ① 10㎍/g이하   ② 1㎍/g이하

③ 10㎍/g이하   ④ 5㎍/g이하
⑤ 35㎍/g 이하
답 : ④

24. 다음 중 위해성 등급이 다른 하나는 무엇인가?
① 포름알데하이드가 2000㎍/g이상 검출된 화장품
② 미생물에 오염된 화장품
③ 맞춤형화장품조제관리사를 두지 않고 제조한 맞춤형화장품을 판매
④ 의약품으로 오인할 수 있는 화장품
⑤ 전부 또는 일부가 변패(變敗)된 화장품
답 : ①

25. 치오글라이콜릭애씨드 또는 그 염류를 주성분으로 하는 냉2욕식 퍼머넌트웨이브용 제품의 제1제에 대한 기준으로 옳지 못한 것은?
① pH : 4.5 ~ 9.6
② 알칼리 : 0.1N염산의 소비량은 검체 7mL 에 대하여 1mL이하
③ 중금속 : 20㎍/g이하
④ 비소 : 5㎍/g이하
⑤ 철 : 2㎍/g이하
답 : ②

26. 화장품 품질요소 중 안정성에서 물리적변화에 해당하지 않은 것은?
① 변색   ② 응집
③ 침전   ④ 분리
⑤ 겔화
답 : ①

27. 화장비누의 내용량 기준에 대해 옳은 것은?

ㄱ. 제품 3개를 가지고 시험할 때 그 평균 내용량이 표기량에 대하여 (㉠)이상(다만, 화장 비누의 경우 (㉡)을 내용량으로 한다)
ㄴ. 기준치를 벗어날 경우 : 6개를 더 취하여 시험할 때 9개의 평균 내용량이 제1호의 기준치 이상

① ㉠건조중량, ㉡95%   ② ㉠건조중량, ㉡97%
③ ㉠건조감량, ㉡95%   ④ ㉠건조감량, ㉡97%
⑤ ㉠수분포함중량, ㉡97%

28. 화장품 전성분 표시에 대한 설명으로 옳은 것은?
① 착향제는 「향료」로 표시할 수 없다.
② 제조 과정 중 제거되어 최종 제품에 남아 있지 않는 성분도 표시하여야 한다.
③ 안정화제, 보존제 등으로 제품 중에서 그 효과가 발휘되는 것보다 적은 양으로 포함되어 있는 부수성분과 불순물도 표시하여야 한다.
④ 착향제의 구성 성분중 알레르기 유발물질로 알려져 있는 성분이 함유되어 있는 경우에는 그

성분을 표시하도록 권장할 수 있다.
⑤ 메이크업용 제품에서 홋수별로 착색제가 다르게 사용된 경우 「± 또는 +/-」의 표시 뒤에 사용된 모든 착색제 성분을 공동으로 기재할 수 없다.
답 : ④

29. 화장품에 사용할 수 없는 원료에 해당하는 것은?
① 살리실릭애씨드　　② 페닐파라벤
③ 소르빅애씨드　　④ 시녹세이트
⑤ 제라니올
정답 : ②

30. 사용상 제한이 필요한 원료에 해당하는 것은?
① 신남알　　② 벤질알코올
③ 토코페롤　　④ 이소프로판올
⑤ 프로필렌글라이콜
정답 : ③

31. 천연화장품 또는 유기농화장품에 사용가능한 원료의 기준에 대한 설명 중 옳은 것은?
① 유전자 변형 원료 배합하는 공정은 허용된다.
② 석유화학원료를 함유해서는 안된다.
③ 용기와 포장에 폴리염화비닐, 폴리스티렌폼을 사용할 수 있다.
④ 유기농 함량이 전체 제품에서 95% 이상이어야 한다.
⑤ 물, 미네랄, 미네랄 유래원료는 유기농함량 계산에 포함하지 않는다.
정답 : ⑤

32. 비중이 0.8일 때 300ml 용기에 내용물을 100% 채운다면 실제 중량은 얼마인가?
① 240　　② 260
③ 300　　④ 360
⑤ 375
답 : ①

33. 화장품의 품질요소중 3대 요소를 바르게 짝지은 것은?

ㄱ. 안전성	ㄴ. 안정성
ㄷ. 생산성	ㄹ. 지속성
ㅁ. 사용성	

① ㄱ, ㄴ, ㄹ　　② ㄱ, ㄷ, ㄹ
③ ㄱ, ㄴ, ㅁ　　④ ㄴ, ㄷ, ㄹ
⑤ ㄷ, ㄹ, ㅁ
답 : ③

34. 다음 괄호에 들어갈 내용으로 옳은 것은?

화장품안전기준에 따라 식품의약품안전처장은 (㉠), (㉡), (㉢)등과 같이 특별히 사용상의 제한이 필요한 원료에 대하여는 그 사용기준을 지정하여 고시하여야 하며, 사용기준이 지정·고시된 원료 외의 (㉠), (㉡), (㉢)등은 사용할 수 없다.

① ㉠보존제, ㉡색소, ㉢계면활성제
② ㉠보존제, ㉡색소, ㉢자외선차단제
③ ㉠착향제, ㉡색소, ㉢자외선차단제
④ ㉠보존제, ㉡향료, ㉢자외선차단제
⑤ ㉠착향제, ㉡색소, ㉢계면활성제
답 : ②

35. 다음 중 청정도 기준이 서로 올바르게 짝지어진 것은?
① 제조실 - 낙하균: 10개/hr 또는 부유균: 20개/㎥
② 칭량실 - 낙하균: 10개/hr 또는 부유균: 20개/㎥
③ 충전실 - 낙하균: 30개/hr 또는 부유균: 200개/㎥
④ 포장실 - 낙하균: 30개/hr 또는 부유균: 200개/㎥
⑤ 원료보관실 - 낙하균: 10개/hr 또는 부유균: 20개/㎥
답 : ③

36. 유통화장품의 안전기준에 따라 pH 3.0~9.0에 해당하는 제품으로 옳은 것은?
① 영유아용 샴푸   ② 셰이빙크림
③ 바디 로션   ④ 목욕용 오일
⑤ 폼 클렌저
답 : ③

37. 천연화장품에 사용 가능한 보존제로 옳은 것은?
① 페녹시에탄올   ② 디엠디엠하이단토인
③ 소르빅애씨드   ④ 디아졸리디닐우레아
⑤ 벤잘코늄클로라이드
답 : ③

38. 화장품책임판매업자로 부터 공급받은 원료의 시험성적서 내용을 확인한 결과 다시 원료를 공급받거나 시험 기준을 다시 확인해야 하는 성분에 해당하는 것은?

ㄱ. 디옥산 50㎍/g 이하 검출   ㄴ. 크롬 10㎍/g 초과 검출
ㄷ. 황색포도상구균 100개/g(mL) 검출   ㄹ. 수은 1㎍/g이하 검출
ㅁ. 카드뮴 50㎍/g 이하 검출

① ㄱ, ㄴ   ② ㄴ, ㄷ
③ ㄷ, ㄹ   ④ ㄹ, ㅁ
⑤ ㄱ, ㄷ
답 : ②

39. 유통화장품의 안전관리 기준에 따라 비의도적검출허용한도 성분에 해당되지 않는 것은?
① 디옥산
② 메탄올
③ 코발트
④ 니켈
⑤ 포름알데하이드
답 : ③

40. 작업장 내 직원의 위생관리 기준으로 적합하지 않은 것은?
① 규정된 작업복을 착용 하여야 한다.
② 별도의 지역에 의약품을 포함한 개인적인 물품을 보관 하여야 한다.
③ 음식, 음료수 및 흡연구역 등은 제조 및 보관 지역과 분리된 지역에서만 섭취하거나 흡연 하여야 한다.
④ 피부에 외상이 있거나 질병에 걸린 직원은 화장품과 직접적을 접촉되지 않도록 하여야 한다.
⑤ 방문객은 교육 후 제조, 관리 및 보관구역에 안내자 없이 접근할 수 있다.
답 : ⑤

41. 기능성화장품 심사를 위해 제출하여야 하는 안전성에 관한 자료로 옳은 것은?
① 다회투여독성시험자료
② 2차피부자극시험자료
③ 안점막자극 또는 기타점막자극시험자료
④ 인체적용시험자료
⑤ 효력시험자료
답 : ③

42. 제조시설의 세척 및 평가에 대한 내용 중 옳지 않은 것은?
① 세척 및 소독 계획
② 세척방법과 세척에 사용되는 약품 및 기구
③ 제조시설의 분해 및 조립 방법
④ 이전 작업 표시 제거방법
⑤ 작업 후 청소상태 확인방법
답 : ⑤

43. 다음 (㉠)에 들어갈 것으로 옳은 것은?

> 다음의 어느 하나에 해당하는 성분을 0.5퍼센트 이상 함유하는 제품의 경우에는 해당 품목의 안정성시험 자료를 최종 제조된 제품의 사용기한이 만료되는 날부터 (㉠)간 보존하여야 한다.
>   가. 레티놀(비타민A) 및 그 유도체
>   나. 아스코빅애시드(비타민C) 및 그 유도체
>   다. 토코페롤(비타민E)
>   라. 과산화화합물
>   마. 효소

① 1년
② 2년
③ 3년
④ 4년

⑤ 5년
답 : ①

44. 화장품의 원료의 특성이 바르게 설명 된 것은?
① 알코올은 R-OH 화학식의 물질로 탄소수가 1~3개인 알코올에는 스테아릴 알코올이 있다.
② 고급지방산은 R-COOH 화학식의 물질로 글라이콜릭애씨드가 해당한다.
③ 왁스는 고급지방산과 고급알코올의 에스테르결합으로 팔미틱산이 해당한다.
④ 점증제는 에멀전의 안정성을 높이고 점도를 증가시키기 위해 사용되고 카보머가 해당된다.
⑤ 실리콘오일은 철, 질소로 구성되어 있고 발림성이 우수하며 다이메치콘이 해당된다.
답 : ④

45. 다음 중 보존제의 사용한도로 옳은 것은?
① 클로페네신 - 0.2%
② 살리실릭애씨드 - 1.0%
③ 페녹시에탄올 - 1.0%
④ 디엠디엠하이단토인 - 0.2%
⑤ 징크피리치온 - 1.0%
답 : ③

46. 다음 (㉠)에 들어갈 용어로 올바른 것은?

> (㉠)(이)란 화장품이 제조된 날부터 적절한 보관 상태에서 제품이 고유의 특성을 간직한 채 소비자가 안정적으로 사용할 수 있는 최소한의 기한을 말한다.

① 사용기한
② 유통기한
③ 개봉후 사용기간
④ 제조기간
⑤ 유효기간
답 : ①

47. 안전용기·포장에 대한 설명으로 옳지 않은 것은?
① 만 5세 이하의 어린이가 개봉하기는 어렵게 되어야 한다.
② 아세톤을 함유하는 네일 에나멜 리무버는 안전용기·포장을 해야 한다.
③ 개별포장 당 탄화수소류를 10퍼센트 이상 함유하는 액체상태의 제품은 안전용기·포장을 해야 한다.
④ 개별포장당 메틸 살리실레이트를 5퍼센트 이상 함유하는 액체상태의 제품은 안전용기·포장을 해야 한다.
⑤ 구체적인 기준 및 시험방법은 산업통상자원부장관이 정하여 고시하는 바에 따른다.
답 : ①

48. 원자재 용기 및 시험기록서의 필수적인 기재사항에 해당하지 않는 것은?
① 원자재 공급자가 정한 제품명
② 원자재 공급자명

③ 수령일자
④ 제조일자
⑤ 공급자가 부여한 제조번호 또는 관리번호
답 : ④

49. 중대한 유해사례의 신속보고의 주체와 기간에 대한 설명으로 옳은 것은?
    ① 화장품제조업자 - 즉시
    ② 화장품제조업자 - 15일 이내
    ③ 화장품책임판매업자 - 즉시
    ④ 화장품책임판매업자 - 5일 이내
    ⑤ 화장품책임판매업자 - 15일 이내
    답 : ⑤

50. 화장품 기재·표시를 생략할 수 있는 성분으로 옳은 것은?
    ① 제조과정 중에 제거되지 않고 최종 제품에는 남아 있는 성분
    ② 효능·효과가 나타나게 하는 기능성원료를 함유한 내용량이 30ml의 화장품
    ③ 안정화제, 보존제 등 원료 자체에 들어 있는 부수 성분으로서 그 효과가 나타나게 하는 양보다 많은 양이 들어 있는 성분
    ④ 판매의 목적이 아닌 비매품의 포장에 내용량 표기
    ⑤ 내용량이 10밀리리터 이하인 화장품의 포장에 바코드
    답 : ②

51. 화장품의 기재·표시 방법으로 옳은 것은?
    ① 화장품책임판매업자가 판매하려는 가격을 표시하여야 한다.
    ② 영어식 발음으로 읽기 쉽도록 기재·표시하여야 한다.
    ③ 한자 또는 외국어를 함께 적을 수 없다.
    ④ 화장품의 성분을 표시하는 경우에는 표준화된 일반명을 사용한다.
    ⑤ 수출용 제품이라도 그 수출 대상국의 언어로 적을 수 없다.
    답 : ④

52. 원료와 포장재의 적절한 보관 조건에 대해 옳지 않은 것은?
    ① 원자재, 반제품 및 벌크 제품은 품질에 나쁜 영향을 미치지 아니하는 조건에서 보관
    ② 원자재, 반제품 및 벌크 제품은 바닥과 벽에 닿지 아니하도록 보관
    ③ 선입선출에 의하여 출고할 수 있도록 보관
    ④ 원자재, 시험 중인 제품 및 부적합품은 같은 장소에서 보관
    ⑤ 설정된 보관기한이 지나면 사용의 적절성을 결정하기 위해 재평가시스템을 확립
    답 : ④

53. 다음 중 회수대상 화장품에 해당하지 않는 것은?
    ① 안전용기·포장에 위반되는 화장품
    ② 전부 또는 일부가 변패된 화장품
    ③ 맞춤형화장품조제관리사를 두지 아니하고 판매한 맞춤형화장품
    ④ 화장품에 사용할 수 없는 원료를 사용한 화장품

⑤ 내용량 기준이 유통화장품 안전관리 기준에 적합하지 아니한 화장품
답 : ⑤

54. 맞춤형화장품조제관리사가 행한 업무로 옳지 못한 것은?
① SPF 50인 화장품을 다른 화장품과 혼합하여 SPF 25로 설명하여 판매하였다.
② 매년 안정성 및 품질관리에 관한 교육을 받았다.
③ 향수 200ml를 40ml씩 소분하여 판매하였다.
④ 맞춤형화장품 조제관리사가 일반화장품을 판매하였다.
⑤ 원료를 공급하는 화장품책임판매업자가 심사받은 기능성화장품 원료와 내용물을 혼합하였다.
답 : ①

55. 다음 기준일탈의 처리 순서에서 괄호에 알맞은 것은?

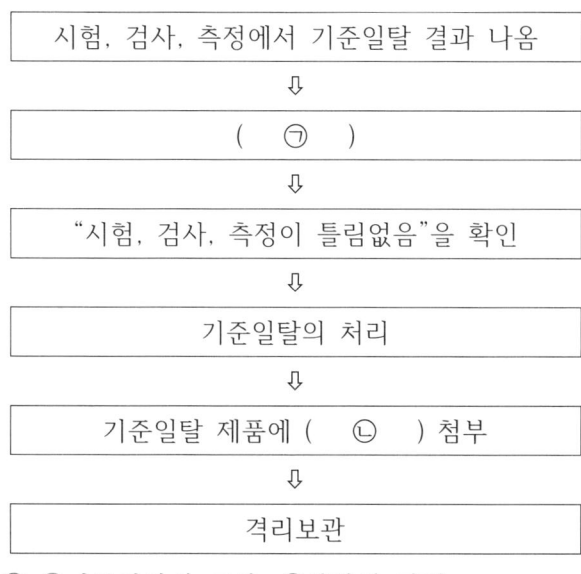

① ㉠기준일탈의 조사, ㉡불합격 라벨
② ㉠기준일탈의 조사, ㉡합격 라벨
③ ㉠재시험 조사,   ㉡불합격 라벨
④ ㉠기준일탈의 조사, ㉡합격 라벨
⑤ ㉠기준일탈의 조사, ㉡폐기처리
답 : ①

56. 화장품 혼합 시 균질화에 사용하는 기기로 적절한 것은?
① 교반 탱크(Tanks)
② 호모게나이저(Homogenizer)
③ 펌프(Pumps)
④ 칭량장치(Weighing devive)
⑤ 게이지와 미터(Gauges and Meters)
답 : ②

57. 퍼머넌트 웨이브 제품 및 헤어스트레이트너 제품의 주의사항으로 옳지 않은 것은?

① 특이체질, 생리 또는 출산 전후이거나 질환이 있는 사람 등은 사용을 피할 것
② 섭씨 15도 이하의 어두운 장소에 보존할 것
③ 개봉한 제품은 7일 이내에 사용할 것
④ 머리카락의 손상 등을 피하기 위하여 용법·용량을 지켜야 하며, 가능하면 일부에 시험적으로 사용하여 볼 것
⑤ 제2단계 퍼머액 중 그 주성분이 과산화수소인 제품은 검은 머리카락이 흰색으로 변할 수 있으므로 유의하여 사용할 것
답 : ⑤

[기타 5지선다형에서 출제된 지문 및 용어들...]
- O/W형이 W/O형 보다 내수성이 강하다.
- 지성피부에는 W/O형의 화장품이 더 적당하다.
- 소듐PCA
- 자외선차단제에 민감한 고객에 대한 추천할 수 있는 미백원료
- 고분자화합물, 증점제에 대한 내용

[단답형 문제]

81. 다음 괄호안에 들어갈 단어를 기재하시오.

* (㉠)의 예 : 소듐, 포타슘, 칼슘, 마그네슘, 암모늄, 에탄올아민, 클로라이드, 브로마이드, 설페이트, 아세테이트, 베타인 등
* 에스텔류 : 메칠, 에칠, 프로필, 이소프로필, 부틸, 이소부틸, 페닐

정답 : 염류

82. 화장품책임판매업자는 영유아 또는 어린이가 사용할 수 있는 화장품임을 표시·광고하려는 경우에는 제품별로 안전과 품질을 입증할 수 있는 다음의 자료를 작성 및 보관하여야 한다. 괄호안에 들어갈 단어를 기재하시오.

1. 제품 및 제조방법에 대한 설명 자료
2. 화장품의 (㉠) 자료
3. 제품의 효능·효과에 대한 증명 자료

답 : 안전성 평가

83. 화장품 원료 등의 위해평가에 대한 과정이다. (㉠)과 (㉡)에 알맞은 것은?

1. 위해요소의 인체 내 독성을 확인하는 위험성 확인과정
2. 위해요소의 인체노출 허용량을 산출하는 위험성 결정과정
3. 위해요소가 인체에 노출된 양을 산출하는 (㉠) 과정
4. 위 결과를 종합하여 인체에 미치는 위해 영향을 판단하는 (㉡) 과정

답 : ㉠노출평가, ㉡위해도 결정

84. 다음 괄호안에 들어갈 단어를 기재하시오.

(㉠)이란 (㉡)을 수용하는 1개 또는 그 이상의 포장과 보호재 및 표시의 목적으로 한 포장을 말한다. 화장품제조업이란 화장품의 전부 또는 일부를 제조((㉠) 또는 표시만의 공정은 제외한다)하는 영업을 말한다.

답 : ㉠2차포장, ㉡1차포장

85. 다음 (㉠)안에 공통으로 들어갈 단어를 적으시오.

(㉠)(이)란 충전(1차포장) 이전의 제조 단계까지 끝낸 제품을 말한다.
반제품이란 제조공정 단계에 있는 것으로서 필요한 제조공정을 더 거쳐야 (㉠)이 되는 것을 말한다.

답 : 벌크 제품

86. 다음은 어떤 성분을 함유한 제품에 대한 주의사항인가?

ㄱ. 햇빛에 대한 피부의 감수성을 증가시킬 수 있으므로 자외선 차단제를 함께 사용할 것(씻어내는 제품 및 두발용 제품은 제외한다)
ㄴ. 일부에 시험 사용하여 피부 이상을 확인할 것
ㄷ. 고농도의 (㉠) 성분이 들어 있어 부작용이 발생할 우려가 있으므로 전문의 등에게 상담할 것((㉠) 성분이 10퍼센트를 초과하여 함유되어 있거나 산도가 3.5 미만인 제품만 표시한다)

답 : 알파-하이드록시애시드(AHA)

87. 다음 괄호 안에 들어갈 단어를 기재하시오.

(㉠)(이)라 함은 색소 중 콜타르, 그 중간생성물에서 유래되었거나 유기합성 하여 얻은 색소 및 그 레이크, 염, 희석제와의 혼합물을 말한다.

정답: 타르색소

88. 기능성화장품 제출자료의 면제에 대한 내용 중 (㉠) 알맞은 용어를 쓰시오.

유효성 또는 기능에 관한 자료 중 인체적용시험자료를 제출하는 경우 (㉠) 제출을 면제할 수 있다. 다만, 이 경우에는 (㉠)의 제출을 면제받은 성분에 대해서는 효능·효과를 기재·표시할 수 없다.

답 : 효력시험자료

89. 다음 괄호 안에 들어갈 단어를 기재하시오.

유통화장품의 안전관리 기준에서 화장품비누의 유리알칼리 기준은 (㉠) 이하 이다.

<비누공작소>

답 : 0.1%

90. 다음 괄호 안에 들어갈 단어를 기재하시오.

> 착향제는 향료로 표시할 수 있으나, 착향제 구성 성분 중 식약처장이 고시한 (㉠) 유발성분이 있는 경우에는 향료로만 표시할 수 없고, 추가로 해당 성분의 명칭을 기재하여야 한다.

답 : 알레르기

91. 다음 괄호 안에 들어갈 단어를 기재하시오.

> 성분의 표시는 화장품에 사용된 함량순으로 많은 것부터 기재한다. 다만, 혼합원료는 개개의 성분으로서 표시하고, (㉠)로 사용된 성분, 착향제 및 착색제에 대해서는 순서에 상관없이 기재할 수 있다.

답 : 1% 이하

92. 다음 각 호의 사항은 1차 포장에 반드시 기재·표시하여야 한다.

> 1. 화장품의 명칭
> 2. 영업자의 상호
> 3. (㉠)
> 4. 사용기한 또는 개봉 후 사용기간

답 : 제조번호

93. 다음 괄호 안에 들어갈 단어를 기재하시오.

> (㉠)(은)는 실험실의 배양접시, 인체로부터 분리한 모발 및 피부, 인공피부 등 인위적 환경에서 시험물질과 대조물질 처리 후 결과를 측정하는 것을 말한다.

답 : 인체 외 시험

96. 다음 괄호 안에 들어갈 단어를 기재하시오.

> (㉠)(은)는 피부조직의 표피 각질층의 세포막을 구성하는 지질성분의 하나로 피부표면에서 손실되는 수분을 방어하고 외부로부터 유해 물질의 침투를 막는 역할을 한다.

답 : 세라마이드

97. 고객이 맞춤형화장품조제관리사에게 피부에 침착된 멜라닌색소의 색을 엷게 하는 미백에 도움을 주는 기능성화장품을 맞춤형화장품으로 구매하기를 상담하였다. 미백에 도움을 주는 기능성원료를 <보기>에서 고르시오.

> 보기 : 아데노신, 레티닐팔미테이트, 알파-비사보롤, 베타-카로틴, 에칠핵실메톡시신나메이트

답 : 알파-비사보롤

96. 다음 괄호 안에 들어갈 단어를 기재하시오.

(㉠)용기란 광선의 투과를 방지하는 용기 또는 투과를 방지하는 포장을 한 용기를 말한다.

답 : 차광

97. 다음 괄호 안에 들어갈 단어를 기재하시오.

ㄱ. 유해사례란 화장품의 사용 중 발생한 바람직하지 않고 의도되지 아니한 징후, 증상 또는 질병을 말하며, 당해 화장품과 반드시 인과관계를 가져야 하는 것은 아니다.
ㄴ. (㉠)(이)란 유해사례와 화장품 간의 인과관계 가능성이 있다고 보고된 정보로서 그 인과관계가 알려지지 아니하거나 입증자료가 불충분한 것을 말한다.

답 : 실마리 정보

98. 모간의 구조에 대한 그림이다. (㉠)에 올바른 명칭은 무엇인가?

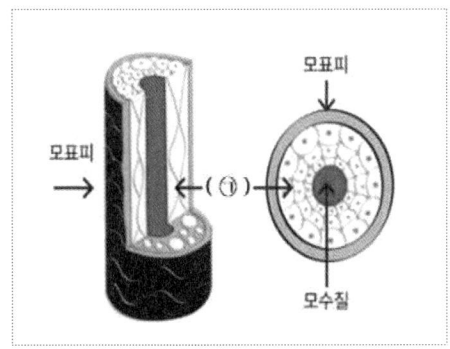

답 : 모피질

99. <보기>는 화장품의 전성분이다. 이 화장품에 사용된 보존제의 이름과 사용한도를 적으시오.

정제수, 사이클로펜타실록산, 마치현추출물, 부틸렌글라이콜, 마카다미아넛오일, 알지닌, 알란토인, 라벤더오일, 벤질알코올, 로즈마리잎, 리모넨

답 : 벤질알코올, 1.0%

100. 다음 괄호 안에 들어갈 단어를 기재하시오.

(㉠)(은)는세포내에서 멜라닌 색소과립을 생성하는 세포로, 표피의 5~25%를 차지하며, 이 색소과립이 세포 내에 확산하면 색이 검게 보인다. 멜라닌은 (㉡)(이)라 불리는 특수한 구조에서 생성되는데, 작은 자루모양이며 멜라닌 세포의 세포질 내에 생성되는 특이한 구조이다.

㉠멜라닌형성세포(멜라노사이트), ㉡멜라노솜

제2회 시험예상문제
300선

CHAPTER
01 화장품법의 이해

1. 5지선다형

01. 화장품법의 입법취지 및 목적에 대한 설명이다. 바르지 못한 것은?
① 화장품법은 약사법에서 분리되었다.
② 화장품법은 화장품의 제조·수입·판매 및 수출 등에 관한 사항을 규정하고 있다.
③ 화장품법은 국민보건향상과 화장품 산업의 발전에 기여함을 목적으로 한다.
④ 화장품법은 1999년 9월 7일 제정 공포 되어 2000년에 시행 되었다.
⑤ 화장품법은 의약품과의 구분을 위해 의료법에서 분리되었다.

해설 화장품법은 약사법에서 분리되어 1999년 9월 7일 제정 공포되어 2000년에 시행 되었다.
화장품법 시행 이전에는 약사법에 따라 규제 되어 왔으나 화장품의 특수성을 잘 반영하지 못하였고 이에 따라 법령 제정의 필요성이 대두 되었다.

02. 화장품법상 화장품의 정의와 관련한 내용이 아닌 것은?
① 신체의 구조, 기능에 영향을 미치는 것과 같은 사용목적을 겸하지 않은 물품
② 인체를 청결·미화하여 매력을 더하고 용모를 밝게 변화시키기 위해 사용하는 물품
③ 피부·모발의 건강을 유지 또는 증진하기 위해 사용하는 물품
④ 인체에 사용되는 물품으로 인체에 대한 작용이 경미한 것
⑤ 인체에 바르고 문지르거나 뿌리는 등 이와 유사한 방법으로 사용되는 물품

03. 다음 중 화장품의 용기·포장에 기재하는 내용이 아닌 것은?
① 문자　　② 숫자
③ 기호　　④ 도형
⑤ 그림

해설 표시 : 화장품의 용기·포장에 기재하는 문자·숫자·도형 또는 그림 등

04. 다음 <보기>는 무엇에 대한 설명인가?

<보기>
라디오·텔레비전·신문·잡지·음성·음향·영상·인터넷·인쇄물·간판, 그 밖의 방법에 의하여 화장품에 대한 정보를 나타내거나 알리는 행위

① 기재·표시　　② 광고
③ 공표　　④ 포장
⑤ 매체

05. 다음 중 기초화장용 제품류에 해당하는 것은?
   ① 파우더
   ② 폼 클렌저
   ③ 샴푸, 린스
   ④ 바디 클렌저
   ⑤ 영·유아용 로션, 크림

   해설 영·유아용 제품류 : 영·유아용이라고 붙어 있으면 모두 영·유아용이다.
   인체세정용 제품류 : 폼 클렌저, 바디클렌저, 물휴지, 액체비누 및 화장비누, 외음부세정제 등
   기초화장용 제품류 : 수렴·유연·영양 화장수, 마사지 크림, 에센스, 오일, 파우더, 바디 제품, 팩, 마스크, 눈 주위 제품, 로션, 크림

06. 다음 중 색조 화장용 제품류에 해당하는 것은?
   ① 메이크업 베이스
   ② 아이 라이너
   ③ 마스카라
   ④ 아이브로 펜슬
   ⑤ 아이 메이크업 리무버

   해설 화장품법 시행규칙 <별표3> 화장품의 유형 참고 : 눈 화장용 제품류와 색조 화장용 제품류 구분

07. 화장품 법에서 규정하는 내용으로 옳지 못한 것은?
   ① 영·유아 - 만 3세 이하
   ② 안전용기·포장 기준 - 만 5세 미만 어린이가 열기 어렵게 설계된 용기·포장
   ③ 어린이 - 만 4세 이상부터 만 13세 이하까지
   ④ 영·유아용 제품류 - 만 3세 이하의 어린이용 제품
   ⑤ 어린이가 사용하는 제품이라고 특정 하는 경우 어린이 기준 : 만 13세 이하

   해설 어린이: 만 4세 이상부터 만 13세 이하까지(최근 고시·개정된 부분)

08. 일반적인 화장수의 설명 중 잘못된 것은?
   ① 피부의 각질층에 수분을 공급한다.
   ② 피부에 청량감을 준다.
   ③ 피부에 남아있는 잔여물을 닦아준다.
   ④ 피부의 각질을 제거한다.
   ⑤ 피부를 유연하고 부드럽게 한다

09. 다음은 화장품의 사용 목적 및 기능에 대한 설명이다. 적합하지 못한 것은?
   ① 피부를 청결히 한다.
   ② 피부의 모이스춰 밸런스를 유지한다.
   ③ 자외선으로부터 피부를 보호 한다
   ④ 피부의 신진대사를 촉진한다.
   ⑤ 피부 트러블을 치료한다.

10. 다음 중 건성피부에 적용되는 화장품 사용법으로 가장 적합한 것은?
    ① 낮에는 O/W형의 데이크림과 밤에는 W/O형의 나이트크림을 사용한다.
    ② 강하게 탈지시켜 피지샘 기능을 균형하게 해주고 모공을 수축해주는 크림을 사용한다.
    ③ 봄, 여름에는 W/O크림을 사용하고 가을, 겨울에 는 O/W크림을 사용한다.

④ 소량의 히드로퀴논이 함유된 크림을 사용한다.
⑤ 살리실릭애씨드가 0.5% 함유된 크림을 사용한다.

> **해설** 히드로퀴논은 피부미백제로서 기미, 주근깨 등 피부의 과다한 색소 침착을 억제하는 약물이다. 피부 표피층에서 멜라닌 색소의 생성을 감소시킴으로써, 피부에 과다하게 침착된 색소를 탈색시킨다.
> 화장품에서 히드로퀴논은 사용금지 원료이다.

11. 여드름성 피부를 완화하는 데 도움을 주는 화장품에 사용할 수 없는 원료는?
① 살리실산
② 글리시리진산
③ 아줄렌
④ 벤조일퍼옥사이드
⑤ 알코올

> **해설** 벤조일퍼옥사이드 : 화장품 사용금지원료, 여드름 치료목적으로 사용
> 글리시리진산(감초의 주성분, 감초 중의 함량은 6~10%)
> 아줄렌 : 식물의 정유에서 주로 보이는 청색의 성분(항염효과가 뛰어남), 저먼카모마일에 많이 함유

12. 다음 중 기능성화장품의 범위로서 가장 적절한 것은?
① 일시적으로 모발의 색상을 변화시키는 제품
② 물리적으로 체모를 제거하는 제품
③ 코팅 등 물리적으로 모발을 굵게 보이게 하는 제품
④ 여드름성 피부를 완화하는 데 도움을 주는 화장품으로써 인체세정용 제품
⑤ 피부의 주름을 재생해 주는 제품

> **해설** 벤조일퍼옥사이드 : 화장품 사용금지원료, 여드름 치료목적으로 사용
> 글리시리진산(감초의 주성분, 감초 중의 함량은 6~10%)
> 아줄렌 : 식물의 정유에서 주로 보이는 청색의 성분(항염효과가 뛰어남), 저먼카모마일에 많이 함유

13. 다음 <보기>는 화장품법에서 정의하는 기능성화장품의 범위이다. (㉠), (㉡)에 적당한 것으로 잘 짝지어진 것은?

─────── <보기> ───────
ㄱ. 피부의 미백에 도움을 주는 제품
ㄴ. 피부의 주름개선에 도움을 주는 제품
ㄷ. 피부를 곱게 태워주거나 (㉠)으로부터 피부를 보호하는 데에 도움을 주는 제품
ㄹ. (㉡)의 색상 변화·제거 또는 영양공급에 도움을 주는 제품
ㅁ. 피부나 모발의 기능 약화로 인한 건조함, 갈라짐, 빠짐, 각질화 등을 방지하거나 개선하는 데에 도움을 주는 제품

① ㉠자외선, ㉡모발
② ㉠자외선, ㉡체모
③ ㉠자외선, ㉡기미
④ ㉠적외선, ㉡기미
⑤ ㉠적외선, ㉡모발

14. 다음 중 천연원료의 범위에 해당하지 않는 것은?
① 유기농원료
② 식물원료
③ 동물에서 생산된 원료
④ 미네랄원료
⑤ 기능성원료

> **해설** 천연원료 : 유기농원료, 식물원료, 동물성원료, 미네랄원료원료
> 천연유래원료 : 유기농유래원료, 식물유래원료, 동물성유래원료, 미네랄유래 원료

15. 천연·유기농 함량 계산 방법 중 량 비율(%)에 대한 설명 중 옳지 못한 것은?
① 천연 함량 비율(%) 계산에 물 비율을 포함한다.
② 유기농 인증 원료의 경우 해당 원료의 물 비율을 포함한 유기농 함량으로 계산한다.
③ 천연화장품은 천연 함량이 전체 제품에서 95% 이상으로 구성되어야 한다.
④ 유기농화장품은 유기농 함량이 전체 제품에서 10% 이상이어야 한다.
⑤ 유기농 함량을 포함한 천연 함량이 전체 제품에서 95% 이상으로 구성되어야 한다.

> **해설** 유기농 인증 원료의 경우 해당 원료의 유기농 함량으로 계산한다. 유기농 함량은 물을 포함하지 않음

16. 다음 <보기>는 천연원료의 함량이다. 이 <보기>를 보고 천연 함량 비율(%)을 구한 것으로 옳은 것은?

<보기>
ㄱ. 물 비율 45%   ㄴ. 천연 원료 비율 34%
ㄷ. 천연유래 원료 비율 18%   ㄹ. 합성원료 3%

① 34%
② 52%
③ 55%
④ 79%
⑤ 97%

> **해설** 천연 함량 비율(%) = 물 비율 + 천연 원료 비율 + 천연유래 원료 비율

17. 천연·유기농화장품의 세척제에 사용 가능한 원료로 적당하지 못한 것은?
① 과산화수소
② 과초산(Peracetic acid)
③ 벤조익애씨드(Benzoic Acid)
④ 락틱애씨드(Lactic acid)
⑤ 소듐카보네이트(Sodium carbonate)

> **해설** 소듐카보네이트 : 미네랄유래원료, 세척제에 사용 가능한 원료
> 벤조익애씨드 : 천연유기농의 허용합성원료, 사용상 제한이 필요한 보존제
> 참고 : 소듐벤조에이트(벤조산나트륨) : 보존제-곰팡이, 효모, 박테리아의 성장을 억제

18. 맞춤형화장품판매업 변경신고에 대한 설명 중 옳지 못한 것은?
① 소재지 지방식품의약품안전청장에게 신고서를 제출하여야 한다.
② 2명이상 조제관리사를 두는 경우 대표하는 1명의 자격증 제출 할 수 있다.

③ 화장품책임판매업자와 체결한 계약서 사본을 제출 하여야 한다.
④ 소비자피해 보상을 위한 보험계약서 사본을 제출 하여야 한다.
⑤ 2곳 이상의 책임판매업자와 거래를 할 경우 대표하는 1곳과 계약을 체결하여 신고 할 수 있다.

해설 사용계약 체결은 거래를 하고자 하는 모든 책임판매업자에게 고지 후에 계약을 하여야 한다.

19. 맞춤형화장품판매업 변경신고에 대한 설명 중 옳지 못한 것은?
① 맞춤형화장품판매업자의 변경시 양도계약서를 첨부하여 변경신고를 하여야 한다.
② 맞춤형화장품판매업자의 상호 변경시 변경신고를 하여야 한다.
③ 맞춤형화장품판매업소의 소재지 변경시 변경신고를 하여야 한다.
④ 조제관리사의 변경시 자격증을 첨부하여 변경신고를 하여야 한다.
⑤ 사용 계약을 체결한 책임판매업자의 변경시 변경신고를 하여야 한다.

해설 맞춤형화장품 사용 계약을 체결한 책임판매업자 변경의 경우: 책임판매업자와의 계약서, 보험계약서

20. 다음 <보기>중 맞춤형화장품 사용 계약을 체결한 책임판매업자 변경의 경우 반드시 제출 해야 하는 서류에 해당하지 않는 것은?

―――――― <보기> ――――――
ㄱ. 변경신고서   ㄴ. 신고필증
ㄷ. 양도·양수를 증명하는 서류   ㄹ. 가족관계증명서
ㅁ. 책임판매업자와의 계약서   ㅂ. 보험계약서 사본

① ㄱ, ㄴ
② ㄷ, ㄹ
③ ㄱ, ㄴ, ㄷ, ㄹ
④ ㄷ, ㄹ, ㅁ, ㅂ
⑤ ㄱ, ㄴ, ㅁ, ㅂ

해설 변경신고 : 변경신고서, 신고필증 필수

21. 다음 <보기>중 맞춤형화장품판매업자 변경의 경우 반드시 제출해야 하는 서류에 해당하는 것은?(단, 상속에 한함)

―――――― <보기> ――――――
ㄱ. 변경신고서   ㄴ. 신고필증
ㄷ. 양도·양수를 증명하는 서류   ㄹ. 가족관계증명서
ㅁ. 책임판매업자와의 계약서   ㅂ. 보험계약서 사본

① ㄱ, ㄴ
② ㄱ, ㄴ, ㄹ
③ ㄴ, ㄷ, ㄹ
④ ㄷ, ㅁ, ㅂ
⑤ ㄱ, ㄴ, ㅁ, ㅂ

22. 다음 중 화장품의 품질요소 중 안정성에 해당 하지 않는 것은?

① 변색　　　　　　　　② 변취
③ 미생물오염　　　　　④ 분리
⑤ 독성

해설 독성은 화장품의 품질요소 중에서 안전성에 관한 부분이다.

23. 맞춤형화장품조제관리사의 변경 신고를 하지 않은 경우 처분기준으로 옳은 것은?

① 1차 위반 : 시정명령
② 1차 위반 : 경고
③ 2차 위반 : 판매업무정지 15일
④ 3차 위반 : 판매업무정지 1개월
⑤ 4차 위반 : 판매업무정지 3개월

해설 조제관리사 변경신고 : 시정명령 / 판매업무정지 7일 / 판매업무정지 15일 / 판매업무정지 1개월
책임판매업자 변경신고 : 경고 / 판매업무정지 15일 / 판매업무정지 1개월 / 판매업무정지 3개월

24. 다음 <보기>는 맞춤형화장품판매업 관련 행정처분이다. 영업소 폐쇄에 해당하는 경우를 모두 고르시오.

―――――― <보기> ――――――
ㄱ. 맞춤형화장품판매업자의 변경 신고를 4차 이상 위반한 경우
ㄴ. 맞춤형화장품판매업 상호의 변경 신고를 4차 이상 위반한 경우
ㄷ. 맞춤형화장품판매업소의 소재지 변경 신고를 4차 이상 위반한 경우
ㄹ. 업무정지기간 중에 해당 업무를 한 경우(광고업무정지인 경우는 예외)
ㅁ. 맞춤형화장품조제관리사의 변경 신고를 4차 이상 위반한 경우

① ㄱ, ㄴ　　　　　　　② ㄴ, ㄷ
③ ㄷ, ㄹ　　　　　　　④ ㄹ, ㅁ
⑤ ㄷ, ㄹ, ㅁ

25. 다음 중 방향용 제품류에 속하지 않는 것은?

① 향수　　　　　　　　② 향낭(香囊)
③ 분말향　　　　　　　④ 데오도런트
⑤ 콜롱(cologne)

해설 방향용 제품류 : 향수, 향낭(香囊), 분말향, 콜롱(cologne), 그 밖의 방향용 제품류
체취 방지용 제품류 : 데오도런트

26. 다음 <보기>는 개인정보보호법에 근거하여 고객의 동의를 얻는 방법이다. (㉠)에 알맞은 것은?

<보기>
(㉠) 아동의 개인정보를 처리하기 위하여 법정대리인의 동의를 받아야 한다. 이 경우 법정대리인의 동의를 받기 위하여 필요한 최소한의 정보는 법정대리인의 동의 없이 해당 아동으로부터 직접 수집할 수 있다.

① 만 3세 이하
② 만 5세 미만
③ 만 14세 미만
④ 만 16세 미만
⑤ 만 18세 미만

27. 불만처리담당자가 제품에 대한 모든 불만을 취합하여 기록·유지하여야 할 사항이 아닌 것은?
① 불만 접수 연·월·일
② 불만 제기자의 주소와 고유식별정보
③ 제품명, 제조번호 등을 포함한 불만내용
④ 불만조사 및 추적조사 내용, 처리결과 및 향후 대책
⑤ 다른 제조번호의 제품에도 영향이 없는지 점검

해설 불만 제기자의 이름과 연락처

28. 다음 <보기>중 1천명 이상의 개인정보가 유출 된 경우 신고해야할 기관에 해당하는 것을 모두 고르시오?

<보기>
ㄱ. 주민자치센터   ㄴ. 시·도·구청
ㄷ. 식품의약품안전처   ㄹ. 한국인터넷진흥원
ㅁ. 한국생산성본부   ㅂ. 행정안전부

① ㄱ, ㄴ
② ㄷ, ㄹ
③ ㄹ, ㅂ
④ ㄹ, ㅁ, ㅂ
⑤ ㄷ, ㄹ, ㅁ, ㅂ

29. 화장품법에 따른 청문을 하여야 하는 경우에 해당하지 않는 것은?
① 인증의 취소
② 인증기관 지정의 취소
③ 인증기관 업무의 일부에 대한 정지
④ 등록의 취소, 영업소 폐쇄, 품목의 제조·수입 및 판매 금지
⑤ 등록의 취소, 영업소 폐쇄, 업무의 전부에 대한 정지

해설 인증 또는 인증기관 지정의 취소 또는 업무의 **전부**에 대한 정지

30. 화장품법에 따른 청문을 실시하여야 하는 경우와 거리가 먼 것은?
① 인증 또는 인증기관 지정의 취소
② 맞춤형화장품판매업 광고업무 일부에 대한 정지
③ 인증기관 업무의 전부에 대한 정지
④ 맞춤형화장품판매업의 영업소 폐쇄
⑤ 광고업무의 전부에 대한 정지

해설 업무의 일부 정지는 청문의 대상이 아님

31. 맞춤형화장품판매업자가 1개월 이상 휴업을 하였으나 신고를 하지 않았다. 그에 해당하는 처벌은 무엇인가?
① 과태료 50만원
② 과태료 100만원
③ 과징금 50만원
④ 과징금 100만원
⑤ 판매영업정지 1개월

해설 과태료 : 당사자가 저지른 질서, 징계, 집행에 관한 잘못의 벌칙으로 부과하는 처분
과징금 : 당사자가 행정법상 의무위반을 하면서 얻은 이익을 환수 하는 처분

32. 개인정보보호법에 따른 개인정보 보호의 원칙에 해당 하지 않는 것은?
① 목적에 필요한 범위에서 최소한의 개인정보만을 적법하고 정당하게 수집하여야 한다.
② 목적 외의 용도로 활용하여서는 아니 된다.
③ 정보주체의 사생활 침해를 최소화하는 방법으로 개인정보를 처리하여야 한다.
④ 개인정보의 처리에 관한 사항을 공개하여야 하며, 정보주체의 권리를 보장하여야 한다.
⑤ 개인정보의 실명에 의하여 처리될 수 있도록 하여야 한다.

해설 개인정보의 정확성, 완전성 및 최신성이 보장되도록 하여야 한다.
정보주체의 권리가 침해받을 가능성과 위험 정도를 고려하여 개인정보를 안전하게 관리하여야 한다.
책임과 의무를 준수하고 실천함으로써 정보주체의 신뢰를 얻기 위하여 노력하여야 한다.
개인정보의 익명처리가 가능한 경우에는 익명에 의하여 처리될 수 있도록 하여야 한다.

33. 맞춤형화장품판매업의 상속으로 인하여 영업자 지위를 승계하는 경우 제출서류가 아닌 것은?
① 변경신고서
② 신고필증
③ 가족관계증명서
④ 상속자임을 증명하는 서류
⑤ 양도·양수계약서

34. 다음 중 "3년이하 징역 또는 3천만원 이하 벌금"에 해당하는 경우를 모두 고르시오.

<보기>
ㄱ. 맞춤형화장품판매업을 하려는 자가 신고를 하지 않고 영업을 한 경우
ㄴ. 맞춤형화장품의 혼합·소분 업무에 종사하는 자를 두지 않고 영업한 경우
ㄷ. 의약품으로 잘못 인식할 우려가 있는 표시 또는 광고를 한 경우

ㄹ. 맞춤형화장품 판매장 시설·기구의 관리 방법 준수의무를 위반한 경우
ㅁ. 조제관리사가 화장품의 안전성 확보 및 품질관리에 관한 교육을 받지 않은 경우
ㅂ. (필요한 경우)안전용기·포장을 사용하지 않은 경우

① ㄱ, ㄴ   ② ㄴ, ㄷ
③ ㄷ, ㄹ   ④ ㄹ, ㅁ
⑤ ㅁ, ㅂ

해설 1-1 : 안전용기·포장을 사용 위반, 의약품으로 잘못 인식할 우려가 있는 표시 또는 광고, 제품별로 안전과 품질을 입증할 수 있는 자료를 작성 및 보관하지 않은 경우
200만원 이하 벌금 : 맞춤형화장품판매업자의 준수사항 위반, 가격을 제외한 기재사항 위반한 자, 회수에 대한 조치 및 회수를 하지 않은 자
100만원 과태료 : 동물실험을 실시한 화장품, 원료를 사용하여 제조(위탁제조를 포함한다) 또는 수입한 화장품을 유통·판매한 경우, 명령 위반하여 보고를 하지 않은 자, 기능성화장품 관하여 변경심사를 받지 않은자
50만원 과태료 : 조제관리사가 화장품의 안전성 확보 및 품질관리에 관한 교육을 받지 않은 경우 ,폐업, 휴업, 휴업의 재개 등을 신고하지 않은 자, 화장품 가격을 표시 하지 않은 판매자, 생산실적 또는 수입실적 또는 화장품 원료의 목록 등을 보고하지 않은 경우
<1-1 : 1년 이하의 징역 또는 1천만원이하의 벌금>

35. 맞춤형화장품판매업자 A씨는 다음 <보기>의 의무사항 중 하나를 위반하였다. 그 벌칙은?

― <보기> ―
ㄱ. 맞춤형화장품 판매장 시설·기구의 관리 방법 준수
ㄴ. 혼합·소분 안전관리기준의 준수 의무
ㄷ. 혼합·소분되는 내용물 및 원료에 대한 설명 의무 준수

① 과태료 50만원   ② 과태료 100만원
③ 벌금 200만원   ④ 1년 이하 징역 또는 1천만원 이하 벌금
⑤ 3년 이하 징역 또는 3천만원 이하 벌금

36. 다음 <보기>중 양벌규정에 해당하는 경우를 모두 고르시오.

― <보기> ―
ㄱ. 3년 이하 징역 또는 3천만원 이하 벌금
ㄴ. 1년 이하 징역 또는 1천만원 이하 벌금
ㄷ. 벌금 200만원
ㄹ. 과태료 100만원
ㅁ. 업무에 관하여 상당한 주의와 감독을 게을리 하지 아니한 경우

① ㄱ, ㄴ   ② ㄴ, ㄷ
③ ㄷ, ㄹ   ④ ㄱ, ㄴ, ㄷ
⑤ ㄴ, ㄷ, ㄹ, ㅁ

해설 **양벌규정** : 그 행위자를 벌하는 외에 그 법인 또는 개인에게도 해당 조문의 벌금형을 과(科)한다

37. 업무정지기간 중에 해당 업무를 한 경우(광고업무 정지 제외)의 행정처분으로 옳은 것은?
① 시정명령
② 판매업무 정지 15일
③ 판매업무 정지 1개월
④ 판매업무 정지 3개월
⑤ 등록취소(영업소 패쇄)

> 해설   업무정지기간 중에 해당 업무를 한 경우(광고업무 정지의 경우 제외)는 등록취소(영업소 패쇄)

38. 다음 중 50만원 과태료에 해당하는 것은?
① 맞춤형화장품판매업자가 명령을 위반하여 보고를 하지 아니한 경우
② 동물실험을 한 원료를 첨가하여 수입된 화장품을 유통·판매한 경우
③ 기능성화장품의 안전성에 관하여 변경심사를 받지 않은 경우
④ 맞춤형화장품조제관리사가 정기교육을 받지 아니한 경우
⑤ 판매자가 가격을 제외한 기재사항 위반한 경우

> 해설   맞춤형화장품조제관리사는 화장품의 안전성 확보 및 품질관리에 관한 교육을 매년 받아야 한다.
> 가격을 제외한 기재사항 위반한 경우는 벌금 200만원

39. 다음 중 화장품 광고 매체·수단과 유사한 매체·수단에 포함 되지 않는 것은?
① SNS
② 페이스북
③ 블로그
④ 유튜브
⑤ 신문기사

> 해설   **화장품 광고의 매체 또는 수단** : 신문, 방송, 잡지, 전단, 팸플릿, 견본, 입장권, 인터넷, 컴퓨터통신, 포스터, 간판, 네온사인, 애드벌룬, 전광판, 비디오물, 음반, 서적, 간행물, 영화, 연극, 방문광고, 실연에 의한 광고(어린이제외), 그 밖에 유사한 매체·수단
> **유사한 매체·수단** : SNS, 페이스북, 블로그, 유튜브, 기사형 광고 및 텔레마케팅 등

40. 다음 중 맞춤형화장품판매업 신고의 결격사유에 해당하는 것은?
① 정신질환자에 해당하여 영업소가 패쇄되고 1년이 경과하지 않은 자
② 마약류중독자에 해당하여 영업소가 패쇄되고 1년이 경과하지 않은 자
③ 피성년후견인에 해당하여 영업소가 패쇄되고 1년이 경과하지 않은 자
④ 파산선고를 받고 복권되지 않은자에 해당하여 영업소가 패쇄되고 1년이 경과하지 않은 자
⑤ 업무정지를 위반하여 영업소가 패쇄되고 1년이 경과하지 않은 자

> 해설   정신질환자, 피성년후견인, 파산선고받은자, 마약류중독자로 인하여 영업소가 패쇄되고 1년이 경과하지 않은 자는 신고의 결격사유가 아니다.

41. 식품의약품안전처 지정 맞춤형화장품조제관리사 교육기관이 아닌 것은?
① 대한화장품협회
② 한국의약품수출입협회
③ 보건환경연구원

④ 대한화장품산업연구원
⑤ 한국보건산업진흥원

해설 원료·자재 및 제품에 대한 품질검사를 위탁할 수 있는 기관 : 보건환경연구원, 시험실을 갖춘 제조업자, 화장품시험·검사기관, 한국의약품수출입협회

42. 다음 중 맞춤형화장품조제관리사의 자격증 재발급시 제출 서류로 옳지 못한 것은?
① 자격증 재발급 신청서
② 훼손되어 못쓰게 된 경우 기존 발급받은 자격증 제출
③ 분실한 경우 사유서 제출
④ 맞춤형화장품판매업자와의 계약서 사본
⑤ 성명 등 자격증 기재사항이 변경된 경우 자격증 및 기본증명서(가족관계 등록부)

43. 다음 (㉠)에 들어갈 내용으로 옳은 것은?

<보기>

영업자는 다음 각 호의 어느 하나에 해당하는 경우에는 총리령으로 정하는 바에 따라 식품의약품안전처장에게 신고하여야 한다. 다만, 휴업기간이 (㉠)이거나 그 기간 동안 휴업하였다가 그 업을 재개하는 경우에는 그러하지 아니하다.
ㄱ. 폐업 또는 휴업하려는 경우
ㄴ. 휴업 후 그 업을 재개하려는 경우

① 1개월 미만
② 1개월 이하
③ 3개월 미만
④ 3개월 이하
⑤ 6개월 미만

44. 맞춤형화장품 사용후 문제 발생에 대비한 사전관리로서 옳지 못한 것은?
(단, 개인정보보호법에 따라 개인정보 수집에 동의한 것으로 본다)
① 판매고객에 대한 성명과 연락처을 기록한다.
② 상담내용(또는 피부진단 내용)을 기록한다.
③ 제품의 상세한 혼합정보를 기록한다.
④ 제품의 제조번호를 기록한다.
⑤ 제품의 용량 및 가격을 기록한다.

해설 위해함이 인지되거나 유해사례가 있을 경우 회수를 위한 대비가 필요하다.

45. 다음 중 맞춤형화장품에 사용할 수 없는 원료 기준으로 적절하지 못한 것은?
① 사용금지 원료
② 사용상 제한이 있는 원료
③ 심사를 받지 않은 기능성 원료

④ 「화학물질의 등록 및 평가 등에 관한 법률」에 따라 지정하고 있는 금지물질
⑤ 장원기에 등록되지 않은 원료

> **해설** 「화학물질의 등록 및 평가 등에 관한 법률」에 따라 지정하고 있는 금지물질 : 사용금지 원료
> 장원기에 등록된 원료 :장원기(화장품원료기준)는 현재 화장품원료 사용기준이 아니므로 기준이 안됨

46. 다음 중 영상정보처리기기에 해당하는 것은?
① 폐쇄회로 텔레비전
② 임시로 설치한 촬영장치
③ 영상정보를 녹화·기록할 수 있도록 하는 모든 장치
④ 휴대폰 카메라
⑤ 유·무선 인터넷으로 연결 가능한 컴퓨터

> **해설** 영상정보처리기기 : 폐쇄회로 텔레비전, 네트워크 카메라, 일정 공간에 지속적으로 설치, 촬영

47. 다음 중 고객정보관리 및 입력시 주의사항에 해당 하지 않는 것은?
① 즉각적인 고객응대를 위해 개인정보처리자의 ID는 공유되어야 한다.
② 윈도우 PC 방화벽을 설정하여 고객정보에 대한 불법접근을 차단한다.
③ 로그인 비밀번호는 적어도 6개월 마다 변경한다.
④ 직원의 ID는 모두 각각 다르게 1인 1ID를 사용한다.
⑤ 정보입력 전에 PC에 바이러스 백신 프로그램을 설치한다.

> **해설** 프로그램 입력시 ID는 공유하지 않고, 업무상 불필요한 직원은 사용하지 않도록 한다.

48. 다음 괄호에 들어갈 용어로 적당한 것으로 짝지어진 것은?

― <보기> ―
ㄱ. (㉠)은 중량 기준으로 천연 함량이 전체 제품에서 95%이상으로 구성되어야 한다.
ㄴ. (㉡)은 중량 기준으로 유기농 함량이 전체 제품에서 (㉢)이어야 하며, 유기농 함량을 포함한 천연 함량이 전체 제품에서 95%이상으로 구성되어야 한다.

① ㉠천연화장품, ㉡유기농화장품, ㉢5%이상
② ㉠유기농화장품, ㉡천연화장품, ㉢5%이상
③ ㉠천연화장품, ㉡유기농화장품, ㉢85%이상
④ ㉠천연화장품, ㉡유기농화장품, ㉢10%이상
⑤ ㉠유기농화장품, ㉡천연화장품, ㉢95%이상

> **해설** 천연함량 95%이상, 유기농함량 10%이상, 유기농함량을 포함한 천연화장품 함량은 95%

49. 화장품에 대한 정의로 옳은 것은?
① 피부·모발·구강의 건강을 유지하기 위해 뿌리는 물품
② 피부·모발·구강의 건강을 증진하기 인체에 문지르거나 바르는 물품

③ 인체를 청결·미화하도록 인체에 바르고 문지르거나 뿌리는 물품
④ 인체를 청결·미화하여 매력을 더하고 용모를 밝게 변화시키는 의약외품
⑤ 인체에 대한 작용이 뛰어난 효능을 가지는 물품

해설 구강, 의약외품, 뛰어난 효능은 화장품의 정의에 해당하지 않는다.

50. 다음 중 개인정보의 파기방법으로 옳은 것은?
① 전자적 파일 형태인 경우는 복원이 가능하도록 삭제 한다.
② 기록물, 인쇄물, 서면, 그 밖의 기록매체인 경우는 파쇄 또는 소각 한다.
③ 개인정보가 불필요하게 되었을 때에는 30일 이내 그 개인정보를 파기하여야 한다.
④ 보존하여야 하는 경우에는 다른 개인정보와 함께 암호화하여 저장·관리하여야 한다.
⑤ 개인정보의 파기 후, 정보주체가 그 파기 결과를 확인하여야 한다.

해설 지체없이 복원 불가능 하도록 파기해야 한다. 개인정보보호책임자가 결과를 확인, 분리해서 보관

51. 다음 중 천연화장품에 관한 기준에 대한 설명 중 옳은 것은?
① 공기, 산소, 질소, 이산화탄소, 아르곤 가스 분사제를 사용하는 공정은 금지된다.
② 천연화장품 용기와 포장에 폴리스티렌폼을 사용할 수 있다.
③ 물을 포함하여 천연 함량이 전체 제품에서 95% 이상으로 구성되어야 한다.
④ 토코페롤은 천연 원료에서 석유화학 용제를 이용하여 추출할 수 없다.
⑤ 방향족 석유화학 용제의 사용 시 반드시 최종적으로 모두 회수되거나 제거되어야 한다.

해설 방향족 석유화학용제는 사용불가

52. 다음 중 천연화장품에 사용가능한 합성보존제 성분이 아닌 것은?
① 벤조익애씨드
② 벤질알코올
③ 살리실릭애씨드
④ 페녹시에탄올
⑤ 소르빅애씨드

해설 페녹시에탄올은 사용한도 1.0%이며 천연화장품, 유기농화장품에 사용가능하지 않다.

2. 단답형

01. (㉠) 및 (㉡)는 화장품을 판매할 때에는 어린이가 화장품을 잘못 사용하여 인체에 위해를 끼치는 사고가 발생하지 아니하도록 안전용기·포장을 사용하여야 한다.

해설 안전용기·포장을 해야하는 영업자는 누구인가?

02. 화장품책임판매업자 및 맞춤형화장품판매업자는 화장품을 판매할 때에는 어린이가 화장품을 잘못 사용하여 인체에 위해를 끼치는 사고가 발생하지 아니하도록 (㉠)(을)를 사용

하여야 한다.

해설 화장품책임판매업자 및 맞춤형화장품판매업자는 안전용기·포장을 해야 한다.

03. "미네랄 원료"란 지질학적 작용에 의해 자연적으로 생성된 물질을 가지고 이 고시(천연화장품 및 유기농화장품의 기준에 관한 규정)에서 허용하는 물리적 공정에 따라 가공한 화장품 원료를 말한다. 다만, (㉠)(으)로부터 기원한 물질은 제외한다.

04. 다음 <보기>는 "천연화장품 및 유기농화장품의 기준에 관한 규정"에 대한 설명이다. ㉠, ㉡에 적합한 숫자(%)를 작성하시오.

<보기>
(㉠)는 천연화장품 및 유기농화장품의 제조에 사용할 수 없다. 다만, 천연화장품 또는 유기농화장품의 품질 또는 안전을 위해 필요하나 따로 자연에서 대체하기 곤란한 합성원료는 5% 이내에서 사용할 수 있다. 이 경우에도 (㉡) 부분(petrochemical moiety의 합)은 2%를 초과할 수 없다.

05. 천연화장품 및 유기농화장품의 용기와 포장에 사용할 수 없는 포장재에 해당하는 것을 2가지 적으시오.

06. 화장품책임판매업자는 총리령으로 정하는 바에 따라 화장품의 생산실적 또는 수입실적, 화장품의 제조과정에 사용된 원료의 목록 등을 식품의약품안전처장에게 보고하여야 한다. 이 경우 원료의 목록에 관한보고는 화장품의 (㉠) 전에 하여야 한다.

07. 법령에 따라 개인을 고유하게 구별하기 위하여 부여된 식별정보로서 대통령령으로 정하는 정보로서 <보기>와 같은 정보를 무엇이라고 하는가?

<보기>
ㄱ. 「주민등록법」 제7조의2제1항에 따른 주민등록번호
ㄴ. 「여권법」 제7조제1항제1호에 따른 여권번호
ㄷ. 「도로교통법」 제80조에 따른 운전면허의 면허번호
ㄹ. 「출입국관리법」 제31조제4항에 따른 외국인등록번호

08. 맞춤형화장품판매업을 하려는 자가 신고를 하지 않고 영업을 한 경우에 해당하는 벌칙은?

09. 다음 <보기>중 과태료 100만원 이하에 해당하는 경우를 모두 골라서 그 기호를 적으시오.

<보기>
ㄱ. 폐업, 휴업, 휴업의 재게 등을 신고하지 않은 경우

ㄴ. 조제관리사가 화장품의 안전성 확보 및 품질관리에 관한 교육을 받지 않은 경우
ㄷ. 맞춤형화장품의 가격을 표시 하지 않은 경우
ㄹ. 혼합·소분되는 내용물 및 원료에 대한 설명 의무 준수를 위반한 경우
ㅁ. 의약품으로 잘못 인식할 우려가 있는 표시 또는 광고를 한 경우

해설 과태료 100만원 이하는 50만원 과태료 대상도 포함 된다.
과태료 100만원 이하인지 과태료 100만원인지 구분해서 이해해 둘 필요가 있다.

10. 맞춤형화장품판매업을 신고한 자가 맞춤형화장품의 혼합·소분 업무에 종사하는 자(맞춤형화장품조제관리사)를 두지 않고 영업한 경우 그 벌칙은?

11. 맞춤형화장품조제관리사 B씨는 "화장품의 안전성 확보 및 품질관리에 관한 정기교육"을 받지 않았다. 그 벌칙은?

12. 영업자의 지위를 승계한 경우에 종전의 영업자에 대한 행정제재처분의 효과는 그 처분 기간이 끝난 날부터 (㉠)간 해당 영업자의 지위를 승계한 자에게 승계되며, 행정제재처분의 절차가 진행 중일 때에는 해당 영업자의 지위를 승계한 자에 대하여 그 절차를 계속 진행할 수 있다. 다만, 영업자의 지위를 승계한 자가 지위를 승계할 때에 그 처분 또는 위반 사실을 알지 못하였음을 증명하는 경우에는 그러하지 아니하다.

13. 영업자가 사망하거나 그 영업을 양도한 경우 또는 법인인 영업자가 합병한 경우에는 그 상속인, 영업을 양수한 자 또는 합병 후 존속하는 법인이나 합병에 따라 설립되는 법인이 그 영업자의 (㉠) 및 (㉡)를 승계한다.

14. (㉠)(이)란 일정한 공간에 지속적으로 설치되어 사람 또는 사물의 영상 등을 촬영하거나 이를 유·무선망을 통하여 전송하는 장치로서 ①폐쇄회로 텔레비전 ②네트워크 카메라 장치를 말한다.

15. (㉠)(은)는 개인정보보호법에 따른 개인정보의 처리에 대하여 (㉡)의 동의를 받을 때에는 각각의 동의 사항을 구분하여 (㉡)가 이를 명확하게 인지할 수 있도록 알리고 각각 동의를 받아야 한다.
(㉠)(은)는 동의를 서면으로 받을 때에는 개인정보의 수집·이용 목적, 수집·이용하려는 개인정보의 항목 등 대통령령으로 정하는 중요한 내용을 행정안전부령으로 정하는 방법에 따라 명확히 표시하여 알아보기 쉽게 하여야 한다.

CHAPTER
02 화장품제조 및 품질관리

1. 5지선다형

01. 다음 중 인체세정용 제품류에 속하지 않는 것은?
① 화장비누   ② 유연화장수
③ 폼 클렌저   ④ 물휴지
⑤ 바디 클렌저

해설 인체세정용 제품류 : 폼 클렌저, 물휴지, 바디 클렌저, 액체 비누, 화장 비누, 외음부 세정제

02. 아로마테라피(aromatherapy)에 사용되는 에센셜오일에 대한 설명 중 가장 거리가 먼 것은?
① 아로마테라피에 사용되는 에센셜오일은 주로 수증기증류법 등에 의해 추출된 것이다.
② 에센셜오일의 활성을 나타내는 기본단위는 테르펜[$(C_5H_8)n$ $(n≥2)$]이다.
③ 에센셜오일은 산소, 빛 등에 의해 변질될 수 있으므로 차광병에 보관하는 것이 좋다.
④ 에센셜오일은 원액을 그대로 피부에 사용해야 한다.
⑤ 에센셜오일은 안정성 확보를 위하여 사전에 패취테스트(patch test)를 실시하여야 한다.

해설 에센셜오일은 부형제(캐리어오일, 화장품 등)와 함께 혼합하여 피부에 사용해야 한다.
에센셜오일은 이소프렌(C_5H_8) 2개가 모여 테르펜을 구성한다.

03. 다음 <보기>는 어떤 용어에 대한 설명인가?

───── <보기> ─────
연화제, 유연제라고 불리며 피부 표면의 수분 증발을 차단하는 막을 만들어서 피부를 부드럽게 한다. 수분을 흡수, 흡인하는 기능은 없고 수분이 천천히 증발되도록 함으로써 피부를 부드럽게 한다. 건성피부에 매우 좋으나 복합성이나 지성피부에는 트러블을 일으킬 수 있다. 오일이나 왁스 등이 대표적이며, 동물성 오일(라놀린, 에뮤, 밍크), 미네랄오일(실리콘오일), 식물성오일, 코코아 버터, 지방성 알코올 등이 있다.

① 모이스처 라이저(Moisturizer)   ② 휴맥턴트(Humectant)
③ 에몰리언트(Emollient)   ④ 필름 형성제
⑤ 계면활성제

해설 모이스처 라이저(보습제) : 폴리올류, 천연보습인자 성분, 수분을 함유할 수 있는 고분자 물질
휴맥턴트(흡습제) : 유분기가 없는 성분으로 글리세린, 프로필렌글리콜, 글리세릴트리아세테이트
에몰리언트 : 유연제, 연화제

04. 다음 중 맞춤형화장품제조시 사용할 수 없는 원료는?
① 프로필렌 글리콜　　② 베타인
③ 토코페롤　　　　　　④ 식물줄기추출물
⑤ 한방추출물

> **해설** 비타민E는 사용상의 제한이 있는 기타 원료 : 20% 사용한도

05. 다음 중 맞춤형화장품제조시에 사용할 수 있는 원료는?
① 금염　　　　　　　　② 디아졸리디닐우레아
③ 이미다졸리디닐우레아　　④ 에칠헥실메톡시신나메이트
⑤ 이소프로필알코올

> **해설** 금염(사용금지 원료)
> 디아졸리디닐우레아(보존제, 0.5% 사용한도)
> 이미다졸리디닐우레아(보존제, 0.6% 사용한도)
> 에칠헥실메톡시신나메이트(자외선 차단성분 7.5% 사용한도)

06. 다음 중 맞춤형화장품제조시에 사용할 수 있는 원료는?
① 프로필렌글리콜　　　② 시녹세이트
③ 페녹시에탄올　　　　④ 항히스타민제
⑤ 과산화수소

> **해설** 시녹세이트 : 자외선 차단제, 5%
> 페녹시에탄올 : 보존제, 1%
> 과산화수소 : 염모용 제품류에 산화제로 사용할 경우 제품 중 과산화수소로서 12.0 %

07. 다음 중 계면활성제의 HLB값과 용도가 올바르게 짝지어진 것은?
① HLB 4~6 : O/W 유화제
② HLB 7~9 : 세정제
③ HLB 8~18 : W/O 유화제
④ HLB 13~15 : 습윤제
⑤ HLB 15~18 : 가용화제

> **해설** HLB 4~6 : W/O 유화제, HLB 7~9 : 분산제, 습윤제, HLB 8~18 : O/W 유화제
> HLB 13~15 :세정제, HLB 15~18 : 가용화제

08. 다음 중 탈모 증상의 완화에 도움을 주는 기능성화장품 원료에 해당하는 것은?
① 비오틴　　　　　　② p-아미노페놀
③ α-나프톨　　　　　④ 니트로-p-페닐렌디아민
⑤ 과산화수소수 35%

> **해설** 탈모 증상의 완화에 도움을 주는 기능성화장품 원료 : 덱스판테놀, 비오틴, 엘-멘톨, 징크피리치온, 징크피리치온 액(50 %)

09. 다음 중 모발의 색상을 변화시키는 데 도움을 주는 기능성화장품 원료에 해당하는 것은?
① 덱스판테놀 ② 엘-멘톨
③ 몰식자산(Gallic Acid) ④ 징크피리치온 액(50 %)
⑤ 징크피리치온

> **해설** 모발의 색상을 변화시키는 데 도움을 주는 기능성화장품 원료 : 과산화수소 35%, p-아미노페놀 α-나프톨, 니트로-p-페닐렌디아민, 몰식자산(Gallic Acid)

10. 다음 중 피부의 미백 및 주름개선에 도움을 주는 기능성화장품 원료가 아닌 것은?
① 알부틴·아데노신 ② 알파-비사보롤·아데노신
③ 유용성감초추출물·아데노신 ④ 알부틴·레티놀
⑤ 아스코빅애시드·레티놀

> **해설** 피부의 미백 및 주름개선에 도움을 주는 기능성화장품 원료 : 알부틴·아데노신 / 알파-비사보롤·아데노신 / 나이아신아마이드·아데노신 / 유용성감초추출물·아데노신 / 아스코빌글루코사이드·아데노신 알부틴·레티놀

11. 유성원료 중 고급지방산에 해당하는 원료가 아닌 것은?
① 미리스틴산 ② 팔미틴산
③ 아세틱애씨드(아세트산) ④ 스테아린산
⑤ 라우린산

> **해설** 아세틱애씨드 : 천연·유기농화장품에서 세척제에 사용가능한 원료

12. 다음 중 유기농화장품에 허용되지 않고 천연화장품에만 허용되는 원료는?
① 베타인 ② 레시틴 및 그 유도체
③ 토코페롤, 토코트리에놀 ④ 카로티노이드
⑤ 앱솔루트

> **해설** 천연화장품에만 허용되는 원료 : 앱솔루트, 콘크리트, 레지노이드

13. 다음 중 화장품에 사용되는 에스테르 오일에 해당하는 것은?
① 이소프로필미리스테이트 ② 라우릴 알코올
③ 미네랄오일 ④ 카르나우바 왁스
⑤ 카프릴릭/카프릭트라이글리세라이드

> **해설** 에스테르류 : 부틸스테아레이트, 이소프로필미리스테이트, 이소프로필팔미테이트, 세틸 에틸헥사노에이트, C12-15알킬벤조에이트 *모두 ~ate로 끝난다.

14. 다음 중 화장품에 사용되는 고급알코올에 해당하지 않는 것은?
① 벤질알코올 ② 라우릴 알코올
③ 스테아릴알코올 ④ 이소스테아릴알코올

⑤ 세토스테아릴알코올

> **해설** 벤질알콜올 : 사용상 제한이 필요한 원료, 사용한도 1%(염모용제품류에 용제로 사용할 경우에는 10%)
> 고급알코올 : 세틸알코올, 스테아릴알코올, 이소스테아릴알코올, 세토스테아릴알코올(가장 많이 사용)

15. 다음 중 화장품에 사용되는 실리콘오일에 해당하지 않는 것은?
① 디메틸폴리실록산　② 메틸페닐폴리실록산
③ 다이메치콘(디메치콘)　④ 사이클로메치콘
⑤ 카르복시비닐폴리머

> **해설** 실리콘오일 : 디메틸폴리실록산, 메틸페닐폴리실록산, 사이클로메치콘, 다이메치콘(디메치콘) 등
> 점증제(고분자물질) : 산탐검(잔탄검), 셀룰로오즈, 카르복시비닐폴리머, 카보머940 등

16. 다음 중 화장품에 사용되는 증점제에 해당하지 않는 것은?
① 카보머940　② 산탐검(잔탄검)
③ 디아 졸리디닐 우레아　④ 카르복시비닐폴리머
⑤ 셀룰로오즈

> **해설** 실리콘오일 : 디메틸폴리실록산, 메틸페닐폴리실록산, 사이클로메치콘, 다이메치콘(디메치콘) 등
> 방부제 : 파라옥시향산에스테르, 디아 졸리디닐 우레아, 페녹시에탄올, 메칠이소치아졸리논 등

17. 다음 중 시트러스계열에 속하면서 pH를 산성화 시키는 pH조절제에 해당 하는 것은?
① 암모늄 카보나이트　② 구연산
③ 디아 졸리디닐 우레아　④ 카르복시비닐폴리머
⑤ 셀룰로오즈

> **해설** 암모늄 카보나이트 : pH조절제, pH를 알칼리화 시킴
> 방부제 : 파라옥시향산에스테르, 디아 졸리디닐 우레아, 페녹시에탄올, 메칠이소치아졸리논 등

18. 화장품 성분 중 무기안료의 특성에 해당 하는 것은?
① 색상이 선명하고 화려하다.
② 백색도, 은폐력, 착색력이 우수하다.
③ 유기 용매에 잘 녹는다.
④ 유기안료에 비해 색의 종류가 다양하다.
⑤ 립스틱, 브러셔, 네일 에나멜에 주로 사용된다.

> **해설** 백색도, 은폐력, 착색력이 우수. 빛이나 열 및 내약품성도 뛰어나다.

19. 화장품 성분 중 무기안료의 특성 및 설명으로 적당하지 않는 것은?
① 색상이 선명하고 화려하다.
② 백색도, 은폐력, 착색력이 우수하다.
③ 빛이나 열 및 내약품성도 뛰어나다.

④ 유기안료에 비해 색의 종류가 다양하지 못하다.
⑤ 체질안료, 백색안료, 착색안료로 구분된다.

> **해설** 유기안료 : 물이나 기름 등의 용제에 용해되지 않는 유색 분말로 색상이 선명하고 화려하여 제품의 색조를 조정

20. 사용 후 씻어내는 인체세정용 제품류, 데오도런트(스프레이 제외), 페이스파우더, 피부결점을 감추기 위해 국소적으로 사용하는 파운데이션에 주로 사용되는 원료에 해당 하는 것은?

① 클림바졸   ② 페녹시에탄올
③ 리도카인   ④ 트리클로산
⑤ 우레아

> **해설** 트리클로산 : 0.3% 사용가능, 기능성화장품의 유효성분으로 사용하는 경우에 한하며 기타 제품에는 사용금지(p.110참고)
> 클림바졸 : 사용상 제한이 있는 보존제, 두발용 제품에 한해 0.5%

21. 다음 <보기>에서 (㉠)과 (㉡)에 들어갈 내용으로 옳은 것은?

---- <보기> ----

ㄱ. 착향제는 "향료"로 표시할 수 있으나, 착향제 구성 성분 중 식품의약품안전처장이 고시한 알레르기 유발성분이 있는 경우에는 "향료"로만 표시할 수 없고, 추가로 해당 성분의 명칭을 기재표시 하여야 한다.
ㄴ. 대상성분은「화장품 사용 시의 주의사항 및 알레르기 유발성분 표시에 관한 규정」에서 정한 25종 성분이다.
ㄷ. 위 경우는 사용 후 씻어내는 제품에서 (㉠) 초과, 사용 후 씻어내지 않는 제품에서 (㉡) 초과하는 경우에 한한다.

① ㉠ 0.1%, ㉡ 0.01%   ② ㉠ 0.01%, ㉡ 0.1%
③ ㉠ 0.01%, ㉡ 0.001%   ④ ㉠ 0.001%, ㉡ 0.01%
⑤ ㉠ 0.015%, ㉡ 0.0015%

> **해설** 사용 후 씻어내는 제품에서 0.01% 초과, 사용 후 씻어내지 않는 제품에서 0.001% 초과하는 경우에 한함

22. 다음 보존제 중 "점막에 사용되는 제품에는 사용금지인 원료"에 해당 하는 것은?

① 클림바졸   ② 벤제토늄클로라이드
③ 엠디엠하이단토인   ④ 트리클로산
⑤ p-하이드록시벤조익애씨드

> **해설** 벤제토늄클로라이드 : 점막에 사용되는 제품에는 사용금지(사용상 제한이 있는 원료), 사용한도 0.1%
> p-하이드록시벤조익애씨드 : 단일성분일 경우 0.4%(산으로서), 혼합사용의 경우 0.8%(산으로서)
> 엠디엠하이단토인 : 사용상 제한이 있는 보존제, 사용한도 0.2%

23. 다음 중 화장품의 사용방법으로 적절하지 못한 것은?
① 깨끗한 손으로 사용한다.
② 사용 후 뚜껑을 항상 닫는다.
③ 화장에 사용되는 도구의 세척에는 세척력이 강한 세제로 한다.
④ 사용기한(또는 개봉 후 사용기간)이 경과한 화장품은 사용하지 않는다.
⑤ 변색, 변취, 분리된 화장품은 사용하지 않는다.

> **해설** 화장에 사용되는 도구 들은 항상 깨끗하게 유지 한다. 세척시에는 중성세제로 한다.

24. 화장품의 함유 성분별 주의사항 표시 문구에서 "포름알데하이드 성분에 과민한 사람은 신중히 사용할 것" 이라는 문구를 넣어야 하는 제품의 경우 검출한도는 얼마인가?
① 0.0015% 이하   ② 0.001% 이하
③ 0.02% 이상   ④ 0.05% 이상
⑤ 0.2% 이하

> **해설** 포름알데하이드가 0.05% 이상 검출된 제품의 경우에는 "포름알데하이드 성분에 과민한 사람은 신중히 사용할 것" 이라는 표시 문구를 넣어야 한다.
> 포름알데하이드의 비의도적검출허용한도 : 2000㎍/g이하(0.2%), 물휴지는 20㎍/g이하

25. 다음 <보기>에서 해당하는 위해성 등급이 가등급에 해당하는 것은?

― <보기> ―
ㄱ. 안전용기·포장 등에 위반되는 화장품
ㄴ. 유통화장품 안전관리 기준에 적합하지 아니한 화장품
ㄷ. 화장품의 제조 등에 사용할 수 없는 원료를 사용한 화장품
ㄹ. 사용기준이 지정·고시된 원료 외의 보존제, 색소, 자외선차단제 등을 사용한 화장
ㅁ. 전부 또는 일부가 변패(變敗)된 화장품
ㅂ. 병원미생물에 오염된 화장품

① ㄱ, ㄴ   ② ㄴ, ㄷ
③ ㄷ, ㄹ   ④ ㄹ, ㅁ
⑤ ㅁ, ㅂ

26. 다음 <보기>에서 해당하는 위해성 등급이 나등급에 해당하는 것은?

― <보기> ―
ㄱ. 페닐파라벤을 사용한 화장품
ㄴ. 사용기준이 지정·고시되지 않은 보존제를 사용한 화장품
ㄷ. 수은이 1㎍/g 초과하여 검출된 화장품
ㄹ. pH 5.5인 바디로션
ㅁ. pH 9.1인 샴푸
ㅂ. 내용량 기준이 97% 미만인 화장품

① ㄱ　　　　　　　　　　　　　② ㄴ
③ ㄷ　　　　　　　　　　　　　④ ㄷ, ㅂ
⑤ ㄷ, ㅁ, ㅂ

> **해설** 페닐파라벤 : 사용금지 원료 - 가등급
> 사용기준이 지정·고시되지 않은 보존제를 사용한 화장품 - 가등급
> 수은이 1㎍/g 초과하여 검출 - 비의도적 검출허용한도 위반(유통화장품의 안전관리 기준에 부적합)
> pH 5.5인 바디로션 - pH 3.0~9.0 기준에 적합
> pH 9.1인 샴푸 - pH 3.0~9.0을 벗어났지만 사용후 바로 씻어내는 제품이라 예외
> 내용량 기준이 97% 미만인 화장품 - 내용량은 위해성 등급 기준이 아님

27. 다음 <보기>에서 회수대상 화장품에 해당 하지 않는 것은?

―――――――― <보기> ――――――――
ㄱ. 리모넨(과산화물가가 20mmol/L 이하)을 사용한 화장품
ㄴ. 기능성으로서 자외선차단제의 함량이 기준치에 부적합한 화장품
ㄷ. 디옥산이 100㎍/g 초과하여 검출된 화장품
ㄹ. 맞춤형화장품조제관리사가 혼합·소분하여 판매한 맞춤형화장품
ㅁ. 신고를 하지 아니한 자가 판매한 맞춤형화장품
ㅂ. 사용기한 또는 개봉 후 사용기간을 위조·변조한 화장품

① ㄱ, ㄴ　　　　　　　　　　　② ㄱ, ㄹ
③ ㄴ, ㄷ　　　　　　　　　　　④ ㄹ, ㅁ
⑤ ㅁ, ㅂ

28. 화장품의 함유 성분별 주의사항 표시 문구에서 "알부틴은「인체적용시험자료」에서 구진과 경미한 가려움이 보고된 예가 있음" 이라는 문구를 넣어야 하는 제품의 경우는?
① 알부틴 0.02% 이상 함유 제품　　　② 알부틴 0.2% 이상 함유 제품
③ 알부틴 2% 이상 함유 제품　　　　④ 알부틴 0.01% 이상 함유 제품
⑤ 알부틴 0.0015% 이상 함유 제품

> **해설** 피부의 미백에 도움을 주는 제품의 성분 및 함량 : 알부틴 2~5%

29. 화장품을 회수하거나 회수하는 데에 필요한 조치를 하려는 자는 회수계획서를 언제까지 제출 하여야 하는가?
① 회수대상화장품이라는 사실을 안 날부터 5일 이내
② 회수대상화장품이라는 사실을 안 날부터 15일 이내
③ 회수대상화장품이라는 사실을 안 날부터 30일 이내
④ 회수대상화장품이라는 사실을 공표한 날부터 15일 이내
⑤ 회수대상화장품이라는 사실을 공표한 날부터 30일 이내

> **해설** 회수대상화장품이라는 사실을 안 날부터 5일 이내 회수계획서를 제출하여야 한다.

30. 다음 <보기>에 들어갈 내용으로 올바른 것은?

<보기>
회수의무자는 회수대상화장품의 판매자, 그 밖에 해당 화장품을 업무상 취급하는 자에게 방문, 우편, 전화, 전보, 전자우편, 팩스 또는 언론매체를 통한 공고 등을 통하여 회수계획을 통보하여야 하며, 통보 사실을 입증할 수 있는 자료를 (㉠)간 보관하여야 한다.

① 사실을 안 날부터 1년
② 사실을 안 날부터 2년
③ 회수종료일부터 1년
④ 회수종료일부터 2년
⑤ 회수통보일부터 2년

31. 다음 중 공표명령을 받는 영업자의 위해화장품 공표기준에 대한 설명으로 옳지 못한 것은?
① 지체 없이 위해 발생 사실을 게재 하여야 한다.
② 가등급, 나등급 위해화장품은 전국을 보급지역으로 하는 1개 이상의 일반일간신문에 게재 하여야 한다.
③ 해당 영업자의 인터넷 홈페이지에 게재 하여야 한다.
④ 식품의약품안전처의 인터넷 홈페이지에 게재요청을 하여야 한다.
⑤ 위해성 등급이 다등급인 화장품의 경우에는 영업자의 홈페이지 게재를 생략할 수 있다.

해설 다만, 위해성 등급이 다등급인 화장품의 경우에는 해당 일반일간신문에의 게재를 생략할 수 있다.

32. 다음 중 화장품 안전성 정보관리 규정에 따른 중대한 유해사례에 해당 하지 않는 것은?
① 사망을 초래하거나 생명을 위협하는 경우
② 입원 또는 입원기간의 연장이 필요한 경우
③ 지속적 또는 중대한 불구나 기능저하를 초래하는 경우
④ 선천적 기형 또는 이상을 초래하는 경우
⑤ 피부의 트러블로 인한 가려움이 심한 경우

해설 기타 의학적으로 중요한 상황

33. 다음 중 금속이온봉쇄제에 해당하지 않는 것은?
① EDTA
② 구연산
③ 아스코르빈산
④ 소듐벤조에이트
⑤ 폴리인산나트륨

해설 금속이온봉쇄제 : 화장품에 남아 있는 금속이온은 제품의 품질을 떨어뜨리고 변색, 변취의 원인이 된다.
EDTA, 인산, 구연산, 아스코르빈산, 폴리인산나트륨, 메타인산나트륨
소듐벤조에이트 : 부식방지제, 향료, 살균보존제-곰팡이, 효모, 박테리아의 성장을 억제, EWG 3등급

34. 다음 <보기>에서 설명하는 것은 무엇인가?

<보기>

화장품의 안정성 또는 성상에 악영향을 끼치는 금속성이온과 결합하여 불활성화 시키는 성분으로서 화장품 원료와 친화력이 없는 칼슘 또는 마그네슘이온, 완제품의 산패에 영향을 미치는 철 또는 구리 이온을 제거하는 데 사용된다.

① 금속이온봉쇄제 ② 산화방지제
③ 계면활성제   ④ pH조절제
⑤ 보존제

35. 다음 중 대표적인 AHA 성분에 해당하지 않은 것은 무엇인가?
① 주석산   ② 맬릭산
③ 구연산   ④ 아세트산
⑤ 글리콜릭산

> **해설** AHA성분 : 주석산(타르타르산, 포도), 맬릭산(사과), 구연산(시트르산, 감귤류), 락틱산(젖산, 우유), 글리콜릭산(사탕수수)
> 아세트산 : 톡 쏘는 냄새가 나는 무색 액체이며 약산성 화합물이다. 식초, 천연·유기농 세척제에 사용

36. 다음 <보기>중 구연산의 용도로 적당한 것을 모두 고르시오.

<보기>

ㄱ. 금속이온봉쇄제   ㄴ. 향료
ㄷ. pH조절제   ㄹ. 계면활성제
ㅁ. 점도조절제   ㅂ. 보습제

① ㄱ, ㄴ, ㄷ   ② ㄱ, ㄷ, ㄹ
③ ㄷ, ㄹ, ㅁ   ④ ㄴ, ㄷ, ㅂ
⑤ ㄷ, ㅁ, ㅂ

37. 지성피부의 화장품적용 목적 및 효과로 가장 거리가 먼 것은?
① 모공수축   ② 피지분비 및 정상화
③ 유연회복   ④ 항염, 정화기능
⑤ 딥클렌징 및 노폐물제거

> **해설** 유연회복은 주로 유연성을 주는 화장품의 사용시 효과로 볼 수 있다.

38. 화장품의 품질 특성 중 안정성 항목에 해당 되지 않은 것은?
① 분리   ② 파손
③ 변색   ④ 오염

⑤ 변취

해설 안정성항목 : ①화학적변화-변색, 퇴색, 변취, 오염, 결정 석출 등
②물리적변화-분리, 침전, 응집, 발분, 발한, 겔화, 휘발, 고화, 연화, 균열

39. 화장품 원료의 사용 시 고려해야 할 조건이 아닌 것은?
① 품질이 일정해야 한다.
② 화장품원료의 규격을 확인할 수 있어야 한다.
③ 원료에서 향기로운 냄새가 나야 한다.
④ 안전성이 우수해야 한다.
⑤ 사용 목적에 따른 기능이 우수해야 한다.

해설 원료 자체에서 향이 나서는 안된다.

40. 화장품 원료 중 정제수에 대한 설명으로 틀린 것은?
① 화장품에서 가장 많이 사용되는 수성원료이다.
② 정제수는 이온교환수지 방식으로만 제조가 가능하다.
③ 세균이나 중금속이 포함되면 안 된다.
④ 일정한 pH를 유지해야 한다.
⑤ 화장품제조에 사용되는 정제수는 매일 검사를 하여 사용한다.

해설 정제수 제조 : 이온교환수지, 역삼투(R/O), 증류 방식이 있다.

41. 데오도란트의 주된 작용에 해당 하는 것은?
① 세척　　　　　　　　　② 액취제거
③ 체취제거　　　　　　　④ 살균
⑤ 항균

해설 체취제거제 : 데오도란트(화장품) / 액취제거제는 의약외품에 해당

42. 화장수에 관한 설명 중 가장 적절하지 못한 것은?
① 화장수를 보통 스킨로션이라 부른다
② 수렴 화장수는 피부에 수분 공급과 모공 수축 기능을 한다.
③ 화장수의 역할은 각질층에 수분과 보습 성분을 공급하는 것이 목적이다.
④ 유연 화장수의 기능은 피부에 보호막을 형성하는 것이다.
⑤ 수렴 화장수는 피부의 노폐물 제거에도 좋다.

해설 유연화장수:보습제, 유연제 함유, 각질층을 촉촉하고 부드럽게 만들어 화장품의 흡수가 잘 되도록 한다.
수렴화장수:모공수축, 과잉피지의 분비억제, 노폐물제거 등에 좋다.

43. 유연 화장수에 관한 설명 중 가장 적절하지 못한 것은?
① 피부에 영양을 주고 윤택하게 한다.

② 피부의 거침을 방지하고 부드럽게 한다
③ 피부에 수축 작용을 하여 피지분비를 억제 한다
④ 피부에 남아 있는 비누의 알칼리를 중화 시킨다
⑤ 각질층을 촉촉하고 부드럽게 만들어 화장품의 흡수가 잘 되도록 한다.

> **해설** 유연화장수:보습제, 유연제 함유, 각질층을 촉촉하고 부드럽게 만들어 화장품의 흡수가 잘 되도록 한다.
> 수렴화장수:모공수축, 과잉피지의 분비억제, 노폐물제거 등에 좋다.

44. 입고된 원자재의 적합판정을 받은 경우 용기에 부착할 라벨의 색상은?
① 백색   ② 황색
③ 청색   ④ 적색
⑤ 흑색

> **해설** 검체 채취전-백색, 검체 채취 및 시험(검사 중)-황색, 적합 판정 시-청색, 부적합 판정 시-적색

45. 다음 중 왁스류에 속하는 것은?
① 올리브 오일   ② 피마자 오일
③ 호호바 오일   ④ 아보카도 오일
⑤ 메도우폼 오일

> **해설** 호호바오일은 고급지방산에 고급알콜올이 결합된 에스테르화합물로 왁스에 해당한다.

46. 다음 <보기>는 무엇에 대한 설명인가?

> <보기>
>
> 실리콘오일 중 가장 널리 또 오래전부터 사용된 것으로 기초 및 메이크업 화장품에 부드러운 감촉을 주기 위해 사용되거나 샴푸 등 두발 화장품에서 모발에 윤기를 주기위해 사용된다. 소수성이 크며 매끄러운 감촉을 주므로 크림 등에 사용되고, 기포 제거서이 우수하므로 유화제품 등에 소포제로도 이용된다.

① 디메틸폴리실록산   ② 메틸페닐폴리실록산
③ 카르복시비닐폴리머   ④ 사이클로메치콘
⑤ 다이메치콘

> **해설** 카르복시비닐폴리머는 점도를 높여주는 증점제이다.

47. 다음 중 계면활성제에 속하지 않는 것은?
① 유화제   ② 증점제
③ 가용화제   ④ 분산제
⑤ 세정제

> **해설** 증점제는 수용성고분자 물질로서 점성을 높여주는 물질이다.(잔탄검, 셀룰로오스, 카르복시비닐폴리머)

48. 다음 중 수용성 비타민에 속하는 것은?
① 비타민 A　　　② 비타민 C
③ 비타민 D　　　④ 비타민 E
⑤ 비타민 Q

> **해설**　수용성비타민 : Vit C(아스코빅애시드), Vit B유도체 일부

49. 다음 중 무기안료에 속하지 않는 것은?
① 산화철　　　② 징크옥사이드
③ 레이크　　　④ 마이카
⑤ 카올린

> **해설**　무기안료(체질안료, 착색안료, 백색안료), 유기합성색소(염료, 레이크, 유기안료)
> 체질안료 : 마이카, 탈그, 카올린, 탄산칼슘, 탄산마그네슘, 무수규산
> 착색안료 : 산화철(황색산화철, 흑색산화철, 적색산화철), 군청
> 백색안료 : 티타늄디옥사이드, 산화아연

50. 다음 중 퍼머넌트 웨이브용제 중 1액의 환원제에 배합되는 원료로 적절하지 못한 것은?
① 치오글리콜산　　　② 알칼리제
③ 계면활성제　　　④ 안정제
⑤ 과산화수소수

> **해설**　환원제(제1제) : 치오글리콜산, 시스테인, 시스테아민, 티오젓산
> 산화제(제2제) : 브롬산나트륨, 과산화수소수

51. 다음 중 제모제에 대한 설명이다. 기능성화장품에 해당하는 것은?
① 물리적 제모제　　　② 제모 왁스
③ 제모 겔　　　④ 제모 테이프
⑤ 치오글리콜산을 함유한 크림

> **해설**　물리적 제모제 : 제모 왁스(화장품), 제모 겔, 제모 테이프(약사법에 따라 잡화)
> 화학적 제모제 : 치오글리콜산(환원제)을 함유한 크림, 기능성 화장품에 해당

52. 다음 향수 중에서 향의 지속시간이 가장 긴 것은?
① 퍼퓸　　　② 오드퍼퓸
③ 오드뚜알렛　　　④ 오드코롱
⑤ 샤워코롱

> **해설**　퍼퓸 : 부향률(15~30%), 지속시간(5~7시간
> 향의지속시간 및 부향률 : 퍼퓸 > 뚜알렛 > 코롱

53. 향수의 첫인상을 결정하는 향으로서 지속시간이 가장 짧은 향을 무엇이라 하나?
① 탑 노트　　② 미들 노트
③ 베이스 노트　　④ 라스팅 노트
⑤ 부향률

해설 향의지속시간 : 탑노트 < 미들노트 < 베이스노트

54. 다음 중 분산 공정으로 만들어지는 대표적인 제품으로 옳은 것은?
① 투명스킨　　② 로션
③ 파운데이션　　④ 헤어토닉
⑤ 크림

해설 가용화 : 투명스킨, 헤어토닉
유화 : 로션, 크림
분산 : 립스틱, 파운데이션

55. 다음 중 화장품에 사용할 수 있는 원료에 해당하는 것은?
① 메탄올
② 인체세정용 제품에 함유된 5mm 크기 이하의 미세플라스틱
③ 비타민 D_3(콜레칼시페롤)
④ 페녹시에탄올
⑤ 히드로퀴논

해설 페녹시에탄올 : 사용상의 제한이 필요한 보존제 성분으로 사용한도 1.0%

56. 다음 중 화장품에 사용할 수 없는 원료인 것은?
① 디엠디엠하이단토인
② 포름알데하이드
③ 벤잘코늄클로라이드
④ 벤조익애씨드, 그 염류 및 에스텔류
⑤ 벤질알코올

해설 포름알데하이드의 비의도적 검출허용한도 : 2000㎍/g이하, 물휴지는 20㎍/g이하, 사용금지
나머지는 모두 사용상의 제한이 필요한 보존제 성분

57. 다음 중 사용상의 제한이 필요한 보존제 성분에 해당하지 않는 것은?
① 토코페롤
② 페녹시에탄올
③ 메칠이소치아졸리논
④ 소르빅애씨드 및 그 염류
⑤ 아이오도프로피닐부틸카바메이트(IPBC)

해설 토코페롤은 보존제 성분이 아닌 사용상의 제한이 필요한 기타성분으로 분류

58. 다음 중 사용상의 제한이 필요한 자외선차단성분과 그 사용한도가 올바른 것은?
① 시녹세이트 - 10%
② 옥토크릴렌 - 5%
③ 호모살레이트 - 5%
④ 벤조페논-3(옥시벤존) - 10%
⑤ 에칠헥실메톡시신나메이트 - 7.5%

해설 주요 기능성원료의 종류와 사용한도(또는 함량)는 필수적으로 암기해야 한다.

59. 다음 중 사용상의 제한이 필요한 원료와 그 사용한도가 올바른 것은?
① 비타민E(토코페롤) : 25%
② 우레아 : 10%
③ 징크피리치온 : 탈모증상완화 제품에 0.5%
④ 톨루엔 : 손발톱용 제품류에 20%
⑤ 살리실릭애씨드 및 그 염류 : 인체세정용 제품류에 0.5%

해설 살리실릭애씨드는 여드름완화를 위한 기능성원료의 함량으로는 0.5%. 사용한도를 의미하는 것은 아님.

2. 단답형

01. 계면활성제는 친수기와 친유기를 갖고 있기 때문에 그 계면활성제가 친수성이 되는가 친유성이 되는가는 그 친수기와 친유기의 성질의 상대적 강도에 따라 결정된다.
이것을 (㉠)(이)라고 한다.

02. 다음 <보기>에서 화장품에 사용할 수 없는 원료를 모두 고르시오.

― <보기> ―

리도카인, 두타스테리드, 트레티노인, 붕산, 톨루엔, 붕사, 벤잘코늄클로라이드, 베타인, 벤질알코올, 소듐하이알루로네이트, 토코페릴아세테이트, 글리세린, 리모넨(과산화물가가 20mmol/L을 초과하지 않는 경우), 시스테인

해설 벤잘코늄클로라이드 : 사용 후 씻어내는 제품에 벤잘코늄클로라이드로서 0.1%, 기타 제품에 벤잘코늄클로라이드로서 0.05%, 벤잘코늄클로라이드 0.5~1%가 소독제로 사용된다.
리도카인 : 마취제(화장품사용금지)

03. 수용성 염료에 금속염 등의 침전제를 가하여 불용성으로 만든 안료이며, 화장품에서 주로 립스틱, 브러셔, 네일 에나멜 등에 사용되는 색소는 무엇인가?

04. 보존제로 사용되는 메칠이소치아졸리논의 사용범위 및 사용한도는 얼마인가?

05. 다음 <보기>는 어떤 원료에 대한 설명인가?

<보기>

ㄱ. 보존제 : 사용 후 씻어내는 제품에 0.5%
ㄴ. 염모제 : 비듬 및 가려움을 덜어주고 씻어내는 제품(샴푸, 린스) 및 탈모증상의 완화에 도움을 주는 화장품에 총 1.0%
ㄷ. 기타 제품에는 사용금지

06. 착향제는 (㉠)(으)로 표시할 수 있다. 다만, 착향제의 구성 성분 중 식품의약품안전처장이 정하여 고시한 알레르기 유발성분이 있는 경우에는 (㉠)로 표시할 수 없고, 해당 (㉡)을 기재·표시해야 한다.

07. 다음 <보기>를 만족하는 경우를 직접 적어 보시오.

<보기>

착향제는 "향료"로 표시할 수 있으나, 착향제 구성 성분 중 식품의약품안전처장이 고시한 알레르기 유발성분이 있는 경우에는 "향료"로만 표시할 수 없고, 추가로 해당 성분의 명칭을 기재·표시 하여야 한다.

08. 다음 <보기>는 알파-하이드록시애시드(α-hydroxyacid, AHA)(이하 "AHA"라 한다) 함유제품에 대한 사용시 주의사항이다. <보기>에 해당되지 않는 제품은 어떤 것인가?

<보기>

ㄱ. 햇빛에 대한 피부의 감수성을 증가시킬 수 있으므로 자외선 차단제를 함께 사용할 것(씻어내는 제품 및 두발용 제품은 제외한다)
ㄴ. 일부에 시험 사용하여 피부 이상을 확인할 것
ㄷ. 고농도의 AHA 성분이 들어 있어 부작용이 발생할 우려가 있으므로 전문의 등에게 상담할 것(AHA 성분이 10퍼센트를 초과하여 함유되어 있거나 산도가 3.5 미만인 제품만 표시한다)

09. 다음 <보기>에 해당하는 위해성 등급은 무엇인가?

<보기>

ㄱ. 안전용기·포장 등에 위반되는 화장품
ㄴ. 유통화장품 안전관리 기준에 적합하지 아니한 화장품

10. 법 제5조의2제1항에 따라 화장품을 회수하거나 회수하는 데에 필요한 조치를 하려는 화장품제조업자 또는 화장품책임판매업자를 무엇이라 하는가?

11. 다음 <보기>중 (㉠)과 (㉡)에 옳은 것은?

    <보기>
    위해성화장품 회수의무자가 회수계획서를 제출하는 경우에는 위해성 등급에 따른 범위에서 회수 기간을 기재해야 한다.
    ㄱ. 위해성 등급이 가등급인 화장품 : 회수를 시작한 날부터 (㉠) 이내
    ㄴ. 위해성 등급이 나등급 또는 다등급인 화장품 : 회수를 시작한 날부터 (㉡) 이내

12. 다음 <보기>중 (㉠)과 (㉡)에 옳은 것은?

    <보기>
    회수의무자는 회수한 화장품을 폐기하려는 경우에는 폐기신청서에 (㉠)과 (㉡)(을)를 첨부하여 지방식품의약품안전청장에게 제출하고, 관계 공무원의 참관 하에 환경 관련 법령에서 정하는 바에 따라 폐기하여야 한다.

13. 다음 <보기>에서 설명하는 것은 무엇인가?

    <보기>
    화장품의 안정성 또는 성상에 악영향을 끼치는 금속성이온과 결합하여 불활성화 시키는 성분으로서 화장품 원료와 친화력이 없는 칼슘 또는 마그네슘이온, 완제품의 산패에 영향을 미치는 철 또는 구리 이온을 제거하는 데 사용된다.

14. (㉠)(이)란 물, 오일과 같이 서로 용해되지 않는 두 액체가 함께 섞여 우윳빛으로 백탁화된 것을 말한다. 즉, 오일이 물에 입자 형태로 분산되어 있거나, 물이 오일에 분산되어 있는 상태를 말하며 크림, 로션 등과 같은 화장품 제형에 있어 중요한 기술 중 하나다.

    (㉡)(이)란 물에 녹지 않거나 부분적으로 녹는 물질이 계면활성제에 의해 투명하게 용해되어 있는 상태를 말한다. 수용액에서 계면활성제의 농도가 어느 정도 증가하면 계면활성제의 분자나 이온이 회합체를 형성하게 된다. 이것을 미셀이라고 한다. (㉡)(은)는 화장수, 에센스, 향수 등 화장품분야에서 널리 응용되고 있는 기술 중의 하나이다. (㉡)(은)는 임계 미셀농도(cmc) 이하에서는 일어나지 않는다.

    (㉢)(이)란 물 또는 오일 성분에 미세한 고체 입자가 계면활성제에 의해 균일하게 분포

된 상태를 말한다. 분산계는 도료, 잉크, 고무, 화장품, 의약품 등의 여러 공업 분야에 널리 이용되고 있다.

15. 향수 화장품은 향료가 주체인 화장품으로서, 액상의 향수는 향료의 함유량(%)에 따라서 크게 퍼퓸, 뚜알렛, 코롱으로 분류한다. 이 향료의 함유량을 (㉠)(이)라고 한다.

16. 다음 <보기>는 어떤 색소에 대한 설명인가?

<보기>

피복력이 주된 목적이며 티타늄디옥사이드와 징크옥사이드가 있다. 티타늄디옥사이드는 굴절률이 높고, 입자경이 작기 때문에 백색도, 은폐력, 착색력 등이 우수하고, 빛이나 열 및 내약품성도 뛰어나다.

17. 다음 <보기>는 어떤 색소에 대한 설명인가?

<보기>

이 색소는 착색이 목적이 아니라 제품의 적절한 제형을 갖추게 하기 위해 이용되는 안료이다. 제품의 양을 늘리거나 농도를 묽게 하기 위하여 다른 안료에 배합하고 제품의 사용성, 퍼짐성, 부착성, 흡수력, 광택 등을 조성하는데 사용되는 무채색의 안료이다. 주로 마이카, 탈크, 카올린 등이 있다.

18. 사용상의 제한이 필요한 자외선 차단 성분을 제품의 변색방지 목적으로 첨가한 경우, 그 사용농도가 (㉠)인 것은 자외선 차단 제품으로 인정하지 아니한다.

19. 다음 <보기>의 (㉠), (㉡)에 들어갈 것으로 올바른 것은?

<보기>

ㄱ. 살리실릭애씨드 및 그 염류는 기능성화장품의 유효성분으로 사용하는 경우에 한하며 기타 제품에는 사용금지 한다.
ㄴ. 사용한도는 인체세정용 제품류에 살리실릭애씨드로서 (㉠), 사용 후 씻어내는 두발용 제품류에 (㉡) 이다.
ㄷ. 영유아용 제품류 또는 만 13세 이하 어린이가 사용할 수 있음을 특정하여 표시하는 제품에는 사용금지(다만, 샴푸는 제외)이다.

CHAPTER
03 유통화장품의 안전관리

1. 5지선다형

01. 화장품이 제조된 날부터 적절한 보관 상태에서 제품이 고유의 특성을 간직한 채 소비자가 안정적으로 사용할 수 있는 최소한의 기한을 무엇이라고 하는가?
① 유통기한　　　　　　　② 보존기간
③ 사용기한　　　　　　　④ 사용기간
⑤ 유효기간

해설 사용기한 또는 개봉 후 사용기간 두가지 방식을 표기 가능

02. 개봉 후 사용기간을 기재하는 완제품의 보관용 검체의 보관기간으로 적절한 것은?

― <보기> ―
제조일 : 2020년 1월 15일

① 2021년 1월 14일　　　② 2022년 1월 14일
③ 2023년 1월 14일　　　④ 2024년 1월 14일
⑤ 2025년 1월 14일

해설 완제품의 보관용 검체는 적절한 보관조건 하에 지정된 구역 내에서 제조단위별로 사용기한 경과 후 1년간 보관하여야 한다. 다만, 개봉 후 사용기간을 기재하는 경우에는 제조일로부터 3년간 보관하여야 한다.

03. 완제품의 보관용 검체의 보관기간으로 적절한 것은?

― <보기> ―
제조일 : 2020년 1월 15일(사용기한 2022년 7월 14일)

① 2021년 1월 14일　　　② 2022년 1월 14일
③ 2023년 7월 13일　　　④ 2024년 7월 13일
⑤ 2025년 7월 13일

해설 위 문제 해설 참고

04. 화장품 내용물이 노출되는 작업실의 청정도에 대한 설명으로 옳은 것은?
① 청정도 등급은 3등급이다.
② 제조실, 성형실, 충전실, 내용물 보관소, 원료 칭량실, 미생물시험실이 해당된다.

③ 청정공기순환은 20회이상/hr 이상이어야 한다.
④ 작업자의 작업복장은 청정도 조건에 해당하지 않는다.
⑤ 관리기준은 낙하균(10개/hr) 또는 부유균(20개/hr)이다.

해설 [화장품 내용물이 노출되는 작업실] - 청정도 등급 : 2등급
제조실, 성형실, 충전실, 내용물보관소, 원료 칭량실, 미생물시험실
10회/hr 이상 또는 차압관리
Pre-filter, Med-filter, (필요시 HEPA-filter)
낙하균:30개/hr 또는 부유균: 200개/㎥, 작업복장:작업복, 작업모, 작업화

05. 작업장에 곤충, 해충이나 쥐를 막을 수 있는 대책으로 가장 바람직한 것은?
① 폐수구에 트랩을 단다.
② 벽, 천장, 창문, 파이프 구멍은 환기를 위해 틈을 두어야 한다.
③ 창문은 열리도록 하고 야간에 빛이 밖으로 새어나가지 않게 한다.
④ 골판지, 나무 부스러기는 한쪽 구석에 잘 쌓아 둔다.
⑤ 실내압을 외부(실외)보다 낮게 한다.(공기조화장치)

06. 작업장의 위생 유지관리 활동으로 가정 적절하지 못한 것은?
① 물이 고인 곳은 지체 없이 청소 또는 제거되어야 한다.
② 오물이 묻은 걸레는 사용 후에 버리거나 세탁해야 한다.
③ 오물이 묻은 유니폼은 세탁될 때까지 적당한 컨테이너에 보관되어야 한다.
④ 제조 공정과 포장에 사용한 설비 그리고 도구들은 세척해야 한다.
⑤ 공조시스템에 사용된 필터는 반드시 교체되어야 한다.

해설 공조시스템에 사용된 필터는 규정에 의해 청소되거나 교체되어야 한다.

07. 다음 중 일반 세척제로 가장 적절하지 못한 것은?(단, W/O형 세척은 제외한다)
① 정제수　　　　　　　② 온수
③ 스팀(증기)　　　　　④ 필요에 따라 상수
⑤ 세정력이 강한 세제

해설 세제 사용 세척은 권장 하지 않는다. W/O형 세척에는 클렌징 폼 또는 중성세제가 적당하다.

08. 다음 중 W/O형 세척에 가장 적당한 세척제는?
① 정제수　　　　　　　② 온수
③ 스팀(증기)　　　　　④ 중성세제
⑤ 상수

해설 W/O형 세척에는 클렌징 폼 또는 중성세제가 적당하다.

09. 세척제로 가급적이면 세제를 사용하지 않는 것이 가장 좋다. 그 이유가 아닌 것은?
① 세제는 용기 내벽에 남기 쉽다.
② 세제는 물과 증기에 비해 가격이 비싸고 다루기가 쉽다.
③ 잔존한 세척제는 제품에 악영향을 미친다.
④ 세제가 잔존하지 않는 것을 설명하려면 고도의 화학적 분석이 필요하다.
⑤ 세제를 어쩔 수 없이 사용해야 할 경우, 화장품 용기 세척용으로 적당한 세제를 사용한다.

> **해설** 세제는 조작이 간편해야 하고 가격이 싸야 하는 것은 맞지만 세제를 가급적 사용하지 않아야 하는 이유
> 에 해당하지는 않는다.

10. 작업장 및 작업자의 소독제로 가장 이상적인 것은?
① 휘발성이 아주 강해야 한다.
② 소독제의 취급방법이 복잡해야한다.
③ 용매에 쉽게 용해되지 않아야 한다.
④ 살균하고자 하는 대상물을 손상시키지 않아야한다
⑤ 향기로운 냄새가 나야한다.

11. 작업장의 세척확인 방법으로 적절하지 못한 것은?
① 육안 확인
② 천으로 문질러 부착물 확인
③ 손으로 문질러 부착물 확인
④ 거즈로 문질러 부착물 확인
⑤ 린스액 화학분석

> **해설** 확인방법 : 육안판정, 닦아내기 판정, 린스정량이 있다. 손으로 문질러 확인하는 것은 재차 오염의 원인이 된다.

12. 작업자 위생 관리를 위한 복장 청결상태 판단 기준에 대한 설명으로 적절하지 못한 것은?
① 모자는 머리를 완전히 감싸는 형태가 좋다.
② 작업 복장은 월 1회 이상 세탁함을 원칙으로 한다.
③ 복장의 청결 상태 이상시 즉시 세탁된 깨끗한 것으로 교환 착용한다.
④ 주기적으로 소속 인원 작업복을 일괄 회수하여 세탁 의뢰한다.
⑤ 실험복은 백색 가운으로 전면 양쪽에 주머니가 있는 것이 좋다.

> **해설** 작업 복장은 주 1회 이상 세탁함을 원칙으로 한다.

13. 제품규격 중에 미생물에 관련된 항목이 포함되어 있을 때 검체 용기에 취해야 할 작업으로 가장 적당한 것은?
① 멸균처리   ② 온수세척

③ 검교정　　　　　　　　④ 스팀세척
⑤ 육안판정

14. 다음 <보기>에서 (㉠), (㉡)에 적당한 것을 올바르게 짝지은 것은?

<보기>
설비점검 시 누유, 누수, 밸브 미작동 등이 발견되면 설비 사용을 금지하고 (㉠) 표시를 한다. 정밀 점검 후 수리가 불가한 경우에 설비를 폐기하고 폐기 전까지 (㉡) 표시를 하여 설비가 사용되는 것을 방지한다.

① ㉠ 점검중, ㉡ 보류　　　　　② ㉠ 부적합, ㉡ 유휴설비
③ ㉠ 부적합, ㉡ 보류　　　　　④ ㉠ 점검중, ㉡ 유휴설비
⑤ ㉠ 점검중, ㉡ 부적합

15. 제조 설비 중 "혼합교반 장치의 구성 재질"에 대한 설명 중 옳지 않은 것은?
① 제품 오염을 최소화 하여야 한다.
② 화학반응을 일으키거나, 제품에 첨가되지 않아야 한다.
③ 믹서에 사용되는 내부 패킹과 윤활제는 봉인(seal)과 개스킷에 의해 제품과의 접촉으로부터 분리 되어서는 안 된다.
④ 전기화학적인 반응을 피할 수 있는 재질로 되어야 한다.
⑤ 온도, pH 그리고 압력과 같은 작동 조건의 영향을 받지 않아야 한다.

　해설　대부분의 믹서는 봉인(seal)과 개스킷에 의해서 제품과의 접촉으로부터 분리되어 있는 내부 패킹과 윤활제를 사용한다.

16. 설비 세척의 원칙으로 옳지 않은 것은?
① 위험성이 없는 용제(물이 최적)로 세척한다.
② 가능한 한 세제를 사용하지 않는다.
③ 증기 세척은 좋은 방법이다
④ 브러시 등으로 문질러 지우는 것은 옳지 않은 방법이다.
⑤ 분해할 수 있는 설비는 분해해서 세척한다.

　해설　브러시 등으로 문질러 지우는 것을 고려한다.

17. 설비 세척의 원칙으로 옳지 않은 것은?
① 세척 후는 반드시 "판정"한다.
② 판정 후의 설비는 건조·밀폐해서 보존한다.
③ 증기 세척은 좋지 않은 방법이다
④ 세척의 유효기간을 설정한다.
⑤ 분해할 수 있는 설비는 분해해서 세척한다.

해설 증기 세척은 좋은 방법이다

18. 세제와 소독제에 대한 내용으로 적당하지 못한 것은?
① 세제와 소독제는 향기로운 제품을 사용해야 한다.
② 모든 세제와 소독제는 적절한 라벨을 통해 명확하게 확인되어야 한다.
③ 세척제들이 호스와 부속품 제재에 적합한지 검토 되어야 한다.
④ 효능이 입증된 세척제 및 소독제를 사용하여야 한다.
⑤ 설비 등은 제품 및 청소 소독제와 화학반응을 일으키지 않아야 한다.

해설 세제와 소독제는 확인되고 효과적이어야 한다. 잔류하는 향에 의해 제품에 영향을 미칠수 있다.

19. 다음 중 일반적인 세척제로 가장 적절하지 못한 것은?(단, W/O형 세척은 제외한다)
① 정제수   ② 온수
③ 스팀(증기)   ④ 필요에 따라 상수
⑤ 중성세제, 클렌징 폼

해설 세제 사용 세척은 권장 하지 않는다. 그러나 W/O형 세척에는 클렌징 폼 또는 중성세제가 적당하다.

20. 직원의 위생관리 기준 및 절차에 포함될 내용으로 가장 적절하지 못한 것은?
① 직원의 작업 시 복장
② 직원의 건강상태 확인
③ 직원의 손 씻는 방법
④ 방문객 및 교육훈련을 받지 않은 직원에 대한 기준은 제외
⑤ 직원에 의한 제품의 오염방지에 관한 사항

해설 방문객 및 교육훈련을 받지 않은 직원의 위생관리 기준도 포함 되어야 한다.

21. 직원의 손 씻기에 가장 적절한 세척제에 해당 하는 것은?
① 온수   ② 화장품 제조시 적합한 정제수
③ 클렌징 폼   ④ 알칼리성 세제
⑤ 상수

해설 제조설비 세척 : 정제수, 상수, 손 씻기 : 상수, 제품 용수 : 화장품 제조시 적합한 정제수

22. 제품용수로 가장 적절한 세척제에 해당 하는 것은?
① 온수   ② 화장품 제조시 적합한 정제수
③ 클렌징 폼   ④ 알칼리성 세제
⑤ 상수

해설 제조설비 세척 : 정제수, 상수, 손 씻기 : 상수, 제품 용수 : 화장품 제조시 적합한 정제수

23. 화장실을 이용한 작업자의 위생관리로 가장 적절한 것은?
① 손 세척 또는 손 소독 실시 후 작업실 입실한다.
② 작업장 진입 전 샤워 및 건조 후 입실한다.
③ 마스크, 장갑을 착용한다.
④ 작업복, 모자와 신발을 착용한다.
⑤ 화장실에 거치된 수건으로 물기를 잘 건조 후 입실한다.

24. 다음 <보기>에서 작업복의 착용 순서로 가장 적절한 것은?

<보기>
ㄱ. 위생모   ㄴ. 하의
ㄷ. 상의   ㄹ. 신발
ㅁ. 장갑

① ㄱ → ㄴ → ㄷ → ㄹ → ㅁ
② ㄴ → ㄷ → ㄹ → ㅁ → ㄱ
③ ㄷ → ㄹ → ㅁ → ㄴ → ㄱ
④ ㄱ → ㄷ → ㄴ → ㄹ → ㅁ
⑤ ㄱ → ㄷ → ㄴ → ㅁ → ㄹ

해설 작업복의 착용순서 : 위생모 → 하의 → 상의 → 신발 → 장갑

25. 다음 중 세척도구로 적당하지 못한 것은?
① 스펀지   ② 수세미
③ 솔(브러시)   ④ 스팀 세척기
⑤ UV 멸균등

해설 세척도구 : 스펀지, 수세미, 솔, 스팀 세척기

26. 믹서의 세척과 소독에서 세척수의 적당한 가온 온도는?
① 30℃~40℃   ② 60℃
③ 60℃~70℃   ④ 70℃~80℃
⑤ 약 100℃

해설 냉침은 15~25℃, 온침은 35~45℃, 미온탕 30~40℃, 온탕 60~70℃, 열탕 약 100℃
설비(믹서)의 세척·소독에서 온수 60℃, 가온한 온수 70℃~80℃

27. 유화기에 가장 적절한(제1선택지) 세척제에 해당하는 것은?
① 물+브러시   ② 중성세제
③ 증기(스팀)   ④ 클렌징 폼
⑤ 에탄올

> **해설** 유화기 등의 일반적인 제조설비 : "물+브러시"세척이 제1선택지
> 지워지기 어려운 잔류물에는 에탄올 등의 유기용제의 사용이 필요하게 된다.

28. 제품 충전기의 재질로서 가장 적절한(선호되어지는) 것은?
① 비반응성 섬유　　　　② 스테인레스 스틸 #316
③ 유리　　　　　　　　④ 알루미늄
⑤ 강화된 식품등급의 네오프렌

> **해설** 비반응성 섬유 : 필터, 여과기, 체
> 강화된 식품등급의 네오프렌 : 호스

29. 제품 충전기의 재질에 대한 설명이다. 가장 적절하지 못한 것은?
① 제품에 나쁜 영향을 끼치지 않아야 한다.
② 제품에 의해 부식되거나, 분해되지 않아야 한다.
③ 설비구성요소 사이에 전기·화학적 반응을 피하도록 구축되어야 한다.
④ 스테인레스 스틸 #304이 부식에 더 강하여 가장 많이 사용된다.
⑤ 조작중의 온도 및 압력이 제품에 영향을 끼치지 않아야 한다.

> **해설** Type #304와 더 부식에 강한 Type #316 스테인리스스틸이 가장 널리 사용된다.

30. 원료 및 포장재의 검체채취는 누가 하는가?
① 품질보증부 담당자　　② 구매부서 담당자
③ 시험자　　　　　　　④ 작업자
⑤ 공급자

> **해설** 원료, 포장재의 검체채취 : "시험자가 실시한다"가 원칙

31. 다음 중 유통화장품의 안전관리 기준에 따라 검출되어서는 안 되는 것은?
① 구리　　　　　　　　② 철
③ 대장균　　　　　　　④ 칼슘
⑤ 에탄올

> **해설** 대장균, 녹농균, 황색포도상구균은 불검출

32. 다음은 유통화장품의 안전관리 기준의 내용량에 대한 설명이다. (㉠)에 알맞은 것은?

───── <보기> ─────
1. 제품 3개를 가지고 시험할 때 그 평균 내용량이 표기량에 대하여 97% 이상
   다만, 화장 비누의 경우 (㉠)을 내용량으로 한다.
2. 제1호의 기준치를 벗어날 경우 : 6개를 더 취하여 시험할 때 9개의 평균 내용량이
   제1호의 기준치 이상

① 건조중량 ② 수분포함 중량
③ 강열중량 ④ 건조감량
⑤ 실중량

33. 다음 중 화장비누의 내용량 검사시에 필요한 것이 아닌 것은?
① 건조기(drying oven) ② 데시케이터(desiccator)
③ 실리카겔(silicagel) ④ 저울(d=0.01)
⑤ 회화로(furnace)

> **해설** 회화로는 강열(450~550℃)에 필요한 기기이다.
> 실리카겔은 데시케이터의 아랫부분에 넣는 원료로 수분을 흡수한다.

34. 화장비누 중 나트륨비누의 유리알칼리 시험기준에 해당하는 것은?
① 에탄올법 ② 염화바륨법
③ 디티존법 ④ 비색법
⑤ 수은분해장치를 이용한 방법

> **해설** 염화바륨법 : 모든 연성 칼륨 비누 또는 나트륨과 칼륨이 혼합된 비누
> 디티존법 : 납 / 비색법 : 비소 / 수은분해장치를 이용한 방법 : 수은 / 푹신아황산법 : 메탄올

35. 유통화장품 안전관리 시험방법에서 수은 검출을 위한 시험방법은?
① 에탄올법 ② 염화바륨법
③ 디티존법 ④ 비색법
⑤ 수은분해장치를 이용한 방법

> **해설** 염화바륨법 : 모든 연성 칼륨 비누 또는 나트륨과 칼륨이 혼합된 비누
> 디티존법 : 납 / 비색법 : 비소 / 수은분해장치를 이용한 방법 : 수은 / 푹신아황산법 : 메탄올

36. 다음 중 계량단위가 올바르게 연결된 것은?
① 마이크로그람(μg) ② 용량백분율(%)
③ 용량백만분율(ppm) ④ 밀리미터(nm)
⑤ 화씨 도(℉)

> **해설** 질량백분율(%), 용량백분율(vol%), 질량백만분율(ppm), 밀리미터(mm), 섭씨 도(℃)

37. 다음 중 아이브로우펜슬의 내용량 측정 기준에 해당하는 것은?
① 펜슬 심지의 길이 ② 펜슬의 무게
③ 펜슬 심지의 지름 ④ 펜슬의 길이
⑤ 펜슬 심지의 길이와 지름

> **해설** 길이로 표시된 제품 : 길이를 측정하고 연필류는 연필심지에 대하여 그 지름과 길이를 측정한다.

38. 다음 중 "화장품 안전기준 등에 관한 규정"에 따라 사용상 제한이 필요한 원료에 해당 하는 것은?
① 나이아신아마이드　　② 메칠이소치아졸리논(MIT)
③ 유제놀　　　　　　　④ 아데노신
⑤ 카르복시비닐폴리머

해설 사용상제한원료(화장품안전기준 별표2) : 보존제, 자외선차단제, 염모제, 기타 / 지정고시된 색소외
기능성원료 : 계약한 책임판매업자가 심사나 보고서 제출한 원료만 사용 가능

39. 다음 중 화장수, 유액등과 같은 제품의 포장할 용기 재질로서 적절하지 못한 것은?
① 유리　　　　　　　　② ABS(ABS수지)
③ PET　　　　　　　　④ PP(폴리프로필렌)
⑤ PE(폴리에틸렌)

해설 세구병 : 유리, PET, PE, PP-화장수, 유액 등 액상 내용물 제품
광구병 : 유리, PP, AS, PS, PET-크림상, 젤상 내용물 제품
팩트용기 : AS, ABS, PS, 알루미늄 등-팩트류, 스킨버커 등 고형분 등

40. 다음 화장품의 안정성 중 화학적 변화에 해당하는 것은?
① 분리　　　　　　　　② 변색
③ 침전　　　　　　　　④ 균열
⑤ 겔화

해설 화학적변화 : 변색, 변취, 퇴색, 오염, 결정석출 등
물리적변화 : 분리, 침전, 응집, 발분, 발한, 겔화, 휘발, 고화, 연화, 균열 등

41. 완제품의 보관방법에 대한 설명으로 옳지 못한 것은?
① 완제품은 적절한 조건하의 정해진 장소에 보관하여야 한다.
② 완제품은 시험결과 적합으로 판정되고, 품질보증부서 책임자가 출고 승인한 것만 출고하여야 한다.
③ 출고는 선입선출방식으로 한다.
④ 출고할 완제품은 부적합품과 구획·구분된 장소에 보관하여야 한다.
⑤ 완제품은 반드시 사용기한이 짧게 남은 것부터 출고하여야 한다.

해설 선입선출이 우선이고 타당한 사유(사용기한이 다가 오는 것 등)가 있을 때 그러지 아니 할 수 있다.

42. 다음 중 여드름성 피부를 완화하는데 도움을 주는 기능성화장품의 사용 시 주의사항으로 옳바르지 못한 것은?(살리실릭애시드를 함유한 것으로 본다.)
① 만3세 이하 어린이에게는 사용하지 말 것
② 상처가 있는 부위 등에는 사용을 자제할 것
③ 어린이의 손이 닿지 않는 곳에 보관할 것
④ 직사광선을 피해서 보관할 것

⑤ 화장품 사용 시 또는 사용 후 직사광선에 의하여 사용부위가 붉은 반점, 부어오름 또는 가려움증 등의 이상 증상이나 부작용이 있는 경우 전문의 등과 상담할 것

해설 살리실산, IPBC를 함유한 경우 : 영·유아 또는 만13세이하 어린이에게는 사용하지 말 것

43. 지정·고시된 원료의 사용기준의 안전성 검토 주기는 몇 년 인가?
① 1년
② 2년
③ 3년
④ 4년
⑤ 5년

해설 화장품법 제8조 제5항에 따라 지정·고시된 원료의 사용기준의 안전성 검토 주기는 5년으로 한다.

44. 다음 <보기>는 위해평가의 단계이다. 그 순서가 옳은 것은?

─────── <보기> ───────
ㄱ. 위험성 확인   ㄴ. 위해도 결정
ㄷ. 위험성 결정   ㄹ. 노출 평가

① ㄱ→ㄴ→ㄷ→ㄹ
② ㄱ→ㄴ→ㄹ→ㄷ
③ ㄴ→ㄱ→ㄷ→ㄹ
④ ㄴ→ㄱ→ㄹ→ㄷ
⑤ ㄱ→ㄷ→ㄹ→ㄴ

해설 위해평가의 단계 : 위험성확인→위험성결정→노출평가→위해도결정(화장품법 시행규칙 제17조제1항)

45. 다음 <보기>의 (㉠)과 (㉡)에 들어갈 용어로 올바른 것은?

─────── <보기> ───────
(㉠)(이)란 공기의 온도, 습도, 공중미립자, 풍량, 풍향, 기류의 전부 또는 일부를 자동적으로 제어하는 일을 말하고, (㉡)(이)란 각 제조장의 공기 중에 서식하면서 제품에 낙하하여 오염을 야기할 수 있는 세균 및 진균류이다.

① ㉠ 차압, ㉡ 낙하균
② ㉠ 음압, ㉡ 낙하균
③ ㉠ 공기조절, ㉡ 낙하균
④ ㉠ 공기조절, ㉡ 바이러스
⑤ ㉠ 공기조절, ㉡ 병원미생물

해설

46. 다음 중 공기조절 4대 요소에 해당하지 않는 것은?
① 차압
② 청정도
③ 실내온도
④ 습도
⑤ 기류

해설 공기조절 4대 요소와 대응설비 : 청정도(공기정화기), 실내온도(열교환기), 습도(가습기), 기류(송풍기)

47. 교차오염 방지를 위한 작업장의 흐름(동선) 계획으로 옳지 못한 것은?
① 통로는 이동에 불편함을 초래하더라도 가급적 좁게 설계하여 불필요한 공간을 줄인다.
② 인동선과 물동선의 흐름경로를 교차 오염의 우려가 없도록 적절히 설정한다.
③ 교차가 불가피 할 경우 작업에 "시간차"를 만든다.
④ 사람과 대차가 교차하는 경우 "유효폭"을 충분히 확보한다.
⑤ 공기의 흐름을 고려한다.

해설 통로는 적절하게 설계되어야 한다. 통로는 사람과 물건이 이동하는 구역으로서 사람과 물건의 이동에 불편함을 초래하거나, 교차오염의 위험이 없어야 된다.

48. 다음 중 정기적인 낙하균 시험을 해야 하는 작업장에 해당하지 않는 것은?
① 충전실
② 칭량실
③ 반제품 저장실
④ 포장실
⑤ 완제품 보관실

해설 (포장재,완제품,원료)보관실, 탈의실, 일반실험실 등은 청정도 4등급으로 낙하균 시험 대상에 해당 않음

49. 다음 중 작업장의 소독제로 적절하지 못한 것은?
① 70% 에탄올
② 3% 크레졸수
③ 3% 페놀수
④ 0.5% 차아염소산나트륨
⑤ 5% 벤잘코늄클로라이드

해설 벤잘코늄클로라이드 0.5%가 소독제로 적당

50. 다음 중 위해요소에 대한 노출평가의 시나리오 작성 시 고려할 사항이 아닌 것은?
① 적용방법(예.씻어내는 제품, 바르는 제품 등)
② 1달 누적 사용량
③ 피부흡수율
④ 소비자 유형(예.어린이)
⑤ 제품접촉 피부면적

해설 1회 사용횟수, 1일 사용량 또는 1회 사용량

51. 다음 중 작업장의 폐기물 관리절차에 대한 설명이다. 적절하지 못한 것은?
① 종이류, 파지, 지함통(재활용분)은 재활용센터에 보관 후 유상 매각 처리한다.
② 음식물 쓰레기는 재활용 업자에게 위탁한다.
③ 고철은 자원 재활용 센터에 보관 후 유상 매각 처리한다.
④ 캔류, 병류는 비닐에 담아 폐기물 보관소에 적재한 우 유상 매각 처리한다.
⑤ 공정 오니(패크림, 슬러지)는 팰릿에 4드럼씩 압축한 후 암롤 박스에 적재한다.

해설 공정 오니(패크림, 슬러지)는 팰릿에 4드럼씩 적재하여 선반에 적재한다.
잡개류, 불량 부재료는 압축기로 압축한 후 암롤 박스에 적재한다.

52. 다음 중 작업자의 손 세척 및 소독제로 가장 적절하지 못한 것은?
① 일반비누
② 0.5% 차아염소산나트륨
③ 70% 알코올
④ 4% 클로로헥시딘
⑤ 5~10% 포비딘아이오딘

해설 0.5% 차아염소산나트륨(락스) : 작업작에 사용되는 화학적 소독제(부식성이 있음)

53. 다음 화장품의 주의사항 중 공통사항이 아닌 것은?
① 직사광선에 의하여 이상 증상이 있는 경우 전문의 등과 상담할 것
② 상처가 있는 부위 등에는 사용을 금지할 것
③ 어린이의 손이 닿지 않는 곳에 보관할 것
④ 직사광선을 피해서 보관할 것
⑤ 부작용이 있는 경우 전문의 등과 상담할 것

해설 상처가 있는 부위 등에는 사용을 자제할 것

54. 화장품 원료 등의 위해평가 방법에 대한 설명으로 옳지 못한 것은?
① 인체 내 독성을 확인하는 위험성 확인과정
② 인체노출 허용량을 산출하는 위험성 결정과정
③ 인체에 노출된 양을 산출하는 노출평가과정
④ 인체에 미치는 효과를 확인하는 유효성 확인과정
⑤ 종합적으로 인체에 미치는 위해 영향을 판단하는 위해도 결정과정

해설 위해형가는 "위험성확인→위험성결정→노출평가→위해도결정" 순서로 수행한다.

55. 신속한 위해성평가가 요구될 경우 인체적용제품의 위해성평가로 옳은 것은?
① 신뢰성 있는 국내·외 위해성평가기관 등에서 평가한 결과를 준용하거나 인용할 수 없다.
② 인체노출 안전기준의 설정이 어려울 경우 인체의 위해요소 노출 정도만으로 위해성을 예측할 수 없다.
③ 사망 등의 위해가 발생하였을 경우 위해요소의 인체 내 독성 등의 확인만으로 위해성을 예측할 수 없다.
④ 인체의 위해요소 노출 정도를 산출하기 위한 자료가 불충분한 경우 활용 가능한 과학적 모델을 토대로 노출 정도를 산출할 수 없다.
⑤ 특정집단에 노출 가능성이 클 경우 어린이 및 임산부 등 민감집단 및 고위험집단을 대상으로 위해성평가를 실시할 수 있다.

해설 ①~② 모두 할 수 있다.

56. 유도결합플라즈마-질량분석기(ICP-MS)를 이용한 방법으로 검출 가능한 원료는?
① 카드뮴
② 메탄올
③ 포름알데하이드
④ 디옥산
⑤ 프탈레이트류

> **해설** 납, 니켈, 비소, 안티몬, 카드뮴을 공통적으로 검출할 수 있는 시험법은 유도결합플라즈마-질량분석기(ICP-MS)를 이용한 방법이다.

57. 다음 중 납을 검출할 수 있는 시험방법이 아닌 것은?
① 디티존법
② 비색법
③ 원자흡광광도법
④ 유도결합플라즈마분광기(ICP)를 이용한 방법
⑤ 유도결합플라즈마-질량분석기(ICP-MS)를 이용한 방법

> **해설** 비소검출 시험법 : 비색법, 원자흡광광도법, ICP, ICP-MS

58. 다음 ICP-MS를 이용한 시험방법으로 검출할 수 있는 성분과 검출한도가 바른 것은?
① 카드뮴 - 100㎍/g이하
② 비소 - 1㎍/g이하
③ 안티몬 - 5㎍/g이하
④ 니켈 - 눈 화장용 제품 35㎍/g 이하
⑤ 납 - 점토를 원료로 사용한 분말제품은 20㎍/g이하

> **해설** ICP-MS : 납, 니켈, 비소, 안티몬, 카드뮴 검출

59. 치오글라이콜릭애씨드 또는 그 염류를 주성분으로 하는 냉2욕식 헤어스트레이트너용 제품의 제1제 기준으로 옳은 것은?
① pH : 4.5 ~ 9.6
② 알칼리 : 0.1N 염산의 소비량은 검체 1mL에 대하여 12mL이하
③ 중금속 : 2㎍/g이하
④ 비소 : 20㎍/g이하
⑤ 철 : 5㎍/g이하

> **해설** 퍼머넌트웨이브용 및 헤어스트레이트너 제품 중 제1제의 공통적인 시험기준 : 중금속 : 2㎍/g이하, 비소 : 20㎍/g이하, 철 : 5㎍/g이하

60. 다음 중 작업실의 청정도 등급과 관리기준이 올바르게 연결된 것은?
① 제조실　　2등급　　낙하균 30개/hr 또는 부유균 200개/㎥
② 충전실　　2등급　　낙하균 10개/hr 또는 부유균 20개/㎥
③ 원료칭량실　3등급　낙하균 30개/hr 또는 부유균 200개/㎥

④ 포장실　　　3등급　　낙하균 30개/hr 또는 부유균 200개/㎥
⑤ 원료보관소　1등급　　낙하균 10개/hr 또는 부유균 20개/㎥

해설 화장품 내용물이 노출되는 작업실 : 2등급, 낙하균 30개/hr 또는 부유균 200개/㎥

61. 다음중 제조소의 직원 위생관리 기준으로 옳지 않은 것은?
① 제조소 내의 모든 직원은 이를 준수해야 한다.
② 규정된 작업복을 착용해야 하고 음식물 등을 반입해서는 아니 된다.
③ 직원은 제조소 내의 가까운 곳에 의약품을 포함한 개인적인 물품을 보관해야 한다.
④ 방문객과 훈련 받지 않은 직원이 제조, 관리 보관구역으로 들어가면 반드시 동행한다.
⑤ 질병에 걸린 직원은 화장품과 직접적으로 접촉되지 않도록 격리되어야 한다.

해설 의약품과 개인물품은 제조소외의 별도의 지역에 보관해야 한다.

62. 다음 <보기>에서 완제품 보관 검체의 주요 사항으로 옳은 것을 고르시오.

― <보기> ―
ㄱ. 제품을 냉장 보관한다.
ㄴ. 각 제품을 대표하는 검체를 보관한다.
ㄷ. 각 뱃치별로 제품 시험을 2번 실시할 수 있는 양을 보관한다.
ㄹ. 제품이 가장 안정한 조건에서 보관한다.
ㅁ. 사용기한 경과 후 3년간 보관한다.

① ㄱ, ㄴ　　　　② ㄴ, ㄷ
③ ㄷ, ㄹ　　　　④ ㄹ, ㅁ
⑤ ㄴ, ㄷ, ㄹ

해설 각 뱃치를 대표하는 검체를 있는 그대로, 가장 안정한 조건에서 2번 실시할 양을 사용기한 경과 후 1년간 보관한다.

63. 시험용 검체의 용기에 기재해야 할 사항이 아닌 것은?
① 명칭　　　　　② 확인코드
③ 제조번호　　　④ 검체채취 일자
⑤ 검체 채취자

해설 검체 채취자는 기재사항이 아니다.

64. 원자재 용기 및 시험기록서의 필수적인 기재사항에 해당하지 않는 것은?
① 원자재 공급자가 정한 제품명
② 원자재 공급자명
③ 수령일자
④ 공급자가 부여한 제조번호 또는 관리번호

⑤ 제조일자

해설 제조일자는 필수적인 기재사항이 아니다.

65. 원료와 포장재의 적절한 보관 조건에 대한 설명 중 옳지 않은 것은?
① 원자재, 반제품 및 벌크 제품은 바닥과 벽에 닿지 아니하도록 보관하여야 한다.
② 원자재, 시험 중인 제품 및 부적합품은 한 곳에 모아서 잘 보관하여야 한다.
③ 청소와 검사가 용이하도록 충분한 간격으로 바닥과 떨어진 곳에 보관하여야 한다.
④ 과도한 열기, 추위, 햇빛, 습기에 노출되어 변질되는 것을 방지하도록 보관하여야 한다.
⑤ 선입선출에 의하여 출고할 수 있도록 보관하여야 한다.

해설 원자재, 시험 중인 제품 및 부적합품은 각각 구획된 장소에서 보관하여야 한다.

2. 단답형

본 과목은 25문제 모두 "5지선다형(개관식)" 문제입니다. 그러나 학습을 위해서 다수의 단답형 문제를 제공하니 참고하셔서 학습해 주시기 바랍니다.

01. 다음 <보기>의 (㉠)과 (㉡)에 적당한 용어를 쓰시오.

― <보기> ―
설비의 관리는 고장 발생후 정비를 행하는 (㉠)활동보다는 일정주기마다 또는 설비 진단 결과 등에 의해 고장정지 없이 정비를 계획적으로 실시하는(㉡)활동이 중요하다.

02. 화장품이 제조된 날부터 적절한 보관 상태에서 제품이 고유의 특성을 간직한 채 소비자가 안정적으로 사용할 수 있는 최소한의 기한을 (㉠)(이)라고 한다. (㉠)에 알맞은 내용은?

해설 사용기한 또는 개봉 후 사용기간 두가지 방식을 표기 가능

03. 화장품책임판매업자는 품질관리 업무 절차서에 따라 (㉠) 품질검사를 철저히 한 후 제품을 유통하여야 한다. 다만, 화장품제조업자와 화장품책임판매업자가 같은 경우, 화장품제조업자 또는「식품·의약품분야 시험·검사 등에 관한 법률」제6조에 따른 식품의약품안전처장이 지정한 화장품 시험·검사기관에 품질검사를 위탁하여 (㉠) 품질검사 결과가 있는 경우에는 품질검사를 하지 않을 수 있다.

04. 인체 및 두발 세정용 제품류의 ㉠포장공간 비율 및 ㉡포장횟수는 얼마 인가?

05. (㉠)(이)란 인체적용제품에 존재하는 위해요소가 다양한 매체와 경로를 통하여 인체에 미치는 영향을 종합적으로 평가하는 것을 말한다.

06. 다음 <보기>에서 유도결합플라즈마분광기(ICP)를 이용하는 방법으로 검출 가능한 성분을 모두 고르시오.

> <보기>
>
> 납, 니켈, 비소, 카드뮴, 수은, 안티몬

07. 다음 <보기>에서 비의도적검출허용한도 성분에 해당하지 않는 것을 모두 고르시오.

> <보기>
>
> 납, 니켈, 코발트, 포름알데하이드, 프탈레이트류, 대장균, 메탄올, 유리알칼리, 디옥산

08. 원자재 용기 및 시험기록서의 필수적인 기재사항이다. (㉠)에 알맞은 용어를 쓰시오.
1. 원자재 공급자가 정한 제품명
2. 원자재 공급자명
3. (㉠)
4. 공급자가 부여한 제조번호 또는 관리번호

09. ㄱ. 화장품책임판매업자는 중대한 유해사례를 알게 된 날로부터 또는 식품의약품안전처장이 보고를 지시한 경우 (㉠) 이내에 식품의약품안전처장에게 신속히 보고하여야 한다.
ㄴ. 화장품 책임판매업자는 신속보고 되지 아니한 화장품의 안전성 정보를 서식에 따라 작성한 후 매 반기 종료 후 (㉡) 이내에 식품의약품안전처장에게 보고하여야 한다.

CHAPTER
04 맞춤형화장품의 이해

1. 5지선다형

01. 다음은 용량의 비율을 표시한 것이다. 옳지 못한 것은?
① %는 용량백분률
② w/v %는 량 대 용량백분률
③ v/v %는 용량 대 용량백분률
④ v/w %는 용량 대 량백분률
⑤ ppm은 량백만분률

해설 %는 량백분률

02. 원료 및 내용물의 규격에서 냄새시험에 대한 설명이다. 옳은 것은?
① 따로 규정이 없는한 그 1g을 100㎖ 비커에 취하여 시험한다.
② 따로 규정이 없는한 그 3g을 100㎖ 비커에 취하여 시험한다.
③ 따로 규정이 없는한 그 5g을 100㎖ 비커에 취하여 시험한다.
④ 따로 규정이 없는한 그 1g을 200㎖ 비커에 취하여 시험한다.
⑤ 따로 규정이 없는한 그 3g을 200㎖ 비커에 취하여 시험한다.

03. 혼합·소분시에는 칭량 원료의 무게에 따라 적합한 저울을 선택 사용한다. 그 사용이 옳은 것은?
① kg 단위 저울은 1kg 단위로 칭량 한다.
② g 단위 저울은 0.01g 단위로 칭량 한다.
③ 색소 저울, 향 저울은 0.001g 단위로 칭량 한다.
④ kg 단위 저울은 0.1kg 단위로 칭량 한다.
⑤ g 단위 저울은 1g 단위로 칭량 한다.

해설 kg 단위 저울: 0.01kg 단위로 칭량
g 단위 저울: 0.1g 단위로 칭량
색소 저울, 향 저울: 0.001g 단위로 칭량

04. 맞춤형화장품판매업소의 위생관리기준으로 적합하지 않는 것은?
① 혼합·소분에 사용한 도구는 분리·세척하여 보관한다.
② 혼합·소분에 사용한 기구는 건조하여서 보관한다.
③ 혼합·소분된 제품을 담을 용기의 오염여부를 사전에 확인하여야 한다.
④ 맞춤형화장품의 특성상 혼합·소분실과 판매장은 구분되지 않아도 된다.
⑤ 조제관리사는 위생장갑과 마스크 착용을 권장한다.

해설 맞춤형화장품판업도 혼합·소분실과 판매장은 구분되어 교차오염을 줄여야 한다.

05. 다음 <보기>중 맞춤형화장품판매업 신고를 위한 결격사유에 해당하는 것은?

<보기>
ㄱ. 정신질환자
ㄴ. 피성년후견인
ㄷ. 파산선고를 받고 복권되지 아니한 자
ㄹ. 마약류 중독자
ㅁ. 화장품법을 위반하여 금고이상의 형을 선고 받고 형이 끝나지 아니한 자
ㅂ. 영업의 패쇄 후 1년이 경과하지 아니한 자

① ㄱ, ㄴ, ㄷ
② ㄱ, ㄴ, ㄷ, ㄹ
③ ㄴ, ㄷ, ㅁ, ㅂ
④ ㄴ, ㄷ, ㄹ, ㅁ, ㅂ
⑤ ㄱ, ㄴ, ㄷ, ㄹ, ㅁ, ㅂ

06. 다음 중 기재·표시를 생략할 수 있는 성분이 아닌 것은?
① 내용량이 50밀리리터인 일반화장품에 들어간 세토스테아릴알코올
② 내용량이 30밀리리터인 자외선차단화장품에 들어간 티타늄디옥사이드
③ 내용량이 30밀리리터인 기능성화장품(미백)에 들어간 실리콘오일
④ 제조과정 중에 제거되어 최종 제품에는 남아 있지 않은 성분
⑤ 안정화제, 보존제 등 원료 자체에 들어 있는 부수 성분으로서 그 효과가 나타나게 하는 양보다 적은 양이 들어 있는 성분

해설 50밀리리터 초과하는 화장품 : 전성분 표시
내용량이 10밀리리터 초과 50밀리리터 이하인 화장품 : 타르색소, 금박, 샴푸와 린스에 들어 있는 인산염의 종류, 과일산(AHA), 기능성화장품의 경우 그 효능·효과가 나타나게 하는 원료, 식품의약품안전처장이 배합 한도를 고시한 화장품의 원료(생략 불가)

07. 다음 중 기초화장용 제품류에 속하는 로션과 크림의 포장공간비율로 옳은 것은?
① 10% 이하
② 15% 이하
③ 20% 이하
④ 25% 이하
⑤ 30% 이하

해설 인체 및 두발 세정용 제품류: 15 % 이하, 2차 이내
그 밖의 화장품류(방향제를 포함한다): 10 % 이하(향수 제외), 2차 이내
세제류: 15 % 이하, 2차 이내
종합 제품 화장품류: 25 % 이하, 2차 이내

08. 다음 중 인체 세정용 제품류인 폼 클렌저의 포장공간비율로 옳은 것은?
① 10% 이하
② 15% 이하
③ 20% 이하
④ 25% 이하

⑤ 30% 이하

> **해설** 인체 및 두발 세정용 제품류: 15 % 이하, 2차 이내
> 그 밖의 화장품류(방향제를 포함한다): 10 % 이하(향수 제외), 2차 이내
> 세제류: 15 % 이하, 2차 이내
> 종합 제품 화장품류: 25 % 이하, 2차 이내

09. 제품별 안전성 자료의 "개정방법 및 절차"에 대한 설명으로 옳은 것은?
① 개정사유 및 개정연월일 기재하여야 한다.
② 인쇄본 또는 전자매체를 이용하여 안전하게 보관 하여야 한다.
③ 전자결재의 경우 권한을 가진 사람의 승인을 받지 않아도 된다.
④ 백업파일 등 자료를 유지하여야 한다.
⑤ 개정한 자의 소속, 이름을 기록하여야 한다.

> **해설** **개정방법 및 절차** : 개정사유 및 개정연월일 등을 기재하고 권한을 가진 사람의 승인(전자결재를 포함)을 받아야 한다.
> **보관방법 및 절차** : 제품별로 작성한 안전성 자료는 인쇄본 또는 전자매체를 이용하여 안전하게 보관 하여야 하며, 권한을 가진 사람의 승인을 받아 백업파일 등 자료를 유지하여야 한다.

10. 다음 <보기>의 (㉠)에 공통적으로 들어갈 내용으로 올바른 것은?

---- <보기> ----
ㄱ. 판매 중인 맞춤형화장품이 회수대상 맞춤형화장품에 해당함을 알게 된 경우 신속히 (㉠)에게 보고하고, 회수대상 맞춤형화장품을 구입한 소비자에게 적극적으로 회수 조치를 취하여야 한다.
ㄴ. 맞춤형화장품과 관련하여 안전성 정보(부작용 발생 사례를 포함한다)에 대하여 신속히 (㉠)에게 보고하여야 한다.

① 맞춤형화장품판매업자 ② 화장품책임판매업자
③ 화장품제조업자 ④ 지방식품의약품안전청장
⑤ 식품의약품안전처 화장품정책과

11. 맞춤형화장품 판매 시 소비자에게 설명해야할 내용이 아닌 것은?
① 내용물 ② 원료
③ 주의사항 ④ 사용방법
⑤ 제조법

12. 다음 중 맞춤형화장품판매업 신고의 결격사유에 해당하는 것은?
① 정신질환자
② 마약류의 중독자
③ 피성년후견인 선고를 받고 복권된 자
④ 파산선고를 받고 복권된 자

⑤ 화장품법을 위반하여 금고이상의 형을 선고 받고 그 집행이 끝나지 아니한 자

  해설 정신질환자, 마약류의 중독자는 화장품제조업의 등록시 결격사유

13. 다음 중 맞춤형화장품판매업 신고의 결격사유에 해당하는 것은?
① 정신질환자
② 마약류의 중독자
③ 피성년후견인, 파산선고를 받고 복권된 자
④ 영업소가 폐쇄된 날부터 1년이 지나지 아니한 자
⑤ [보건범죄 단속에 관한 특별조치법]을 위반하여 금고이상의 형을 선고 받고 그 집행을 받지 아니하기로 확정된 자

  해설 정신질환자, 마약류의 중독자는 화장품제조업의 등록시 결격사유

14. "맞춤형화장품판매업의 혼합·소분 업무에 종사하는 자"를 무엇이라 하는가?
① 책임판매관리자   ② 맞춤형화장품조제관리사
③ 화장품제조업자   ④ 맞춤형화장품판매업자
⑤ 화장품책임판매업자

  해설 맞춤형화장품조제관리사 : 맞춤형화장품판매업의 혼합·소분 업무에 종사하는 자

15. 「화장품법 시행규칙」 제8조제1항제3호의3에 따라 전문 교육과정을 이수하여 책임판매관리자의 자격기준을 인정받을 수 있는 품목에 해당하는 것은?
① 화장비누   ② 흑채
③ 제모왁스   ④ 물휴지
⑤ 맞춤형화장품

  해설 다만, 상시근로자수가 2인 이하로서 직접제조한 화장비누만을 판매하는 화장품책임판매업자의 경우에 한한다

16. 다음 중 맞춤형화장품에 사용할 수 있는 원료에 해당하는 것은?
① 보존제   ② 자외선차단제
③ 색소   ④ 사용금지원료
⑤ pH조절제

  해설 사용금지원료, 사용상제한이 있는 원료, 심사(보고서제출)받지 않은 기능성원료 외의 원료만 사용가능

17. 다음 중 표피의 턴 오버(turn over) 주기로 올바른 것은?
① 7일   ② 15일
③ 28일   ④ 3주
⑤ 3개월

18. 표피에서 멜라닌 합성에 관여하는 효소에 해당 하는 것은?
① 리파아제　　　　　② 조효소(코엔자임)
③ 티로시나아제　　　④ 아밀라아제
⑤ 글루타미나아제

19. 피부색상을 결정짓는데 주요한 요인이 되는 멜라닌 색소를 만들어 내는 피부층은?
① 각질층　　　　　② 기저층
③ 유극층　　　　　④ 망상층
⑤ 유두층

20. 한선(땀샘)에 대한 설명으로 옳지 못한 것은?
① 분비방식에 따라 표피에 개구된 것을 에크린 한선(소한선)이라 한다.
② 에크린 한선은 약산성으로 세균 번식을 억제한다.
③ 아포크린 한선(대한선)은 겨드랑이, 항문, 생식기 등 특정 부위에 분포해 있다.
④ 대한선에서는 모공을 통해 피지와 섞여 배출된다.
⑤ 소한선은 약알칼리성으로 세균감염이 어렵고 특유한 냄새 유발한다.

　　해설　아포크린 한선(대한선) : 약알칼리성으로 세균감염이 쉽고 특유한 냄새 유발

21. 일반적으로 피부 표면의 pH는 어느 정도인가?
① 약 2.5~3.5　　　　② 약 4.5~5.5
③ 약 5.5~7.5　　　　④ 약 7.5~8.5
⑤ 약 8.5~9.5

　　해설　피부표면 및 모발의 pH : 약 4~6(또는 pH 5 전후), 가장 근접한 것을 찾으면 된다.

22. 천연보습인자(NMF)의 구성 성분 중 약 40%를 차지하는 중요 성분은 무엇인가?
① 젖산염　　　　　② 우레아(요소)
③ 무기염류　　　　④ 아미노산
⑤ 피롤리돈 카르복실산

　　해설　천연보습인자(NMF)의 구성물질 : 아미노산(크레아틴) : 40%, 젖산염 : 12%, 피롤리돈 카르복실산 : 12%, 요소(우레아), 요산 : 7%, 당류, 기타 9%, 무기염류 : 1.5%, 암모니아 : 1.5%

23. 내용물 및 원료의 입고관리 기준에서 원자재 용기에 제조번호가 없는 경우에는 (㉠)(을)를 부여하여 보관하여야 한다. (㉠)에 들어갈 것으로 올바른 것은?
① 제품번호　　　　② 식별번호
③ 관리번호　　　　④ 고유번호
⑤ 입고번호

　　해설　원자재 용기에 제조번호가 없는 경우에는 관리번호를 부여하여 보관하여야 한다.

24. 바이러스에 대한 일반적인 설명으로 옳은 것은?
   ① 항생제에 감수성이 있다.
   ② 광학 현미경으로 관찰이 가능하다.
   ③ 핵산인 DNA와 RNA를 모두 가지고 있다.
   ④ 바이러스는 살아있는 세포 내에서만 증식가능하다
   ⑤ 바이러스는 혼자서 증식이 가능하다.

   해설 항생제에 대한 감수성이 없다. 고배율의 전자현미경으로 관찰, 바이러스에 따라 각각 DNA, RNA, 단백질로 구성, 살아 있는 세포 내에서만 증식이 가능하다.

25. 화장품의 품질 특성이 아닌 것은?
   ① 안전성 - 파손, 경구 독성, 피부자극성이 없어야 한다.
   ② 안정성 - 분리, 변취, 변색이 없어야 한다.
   ③ 사용성 - 피부 친화성과 부드러운 사용감, 사용의 편리성 및 기호성이 있어야 한다.
   ④ 유용성 - 보습효과, 자외선 방어 효과, 세정효과, 색채 효과 등의 기능이 우수해야 한다.
   ⑤ 지속성 - 효능 및 효과가 장기간 지속되어야 한다.

   해설 화장품의 품질 : 안전성, 안정성, 유용성(유효성), 사용성 이다.

26. 피지의 구성성분이 아닌 것은?
   ① 아미노산　　　　② 트리글리세라이드
   ③ 왁스　　　　　　④ 스쿠알렌
   ⑤ 자유지방산

   해설 구성성분 : 트리글리세라이드, 왁스, 스쿠알렌, 자유지방산, 콜레스테롤 등

27. 땀의 구성성분이 아닌 것은?
   ① 수분　　　　　　② 단백질
   ③ 아미노산　　　　④ 콜레스테롤
   ⑤ 젖산

   해설 땀의 구성성분 : 수분, 단백질, 아미노산, 젖산, 요산, 요소, 염분

28. 각질층의 수분량으로 적당한 것은?
   ① 10%이하　　　　② 15~20%
   ③ 60~70%　　　　　④ 70~80%
   ⑤ 80~90%

   해설 각질층 : 15~20% / 내부표피나 진피층 : 60~70%

29. 피부에서 미생물, 세균의 발육과 증식을 막는 보호기능을 해주는 것은?
① 산성보호막   ② 세라마이드
③ 세포간지질   ④ 피지막
⑤ 천연보습인자

해설 약산성의 보호막(산성보호막)은 피부에서 미생물, 세균의 발육과 증식을 막는 보호기능

30. 피부를 투과한 자외선을 흡수해 주는 역할을 하는 것은?
① 산성보호막   ② 세라마이드
③ 세포간지질   ④ 멜라닌색소
⑤ 천연보습인자

해설 표피에 생성된 멜라닌색소는 자외선을 흡수하여 피부 속으로 침투하는 것을 차단

31. 관능평가의 종류로서 "표준품 및 한도품 등 기준과 비교하여 합격품, 불량품을 객관적으로 평가, 선별하거나, 사람의 식별력 등을 조사"하는 것은?
① 기호형   ② 분석형
③ 비교형   ④ 호감형
⑤ 기획형

해설 관능평가의 종류 : 기호형, 분석형

32. 다음 <보기>는 관능평가 방법 중에서 어떤 제품에 대한 것인가?

―――― <보기> ――――
표준견본과 대조하여 평가하고자 하는 내용물의 표면의 매끄러움, 내용물의 점성, 내용물의 색상이 유백색인지 육안으로 확인한다.

① 유화제품   ② 색조제품
③ 립스틱   ④ 파운데이션
⑤ 아이섀도우

해설 유화제품(유액, 크림 등) : 표준견본과 대조하여 평가하고자 하는 내용물의 표면의 매끄러움, 내용물의 점성, 내용물의 색상이 유백색인지 육안으로 확인한다.

33. 다음 <보기>의 시험방법은 어떤 시험항목에 대한 관능평가인가?

―――― <보기> ――――
적당량을 손등에 펴 바른 다음 냄새를 맡으며, 원료의 베이스 냄새를 중점으로 하고 표준품(제조 직후)과 비교하여 변취 여부를 확인

① 침전, 탁도   ② 변취

③ 분리(압도)   ④ 점/경도변화
⑤ 증발/표면굳음

34. 다음 중 화장품의 관능평가 항목으로 가장 적절치 않은 것은?
① 외관(성상)검사   ② 색상검사
③ 향취검사   ④ 사용감 검사
⑤ 맛 검사

> **해설** 화장품 관능검사 : 외관, 색상검사, 향취 검사, 사용감 검사

35. 다음 중 개봉 후 안정성시험이 필요하지 않은 제품에 해당하는 것은?
① 선(Sun)크림   ② 일회용제품
③ 영유아용 샴푸   ④ 물을 포함하지 않는 제품
⑤ 린스

> **해설** 개봉을 할 수 없는 제품(스프레이 등), 일회용제품은 안정정시험을 하지 않아도 된다.

36. 화장품 "안정성 시험 가이드라인"에서 장기보존시험과 가속시험의 시험기간(원칙적 기간)은 얼마인가?
① 3개월 이상   ② 6개월 이상
③ 12개월 이상   ④ 24개월 이상
⑤ 30개월 이하

> **해설** 시험기간은 6개월 이상 시험하는 것을 원칙으로 하나, 특성에 따라 조정할 수 있다.

37. 다음 중 안정성시험의 종류에 해당하지 않는 것은?
① 장기보존시험   ② 가속시험
③ 효력시험   ④ 가혹시험
⑤ 개봉후 안정성시험

> **해설** 안정성시험 : 장기보존시험, 가속시험, 가혹시험, 개봉후 안정성시험
> 유효성 또는 기능에 관한 자료(가. 효력시험 자료, 나. 인체 적용시험 자료)

38. 다음 <보기>는 무엇에 대한 설명인가?

> <보기>
> 화장품 사용 시에 일어날 수 있는 오염 등을 고려한 사용기한을 설정하기 위하여 장기간에 걸쳐 물리·화학적·미생물학적 안정성 및 용기 적합성을 확인하는 시험을 말한다.

① 효력시험   ② 장기보존시험
③ 가속시험   ④ 가혹시험
⑤ 개봉 후 안정성시험

해설 장기보존시험 : 화장품의 저장조건에서 사용기한을 설정하기 위한 걸쳐 물리·화학적·미생물학적 안정성 및 용기 적합성을 확인하는 시험을 말한다.
가속시험 : 장기보존시험의 저장조건을 벗어난 단기간의 가속조건이 물리·화학적·미생물학적 안정성 및 용기 적합성을 확인하는 시험을 말한다.
가혹시험 : 가혹조건에서 화장품의 분해과정 및 분해산물 등을 확인하기 위한 시험을 말한다.

39. 자외선차단지수(SPF) 측정결과 SPF평균값이 '23'일 경우 표시 방법으로 옳지 못한 것은?
① SPF 20
② SPF 21
③ SPF 22
④ SPF 23
⑤ SPF 24

해설 자외선차단지수(SPF)는 측정결과에 근거하여 평균값(소수점이하 절사)으로부터 -20%이하 범위내 정수(예 : SPF평균값이 '23'일 경우 19~23 범위정수)로 표시

40. 화장품의 성분 표시 중 순서에 관계없이 기재·표시 할 수 있는 성분이 아닌 것은?
① 1% 이하의 보습제
② 착향제
③ 리날롤
④ 착색제
⑤ 1% 초과하는 세틸알코올

해설 1%이하로 사용된 성분, 착향제, 착색제는 순서에 상관없이 기재·표시 할 수 있다.
착향제 : 리날롤

41. "향료"로만 표시할 수 없고, 추가로 해당 성분명을 기재하여야 하는 성분이 아닌 것은?
① 벤질알코올
② 벤질아세테이트
③ 신남알
④ 리날롤
⑤ 유제놀

해설 해당없는 향 : 무스크, 시베트, 카스토리움, 라벤더, 로즈메리, 멘톨, 벤질아세테이트

42. 개봉 후 사용기간을 표시하는 경우 병행 표기해야 하는 것은?
① 제조번호
② 제조연월일
③ 식별번호
④ 사용기한
⑤ 유통기한

해설 사용기한 표기(제조번호 함께 표기), 개봉 후 사용기간(제조연월일 함께 표기)

43. 다음 중 맞춤형화장품의 소비자에게 제공되어야 할 정보로 적절하지 못한 것은?
① 사용된 베이스 화장품 및 특정 성분
② 사용된 성분의 사용 용도
③ 최대 배합 한도
④ 사용기한 및 사용상 주의사항
⑤ 혼합·소분 방법

해설 혼합·소분방법에 대한 설명은 주체자가 소비자일 경우에만 설명이 필요하다.

44. 다음 <보기>는 나이아신아마이드에 대한 내용이다. (㉠)의 분자량이 올바른 것은?

---- <보기> ----

나이아신아마이드
Niacinamide

$C_6H_6N_2O$: (㉠)

이 원료를 건조한 것은 정량할 때 나이아신아마이드($C_6H_6N_2O$) 98.0% 이상을 함유한다.

① 122
② 122.1
③ 122.13
④ 122.133
⑤ 122.10±0.03

해설 분자량은 국제원자량표에 따라 계산하여 소수점 이하 셋째 자리에서 반올림하여 둘째 자리까지 표시

45. 사용기한을 표시하는 방법으로 적당하지 못한 것은?
(단, 사용기한은 2022년 3월 14일 까지로 한다.)

① 사용기한 2022년 3월 14일
② 2022년 3월 14일 까지
③ 사용기한 2022. 3. 14.
④ 사용기한 2022년 2월
⑤ 2022년 3월 까지

해설 사용기한은 "사용기한" 또는 "까지" 등의 문자와 "연월일"을 소비자가 알기 쉽도록 기재·표시해야 한다. 다만, "연월"로 표시하는 경우 사용기한을 넘지 않는 범위에서 기재·표시해야 한다.

46. 다음 <보기>를 참고하여 화장비누의 내용량 기준에 합당한 것은?

---- <보기> ----

표시량 : 100g
검체와 접시의 무게 : 120g
수분량 시험결과 : 15%

① 79%
② 80g
③ 81g
④ 83g
⑤ 105g

해설 내용량 기준 : 건조중량의 97% 이상, 85×0.97=82.45g 이상이 되어야 한다.
건조중량 : 85g

47. 다음 중 1차포장에 반드시 기재·표시 사항에 해당하지 않는 것은?
① 화장품 명칭
② 영업자의 상호
③ 화장품에 사용된 모든 성분
④ 제조번호
⑤ 사용기한 또는 개봉 후 사용기간

48. MSDS에 포함된 내용 및 순서들을 통일하여 국제적 규격으로 만든 것을 무엇이라 하는가?
① INCI명　　　　　　　　② EWG
③ GHS　　　　　　　　　④ COA
⑤ CAS

> **해설**　INCI명 : 화장품 원료의 명명에 대한 국제표준
> ICID : 국제화장품원료집
> CAS : Chemical Abstract Service, 화학물질에 부여된 고유번호

49. 다음 중 전성분 표시대상에서 제외 될 수 있는 제품이 아닌 것은?
① 내용량이 50g 이하인 제품
② 내용량이 50mL 이하인 제품
③ 판매를 목적으로 하지 않는 비매품
④ 판매를 목적으로 하지 않는 견본품
⑤ 내용량이 50g을 초과하는 제품

> **해설**　내용량이 50g(또는 50ml)을 초과하는 제품은 전성분 표시를 하여야 한다.

50. 다음은 화장품 전성분 표시에 대한 설명이다. 옳지 않은 것은?
① 성분의 표시는 화장품에 사용된 함량순으로 많은 것부터 기재한다.
② 혼합원료는 개개의 성분으로서 표시한다.
③ 1% 이하로 사용된 성분, 착향제 및 착색제에 대해서는 순서에 상관없이 기재할 수 있다.
④ 전성분을 표시하는 글자의 크기는 12포인트 이상으로 한다.
⑤ 착향제는「향료」로 표시할 수 있다.

> **해설**　전성분을 표시하는 글자의 크기는 5포인트 이상으로 한다.

51. 다음은 화장품 전성분 표시에 대한 설명이다. 옳지 않은 것은?
① 메이크업용 제품, 눈화장용 제품, 염모용 제품 및 매니큐어용 제품에서 홋수별로 착색제가 다르게 사용된 경우 「± 또는 +/-」의 표시 뒤에 사용된 모든 착색제 성분을 공동으로 기재할 수 있다.
② 원료 자체에 이미 포함되어 있는 안정화제, 보존제 등으로 제품 중에서 그 효과가 발휘되는 것보다 적은 양으로 포함되어 있는 부수성분과 불순물도 반드시 표시하여야 한다.
③ 제조 과정중 제거되어 최종 제품에 남아 있지 않는 성분은 표시하지 않을 수 있다.
④ pH 조절 목적으로 사용되는 성분은 그 성분을 표시하는 대신 중화반응의 생성물로 표시할 수 있다.
⑤ 착향제의 구성 성분중 알레르기 유발하는 향료는 그 성분명을 표기하여야 한다.

> **해설**　원료 자체에 이미 포함되어 있는 안정화제, 보존제 등으로 제품 중에서 그 효과가 발휘되는 것보다 적은 양으로 포함되어 있는 부수성분과 불순물은 표시하지 않을 수 있다.

52. 다음 중 표시량이 50ml인 화장품의 용기에 표기해야 할 사항이 아닌 것은?
① 바코드　　　　　② 분리배출표기
③ 사용상 주의사항　④ 전성분
⑤ 지정·고시된 성분

> **해설**　10이하 : 명칭, 상호, 가격, 제조번호와 사용기한(개봉후 사용기간)만 표기
> 10초과~30이하 : (추가)용량, 지정성분, 영업자상호/주소, 주의사항, 소비자분쟁해결기준, 바코드
> 30초과~50이하 : (추가)분리배출표기
> 50초과 : (추가) 전성분,
> *바코드는 표시량이 15g(ml) 이하인 경우 생략가능하다.

53. 다음 중 표시량이 30g인 화장품의 용기에 표기해야 할 사항이 아닌 것은?
① 바코드　　　　　② 분리배출표기
③ 사용상 주의사항　④ 제품의 중량
⑤ 지정·고시된 성분

> **해설**　52번 해설 참고

54. 다음 중 맞춤형화장품판매시 명시해야 할 판매내역에 해당하지 않는 것은?
① 제조번호　　　　② 판매일자
③ 판매량　　　　　④ 사용기한 또는 개봉후 사용기한
⑤ 판매가격

> **해설**　맞품형화장품 판매내역 : 제조번호, 판매일자, 판매량, 사용기한 또는 개봉후 사용기간

55. 미백기능성화장품의 작용으로 가장 적절하지 못한 것은?
① 멜라닌 색소의 흡착 및 분해
② 멜라닌 색소 생성 억제
③ 티로시나아제 효소의 활성을 억제
④ 멜라닌 색소의 환원 작용
⑤ 멜라닌 색소의 배출 촉진

> **해설**　멜라닌색소의 생성억제(티로시나아제효소의 활성억제), 환원, 배출로 미백의 효과를 나타내는 화장품

56. 다음 중 맞춤형화장품의 범위에 해당하지 않는 것은?
① 내용물과 내용물을 혼합한 화장품
② 내용물에 고시된 원료를 첨가한 화장품
③ 내용물의 소분한 화장품
④ 원료와 원료를 혼합한 화장품
⑤ 사용제한 원료 기준 및 유통화장품의 안전관리 기준에 적합한 반제품에 고시된 원료를 첨가한 화장품

> **해설**　원료와 원료의 혼합은 제조 행위가 되므로 제조업에 해당한다.

57. 다음 중 맞춤형화장품 광고 시 주의사항으로 적절하지 못한 것은?
① 의약품으로 잘못 인식할 우려가 있는 표시·광고
② 기능성화장품이 아닌 것을 기능성화장품으로 잘못 인식할 우려가 있는 표시·광고
③ 심사받은 기능성화장품에 대한 안전성·유효성과 일치하는 표시·광고
④ 천연화장품이 아닌 것을 천연화장품으로 잘못 인식할 우려가 있는 표시·광고
⑤ 사실과 다르게 소비자를 속이거나 잘못 인식할 우려가 있는 표시·광고

해설 심사나 보고서를 제출한 기능성화장품에 대한 안전성·유효성과 일치하는 표시·광고는 가능

58. 다음 중 맞춤형화장품 혼합 단계에 대한 주의사항으로 적절하지 못한 것은?
① 작업대 및 도구(교반봉, 주걱 등)는 중성세제를 이용하여 소독한다.
② 혼합 후 층 분리 등 물리적 현상에 대한 이상 유무 확인 후 판매한다.
③ 혼합 주체가 고객인 경우 혼합방법 및 위생상 주의사항에 대해 충분히 설명 후 혼합한다.
④ 혼합 시 교차오염 발생을 방지해야 한다.
⑤ 작업대 또는 작업자의 손 등에 용기 안쪽 면이 닿지 않도록 주의 한다.

해설 작업대 및 도구(교반봉, 주걱 등)는 70%알코올을 이용하여 소독한다.

59. 다음 중 화장품의 유효성에 해당하지 않는 것은?
① 거친 피부 개선(보습) ② 주름 개선
③ 변색, 변취 ④ 탈모 방지
⑤ 색채심리효과

해설 생리학적 유효성 : 거친피부개선, 주름개선, 미백, 탈모 방지 등
물리화학적 유효성 : 자외선 차단, 기미, 주근깨 커버효과, 체취방지, 갈라진모발 개선효과 등
심리학적 유효성 : 향기요법, 메이크업의 색채심리효과 등
* 변색, 변취는 화장품의 안정성에 대한 품질요소 이다.

60. 다음 <보기>에 해당하는 것은?

— <보기> —
파장이 320~400nm 사이로 피부의 표피층을 지나 진피층까지 투과되어 들어가므로 피부암의 원인이 되고 피부 노화를 촉진시키는 것으로 알려져 있다. 여기에 노출된 피부는 피부 구조 단백질인 콜라겐(collagen)과 엘라스틴(elastin) 등을 파괴하여 피부 탄력이 떨어지고 주름이 생기게 되는 광노화의 원인이 된다.

① 자외선 A(UV A) ② 자외선 B(UV B)
③ 자외선 C(UV C) ④ 가시광선
⑤ 적외선

해설 자외선A(광노화의 원인), 자외선B(썬번의 원인)
건조중량 : 85g

61. 다음 중 자외선 및 차단제에 대한 설명으로 옳은 것은?

① 티타늄디옥사이드는 물리적 차단제(산란제)로 사용되며 차단제로서 사용한도는 20%이다.
② 자외선 A는 파장이 가장 짧고 오존층에 거의 흡수되어 인체에 영향을 미치지 않는다.
③ 자외선 B의 파장은 290nm~320nm이며 주로 표피층의 색소침착, 썬번에 영향을 미친다.
④ 자외선 C는 피부에서 프로비타민 D를 활성화시켜 비타민 D로 전환시키는 역할을 한다.
⑤ SPF는 자외선차단제를 바르기 전후 최소홍반량 차이로 구하며 자외선A의 차단지수이다.

해설 티타늄디옥사이드, 산화아연은 자외선 차단제로서 25%가 사용한도이다.
7-데하이드로콜레스테롤(프로바이타민 D_3)이 자외선 (290-310 nm의 UVB, 최적 파장은 295-300 nm) 조사 때문에 광학 반응이 일어나 프리바이타민 D_3를 형성

62. 주름개선에 도움을 주는 비타민 A 및 그 유도체의 함량이 올바른 것은?

① 레티놀(순수 비타민A) : 10,000IU/g
② 레티닐팔미테이트(retinyl palmitate) : 2,500IU/g
③ 폴리에톡실레이티드레틴아마이드 : 0.05~0.2%
④ 아데노신 : 0.04%
⑤ 나이아신아마이드 : 2~5%

해설 나이아신아마이드(비타민 B_3)

63. 콜라겐을 합성하는 데 중요한 역할을 하며 피부의 미백에 도움을 주는 비타민C 유도체의 함량이 올바르지 않은 것은?

① 마그네슘아스코빌포스페이트 : 3%
② 아스코빌글루코사이드 : 2%
③ 에칠아스코빌에텔 : 1~2%
④ 아스코빌테트라이소팔미테이트 : 2%
⑤ 에르고칼시페롤 : 2%

해설 에르고칼시페롤은 비타민D_2이며 사용금지 원료이다. 비타민 D_3(콜레칼시페롤:사용금지원료)

64. 모발의 성장주기에서 색소생성, 세포분열이 정지되고 모낭수축이 일어나는 과정은?

① 성장기 ② 퇴행기
③ 휴지기 ④ 휴식기
⑤ 잠복기

해설 헤어사이클:성장기(세포분열,모발성장)→퇴행기(색소생성,모낭수축)→휴지기(모발빠짐)

65. 다음 중 과태료 부과 대상이 아닌 경우는?
① 맞춤형화장품판매업자가 휴업 후 그 업의 재개 신고를 하지 않은 경우
② 맞춤형화장품의 가격을 표시하지 않고 판매한 경우
③ 소비자에게 내용물 및 원료에 대한 설명을 하지 않고 맞춤형화장품을 판매한 경우
④ 매년 정기교육을 받지 않은 맞춤형화장품조제관리사
⑤ 휴업신고 없이 30일 이상 휴업을 한 경우

해설 ▶ 설명의 의무 위반은 200만원 벌금에 해당. 과태료와 구분해야 함.

66. 화장품 표시·광고 시 준수사항으로 옳지 않은 것은?
① 의약품으로 잘못 인식할 우려가 있는 내용의 표시·광고를 하지 말 것
② 의사·약사가 이를 지정·공인하고 있다는 내용의 표시·광고를 하지 말 것.
③ 외국과의 기술제휴를 하지 않은 화장품의 표시·광고를 하지 말 것
④ 경쟁상품과 비교하는 표시·광고는 비교 대상 및 기준을 분명히 밝히고 객관적으로 확인될 수 있는 사항도 표시·광고를 하지 말 것
⑤ 저속하거나 혐오감을 주는 표현·도안·사진 등을 이용하는 표시·광고를 하지 말 것

해설 ▶ 비교 대상 및 기준을 분명히 밝히고 객관적으로 확인될 수 있는 사항은 표시·광고 가능하다.

67. 화장품의 기재·표시상의 주의사항으로 옳지 않은 것은?
① 기재·표시는 다른 문자 또는 문장보다 쉽게 볼 수 있는 곳에 하여야 한다.
② 따라 읽기 쉽고 이해하기 쉬운 한글로 정확히 기재·표시하여야 한다.
③ 한자 또는 외국어를 함께 기재할 수 없다.
④ 수출용 제품 등의 경우에는 그 수출 대상국의 언어로 적을 수 있다.
⑤ 화장품의 성분을 표시하는 경우에는 표준화된 일반명을 사용한다.

해설 ▶ 한자 또는 외국어를 함께 기재할 수 있다.

2. 단답형

01. 각질층의 보습 유지에 중요한 역할을 하는 천연보습인자(NMF)의 구성성분 중에서 가장 함유량이 많은 성분은 무엇이며 그 함유량은 얼마인가?

02. 피부를 보호하는 3중 방어막을 아는대로 쓰시오.

03. 다음 <보기>는 무엇에 대한 설명인가?

― <보기> ―

피부를 보호하는 3중 방어막의 하나로서 각질세포사이에 존재하며 수분증발 및 NMF 성분의 아미노산 방출을 막아주는 역할을 한다. 세라마이드가 주성분이다.

해설 세포간지질 : 각질세포사이에 존재, 수분증발 및 NMF 성분의 아미노산 방출을 막음, 세라마이드가 주성분이다.

04. 다음 <보기>는 피부의 보습작용 중 무엇에 대한 설명인가?

― <보기> ―

ㄱ. 수분의 증산이나 NMF 성분 중 가장 많은 구성을 차지하는 아미노산의 방출을 막아주는 중요한 역할을 한다.
ㄴ. 이 세포간 지질은 대부분 세라마이드, 콜레스테롤과 그 에스테르, 지방산으로 구성되어 있다.

해설 피부 보습작용 : 베리어기능, 수분 보유능

05. 다음 <보기>는 모발의 결합 중 어떤 결합에 해당 하는가?

― <보기> ―

ㄱ. S-S는 시스테인 2분자가 결합한 것으로 환원제에 의해 시스틴결합이 절단되며 산화제로 재결합하여 S-S로 되돌아간다.
ㄴ. 이 결합을 절단하기 위해서는 치오글라이콜릭애씨드, 시스테인, 시스테아민과 같은 환원제가 사용된다.

해설 모발의 결합 : 펩타이드 결합, 시스틴결합, 염(이온)결합, 수소결합

06. 다음 <보기>는 관능평가 방법 중에서 어떤 제품에 대한 것인가?

― <보기> ―

표준견본과 대조하여 평가하고자 하는 내용물의 표면의 매끄러움, 내용물의 점성, 내용물의 색상이 유백색인지 육안으로 확인한다.

해설 유화제품(유액, 크림 등) : 표준견본과 대조하여 평가하고자 하는 내용물의 표면의 매끄러움, 내용물의 점성, 내용물의 색상이 유백색인지 육안으로 확인한다.

07. "좋고 싫음을 주관적으로 판단"하는 관능검사의 종류를 무엇이라 하는가?

08. 화장품이 제조된 날부터 적절한 보관 상태에서 제품이 고유의 특성을 간직한 채 소비자가 안정적으로 사용할 수 있는 최소한의 기한을 무엇이라고 하는가?

09. 기능성화장품 심사에 관한 규정에 따라 "자외선차단지수(SPF)는 측정결과에 근거하여 평균값(소수점이하 절사)으로부터 -20%이하 범위내 정수(예 : SPF평균값이 '23'일 경우 19~23 범위 정수)로 표시하되, SPF 50이상은 (㉠)로 표시한다." (㉠)에 알맞은 수치는?

10. 착향제는 "향료"로 표시할 수 있으나, 착향제 구성 성분 중 식약처장이 고시한 (㉠)이 있는 경우에는 "향료"로만 표시할 수 없고, 추가로 해당 성분의 명칭을 기재 하여야 한다.

11. 영·유아 또는 어린이가 사용할 수 있는 화장품임을 표시·광고하려는 경우 제품별로 안전과 품질을 입증할 수 있는 제품별 안전성 자료를 작성 및 보관하여야 한다. 그 보관 기간은 최종 제조·수입된 제품의 사용기한(개봉 후 사용기간을 기재하는 경우 제조연월일로부터 (㉠)간 보관)이 만료되는 날부터 (㉡)간 보관 하여야 한다.

12. ㄱ. (㉠)(이)란 유화제 등을 넣어 유성성분과 수성성분을 균질화하여 점액상으로 만든 것을 말한다.
ㄴ. (㉡)(이)란 화장품에 사용되는 성분을 용제 등에 녹여서 액상으로 만든 것을 말한다.
ㄷ. (㉢)(이)란 유화제 등을 넣어 유성성분과 수성성분을 균질화하여 반고형상으로 만든 것을 말한다.

13. 개봉 후 사용기간은 "개봉 후 사용기간"이라는 문자와 "○○월" 또는 "○○개월"을 조합하여 기재·표시하거나, 개봉 후 사용기간을 나타내는 (㉠)과 (㉡)을 기재·표시할 수 있다.

14. 식품의약품안전처장은 보존제, 색소, 자외선차단제 등과 같이 특별히 사용상의 제한이 필요한 원료에 대하여는 그 사용기준을 지정하여 고시하여야 하며, 사용기준이 지정·고시된 원료 외의 보존제, 색소, 자외선차단제 등은 사용할 수 없다. 이처럼 사용기준이 지정·고시된 원료 중 보존제의 함량을 반드시 기재·표시 하여야 하는 제품류를 2가지 적으시오.

15. (㉠)(이)란 화학물질을 안전하게 사용하고 관리하기 위하여 필요한 정보를 기재한 Sheet로서 제조자명, 제품명, 성분과 성질, 취급상의 주의, 적용법규, 사고시의 응급처치방법 등이 기입되어 있다. 화학물질 등 안전 Data Sheet라고도 한다.

16. (㉠)(이)라 함은 제품표준서등 처방계획에 의해 투입·사용된 원료의 명칭으로서 혼합원료의 경우에는 그 것을 구성하는 개별 성분의 명칭을 말한다.

17. 화장품 성분의 표시는 화장품에 사용된 함량순으로 많은 것부터 기재한다. 다만, 혼합원료는 개개의 성분으로서 표시하고, (㉠) 이하로 사용된 성분, 착향제 및 착색제에 대해서는 순서에 상관없이 기재할 수 있다.

18. 화장품 전성분 표시지침에 따라 화장품 전성분을 표시할 경우 기업의 정당한 이익을 현저히 해할 우려가 있는 성분의 경우에는 그 사유의 타당성에 대하여 식품의약품안전청장의 사전 심사를 받은 경우에 한하여 (㉠)으로 기재할 수 있다.

19. 모발의 구조는 모간과 모근으로 나뉘며 모간은 모발의 바깥쪽에 해당한다. 모간은 모표피, 모피질, 모수질로 이루어져 있다. (㉠)(은)는 멜라닌 색소를 지니고 있고 친수성이며 모발의 85%~90%를 차지한다.

CHAPTER 01 화장품법의 이해

정답

01 ⑤	02 ①	03 ③	04 ②	05 ①	06 ①	07 ⑤	08 ④	09 ⑤	10 ①
11 ④	12 ④	13 ①	14 ⑤	15 ②	16 ⑤	17 ③	18 ⑤	19 ①	20 ②
21 ②	22 ⑤	23 ①	24 ③	25 ④	26 ③	27 ②	28 ③	29 ③	30 ②
31 ①	32 ⑤	33 ⑤	34 ①	35 ③	36 ④	37 ⑤	38 ④	39 ⑤	40 ⑤
41 ③	42 ④	43 ①	44 ⑤	45 ⑤	46 ①	47 ①	48 ④	49 ③	50 ②
51 ③	52 ④								

정답

01 ㉠화장품책임판매업자, ㉡맞춤형화장품판매업자
02 안전용기·포장
03 화석연료
04 ㉠합성원료, ㉡석유화학
05 폴리염화비닐(PVC), 폴리스티렌폼
06 유통·판매
07 고유식별정보
08 3년이하 징역 또는 3천만원 이하 벌금
09 ㄱ, ㄴ, ㄷ
10 3년이하 징역 또는 3천만원 이하 벌금
11 과태료 50만원
12 1년
13 ㉠의무, ㉡지위
14 영상정보처리기기
15 ㉠개인정보처리자, ㉡정보주체

CHAPTER
02 화장품제조 및 품질관리

정답
01 ② 02 ④ 03 ③ 04 ③ 05 ⑤ 06 ① 07 ⑤ 08 ① 09 ③ 10 ⑤
11 ③ 12 ⑤ 13 ① 14 ① 15 ⑤ 16 ③ 17 ② 18 ② 19 ① 20 ④
21 ③ 22 ② 23 ③ 24 ④ 25 ③ 26 ③ 27 ② 28 ③ 29 ① 30 ④
31 ⑤ 32 ⑤ 33 ④ 34 ① 35 ④ 36 ① 37 ③ 38 ② 39 ③ 40 ②
41 ③ 42 ④ 43 ③ 44 ③ 45 ③ 46 ① 47 ② 48 ② 49 ③ 50 ⑤
51 ⑤ 52 ① 53 ① 54 ③ 55 ④ 56 ② 57 ① 58 ⑤ 59 ②

정답
01 HLB
02 리도카인, 두타스테리드, 트레티노인, 붕산
03 레이크
04 사용후 씻어내는 제품에 한해서 0.0015%, 기타제품 사용금지
05 징크피리치온
06 ㉠향료, ㉡성분의 명칭(성분명)
07 사용 후 씻어내는 제품에서 0.01% 초과, 사용 후 씻어내지 않는 제품에서 0.001% 초과하는 경우
08 0.5퍼센트 이하의 AHA가 함유된 제품
09 나등급
10 회수의무자
11 ㉠15일, ㉡30일
12 ㉠회수계획서 사본, ㉡회수확인서 사본
13 금속이온봉쇄제
14 ㉠유화, ㉡가용화, ㉢분산
15 부향율
16 백색안료
17 체질안료
18 0.5% 미만
19 ㉠2%, ㉡3%

CHAPTER 03 유통화장품의 안전관리

정답

01 ③	02 ③	03 ③	04 ②	05 ①	06 ⑤	07 ⑤	08 ④	09 ②	10 ④
11 ③	12 ②	13 ①	14 ④	15 ③	16 ④	17 ③	18 ①	19 ⑤	20 ④
21 ⑤	22 ②	23 ①	24 ①	25 ⑤	26 ④	27 ①	28 ②	29 ④	30 ③
31 ③	32 ①	33 ⑤	34 ①	35 ⑤	36 ①	37 ⑤	38 ②	39 ②	40 ②
41 ⑤	42 ①	43 ⑤	44 ⑤	45 ②	46 ①	47 ①	48 ⑤	49 ⑤	50 ②
51 ⑤	52 ②	53 ②	54 ④	55 ⑤	56 ①	57 ②	58 ④	59 ①	60 ①
61 ③	62 ③	63 ⑤	64 ⑤	65 ②					

정답

01 ㉠사후보전, ㉡예방보전
02 사용기한
03 제조번호별
04 ㉠15%이하, ㉡2차이내
05 통합위해성평가
06 납, 비소
07 코발트, 대장균, 유리알칼리
08 수령일자
09 ㉠15일, ㉡1월

CHAPTER 04 맞춤형화장품의 이해

정답

01 ①	02 ①	03 ③	04 ④	05 ③	06 ②	07 ①	08 ②	09 ①	10 ②
11 ⑤	12 ⑤	13 ④	14 ②	15 ①	16 ⑤	17 ③	18 ③	19 ②	20 ⑤
21 ②	22 ④	23 ③	24 ④	25 ⑤	26 ①	27 ④	28 ②	29 ①	30 ④
31 ②	32 ①	33 ②	34 ⑤	35 ②	36 ①	37 ③	38 ⑤	39 ⑤	40 ⑤
41 ②	42 ②	43 ⑤	44 ③	45 ⑤	46 ④	47 ③	48 ③	49 ⑤	50 ④
51 ②	52 ④	53 ②	54 ⑤	55 ①	56 ④	57 ③	58 ①	59 ③	60 ①
61 ③	62 ③	63 ⑤	64 ②	65 ③	66 ④	67 ③			

정답

01 아미노산, 40%
02 피지막, 세포간지질, 천연보습인자(NMF)
03 세포간지질
04 베리어기능(장벽기능)
05 시스틴결합(디설파이드 결합)
06 유화제품(유액, 크림 등)
07 기호형
08 사용기한
09 SPF50+
10 알레르기 유발성분
11 ㉠3년, ㉡1년
12 ㉠로션제, ㉡액제, ㉢ 크림제
13 ㉠심벌, ㉡기간
14 영·유아용 제품류, 어린이가 사용하는 화장품임을 특정하여 표시하는 제품
15 MSDS
16 전성분
17 1%
18 기타 성분
19 모피질

2020년 국가공인자격증대비

맞춤형화장품조제관리사
핵심요약정리 문제집(개정증보판)

2020년 4월 2일 개정증보판 인쇄
2020년 4월 8일 개정증보판 발행

저　　자　황병권
발 행 처　비누공작소
주　　소　부산광역시 연제구 신금로 8-1
대표번호　051-556-7150
전자우편　styleis@naver.com

ISBN 979-11-968427-7-2　　　　　　　　　값　25,000원

---

* 이 책은 저작권법에 따라 보호받는 저작물이므로 무단전제와 무단복제를 금합니다.
* 잘못된 책은 구입처에서 교환해 드립니다.